Herbert Gruhl
Ein Planet
wird geplündert

Die Schreckensbilanz
unserer Politik

S. Fischer

© S. Fischer Verlag GmbH, Frankfurt am Main 1975
64. bis 84. Tausend
Umschlagentwurf: Atelier Rambow, Lienemeyer, van de Sand
Satz und Druck: Georg Wagner, Nördlingen
Einband: G. Lachenmaier, Reutlingen
Printed in Germany 1976
ISBN 3 10 028601 4

Unseren Kindern

Inhalt

Einführung 11

I. Der natürliche Regelkreis

Die Natur 31
Der Mensch in der Natur 38
Der Mensch und der Raum 42

II. Der künstliche Produktionskreis

1. Die Grundstoffe 49
Energie 50
Die mineralischen Rohstoffe 56
Die exponentiellen Steigerungsraten 60
Die vergessenen Produktionsfaktoren 65
Die neue Formel 69
Die einmaligen Bodenschätze sind »umsonst« 71
Die industrialisierte Landwirtschaft 73
Der Wald verbrennt – die Wüste wächst 84

2. Der vergessene Faktor Zeit 91
Die Ernte der Jahrmillionen 91
Die einmalige Ernte des Wissens 98
Der Schwindel von der »Substitution« 102
Rettung durch die Kernspaltung? 109
Das Gesetz der Entropie 111
Die Möglichkeit der Wiederverwendung (Recycling) 115

3. Umweltverderbnis und Umweltschutz 118
Umwelt ist gleich Natur 118
Unser fehlerhaftes Wirtschaftssystem 121
Die Grenzen des Umweltschutzes 127
Die Reaktion 134

4. Der Faktor Arbeit 139

Die neue Dimension der Arbeit 139
Die unvollständige Lehre vom Arbeitswert 139
Die beiden Produktionskreise 141
Die Sage von der Verkürzung der Arbeitszeit 147
Die Menschen haben nie genug! 151
Das Märchen von der Dienstleistungsgesellschaft 155
Arbeit ist ein Akt der Vernichtung geworden 160

5. Selbstausrottung durch Geburten? 170

Der Erfolg führte zum Selbstbetrug 170
Kann die Menschenlawine gestoppt werden? 179
Sieg der Gewissenlosen? 182

6. Mehrproduktion – bis zum Endsieg? 187

Es begann mit einer Begriffsverwirrung 187
Die Steigerungsraten 190
Der Zahlenkult 194
Das Kapital 198
Die Komplizenschaft von Kapital und Arbeit und Staat . . 204
Mehrproduktion als Machtentfaltung 210
Der Ost-West-Gegensatz 215
Der totale Sieg endet in der totalen Selbstvernichtung . . . 218

III. Die Planetarische Wende

1. Das Denken von den Grenzen her 225

Der Raumschiff-Schock 225
Das Generationsgewissen 231
Das Ende des »freien« Marktes 235

2. Der Irrationalismus unserer Zivilisation 243

Die erdrückende Lawine des Wissens 243
Die technische Realisation 245
Unendliche Möglichkeiten in einer endlichen Welt? 255
Der unkontrollierte Spaltungsprozeß 258
Die tödliche Anfälligkeit der Industriestaaten 263

3. Der allzu mühselige Weg zum Gleichgewicht 271

Unsere heutige Grenzsituation 271
Die Arbeitslosigkeit 276

Verzicht statt Leistung?	281
Die Freiheit, die noch bleibt	287
Die Raumschiff-Wirtschaft	290
Weltregierung?	298
Der Zustand der Nationalstaaten	306

4. Kampf ums Überleben 312

Die Stadien der Menschheitsgeschichte	313
Die totale Umschichtung der Potenzen	320
Die drei Welten	325
Geschlossene und offene Systeme	327
Der Zweikampf	330
Die übrigen Industrieländer	334
Die Dritte Welt	336

Schluß	341
Nachwort	347

Anmerkungen	351
Verteilung der Grundstoff-Vorräte der Welt	367
Literaturverzeichnis	371

Einführung

> *Politik kann heute nur noch als die Kunst*
> *verstanden werden, die Existenz der Men-*
> *schen in einer gefährdeten Welt zu sichern.*
> Georg Picht

Die Bewohner dieser unserer Erde werden in den nächsten Jahrzehnten gewaltige Veränderungen erleben – nur nicht die, welche in den letzten Jahrzenten überall vorausgesagt worden sind.

Die Aussagen über die Zukunft sind zumeist beherrscht von den Wunschvorstellungen der Verfasser und denen ihrer Leser. So erscheinen jährlich Tausende von Büchern, in denen steht, wie die Welt sein sollte. Ab und zu muß auch ein Buch erscheinen, das sagt, wie die Welt wirklich ist.

Dieses Buch ist die Antwort eines Politikers auf die Herausforderungen einer weltgeschichtlichen Situation, die es noch nie gab, solange Menschen auf diesem Planeten leben. Insofern lassen sich auch keine ähnlichen Krisen aus der Geschichte heranziehen, um daraus Lehren für die weitere Entwicklung zu ziehen. Man muß sich schon der Mühe unterziehen, die verschiedensten, miteinander verflochtenen Komponenten zu untersuchen, die zum heutigen Zustand geführt haben und daraus ableiten, was sie in absehbarer Zeit bewirken werden – und vielleicht auch, wie dem zu begegnen ist.

Zur Ermittlung künftiger Entwicklungen sind aber nicht nur die gegenwärtigen Tendenzen und Kräfte zu berücksichtigen, sondern auch die Gegenkräfte und die dem Menschen gezogenen Grenzen. Diese werden in genau demselben Maße schärfer und unerbittlicher, wie menschliches Tun neue Fortschritte und Siege erringt. In der Natur- wie in der Sozialgeschichte gibt es unzählige Beispiele dafür, wie erfolgreiche Arten sich bei ihrer Ausbreitung immer weiter von ihrer Lebensbasis entfernten, sich über immer weitere Räume verteilen mußten

Die Fußnoten befinden sich am Ende des Buches, S. 351.

oder diesen Lebensraum so überlasteten, daß sie schließlich an ihren eigenen Erfolgen zugrunde gingen.

Auch für die heutige Menschheit ergeben sich die größten Gefahren nicht aus ihren Mißerfolgen, sondern aus ihren Erfolgen. Diese Bestandsaufnahme kommt zu dem Ergebnis, daß die Menschheit nur noch einige wenige »Erfolge« braucht, damit ihr der Untergang sicher ist. Daß ihr diese Erfolge gelingen, dafür sind alle Voraussetzungen gegeben. Nach Friedrich Nietzsches Wort hat die Menschheit an der Erkenntnis ein schönes Mittel zum Untergang.

Die Erkenntnis hat es dem Menschen ermöglicht, sich von den Naturgewalten in mancher Hinsicht frei zu machen und immer mehr Naturkräfte in seinen Dienst zu stellen. Eine Hybris hat die erfolgreichen Völker erfaßt: sie halten nun alles für möglich. Stark zurückgeblieben sind bis zum heutigen Tage die Kenntnisse der Menschen über die Folgen ihrer Erkenntnisse. Jeder Überblick ging verloren, und gerade dieser wird von Jahr zu Jahr dringlicher. Eine Zuständigkeit für »das Ganze« ist nirgendwo auszumachen. Die Erfolge auf unzähligen Einzelgebieten haben jede Besinnung verdrängt und das Gewissen zum Schweigen gebracht. Nun ist Gott tot, die totale Produktion ist an seine Stelle getreten. So wie im Mittelalter alle Gedanken und Werke sich auf das Jenseits richteten, so konzentrieren sie sich heute auf den materiellen Zuwachs. Verdoppelung und nochmals Verdoppelung ist das Ziel: exponentielles Wachstum. Was das bedeutet, ist schwer zu erklären, es übersteigt das Begriffsvermögen. Halten wir uns darum an die alte Fabel. Sie ist anschaulich:

Fern im Osten saß ein König mit seinem klugen Minister beisammen, und da er ein guter Schachspieler war, wünschte der König eine Partie zu spielen. Übermütig versprach er seinem Minister für den Fall, daß er ihn zu besiegen vermöchte, als Preis so viele Reiskörner, wie auf die 64 Felder des Schachbretts entfielen – wobei ein Korn auf das erste Feld kommen, jedes folgende Feld aber die jeweils doppelte Zahl von Körnern erhalten sollte wie das vorhergehende. Fangen wir schon zu spielen an, drängte der König, dieweil ich einen Sack voll Reis herbeischaffen lasse!

Der Minister aber war ein Spielverderber. Er versteifte sich darauf, erst einmal auszurechnen, wie viele Reiskörner im Falle seines Sieges denn überhaupt gebraucht würden. Sie rechneten daher, statt zu spielen und kamen ganz ohne Computer auf folgende Reihe: $1 - 2 - 4 - 8 - 16 - 32 - 64 - 128 - 256 - 512 - 1024 - 2048 - 4096 - 8192 - 16\,384 - 32\,768 - 65\,536 - 131\,072$. Damit waren sie jedoch erst beim 18. Feld. Sie brauchten längst nicht bis zum 64. Feld fortzufahren, dem König wurde schon bald klar, daß er nie und nimmer erfüllen könnte, was er da leichtfertig versprochen hatte.

Die heutige Welt hat Computer; doch sie rechnet nicht. Sie handelt ohne Umschweife, wie der König gehandelt hätte, wenn sein kluger Minister nicht gewesen wäre: Nachdem der erste Sack mit Reiskörnern nicht hinreichte, hätte er einen zweiten kommen lassen, dann einen dritten, vierten . . ., dann ganze Wagenladungen. Alle Keller, Gemächer, die Schloßhöfe wären bald mit Reissäcken angefüllt worden, während aus den entlegensten Gebieten des Reiches immer noch Wagen herangerollt wären. Seine Botschafter hätten schließlich mit den Nachbarstaaten um Reis auf Kredit verhandeln müssen. Denn als rechter König wäre er um alles in der Welt entschlossen gewesen, sein gegebenes Wort zu halten. Es wäre ja auch gelacht, wenn es nicht gelingen sollte, für lumpige 64 Felder genügend Reiskörner zu beschaffen.

Den letzten Teil der Geschichte kann man ruhig wörtlich nehmen. Mit fanatischer Verbissenheit ist die Menschheit dabei, die letzten Winkel des Planeten zu durchsuchen: die Tiefsee, die Regionen des ewigen Eises im Norden, die Antarktis im Süden. Nicht etwa, um mit den Funden weitere Jahrtausende menschlichen Lebens zu sichern, sondern, um den jetzigen Verbrauch weiterhin alle zehn bis 15 Jahre verdoppeln zu können. Wofür?

Die Begründung für dieses letzten Endes aussichtslose Unternehmen ist von entwaffnender Kindlichkeit: Warum sollte es nicht so weitergehen, wo es doch bisher so gut gegangen ist? Alle praktische Erfahrung scheint doch dafür zu sprechen, daß dieser Weg der richtige ist!

Und nun kommen diese Theoretiker, die zuerst das Ergebnis wissen wollen, bevor sie fröhlich drauflos verbrauchen! Welch ein Widersinn! Haben die Errungenschaften des weißen Mannes sich nicht inzwischen zur Weltzivilisation ausgeweitet? Hat nicht ein Volk nach dem anderen vor soviel durchschlagender und erschlagender Effizienz kapituliert? Beweisen nicht gerade die letzten traurigen Überreste von Naturvölkern, die von den Fotolinsen unserer Touristen bestaunt werden, wie überlegen unsere Zivilisation jeder anderen ist?

Wir wagen die Voraussage: wenn alles wie bisher weiterläuft, wird uns ihr Tun und Wissen bald bitter not tun, um zu überleben! In der Kriegsgefangenschaft erfuhren wir hochzivilisierten Weltbürger schon einmal, was die Grundbedürfnisse eines Menschen sind: ein Mantel oder eine Decke und ein Napf für das Essen. Was wir aber auch dort nicht lernen konnten, war, diese Bedürfnisse mit eigener Hand, ohne alle Hilfsmittel, zu befriedigen, das Lebensnotwendige selbst herzustellen. Dieses Erlebnis gab nur vermehrten Ansporn zum Wiederaufbau, zur schnellstmöglichen Sättigung des »Nachholbedarfs«, zum forcierten Einschwenken auf den seligen Pfad hektischen Wachstums.

Erst nachdem das abendländische Denken und Wirtschaften sich die ganze Welt unterworfen hat, mischen sich Zweifel in den globalen Sieg. Selbst die Fortschrittsgläubigsten bemerken jetzt Gefahren und sehen, daß »einiges sich ändern« müsse. Einige nüchterne Realisten sind bereits überzeugt, daß die Katastrophe unabwendbar sei. Unübersehbar ist, daß unsere Weltanschauung und unser Gesellschaftssystem schwere Fehler aufweisen. Worin bestehen sie? Und wie könnten sie beseitigt werden?

Sie stecken in mindestens einem Dutzend Grundirrtümern, die zu den Grundsteinen des Babylonischen Turmes gehören, der immer noch im Bau ist. Als da sind:

Der Irrtum, die Welt sei unendlich.

Der Irrtum, unsere Wirtschaft beruhe auf Arbeit und Kapital allein.

Der Irrtum, über allem menschlichen Wirtschaften walte eine »unsichtbare Hand«.

Der Irrtum, die größere Zahl und Menge sei stets besser als die kleinere.

Der Irrtum, materieller Wohlstand mache die Menschen glücklich.

Der Irrtum, der Mensch verfüge über unbegrenzte Möglichkeiten.

Der Irrtum, Wissenschaft und Technik dienten immer dem Fortschritt.

Der Irrtum, die Freiheit nehme unaufhörlich zu.

Der Irrtum, die Beschaffung von Arbeit stelle kein Problem dar.

Der Irrtum, die Nahrungsproduktion könne immer weiter gesteigert werden.

Der Irrtum, der Mensch habe das Eigentum erfunden.

Der Irrtum, der Mensch habe den Krieg erfunden und könne ihn genauso beliebig wieder abstellen.

Vielleicht lassen sich alle diese Irrtümer auf den einen ersten Grund-Irrtum zurückführen, nämlich daß diese unsere Welt unendlich sei. Daraus erst ergab sich die bedenkenlose Ausbeutung dieses Planeten und die Mißachtung des Gesetzes von der Konstanz der Materie.

Frühere religiösere Generationen hätten sich über die Fülle gewundert, die ein gnädiger Gott ihnen darbot. Auf Knien hätten sie ihm dafür gedankt. Die heutige Generation dankt niemandem – sie ist voller Arroganz auf ihre Errungenschaften. Sie verdächtigt alles, was nicht ihren »Errungenschaften« entspricht. Und sie ist absolut sicher – eben weil sie so vieles geschaffen hat, was es früher nicht gab –, daß sie noch viel mehr schaffen werde, Dinge, die es heute noch nicht gibt, die sich noch nicht einmal absehen lassen. Woher das alles kommen soll? Der menschliche Erfindergeist wird es erschaffen!

Zwar hat der Mensch noch nie aus dem Nichts etwas geschaffen, doch wurde bis heute nicht gründlich darüber nachgedacht, woher unser Reichtum eigentlich kommt. Woher stammt das, was wir heute unser eigen nennen? Wo wurde es weggenommen? Wem wurde entwendet, was wir uns angeeignet haben? Und das ist fürwahr nicht wenig.

Das Thema von Karl Marx war die Ausbeutung des Menschen durch den Menschen, eine keineswegs neue Erscheinung in der Menschheitsgeschichte. Schon vor Jahrtausenden haben die Mächtigeren die Schwächeren für sich arbeiten lassen. Ebenso gibt es viele Beispiele in der Geschichte, daß Schwache sich freiwillig dem Schutz der Starken unterstellten, um dadurch ihr physisches Leben zu sichern.

Während Karl Marx also die Ausbeutung der Menschen durch den Menschen aufgegriffen und angegriffen hat, greifen wir hier die Ausbeutung der Erde durch die Menschen an. Damit hört allerdings die Ähnlichkeit auch schon auf.

Das 19. Jahrhundert führte zur Verelendung bestimmter Bevölkerungsgruppen, das 20. Jahrhundert aber wird zur Verelendung des gesamten Erdballs im 21. Jahrhundert führen. Die arbeitenden Massen konnten im Osten durch den Kommunismus und im Westen durch die Gewerkschaften gegen die wirklichen oder vermeintlichen Ausbeuter mobilisiert werden. Ausbeuter wie Kommunisten fanden den gleichen, höchst einfachen Ausweg: die immer größere Ausbeutung der Erde. Einmal mobilisiert, konnten die Völker mit revolutionärer Gewalt oder mittels des Stimmzettels aus der bloßen Verteidigung zu einem beispiellosen Siegeszug übergehen: Die »totale Mobilisierung der unbelebten Natur« ist gelungen.[1] Jeder, der neue Methoden zur Ausbeutung der Erde erfindet, wird von den Kapitalisten belohnt, von den Kommunisten dekoriert und von beiden als Genie gefeiert.

Wie aber konnte unsere Erde die Mittel für diesen Sieg aufbringen? Läßt sich aus der Entwicklung schließen, daß auch künftig die Wünsche der Menschen in Erfüllung gehen? Ja, daß wir erst am Anfang eines Siegeszuges stehen, der uns zuguterletzt den Göttern – oder wem sonst – gleich mache? Von woher kommt diese Fülle? Gilt etwa das Gesetz, daß Materie zwar in einen anderen Zustand überführt, nie aber neu erschaffen werden kann, heute nicht mehr?

Als der biblische Gott nach der Sintflut die Verheißung verkündete: »Solange die Erde steht, soll nicht aufhören Saat und Ernte, Frost und Hitze, Sommer und Winter, Tag und Nacht«[2], da hatte er offensichtlich nur an die Versorgung der Menschen gedacht. Er rechnete wohl nicht damit, daß es diesen von ihm bevorzugten Menschenwesen gelingen könnte, Verfahren ausfindig zu machen, mit denen sie die ihm anvertraute Erde in ihrer Substanz vernichten würden. Heute »beruht unsere Wirtschaft auf der Annahme, daß die Quellen unserer Güter praktisch so unendlich sind, wie unser Bild von Gott«.[3] Auf dieser falschen Annahme beruhen die letzten 200 Jahre Weltgeschichte.

Am Anfang dieses Zeitabschnittes steht ein ebenso grotesker wie bejubelter Irrtum der Ökonomen. Diese haben in ihre theoretischen Gebäude nur die Faktoren der Wirtschaft eingesetzt, die vom Menschen manipuliert werden, die sich steuern und organisieren lassen. Auf dieser Grundlage entstand eine Flut von Folgetheorien. Alle haben zum Inhalt, wie man am besten wirtschaftet, damit alle Welt in das Zeitalter der Herrlichkeit eintrete. Alle negativen Erscheinungen des Wirtschaftens werden dagegen kurzerhand einer »falschen Politik« in die Schuhe geschoben.

Im Osten wie im Westen herrscht ein »Fetischismus der Institutionen«,[4] der alles für machbar hält und sogar davon überzeugt ist, daß auch Glück nur eine Frage der Organisation sei.[5] Auch die Vorstellungen internationaler Gremien und die gesamte Entwicklungshilfe basieren auf diesem Glauben in die technische Machbarkeit der Weltordnung. Die wirtschaftlichen Methoden der Industrieländer werden mit Hilfe des Kapitals auf die Entwicklungsländer übertragen. Die Einführung westlicher Arbeits- und Verwaltungsmethoden sowie schnellster Verkehrsmittel soll dafür sorgen, daß diese Länder den gleichen hohen materiellen Standard erreichen. Man wundert sich dann sehr, wenn das nicht funktioniert.

All diesem Tun liegt der kapitale Irrtum zugrunde, die natürlichen Voraussetzungen des Wirtschaftens könnten unberücksichtigt bleiben. Man hat schlicht vergessen, daß die lebendige Natur und die Bodenschätze die Grundlage jeder Produktion, aller Kapital- und Arbeitseinsätze sind und bleiben werden. Dies ist das naturwissenschaftliche Grundgesetz, das heute ebenso gilt wie in alle Ewigkeit. Gerade auch für Christen. Denn: »Gott tut keine Wunder. Gott verletzt das Naturgesetz nicht«, heißt es bei Philip Wylie.[6]

Wären diese Elemente als Elementarfaktoren in die Rechnung einbezogen worden, dann wäre der Mensch bescheidener geblieben. Seine unbestreitbare Fähigkeit zur Veränderung wäre angemessen eingeschätzt worden. Viele Ideengebäude und Weltanschauungen, die heute die Gemüter erregen, wären von vornherein belächelt worden, statt daß sie Mord und Totschlag bewirkt, zu Terror und Verfolgung Andersgläubiger, zu fanatischen Bürgerkriegen, ja Weltkriegen geführt hätten.

Darum muß die neueste Menschheitsentwicklung zunächst im Lichte dieser unterschlagenen Naturgesetze betrachtet werden. Diese Fehlentwicklung ist zwar auch geistig bedingt – und bewirkt ihrerseits wieder geistige Veränderungen; aber diese Beziehungen sollen hier bewußt nur am Rande behandelt werden; auch die ideologischen Streitigkeiten der Welt sollen hier weitgehend ausgeklammert bleiben. Zwar ist die moderne Welt auch eine »philosophische Absurdität«;[7] doch bleibt zu befürchten, daß weiteste Kreise dieser Welt eine philosophische Sprache nicht mehr verstehen, wie sie auch die Sprache der Kunst nicht mehr verstehen. Der hier untersuchte Zusammenhang erfordert auch nicht unbedingt die Analyse der geistigen Situation der Zeit. Die Auslegung der Naturgesetze allein genügt, die jetzige Zivilisation der Absurdität zu überführen. Im Mittelpunkt dieser Untersuchung stehen daher die Naturgesetze, denen wir Menschen ebenso unterliegen wie alle anderen Lebewesen auch. Doch haben wir von diesen Gesetzen viel mehr zu fürchten, weil wir sie (im Gegensatz zu allen anderen Lebewesen) über alle Maßen verletzen.

Die Welt hat sich in den letzten 200 Jahren mit rasender Geschwindigkeit zu einer wirtschaftlichen Welt entwickelt. Die Wirtschaft beherrscht die meisten Lebensbereiche; die übrigen führen nur noch ein Schattendasein. Damit ist den Wirtschaftswissenschaften auch die Verantwortung für die gesamte Entwicklung zugefallen. Gerade sie haben jedoch eklatant versagt. Daraufhin hat der industrielle Mensch vergessen, daß er selbst ein Teil der Natur ist und daß die Natur allein ihm all die Stoffe liefert, mit denen er seine Produktionsmaschinerien füttert – auch wo es »Kunststoffe« sind.

Unsere Beziehungen zur Natur sind aber gerade durch die Industrialisierung selbst quantitativ so stark angewachsen, »daß sie einen Geist der Verantwortung erforderlich machen, zu dem uns bis jetzt auch das modernste Denken noch nicht erziehen konnte«.[8] Im Gegenteil: gera-

17

de das moderne Denken hat die Kluft zur Natur immer stärker aufgerissen.[9] Die Wirtschaftswissenschaften haben dabei Vorschub geleistet; die übrigen Disziplinen haben sich auf ihre vermeintlich abgegrenzten Fachgebiete zurückgezogen. Die tätigen Menschen aber haben sich ganz der Produktion verschrieben.

René Dubos stellt fest: »Viele Probleme, denen die Menschheit heute gegenübersteht, sind die Folgen einer Trennung zwischen der menschlichen Natur, der Umwelt und den Schöpfungen der wissenschaftlichen Technologie.«[10] Die Geschicke der Welt werden überhaupt nur noch in Großstädten und von Gruppen entschieden, die von Naturerfahrung unberührt sind.

Je fortgeschrittener eine Zivilisation ist, desto mehr beutet sie die Natur aus. Die menschliche Arbeitskraft ist heute das einzige, womit man sparsam und sorgfältig umgeht![11] Ohnehin war dem Europäer die Natur in ihrem innersten Wesen stets fremd und unbegreiflich. »Der Mensch hat kein Organ für das Organische«, pflegte der Philosoph Hans Leisegang zu sagen.[12]

Die Wunder, welche die Natur vollbringt, sind um ein Vielfaches größer als die Spitzenleistungen der von Menschen ersonnenen Systeme. Doch welcher heutige Zivilisationsmensch betrachtet sie schon? Er wendet seine ganze Intensität seinen Maschinen zu und erörtert allen Ernstes die Frage, ob der von ihm ersonnene Computer nicht noch dahin zu bringen sei, selbständig zu denken und vielleicht sogar den Menschen an Intelligenz zu übertreffen. Dabei hat schon ein kleiner Vogel wie die Schwalbe in seinem winzigen Gehirn einen viel komplizierteren Computer eingebaut, der ihn sicher über Tausende von Kilometern leitet. Er zeigt ihm den richtigen Zeitpunkt für den Abflug an, bestimmt den Weg, berücksichtigt die Wetterverhältnisse unterwegs und wahrscheinlich sogar die am Zielort.[13]

Einer der wenigen, die tief in das Wesen der lebendigen Natur und des Menschen eingedrungen sind, ist Johann Wolfgang Goethe gewesen. Solche Tiefe ist seither nie wieder erreicht worden. Die geringe Beachtung Goethes heute spricht Bände über den Geist der Zeit. In den grandiosen Bildern seines Faust II hat Goethe auch unsere Epoche vorausgesehen: die Liquidation der beiden Alten, Philemon und Baucis, stellt die Ausmerzung der letzten Reste einfachen Lebens dar, die in die moderne Zeit hineinragen.[14] Und wie sinnträchtig, daß Faust erblindet, als er die technischen Projekte voranzutreiben wähnt, während in Wirklichkeit bereits sein Grab bereitet wird.

Auch Hegels Gedanke der dialektischen Entwicklung ist zweifellos eine großartige Erklärung der natürlichen Welt. Doch mußte er seiner Zeit ein Zugeständnis machen, das sich heute verheerend auswirkt: die Behauptung nämlich, die geschichtliche Entwicklung des Weltgeistes bewege sich ständig aufwärts. Den Naturgesetzen zufolge ist dies schlecht möglich. Jedem Vorstoß muß wieder ein Rückschlag folgen, jedem Aufstieg der Abstieg, auf den Sieg die Niederlage, auf Geburt der Tod.

Schlimmer noch als die Verständnislosigkeit für die Vorgänge im organischen Bereich ist die Verwischung zwischen dem Herrschaftsbereich der Natur und dem der menschlichen Willkür. Dies hat nicht nur zu einer Verwirrung der Geister geführt, sondern auch zum Durcheinander in der realen Welt: Man erklärt die Natur technisch und verwendet umgekehrt organische Kategorien auf künstliches Menschenwerk. Die Folge ist: Alle sind emsig tätig, doch in Wirklichkeit wissen sie nicht, was sie tun. Der Herr mag ihnen vielleicht vergeben, die Natur gewiß nicht. Sie führt ihre Konten über die Zeiten hinweg, ungerührt und unbestechlich nach einem System, das der Mensch nicht versteht. Er sieht nur die Folgen und forscht nachträglich nach den Ursachen der ermittelten Wirkungen.

Ein weiterer unverzeihlicher Fehler des modern wirtschaftenden Menschen besteht darin, daß sein Zeithorizont so beschränkt ist. Die weiteste Frist, in der er denkt, ist die Zeit, in der sich sein Kapital rentiert. Die Wirtschaft versteht unter kurzfristig ein bis zwei Jahre, unter mittelfristig bis zu zehn Jahren und als langfristig sieht sie schon Zeitspannen von zehn bis zwanzig Jahren an. Diese Dimensionen sind fahrlässig kurz angesichts der Tatsache, daß ein Mensch in den Wohlstandszonen der Erde heute damit rechnen kann, siebzig Jahre auf dieser Welt zu verbringen. Der begrenzte Zeithorizont der Wirtschaft ist identisch mit ihrer Gewissenlosigkeit. Diese Gewissenlosigkeit, die schon im Umgang mit der Natur sichtbar wurde, äußert sich auch den Menschen, ganz besonders den Nachkommen gegenüber, die zum Überleben auf die gleichen Naturgüter angewiesen sein werden wie wir selbst.

Darum steht der Wirtschaftsprozeß auch zeitlich zu den Prozessen der Natur in krassem Mißverhältnis. Bruno Fritsch stellt in Anlehnung an die Philosophin Jeanne Hersch eine Zeittafel verschiedener Prozesse zusammen, die wir etwas ergänzen und umstellen[15]:

Systembereich	Zeitspanne, in welcher sich systemrelevante Änderungen vollziehen (Jahre)
Geologische Abläufe	1 000 000 000 bis 10 000
Biologische Entwicklungen	knapp 1 000 000 000
Höher organisierte Lebensformen	550 × 1 000 000
Entwicklung des Neo-Kortex	100 000 bis 3 × 10 000
Ökologische Regelkreise	10 000 bis 10
Menschlicher Organismus	70 bis 0
Ökonomische Prozesse	Jahrzehnte
Technische Prozesse	20 bis 1
Politische Prozesse	z. B. Länge der Legislaturperiode (in den meisten Fällen 4 bis 5 Jahre); Lebensdauer von Diktaturen (0 bis 40 Jahre)
Rechnungslegungen (Bilanz)	1 Kalenderjahr

Es springt ins Auge, daß die »politische Weitsicht« die allerkürzeste ist und in Demokratien nur lumpige vier Jahre beträgt. (Sollte die immerhin etwas langfristige Politik des Kommunismus auch damit zusammenhängen, daß er wenigstens soweit planen muß, wie seine Staatsbetriebe es erfordern?)

Die politischen Parteien und Organisationen beziehen ihre Antriebe aus der unmittelbaren Vergangenheit, wodurch sie auch entsprechend emotionalisiert sind, und aus den sich kreuzenden Tagesinteressen. Geht es weiter wie bisher, dann ist vorauszusehen, daß sie sich weiterhin um Probleme streiten werden, die sich längst erledigt haben. Der Physiker Heinz Haber sagt: »Dieser Mangel an Verantwortung für die Zukunft bei unseren modernen Regierungsstrukturen ist sogar noch viel schlimmer als in der klassischen Familie. Einem Regierungschef, dem Vorsitzenden eines Zentralkomitees oder dem Präsidenten eines afrikanischen oder südamerikanischen Staates ist es ziemlich gleichgültig, wie die Welt zehn Jahre später aussehen wird. Die Wahrscheinlichkeit, daß er dann noch an der Regierung sein wird, ist ja viel zu klein.«[16]

Es genügt aber noch nicht einmal, die kalendarische Zeit für sich zu betrachten. Man muß sie in Beziehung zum Tempo der Veränderungen setzen. Und da stehen zehn Jahre heutiger Zeit einem Jahrhundert oder mehr in früheren Epochen gleich. Der Vorausblick müßte demgemäß nicht nur gleichweit reichen, sondern beträchtlich erweitert werden, weil auch das Tempo der Veränderungen sich vervielfacht hat. Diese Gesetzmäßigkeit kennt jeder Autofahrer: je höher die Geschwindigkeit, desto weiter muß die Sicht reichen. Denn: um so schneller kommt ein auftretendes Hindernis heran; und um so verheerender wäre ein Aufprall.

Die heutige Lage des »fortgeschrittenen« Teils der Menschheit gleicht der eines vollbesetzten Omnibusses, dessen Wagenführer von den Insassen ständig angehalten wird, Höchstgeschwindigkeit zu fahren, obwohl dichter Nebel die Sicht nimmt und kein Mensch die Strecke kennt. Aber die Passagiere beharren rechthaberisch darauf, daß man ja bereits 200 Kilometer mit ständig zunehmender Geschwindigkeit gefahren sei, ohne daß ein ernsthaftes Hindernis auftrat – folglich brauche man auch künftig nicht damit zu rechnen. Dem besorgt dreinschauenden Wagenführer wird bedeutet, man könne ihn ja ablösen, wenn er sich nicht zutraue, wozu jeder andere bereit sei. Wohlgemerkt, auch langsameres Fahren vermag nicht jeden Unfall auszuschließen, aber es mildert die Schwere des etwaigen Aufpralls – wie jeder Autofahrer weiß.

Darum ist der »Zeitdruck, unter dem wir stehen, heute schon ein beinahe verzweifelter . . . Kein einzelner, keine der heute installierten Führungseliten vermag diesen Zeitdruck noch rechtzeitig zu bewältigen . . .«[17]

Bei näherem Hinsehen ist die Situation eindeutig und absolut einmalig:

1. Noch nie zuvor gab es mehrere Milliarden Menschen auf dem Planeten wie seit diesem Jahrhundert.
2. Noch nie zuvor verlangte jeder einzelne soviel von dieser Erde wie in den letzten dreißig Jahren.
3. Noch nie zuvor gab es eine wirtschaftliche Totalausbeutung bis in die fernsten Winkel dieser Erde, wie sie zur Zeit im Gange ist.
4. Noch zu keiner Zeit der Weltgeschichte wußten die Regierungen der Völker so wenig, wie es weitergehen soll, wie heute.

Gewiß, angesichts des zunehmenden Tempos und der unendlich vielen Möglichkeiten der Entwicklung ist jede Voraussage, jede Prognose immer fragwürdiger geworden. Viele Voraussagen haben sich gerade in allerjüngster Zeit als lächerlich erwiesen. Doch das bleibt nicht so. Von nun an können Prognosen mit zunehmendem Grad an Treffsicherheit gemacht werden. Wieso? Weil die Grenzen des Planeten bereits sichtbar geworden sind! Die Voraussagen brauchen darum nicht mehr mühsam die bisherigen Entwicklungen fortzuschreiben und hochzurechnen, sie können von der Gegenposition, von der letzten Begrenzung her vorgenommen werden! Damit sind wieder Daten gegeben, die unumstößlich sind. Wenn schon keine Positivbestimmung getroffen werden kann, so läßt sich heute doch eine negative Bestimmung all dessen ausmachen, was alles nicht mehr geht. Diese Feststellungen bilden hinfort einen festen Rahmen, innerhalb dessen sich die Menschheitsgeschichte bewegen muß.

Dieser Rahmen gilt vor allem für die Wirtschaftspolitik. Ihre wirtschaftstheoretische Grundlage wird völlig neu zu legen sein. Bisher baut die ökonomische Theorie auf den oben genannten Irrtümern auf. »Um das Sozialprodukt für irgendeine spätere Generation – die in ihrer Anzahl neuerlich verdoppelt ist – auf einer Kurve wachsender Erwartungen und zunehmenden Wohlstandes zu planen, würde ein Wirtschaftswissenschaftler eine ganze Menge entscheidend wichtiger Informationen brauchen, die nicht einer unter ihnen für wichtig zu halten scheint«, schreibt Philip Wylie – und kommt zum Schluß: »Die Unterlagen der Ökologen müßten in eine solche Grafik eingehen. Unterlagen aus hundert weiteren biologischen Disziplinen, hundert chemischen Gebieten und aus ebenso vielen Spezialbereichen anderer physikalischer und Naturwissenschaften. Ich bin sicher, daß die Wirtschaftswissenschaftler diese Daten in ihren Projektionen nicht benützen, weil sie keine vernünftigen Fragen – oder überhaupt Fragen – auf diesen Gebieten stellen. Und doch verläßt sich unsere Nation auf sie und auf ihre ebenso unwissenschaftlichen Kollegen, die sozialen und politischen ›Wissenschaftler‹, wenn irgendeine bedeutende Vorausschau, auf die die industrielle Planung Amerikas gegründet wird, erstellt werden soll.«[18]

Die kurzsichtigen Wirtschaftstheorien haben diesen Planeten in eine derart aussichtslose Lage gebracht, daß er ohne regionale Katastrophen aus ihr nicht mehr herauskommen wird. Nämlich: Hungerkatastrophen in den geburtenreichen Entwicklungsländern, Arbeitskatastrophen in den Industriestaaten.

Als sich in diesen Jahren die ersten Schwierigkeiten bei der Versorgung und Konjunktursteuerung herausstellten, wurde auch die völlige Hilflosigkeit der Wirtschaftstheoretiker deutlich. Sie kommen mit ihren alten Rezepten, die angesichts der neuen Lage geradezu lachhaft sind. Die Wirtschaftswissenschaft steht bereits vor dem Offenbarungsrichter, doch scheut sie sich noch immer, den Totalbankrott anzumelden. Und die Politiker scheuen das Eingeständnis, daß sie sich jahrelang von Wirtschaftswissenschaftlern täuschen ließen. Übrigens nicht nur, weil die Ökonomen ihre Fragmente mit einer unverfrorenen Selbstsicherheit als Weisheiten anpriesen, sondern weil alles auch so wunderbar lief . . . dreißig Jahre lang. Da wollte jeder gern dabeisein, wo es doch nur Verdienste in die Tasche zu stecken und Orden an die Brust zu heften gab.

Alles schien nur von der richtigen Organisation und Arbeitsteilung abzuhängen. So hatte Adam Smith es verkündet; und Karl Marx hatte geweissagt: Wenn man nur die Besitzverhältnisse ändere, dann würde das Paradies auf Erden bald bezogen werden können. Auf dieser Basis entwarfen in den demokratischen Staaten Parteien ihre Programme. Alles sollte erreicht werden, durch Kapitaleinsätze, Umschichtung der Steuereinnahmen und -ausgaben, durch Umorganisation der Verwaltungen und durch »Bildungsreformen«, von deren Inhalt ihre Verfechter selbst keine Vorstellung hatten, außer der, wie viele Milliarden sie etwa kosten würden. Über den mangelnden Umschlag großer Geldsummen braucht sich wohl niemand zu beklagen.

Die Wirtschaftswissenschaft muß nun erst einmal Boden unter die Füße bekommen. Statt ihre intellektuellen Spielereien auszubauen, müssen zunächst die Fundamente gelegt werden, auf denen neue Theorien aufbauen können. Eine Inventur der Bestände dieses Planeten ist vordringlich. Dabei sind die unerschöpflichen und die erschöpflichen Quellen dieser Erde völlig getrennt zu behandeln. Daß die Grundlagen jeder industriellen Produktion aus begrenzten Lagerstätten stammen, erkannten bisher nur wenige. Besonders Schweizer Wirtschaftswissenschaftler haben hier neue Daten gesetzt: Adolf Jöhr, Hans Christoph Binswanger, Emil Küng, Bruno Fritsch, fast gleichzeitig mit einigen amerikanischen und englischen Bahnbrechern. Neuerdings nimmt die Zahl der Ökonomen, die diese Probleme sehen, zu. Die Wirtschaft ist weit davon entfernt, aber auch nur bescheidene Folgerungen zu ziehen – von der Politik gar nicht zu reden.

In der Praxis gilt immer noch E. F. Schumachers Feststellung: »Die moderne Nationalökonomie hat sich nicht die Mühe gemacht, systematisch und bewußt zwischen reproduzierbaren und nicht-reproduzierbaren Grundstoffen zu unterscheiden, obwohl dieser Unterschied auf die Dauer ungleich wichtiger ist als der zwischen Einkommen und Kapital. Die Menschheit lebt unbekümmert vom Kapital der Erde und bejubelt jede Steigerung des Tempos der Ausbeutung unwiederbringlicher Lagerstätten.«[19] Überall aber, wo etwas nur in begrenzter Menge vorhanden ist, wird der Faktor Zeit ausschlaggebend. Darum muß endlich die zeitliche Dimension in alle Überlegungen einbezogen werden. Dies ist keine theoretische Frage, sondern eine Entscheidung über Tod und Leben.

Aber es geht nicht allein um die totale Ausplünderung der Erde, sondern auch um die ökologischen Schäden, die bei dieser Tätigkeit entstehen.

Zu verlangen ist, daß die Politik nicht die Anforderungen des Tages, sondern der Zukunft zur Grundlage ihrer Entscheidungen macht. Der französische Futurist Bertrand de Jouvenel kommt zu dem Ergebnis, daß alle für die Entscheidung Verantwortlichen die Mitarbeit der Vorausblickenden suchen müssen.[20] Die Politik braucht eine »Wissenschaft der Früherkennung«[21], die mit Kontroll- und Entscheidungsbefugnissen ausgerüstet sein müßte. Damit könnte »die todbringende ›Zukunftslücke‹ zwischen der Erkenntnis von Lebensgefahren und der in die Tat umgesetzten politischen Konzeption« geschlossen werden, wozu gegenwärtig keine der politischen Institutionen in der Lage ist. Klaus Müller sieht darüber hinaus das »Hauptproblem nicht einmal in der Lösung der krisenhaft sich abzeichnenden Überlebensfragen«, sondern in der Frage, »wie wir von den traditionellen, bis in die Gegenwart reichenden, in blinde ›Zuständigkeiten‹ einer Froschperspektive atomisierten Politik überhaupt zu einer solchen global verstandenen Politik kommen können.«[22] So wie die Politik heute organisiert ist, kann sie den Herausforderungen nicht begegnen; die Lücke ist zu groß, und die gegenseitige Sicht behindert. Zwar haben sich einige schon hinübergeschwungen; doch die Kommunikation mit der Masse der Zurückgebliebenen ist fast unmöglich. Denn alles, was vom Neuland der anderen Seite gemeldet wird, klingt so unwahrscheinlich und überraschend, daß es – wenn überhaupt – nur mit ungläubigem Staunen aufgenommen wird. Es klingt auch so bedrohlich und unangenehm, daß man besser nicht hinhört.

Um ganz konkret zu werden: Der größte Teil gerade unserer Politiker scheint die neuen Erkenntnisse über die Weltentwicklung zur schöngeistigen Literatur zu rechnen, mit deren Kenntnis man zwar Eindruck machen kann, die aber für politische Entscheidungen keineswegs benötigt werden. Gerade die Hirne derjenigen, die »Verantwortung tragen« und zu »Entscheidungen befugt« sind, scheinen vernebelt – anderenfalls müßte man sie für Betrüger halten. Die neuen wissenschaftlichen Prognosen wehren sie nämlich damit ab: So was könne man gar nicht wissen, es sei noch immer anders gekommen als vorausgesagt. Im gleichen Atemzug erklären dann aber dieselben Leute eben jene Zunahmeraten für unerläßlich, deren Durchrechnung zu den Katastrophenprognosen führte.

Wenn ausgerechnet die Gegner einer Aussage fieberhaft an deren

Bewahrheitung arbeiten, fällt es schwer, nicht an betrügerische Absicht zu glauben. Es sei denn, die Verantwortlichen befolgen, wie Theo Löbsack annimmt, folgende Devise: »Male keine düsteren Bilder, male nicht den Teufel an die Wand, denn das kommt nicht an, das schadet dir, das wollen die Leute nicht hören.«[23] Zwei Jahre nach Erscheinen der »Grenzen des Wachstums« mußte Dennis Meadows bitter feststellen: »Kein einziger Politiker, keine einzige politische Organisation, keine Partei, kein wichtiges Industrieunternehmen hat sich bisher anders als vor der Veröffentlichung des Alarmrufs von ›Die Grenzen des Wachstums‹ verhalten. Es ist, als ob nichts geschehen wäre, als ob wir diese Studie in unseren Schreibtischen versteckt hätten, alles blieb beim alten.«[24] Der einzige international bekannte Politiker, der die Tragweite der Probleme erkannte, Sicco Mansholt, bestätigt diese Aussage.[25]

Vielleicht kann die Welt ohne den gigantischen Selbstbetrug gar nicht mehr leben. Vielleicht hat sich die Lüge schon so tief in alle Hirne eingefressen, daß sie nicht mehr frei sind. Vielleicht ist das menschliche Großhirn direkt schuld, wie Theo Löbsack in seinem Buch ›Versuch und Irrtum – Der Mensch: Fehlschlag der Natur‹ behauptet. Dasselbe Großhirn, das uns aus allen übrigen Geschöpfen heraus und so weit über die Natur erhoben hat, daß jetzt alles von diesem Organ abhängt. Der einzige Ausweg, der nun bleibt: das Großhirn muß sich so weit ans andere Ufer schwingen, daß es nun – als letzten Schritt – des Menschen ungeheure Verantwortung für die Zukunft unseres Planeten begreift. Doch wieviel Großhirne sind groß genug, dies zu begreifen? Und wie viele sind bereit, der Erkenntnis die Tat folgen zu lassen?

Wird die Vernunft die Menschen abhalten können, ihre eigene Lebensgrundlage völlig zu zerstören? Da besteht wohl wenig Hoffnung! Denn was die Menschen heute vernichten, zum größten Teil ist das nicht ihre eigene Lebensgrundlage, sondern die ihrer Kinder und Enkel. Diese aber können »ihre Welt« noch nicht verteidigen. Was vermag ein Geisterheer von Ungeborenen schon in einer Welt, in der nicht mehr der Geist, sondern die Materie herrscht? Die höchst realen Interessen der heute bestimmenden Generation stehen im krassen Gegensatz zu den Bedürfnissen der Ungeborenen.[26]

Doch zwei Gründe für Hoffnung gibt es. Erstens, nicht alle Menschen handeln nach dem Grundsatz: Nach uns die Sintflut! Zweitens, der Freitod der Menschheit erfolgt nicht von heute auf morgen, geboren und gestorben wird kontinuierlich. Es gibt keine Grenzen zwischen

25

den Generationen, die Übergänge sind fließend. Viele von denen, die die schwerste Krise der Menschheit zu bestehen haben werden, befinden sich als Kinder und Jugendliche schon mitten unter uns. Ihnen und all denen, die heute geboren werden, wird nicht erspart bleiben, aus denselben Schüsseln zu löffeln, die wir heute leeren. Werden die Jungen, wenn sie erst zu begreifen anfangen, das noch dulden, was heute geschieht? Werden sie sich noch lange durch die jetzigen Parolen blenden oder beschwichtigen lassen, wo die Zeichen des Unheils bereits rundum sichtbar sind?

Sobald die ersten Zusammenbrüche gemeldet werden, wird uns nichts mehr möglich sein als pausenlose Katastropheneinsätze jahraus und jahrein. Wenn es auch höchst unwahrscheinlich scheint – vor allem für uns in Europa – die Katastrophen noch zu verhindern, so wollen wir doch wenigstens die Rettungsmaßnahmen vorbereiten.

Es gibt durchaus Ereignisse, die vorausberechenbar sind – auch Katastrophen. In Radevormwald in der Bundesrepublik Deutschland ereignete sich am 27. Mai 1971 folgendes: Ein vorwiegend mit Kindern besetzter Triebwagen und ein Güterzug fuhren aufgrund eines falschen Signals aufeinander zu. Die Sicht war für beide durch eine Kurve verdeckt. In der Zentrale wußte man bereits, daß die Züge aufeinander fuhren. Doch es gab kein Signal mehr, sie zu stoppen; keinen Ruf, der sie noch erreicht hätte. Aber eines konnte man tun und man tat es: Rettungsmannschaften und Feuerwehren wurden alarmiert und setzten sich zur Unglücksstelle in Bewegung, bevor das Unglück überhaupt geschehen war. Sie retteten einen Teil der Insassen – 46 Personen, davon 41 Schulkinder, waren tot.

Diese »letzte Hilfe« ist immer noch möglich, selbst wenn die Katastrophe sich als unausweichlich erweist. Der Alarm sollte ausgelöst werden, jetzt, sofort! Auch wenn Politiker protestieren, weil sie meinen, man dürfe die Bevölkerung auf keinen Fall »beunruhigen«. (Es könnte ja noch ein Wunder geschehen – und beiden aufeinander zurasenden Lokomotiven im richtigen Moment der Dampf ausgehen. Wahrscheinlich ist das nicht: Zu viele Heizer sind auf den »Zug der Zeit« aufgesprungen, um seine Geschwindigkeit noch zu steigern.)

Alles hängt demnach davon ab, ob die Politiker oder große Teile der Völker die Lage begreifen. Diese zu analysieren und Lösungen zu suchen, ist die Aufgabe, die sich dieses Buch stellt. Sollte die Antwort nicht gefunden werden, so hoffen wir wenigstens, die Rettungsmannschaften zu alarmieren. Vielleicht erreicht der Ruf auch die fahrenden Züge noch – obwohl unsere Einschätzung eher der des französischen

Dichters Eugène Ionesco nahekommt: »Ich bin ein Mensch unter drei Milliarden Menschen. Wie kann da meine Stimme gehört werden? Ich predige in einer übervölkerten Wüste. Weder ich noch andere können einen Ausweg finden. Ich glaube, es gibt keinen Ausweg.«[27]

Teil I   Der natürliche Regelkreis

Die Natur

Wodurch entstand das Leben auf unserem Planeten? Durch Energieumwandlung. Alle Energie wird zunächst von der Sonne geliefert. Diese war und bleibt die Grundvoraussetzung des Lebens auf dieser Erde. Die Erde umkreist die Sonne in einem Abstand, der ausreicht, genügend Energie zu empfangen, der aber wiederum die Strahlung nicht so groß werden läßt, daß alles versengt würde. Nach dem Stande unserer Erkenntnis wird die Sonnenenergie mit heutiger Intensität mindestens noch elf Mrd. Jahre zur Verfügung stehen.[1] Für unser Vorstellungsvermögen ist das eine endlose Zeit.

Eine ebenso unvorstellbar lange Zeit der Entwicklung liegt hinter uns. Zunächst war unser Planet von abiotischen, d. h. völlig leblosen Wüsten, wie wir sie heute noch auf dem Mond finden, und von Wasserflächen bedeckt. »Über eine lange Evolutionskette bildeten sich in klimatisch günstigen Gebieten geschlossene Pflanzendecken und schließlich Wälder, die eine gewisse Speicherkapazität besitzen. Gleichzeitig stellte sich ein Gleichgewichtszustand beim Sauerstoff- und Kohlendioxydumsatz zwischen der Luft und den Organismen ein.«[2]

Die Sonne setzte auf der Erde verschiedene Kreislaufprozesse in Gang. Diese entstanden ineinandergreifend und dürfen eigentlich nicht isoliert betrachtet werden; denn nur ihr Zusammenwirken führte zu dem Ergebnis, das wir in der Natur vor uns haben. Der sichtbarste dieser Kreisläufe ist der des Wassers. Wasser bedeckt die Erdoberfläche zu über 70 Prozent. Täglich werden durch die Sonnenenergie fast 1000 Kubikkilometer verdunstet, wovon der größere Teil als Regen wieder ins Meer fällt. Der kleinere Teil der Niederschläge verteilt sich über das Land, füllt Seen und Grundwasserbestände; der Überfluß strömt ins Meer zurück. Aus den Meeren entwickelte sich auch der Kreislauf des Sauerstoffes. Nach neuesten Forschungen begann die Photosynthese in den Blaualgenriffen bereits vor 3,7 Mrd. Jahren.[3] Die Sauerstoffatmosphäre hat sich vor 2 Mrd. Jahren herausgebildet. Die grünen Pflanzen im Meer und auf dem Festland verwandeln Wasser und Kohlendioxyd im Prozeß der Photosynthese zu Kohlehydraten und produzieren Sauerstoff. Inzwischen hat sich ein Gleichgewichtszustand von rund 20 Prozent Sauerstoff in der Luft eingestellt; 0,0053 Prozent befinden sich im 10 Grad warmen Wasser, was für die

Die Fußnoten befinden sich am Ende des Buches, S. 352.

Lebensvorgänge dort ausreicht. In den letzten 700 Mill. Jahren wurden höhere Lebensformen in all ihrer Vielfalt möglich, nachdem die Sauerstoffatmung die Gärungsatmung abgelöst hatte. »Der in der Luft vorhandene Sauerstoff wird von den tierischen Lebewesen eingeatmet, gelangt, als Häminkomplex an die roten Blutkörperchen gebunden, zu den Stellen des Körpers, wo das chemische Potential des Sauerstoffs und der ebenfalls im Blut vorhandenen Nährstoffe in die vom Lebewesen benötigten Energieformen verwandelt wird. Als ein Stoffwechselprodukt entsteht Kohlendioxyd, das beim Ausatmen an die Atmosphäre abgegeben wird. In den mit Chlorophyll belegten Chloroplasten der grünen Pflanzenzellen werden unter Aufnahme von Sonnenenergie aus dem Kohlendioxyd und Wasser . . .«[4] Damit ist auch schon der Kreislauf des Kohlendioxyds beschrieben. Es gibt weitere Kreisläufe: des Kohlenstoffs, des Stickstoffs, des Phosphors, des Schwefels u. a., die sich jeweils wieder überschneiden.

Die Pflanzen sind die »Primärproduzenten«; nur sie können aus anorganischen Stoffen organische Produkte hervorbringen. Von ihnen wird die Sonnenenergie biologisch genutzt; 0,04% davon genügen, um innerhalb von 50 Jahren 20 Billionen Tonnen organischen Materials[5] zu erzeugen.

Die nächste Stufe der lebendigen Welt wird von den pflanzenfressenden Tieren gebildet. Von diesen Pflanzenfressern und direkt von Pflanzen nähren sich wiederum andere Tierarten (auch der Mensch); einige Fleischfresser höherer Ordnung nähren sich ausschließlich vom Fleisch. Die fleischfressenden Tiere verhindern eine übermäßige Vermehrung der Pflanzenfresser. »So kreist die einmal durch die Pflanzen aufgenommene Lichtenergie in Form von organischer Materie weiter durch das gesamte Ökosystem. Am Schluß stehen die Endverbraucher, die tote Pflanzen und Tiere für ihre Ernährung nutzen und sie dabei wieder in die ursprünglichen Bestandteile – Wasser, Kohlendioxyd und Mineralsalze – zerlegen. In diesen sehr komplizierten Kreislaufprozeß ist letztlich auch der Mensch eingeordnet.«[6] In diesem Kreislauf herrscht eine in sich geschlossene Ordnung, in der alle Fäkalien, die abgestorbenen Pflanzen und die Tierleichen von Bakterien und Pilzen in die Ausgangsstoffe zerlegt werden. Nichts Verwesendes bleibt sich selbst überlassen. Für alles gibt es Organismen, die es verwerten, oder chemisch ausgedrückt: Im natürlichen Kreislauf gibt es für jedes organische Molekül auch ein Enzym, das imstande ist, es zu zerlegen. So kommt es zu selbstreinigenden Umsetzungen in der belebten Erdschicht, wie in den Gewässern. Nur weil – und solange –

das Kreislaufprinzip restlos aufgeht, ist die Dauerhaftigkeit aller Lebensvorgänge auf dem Planeten gewährleistet.

Der Ökologe Karl Heinz Kreeb entwarf in seinem 1973 veröffentlichten Aufsatz »Ökosystem« die folgende bildliche Darstellung der Kreisläufe.[7]

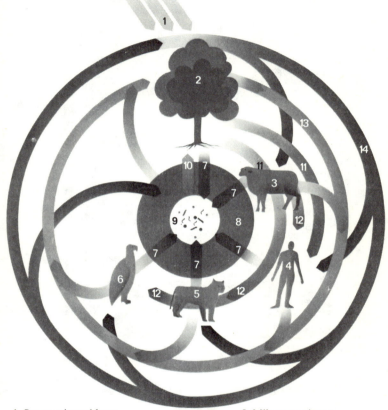

1 Sonneneinstrahlung
2 grüne Pflanzen
3 Pflanzenfresser
4 Allesfresser
5 Fleischfresser 1. Ordnung
6 Fleischfresser höherer Ordnung
7 organische Abfälle
8 belebter Boden mit Abfällen

9 Mikroorganismen
10 mineralische Nährstoffaufnahme
11 pflanzliche Nahrungsstoffe
12 tierische Nahrungsstoffe
13 CO_2-Kreislauf
14 O_2-Kreislauf
15 diffuse Energieabstrahlung

Quelle: Kreeb, Ökosystem, 751.

Eine ebenso einfache, aber stärker schematisierte Darstellung gibt der Schweizer Professor für Ökologie und Evolution, Pierre Tschumi:

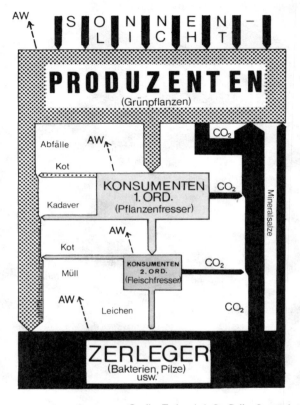

Quelle: Tschumi, 1. St. Galler Symposium, 20.

Grundschema eines Ökosystems
Das einfallende Sonnenlicht, die einzige vorerst unbegrenzte Energiequelle, löst folgende 3 ineinandergreifende gleichzeitige Abläufe aus:
1. Es befähigt die Grünpflanzen, die Produzenten in unserem Ökosystem, anorganische energiearme Stoffe auf- und umzubauen zu organischen energiereichen Verbindungen. Von diesen leben direkt (lk. Strang) und/oder indirekt (mittl. Strang) alle übrigen Organismen. Unmittelbar dienen die Pflanzen nämlich den Pflanzenfressern (Herbivoren), den Konsumenten 1. Ordnung, als Nahrung. Von diesen wiederum ernähren sich die Fleischfresser (Karnivoren), die Konsumenten 2. Ordnung, darunter der Mensch.

2. Sämtliche Abfälle und Rückstände im Ökosystem (Kot, Müll, Kadaver, Leichen usw.) werden von den sog. Zerlegern abgebaut – Bakterien, Pilzen und zahlreichen anderen Kleinlebewesen, die etwa im Humus des Bodens leben und sich von den organischen Verbindungen nähren, welche die Grünpflanzen ›erzeugen‹. Die dabei anfallenden Mineralsalze sowie das Kohlendioxyd (CO_2), das auf allen Organisationsebenen durch Atmung entsteht und freigesetzt wird (recht. Strang), werden gegenläufig von den Grünpflanzen mittels Lichtenergie wieder aufbereitet und in den Kreislauf zurückgeführt.

3. Dergestalt sind alle Vorgänge eines Ökosystems kreisförmig angelegt – nur die Sonnenenergie wird im Stoffwechsel der Organismen endgültig degradiert und geht dem irdischen Ökosystem als Abwärme (AW) unwiderruflich verloren. Die sonst gewährleistete Konstanz der Materialbestände sowie das zwischen Grenzwerten unerheblich schwankende Mengenverhältnis unter den verschiedenen sog. trophischen Ebenen der (im Schema) gewissermaßen auf der Spitze stehenden Öko-Pyramide ermöglichen prinzipiell ein unbegrenztes Fortbestehen der Kreisläufe, vorausgesetzt die Energiezufuhr bleibt ausreichend gesichert.

Aus der Masse der absterbenden und verrottenden Pflanzen konnte sich je nach Gunst der Erdkruste und des Klimas in Jahrmillionen eine mehr oder weniger starke Humusschicht auf der Erde bilden. (In einem Kubikzentimeter Humus leben etwa 5 Mill. Kleinstlebewesen!) »Der Boden, auf dem wir stehen, den wir bebauen oder den Wälder, Wiesen und Siedlungen bedecken, ist ein Friedhof des Gewesenen und zugleich die Wiege künftigen Lebens. Mit jedem Atemzug und jedem Bissen Brot verleiben wir uns ein, was vor uns unzählbaren Organismen ihr Dasein ermöglichte.«[7] Soweit der Ökologe Gerhard Helmut Schwabe, der in seinem Buch ein komplizierteres Modell des Ökosystems von H. Ellenberg wiedergibt. (s. nächste Seite)

Für jede noch so extreme Bodenbeschaffenheit, Witterung, Höhenlage, Sonnenbestrahlung entwickelten sich Arten, die für die Inbesitznahme gerade dieses Gebietes geeignet waren.[8] Das reichhaltigste Leben entsteht dort, wo eine Vielfalt von Arten zusammenwirkt. Jede Art versucht, einen möglichst großen Anteil des Lebensraums für sich zu erobern, stößt aber auf natürliche Grenzen und auf die anderen Arten. Die Nahrung reicht dann nicht mehr aus. Oft hat eine Lebensform die Aufgabe, einer anderen den Weg zu bahnen. So bilden sich ökologische Gleichgewichtszustände heraus, die um so beständiger bleiben, je mehr Arten dabei vertreten sind. Ein Musterbeispiel solcher Vielfalt ist der tropische Regenwald.

In Hunderten von Millionen Jahren ist die Mannigfaltigkeit des Lebens ständig gewachsen, wenn einzelne Arten auch untergegangen sind. »Global herrscht im gesamten belebten Raum, der sogenannten

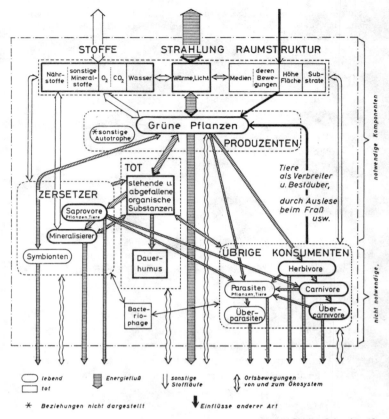

Quelle: Schwabe, 43.

Ökosphäre, eine allgemeine Entwicklungstendenz: Die Vielfalt der Arten nimmt zu, und damit steigt die Stabilität des Systems.«[9] Heute ist das wichtigste Merkmal der Ökosphäre ihr hoher Organisationsgrad. Sie setzt sich aus zahllosen ökologischen Untersystemen zusammen, die selbst wieder Eigenorganisation aufweisen und in noch kleinere Systeme gegliedert sind. Jedes dieser Untersysteme umfaßt Populationen verschiedener Art, die in enger Wechselbeziehung zueinander und zu ihrer abiotischen (leblosen) Umwelt stehen.[10] So ist in der Ökosphäre im Laufe der Evolution der Organisationsgrad ständig langsam gestiegen. Für den Aufbau lebender Materie in der Ökosphäre ist eine ständige Energiezufuhr erforderlich, weil die komplizierten organischen Verbindungen hochenergetisch sind und nur durch den Energieumsatz der Lebensvorgänge aufrechterhalten werden können.

Der Schweizer Physiker und Chemiker Werner Kuhn schätzte 1963 die von allen Lebewesen der Biosphäre jährlich erzeugte Energie auf 100 000–200 000 Billionen Kilokalorien (Kk). In diesem Biosystem stehen Materieumsatz und Energieumwandlung im Einklang mit der Sonneneinstrahlung, von der ein Teil als Wärme wieder diffus in den Weltraum abgestrahlt wird. »Der Energieumsatz läuft insgesamt gesehen so, daß sich die mittleren Temperaturen auf der Erde, langfristig berechnet, nicht ändern.«[11]

Die Natur arbeitet unwahrscheinlich ökonomisch; mit geringstem Aufwand erreicht sie ein hohes Maß an Effektivität. Sie benötigt wenig Energie und wenig Materie. Dieser Sparsamkeit bei den Umwandlungsvorgängen verdankt sie ihre außerordentliche Dauerhaftigkeit. Die Natur läßt sich bei allen Vorgängen riesig viel Zeit. Wenn ihre Grundprinzipien auch höchst einfach sind, so ist sie andererseits doch so vielfältig und verwirrend organisiert, daß bis vor kurzem von der Wissenschaft immer nur Teilaspekte erfaßt wurden – ganz selten der große Zusammenhang. Man hielt das störungsfreie Arbeiten der Natur für so selbstverständlich, daß man es nicht für nötig erachtete, sich damit überhaupt zu befassen. Während man sehr früh einzelne Arten und Aspekte bis in alle Feinheiten erforschte, hat man das großartige Zusammenwirken alles dessen, was lebendig ist, erst in den letzten Jahren näher untersucht. Erst unter dem Schock erster Störungen des Gleichgewichts der Natur begannen mehr Menschen, sich mit der Natur als Ganzem zu befassen. Erst jetzt spricht man in der Öffentlichkeit allenthalben von »Ökologie«, obwohl Ernst Haeckel diesen Begriff schon 1866 verwandt hatte. Ökologie ist die »Haushaltlehre von der Natur« oder die »Ökonomie der gesamten Natur«.[12]

Die Entwicklung der Natur zu immer neuen, differenzierteren und höheren Lebensformen ist nur möglich, weil sie ein gnadenloses Ausleseprinzip anwendet. Nur die jeweils kräftigsten und der Umgebung angepaßten Organismen überlebten, wie wir seit Charles Darwin wissen. Die Zweigeschlechtigkeit der Lebewesen ermöglichte eine solche Vielzahl von Kombinationen der Erbsubstanzen, daß nur die geeignetsten »Treffer« aus diesen Kreuzungen jeweils zu überleben brauchten. Die Natur arbeitet nach dem Prinzip: Das Individuum ist unwichtig, die Art wird erhalten und entwickelt. »Trotz ständigem individuellen Werden und Vergehen bleibt das Ganze potenziell, d. h.

ohne äußere Eingriffe, als übergeordnete strukturelle und funktionelle Einheit erhalten.«[13] Mutationen der Erbanlagen führen dazu, daß die Art sich ihrer Umwelt immer besser anpaßt. Aber auch die geeignetsten Arten verfallen dem Tode, wenn ihnen durch äußere Umstände die Lebensbedingungen entzogen werden – oder wenn sie sich so übermäßig vermehren, daß sie ihre eigene Lebensbasis aufzehren. Keine Art behält für längere Zeit allein die Oberhand.

Der Tod sorgt für das Gleichgewicht. Er muß dafür sorgen, da in allen Lebewesen ein unbewußter Wille zum Leben und zur Vermehrung mächtig ist. Dieser Trieb ist so rücksichtslos und so radikal, daß nur ein ebenso mächtiges Prinzip das Gleichgewicht in der Natur aufrechtzuerhalten vermag. Darum gehören Leben und Tod untrennbar zueinander.

Der Mensch in der Natur

Der Mensch ist von keinem Naturgesetz ausgenommen. Für ihn gelten die gleichen Abhängigkeiten wie für höhere Tiere. Er hat den gleichen Stoffwechsel. Wie sie braucht er Luft zum Atmen, Wasser zum Trinken, Nahrung zur Erhaltung der Körperenergie. Gegenüber diesen Primärbedürfnissen ist alles andere zweitrangig. Der Mensch ist den »ökologischen Gesetzmäßigkeiten unterworfen, die sich, wenn er nicht über vernünftige Planung von selbst zu einem Ausgleich mit sich und der Umwelt kommen sollte, aufgrund biologisch-ökologischer Regulationsmechanismen unbarmherzig gegen ihn richten würden«.[14]

Wie vielfach dargestellt, ist der Mensch für den Kampf ums Dasein besonders schlecht ausgestattet. Diesen Nachteil mußte er durch geistige Kräfte kompensieren und er erreichte dies auch. In den letzten fünf Millionen Jahren der Erdgeschichte sammelte und erjagte sich der Mensch seine Nahrung die längste Zeit wie die anderen Raubtiere auch. Er wagte sich allerdings an immer größere Tiere heran, die er nur mit Klugheit und bei Zusammenarbeit in der Horde erlegen konnte. Trotzdem blieb die Überlegenheit des Menschen auch die letzten Hunderttausende von Jahren in engen Grenzen. Er stellte sich zwar Handwaffen und schützende Behausungen her und nahm schließlich einige Tiere in seinen Dienst. Dies hob ihn aber nur sehr langsam aus der Gemeinschaft der übrigen Lebewesen heraus, somit störte er das natürliche Gleichgewicht noch nicht. Es bildete sich im Gegenteil eine enge Gemeinschaft des Menschen mit dem Tierreich heraus.[15] Das Tier war der mächtige Partner des Altsteinzeitmenschen.

»Der Wilde behandelt alles in seiner Umgebung, Tier, Baum, Fluß usw., als ob es mit Bewußtsein begabt wäre. Zwar dient ihm der Bock als Nahrung, doch betrachtet er das lebende Tier nicht ausschließlich in seiner Funktion als Nahrungsmittel. Die Umgebung des Wilden wimmelt von beseelten Wesenheiten.«[16] Es hat Völker und Stämme gegeben, die in völliger Harmonie mit der Natur lebten. Meist sind uns darüber keine Selbstzeugnisse erhalten, da diese Menschen zur mündlichen und schriftlichen Wiedergabe ihrer Gedanken nicht imstande waren. Ein eindrucksvolles Zeugnis vermittelte uns Henry A. Smith, der die Rede des Indianerhäuptlings Seattle beim Abschluß eines Vertrages mit dem Gouverneur Isaac Stevens wiedergibt: »Es gab eine Zeit, da unser Volk das ganze Land bedeckte, wie die Wellen der winddurchwühlten See seinen muschelgepflasterten Boden bedecken, aber diese Zeit ist lange vorbei, die Größe der Stämme ist heute fast vergessen. Ich will nicht bei unserem frühzeitigen Niedergang verweilen, nicht klagen oder meinen bleichgesichtigen Brüdern vorwerfen, daß sie diesen Niedergang beschleunigt haben, weil auch wir vielleicht Verantwortung tragen . . . Wir sind zwei verschiedene Rassen und müssen es immer bleiben, uns trennt der Ursprung und uns trennt das Schicksal. Wir haben wenig gemeinsam. Uns ist die Asche unserer Ahnen heilig, und ihre letzte Ruhestätte ist geweihter Boden, während ihr fern von den Gräbern eurer Ahnen weilt und es nicht zu bedauern scheint . . . Unsere Toten vergessen niemals diese schöne Welt, die sie erhielt. Sie lieben noch immer die sich windenden Flüsse, die hohen Berge und die einsamen Täler . . . Jeder Teil dieses Landes ist meinem Volke heilig. Jeder Hügel, jedes Tal, jede Ebene und jedes Gehölz ist durch eine liebe Erinnerung oder eine traurige Erfahrung meines Stammes geweiht. Selbst die Felsen, die dumpf in der sengenden Sonne am schweigenden Strand in einsamer Größe zu liegen scheinen, sind erfüllt mit Erinnerungen an vergangene Ereignisse, die mit dem Leben meines Volkes verbunden sind . . . Selbst der Staub unter euren Füßen erwidert unsere Schritte liebevoller als eure, weil es die Asche unserer Ahnen ist, und unsere bloßen Füße sind sich der teilnehmenden Berührung bewußt, denn der Boden ist angefüllt mit dem Leben unserer Rasse.«[17] Dieser gebildete Indianer stellte auch noch folgende Betrachtung an: »Eure Religion schrieb ein zorniger Gott mit Eisenfingern auf Steintafeln . . . Unsere Religion ist die Tradition unserer Ahnen – die Träume unserer Alten, die ihnen der Große Geist in den feierlichen Stunden der Nacht gab ... Und sie ist in die Herzen unseres Volkes eingeschrieben.«[18]

Aber auch die Navajo-Indianer in dem geographisch völlig anders beschaffenen Südwesten der Vereinigten Staaten erklärten noch vor einigen Jahrzehnten in einer Eingabe an die Regierung: ». . . bevor wir geboren wurden, schlossen die weißen Männer und unser Volk einen Vertrag. In dem Vertrag stand, daß dieses Gebirge immer uns gehören sollte, so daß wir mit ihm leben könnten. Dieses Recht wurde uns verliehen, auf daß alle Navajos im Einklang mit der Bergerde leben könnten und im Einklang mit dem Blütenstaub aller Pflanzen. Alle Navajos leben im Einklang mit ihnen.«[19]

»Wohl bei kaum einer anderen Völkergruppe war der Zusammenklang von primitivem Jägertum, einfacher Lebensweise und starker Verbundenheit mit der Natur erfolgreicher als bei den Indianern«, stellt H. Wendt dazu fest.[20] Das mitfühlende Weltverständnis wurde aber auch von der buddhistischen und taoistischen Kultur entwikkelt.[21]

Die nächste Wirtschaftsstufe des Menschen besteht in der Bebauung des Bodens zum Zwecke der Ernte. Sie verrät schon einen neuen Zeitbegriff. Die Arbeit wurde vorausschauend für ein ganzes Jahr verrichtet; sie war das Ergebnis langfristiger Überlegungen. Wir weigern uns zu Recht, die Tätigkeit der Tiere »Arbeit« zu nennen; es sei denn, daß der Mensch sie arbeiten läßt, indem er sie eigens für seine Zwecke »einspannt«. Der Mensch grübelte zuerst darüber, was er erreichen wollte – für dieses Ziel arbeitete er.

Mehrere hundert Millionen Jahre lang hatte nur die Natur produziert ($P = N$), und die wenigen Menschen hatten sich als »Sammler« aus ihrem Überfluß versorgt. Nun versuchten sie durch Züchtung und Landbearbeitung das Ergebnis der Natur zu steigern und vorauszuplanen. Dies war der Beginn der menschlichen »Wirtschaft«; von nun an wurden Resultate durch Arbeit erreicht. Das Produkt besteht nunmehr aus Natur + Arbeit ($N + A$):

$$P = N + A$$

So blieb es einige zehntausend Jahre. Der Landbau, verbunden mit einigen handwerklichen Fertigkeiten, bildete die Wirtschaftsform des Menschen. Auch sie stand noch in beinahe völligem Einklang mit der Natur. »Selbst als der Mensch die Fähigkeit erlangte, in bestimmtem Maße auf seine Umwelt einzuwirken, blieben diese Einwirkungen infolge seiner geringen Zahl, seiner lokal begrenzten Verbreitung und der Schwäche seiner Techniken lange Zeit unbedeutend. Verglichen mit den sehr eindrucksvollen Spuren, die schon verhältnismäßig bescheidene Konzentrationen von Elefanten oder Nilpferden in ihren Lebensräumen zurücklassen, oder mit den weitverbreiteten und drastischen Veränderungen, die sogar Kaninchen ... in der Landschaft Groß-Britanniens verursachten, müssen die Einwirkungen des Menschen auf die Natur für viele Jahrtausende als ganz unbedeutend angesehen werden – sogar wenn man sie nur im Rahmen der Einwirkungen von Lebewesen betrachtet.«[22] Erst mit dem Feuer bekam der Mensch eine zerstörende Kraft in die Hand, die sich schon bei der vorsätzlichen Anwendung zur Rodung der Wälder verheerend auswirkte. »Die Anwendung und Beherrschung des Feuers muß deshalb als der erste Fortschritt der menschlichen Technik angesehen werden, der einen groben Eingriff in die Umwelt ermöglichte.«[23]

Im übrigen arbeiteten die Bauern bis vor 100 Jahren noch überall auf der Erde im natürlichen Regelkreis: Ein Bauernhof erzeugte so gut wie keine Abfälle. Er arbeitete nur mit menschlicher und tierischer Energie. Diese wurde durch die auf eigenem Boden gewachsene Nahrung erzeugt, und die menschlichen wie die tierischen Abfälle wurden wieder als Stallmist und Jauche auf die Fluren gebracht. Die angebauten Pflanzenarten und die gehaltenen Tiere waren so gemischt, daß man von jedem etwas hatte. Als Baumaterial diente vorwiegend das Holz des eigenen Waldes. Durch gute Bodenbearbeitung und Züchtung wurde in Mitteleuropa schon ein beträchtlicher Überschuß an Nahrung erzielt. Dafür konnten bereits der Schmied, der Müller, der Bäcker, der Spengler, vielleicht sogar der Schneider und andere Spezialhandwerker in Anspruch genommen werden; bei schweren Krankheiten auch der Arzt. Und es blieb noch etwas für den Staat und für die Kirche übrig.

Erst vor etwa 200 Jahren brach ein Teil der Menschheit einen ebenso gigantischen wie rücksichtslosen Eroberungskrieg gegen die wehrlos gewordene Natur vom Zaun. Sie wurde plötzlich nur noch als Objekt der Ausbeutung gesehen. Nun mutet sich diese Art von Lebewesen als einzige zu, »die ganze unübersehbare Mannigfaltigkeit des Lebendigen nach eigenem Ermessen zu handhaben«.[24] Der hochzivilisierte Mensch in seinem Siegesrausch fühlt sich der Natur nicht mehr zugehörig und will schließlich an seine Kreatürlichkeit ebensowenig erinnert sein wie an seinen Tod.

Der Mensch und der Raum

Der Mensch lebte wie andere Lebewesen fast die ganze Zeit seiner bisherigen Geschichte in einem abgegrenzten natürlichen Raum und von einem solchen Raum! Diesen betrachtete er als den Besitz seiner Familie oder Sippe. Darin besteht kaum ein Unterschied zu vielen Tierarten. Denn schon einzelne Vogelpaare haben ebenso wie viele Vierbeiner einen bestimmten Raum inne, den sie als den ihren betrachten.[25] Landbesitznahme ist also keine Erfindung des Menschen. Nicht nur die seßhaften Völker haben ihr Territorium. Selbst Nomaden betrachteten den jeweiligen Raum eine Zeitlang als den ihrigen. Der Unterschied zu den seßhaften Völkern bestand nur darin, daß sie weiterzogen, wenn die Natur erschöpft war oder ihnen das Gebiet nicht mehr zusagte; Raum gab es genug. Die Nomaden waren verschiedentlich schon Umweltverderber. Es gibt einige Stämme und Völker, die nie ein stabiles Verhältnis zu ihrer Umwelt gefunden haben. Nicholson charakterisiert diese Haltung: »Ein großer Teil der produktiven Erdoberfläche, die sich unter der Herrschaft der Viehzüchter befindet, ist eine Zone im Zwielicht. Es ist dies kein vom Menschen planmäßig umgestaltetes Gebiet, aber es befindet sich auch nicht in seinem natürlichen Urzustand. Es ist Land, das seit Jahrhunderten oder sogar Jahrtausenden blind und zu seinem Nachteil von einem Menschentyp verändert wird, der sehr nahe der Natur lebt und sie doch ständig rücksichtsloser schädigt als nahezu alle anderen. Beduine oder Gaucho, Cowboy oder Hochland-Schafhirt, Rancher oder Kosak – die Internationale der Viehzüchter ist sich einig. Sie lebt nach einer Uhr, die längst abgelaufen ist. Das Opfer ist unsere Erde.«[26] Erst die seßhaften Bauern mußten größtes Interesse daran haben, ihren natürlichen Lebensraum auf Dauer zu erhalten und zu pflegen. Jede intensivere »Kultivierung« des Landes mußte die Kultivierung des Eigentumsbegriffes zur Folge haben.

Rousseau irrte nie so gründlich wie mit seiner Feststellung: »Der erste, dem es in den Sinn kam, ein Grundstück einzuhegen und zu behaupten: dies gehört mir, und der Menschen fand, die – einfältig genug – ihm glaubten, war der eigentliche Gründer der bürgerlichen Gesellschaft. Wie viele Verbrechen, Kriege, Mordtaten, Elend und Niederträchtigkeiten hätte der Mann dem Menschengeschlecht erspart, der die Pfähle herausgerissen, den Graben eingeebnet und seinen Mitmenschen zugerufen hätte: ›Hütet euch, diesem Betrüger zu glauben! Ihr seid verloren, wenn ihr vergeßt, daß die Früchte allen gehören und die

Erde niemandem!‹«[27] Das Gegenteil ist richtig. Eine Übereinkunft über den territorialen Besitzstand war geradezu lebensnotwendig. Was wäre denn geschehen, wenn es zu keiner Abgrenzung gekommen wäre? Dann hätten alle dorthin gedrängt, wo die besten Lebensbedingungen, die besten Früchte ohne Arbeit oder das fruchtbarste Land zur Bestellung zu finden gewesen wären. Darum hätte es Mord und Totschlag gegeben. Daß dies die schlechteste Lösung sein mußte, wußten schon die Tiere! Je seßhafter die Menschen wurden und je mehr Geräte und Baulichkeiten sie sich herstellten, um so mehr mußte ihnen daran gelegen sein, ihren Raum rechtlich anerkannt zu wissen. Wer das schlechteste Land besaß, dem mußte dies lieber sein, als überhaupt keins zu haben; er lief auch geringere Gefahr, daß es ihm jemand zu nehmen versuchte.

Die Aufteilung des Territoriums hatte den weiteren Vorteil, daß jede Gemeinschaft wußte, wieviel ihr zum Leben zur Verfügung stand und daß sie mit dem Vorhandenen auskommen, es also pfleglich behandeln mußte. Man wußte auch, daß man den Raum nicht übervölkern durfte; es sei denn, es wären noch genügend unbewohnte Lebensräume oder Bereitschaft vorhanden gewesen, sich solche mit Gewalt anzueignen. Diese konnten auch »über See« liegen; infolgedessen sind besonders die fruchtbaren Küstenstreifen am frühesten besiedelt worden: Meere verbinden.

Wie steht es nun mit der gemeinsamen Benutzung eines begrenzten Landstriches, wie es sie als gemeinsame Viehweide, »Allmende« genannt, in verschiedenen Gebieten Europas lange Zeit gegeben hat? Garett Hardin hat in seiner schon klassisch gewordenen Studie »Die Tragik der Allmende« (1968) das Problem dargestellt.[28] Das System der Allmende funktioniert nur so lange, wie jeder Viehbesitzer stets die gleiche Zahl von Tieren auf die Weide schickt. Sobald ein Viehhalter – ob er nun von Adam Smith gehört hat oder nicht – sich fragt: »Was nützt es mir, wenn ich meiner Herde ein weiteres Stück Vieh hinzufüge?«, kommt er zu folgender Überlegung:

1. Die positive Komponente besteht in der Funktion der Hinzufügung eines Stückes Vieh. Da der Viehhalter den ganzen Erlös vom Verkauf eines zusätzlichen Tieres erhält, beträgt der positive Nutzwert fast plus 1.

2. Die negative Komponente besteht in der Funktion der zusätzlichen Abgrasung durch ein weiteres Stück Vieh. Da nun die Auswirkungen des Abgrasens alle Viehhalter betreffen, beträgt der negative Nutzwert für den einzelnen Viehhalter nur einen Bruchteil von minus 1.

Wenn er seine anteiligen Nutzwerte addiert, wird der rational denkende Viehhalter zu dem Schluß kommen, es sei für ihn das einzig Vernünftige, seiner Herde ein weiteres Tier hinzuzufügen und noch eins und so weiter. Aber zu diesem Schluß wird jeder rational denkende Viehhalter bei freier Nutzung der Allmende kommen, und darin liegt die Tragödie. Der einzelne ist in ein System eingeschlossen, das ihn drängt, seine Herde in einer begrenzten Welt unbegrenzt zu vergrößern. – Indem die Individuen einer Gesellschaft, die an die freie Nutzung der Gemeingüter glaubt, ihre eigenen Interessen verfolgen, bewegen sie sich in Richtung auf den Ruin aller.«[29]

Die Folgerung ist: Alle Dinge, die niemandem gehören, werden von allen sehr gern benutzt, aber von niemandem gepflegt. Das beweisen heute die Weltmeere. Weil sie frei sind, holt jedes Land soviel wie möglich heraus mit der Folge, daß eine Fischart nach der anderen vernichtet wird. Die Meere werden als erster Naturbereich der globalen Vernichtung anheimfallen; es sei denn, man teilt sie auf die einzelnen Staaten auf, die dann auch ein Interesse daran haben werden, ihren Anteil für dauernd produktionsfähig zu erhalten.

Eine Übereinkunft von Lebewesen über die Aufteilung des vorhandenen Lebensraumes ist die Voraussetzung für die Erhaltung ihres eigenen Lebens wie des Lebens der Natur, von der sie leben.

Den ersten entscheidenden Schritt aus diesen (vom natürlichen Raum her noch völlig übersichtlichen) Verhältnissen heraus tat der Mensch, als er die ersten Städte baute. Diese waren nur in fruchtbaren Landstrichen lebensfähig, in denen ein Stand der Technik erreicht war, der Überschüsse aus der Bewirtschaftung des Landes und deren Transport in die Städte zuließ. Nur damit konnten die städtischen Handwerker, Krieger, Staatsbediensteten und Kaufleute ernährt werden.

Solange der Mensch allein von der Natur lebte, war für eine gesunde Verteilung der Bevölkerung über das Land gesorgt. Nachdem der Mensch den Transport erfand und lernte, wie er auch von anderen Tätigkeiten leben könnte, setzte eine unnatürliche Konzentration von Menschenmassen ein. Diese mußten zwangsläufig die enge Bindung an die Natur verlieren. Mit den Städten entstanden die ersten Umweltprobleme, da die räumliche Enge den natürlichen Kreislauf nicht mehr zuließ, für technische Lösungen aber oft noch die Voraussetzungen fehlten. Diese schon im Altertum existierenden Probleme beschreibt der Ökologe Hans Liebmann in seinem Buch »Ein Planet wird unbewohnbar«.

Mit den Städten begann allerdings auch die menschliche Geschichte,

44

die eine Stadtgeschichte ist, wie Oswald Spengler sehr richtig dargestellt hat. Die kulturellen Leistungen der Völker entstanden in Städten, die allerdings längst nicht den heutigen Massenkonzentrationen
entsprachen. Mit der Stadtkultur begann aber auch eine neue Art von
Verteilungskampf unter den Menschen.

Früher waren die Verhältnisse klar. Man wußte, daß man von den
Erzeugnissen des eigenen Landes oder Wassers leben mußte. Von der
jährlichen Ernte hing die Versorgung für das ganze Jahr ab. War sie
schlecht, dann hatte es keinen Sinn, irgendwelche Instanzen zu ver-
dächtigen, daß sie an der Lage schuld seien. Dann konnte man nur
beten und versuchen, sich selber über das Jahr hinweg zu helfen.

Mit der Stadt-Land-Trennung mußte es automatisch strittig werden,
welches der gerechte Anteil für jeden war; denn jeder Stand ging einer
anderen Beschäftigung nach, und es wird immer schwierig sein, diese
gerecht zu bewerten. Im Zweifelsfall bekommt nicht der Stand einen
Vorteil, der die größte Leistung für die Gemeinschaft erbringt, sondern derjenige, der die größere Gewalt anwenden kann, die Krieger
also. Diese Unübersichtlichkeit wuchs mit der Zunahme der Technik,
des Handels und des Verkehrs. Von dieser Entwicklung wurden in der
Neuzeit immer mehr Völker ergriffen. In den Städten, wo Arbeit allein
schon die Lebensbasis ausmachen kann, entsteht das Proletariat.
Wenn man nicht mehr jeder Familie ein Stück Land geben kann, wird
die von der Natur gezogene sinnvolle Einteilung überschritten. Damit
beginnen die Probleme des vertikalen Verteilungskampfes; denn der
Mensch durchschaut die Wirtschaft nicht mehr. Der Demagogie sind
Tür und Tor geöffnet, was schließlich zu Bürgerkriegen und auch
äußeren Kriegen führt. Diese Entwicklung ging mit Verstädterung
einher.

Die höchst sinnvolle und notwendige Art von Eigentum ist die des
Besitzes von Grund und Boden. Das Eigentum an Kapital ist undurchsichtig, folglich nicht ohne weiteres verantwortbar; außerdem hat es
das Bestreben, sich stets zu vermehren, was zu den verschiedenen
Formen der Ausbeutung führt. Marx übertrug seine Erkenntnisse über
die Übel des Kapitals auf jede Art von Eigentum. Die Folge war, daß
bei jeder kommunistischen Revolution gerade das Eigentum weggenommen wurde, welches das allersinnvollste war, das der Bauern. Die
vielen negativen Folgen sind bekannt. Der Kommunismus hatte nie
Erfolg mit der Landwirtschaft; noch 55 Jahre nach der Oktober-Revo-
lution muß die Sowjetunion im Westen Getreide kaufen. In der
Industrie dagegen hat sie durchaus dem Westen vergleichbare Erfolge

aufzuweisen, wenn man die kürzere Zeit der technischen Realisation berücksichtigt.

Die Enteignung des Bodens hatte nur negative Folgen; die Enteignung des Kapitals dagegen überhaupt keine. Wenn er ökonomischen Erfolg haben wollte, mußte der Staat nämlich haargenau so verfahren wie der Privatkapitalist. Aktien sind Anteile auf Teilnahme an der Ausbeutung der Erde. Diese Anteile sind völlig unabhängig vom Landbesitz. Der Inhaber hat aber weder Einfluß auf die betriebliche Tätigkeit noch eine Vorstellung davon, was mit seinem Anteil wirklich geschieht. Die Wirtschaft wird immer anonymer, genau wie der Staatsapparat.

Dennoch wußten die meisten Völker noch bis zum 20. Jahrhundert, daß sie auf Gedeih und Verderb auf ihr Territorium angewiesen waren. Daß sie daraus ihren Lebensunterhalt erwirtschaften oder darben mußten, war unbestritten. Erst im 20. Jahrhundert geht die Spezialisierung ganzer Völker soweit, daß sie ohne Güteraustausch nicht mehr lebensfähig sind. Damit ging aber auch alles Gefühl für die Bedeutung des Raumes und seiner Besiedelungsdichte verloren. Den nun schon auf Milliarden angewachsenen Einwohnern der Städte ist jeder Sinn für reale Zusammenhänge und die Lebensgrundlage abhanden gekommen. Sie entdeckten die Welt erst zu Ende der sechziger Jahre als verschmutzte Umwelt wieder. Dies aber ist nur ein kleiner Teilaspekt der modernen Welt; gegenüber all den anderen bedrohlichen Aspekten sind die Menschen noch immer blind und werden weiter blind gehalten.

Wie konnte es geschehen, daß der natürliche Regelkreis auf dem größten Teil unseres Planeten durch die menschliche Wirtschaft in den Hintergrund gedrängt wurde? Und wie konnte es soweit kommen, daß auch das Bewußtsein für seine Gesetze fast völlig verlorenging? Weil die heutigen geschichtslosen Bewohner dieses Planeten nicht einmal mehr die letzten 200 Jahre überblicken, geschweige darüber hinaus denken. Damit sind wir beim eigentlichen Thema. Dem Prozeß der Industrialisierung.

Teil II   Der künstliche Produktionskreis

1. Die Grundstoffe

> *Die Spezies Mensch ... begnügt sich nicht mit dem, was sie findet, sondern schafft Neues, sie beschränkt ihr Tun nicht auf ihre physiologischen Möglichkeiten, sondern vervielfacht ihre Körperkräfte ins Unendliche. So konnte es ihr gelingen, die Gleichgewichtszustände in der Natur zu zerstören, und zwar sehr rasch.*
>
> *François de Closets*

Unter »Grundstoffen« verstehen wir all jene Materialien, die im natürlichen Regelkreis ziemlich bedeutungslos waren, inzwischen aber die Grundlage der industriellen Produktion der letzten 200 Jahre bilden. Das englische Wort »Ressourcen« ist eine sehr schlechte Bezeichnung für diese Stoffe; das »re-« erweckt den Eindruck, als erneuerten sie sich ständig. Die deutsche Übersetzung von Ressourcen als »Hilfsquellen« ist ebenso falsch; denn diese Bezeichnung täuscht vor, man könne sich ihrer hilfsweise bedienen oder es auch lassen. Darum wäre der Ausdruck »Primärquellen« richtiger; denn diese Rohstoffe müssen erst einmal vorhanden sein, damit eine industrielle Produktion beginnen kann. Aber auch der Begriff »Quelle« vermittelt noch immer falsche Vorstellungen: eine Quelle fließt unentwegt. Da es sich hier jedoch um einmalige kaum erneuerbare Stoffe handelt, ist der Begriff »Grundstoffe« sicherlich der treffendste. In dem Wort »Grundstoffindustrie« wird diese Bezeichnung bereits seit langem verwandt.

Wegen der Kostbarkeit dieser Vorkommen werden die Grundstoffe in der deutschen Sprache gar als »Bodenschätze« bezeichnet. Wir unterscheiden solche, die Energie liefern, und alle übrigen Rohstoffe, die verschiedensten Zwecken dienen.

Die Fußnoten befinden sich am Ende des Buches, S. 352–354.

Energie

Der Ausbruch des Menschen aus dem natürlichen Regelkreis der Sonnenenergieverwertung begann wahrscheinlich mit der Entdeckung des Feuers. Erst als er dieses beherrschen lernte, entfernte er sich von den übrigen Lebewesen. Aus dem Feuer wurde das Pulver und mittlerweile das atomare Feuer, durch das die Erde im Nu vernichtet werden könnte, verlöre der Mensch auch nur für kurze Zeit die Kontrolle über diese Macht. Wir kommen darauf noch zurück.

Im Laufe der Jahrtausende lernte der Mensch zunächst sehr langsam, mit dem Feuer immer bessere Waffen und Werkzeuge zu schmieden. Mit dem Holz stand genügend Brennstoff zur Verfügung, solange die Zahl der Menschen klein blieb. Mit der wachsenden Zahl der Erdbewohner und dem ansteigenden Energiebedarf hätte das langsam nachwachsende Holz nicht mehr Schritt halten können. Auch die natürlichen Energien von Wasser und Wind reichten nicht aus; sie liefern heute nur noch einen Bruchteil unseres Verbrauchs.

Größere Mengen wirksamerer Energie konnte erst die Kohle liefern, deren regelmäßiger Abbau im 12. Jahrhundert in England begann. Damit wurde auch die hüttenmäßige Verarbeitung der Erze möglich, womit das Eisenzeitalter in voller Breite einsetzen konnte. Mit dieser ersten industriellen Verwendungsart wurde – nicht anders als beim Heizen der Häuser – jedoch nur die unmittelbare Wärmeenergie genutzt, die bei der Verbrennung entstand.

Die Umsetzung der Kohle in vielseitig verwendbare Energie begann im großen Stil erst mit der Erfindung der doppelt wirkenden Dampfmaschine durch James Watt im Jahre 1782. Vor allem der Verkehr bekam damit den ersten gewaltigen Anstoß; Dampfschiffe und Eisenbahnen konnten betrieben werden. Die Vervielfachung der Anwendungsmöglichkeiten dieser neuen Energiequelle wurde in dem Augenblick möglich, als mit der Dampfmaschine auch Elektrizität erzeugt werden konnte; denn diese kann an jeden beliebigen Ort in jeder beliebigen Menge geliefert werden – sobald Leitungen gelegt sind. Diese Einschränkung gilt bis auf den heutigen Tag. Da, wo mobile Energiequellen nötig sind, für den Verkehr zu Lande und zu Wasser, wurde daher die Dampfmaschine bald durch den Benzin- und Dieselmotor ersetzt. Das Erdöl erwies sich hier als ausgezeichneter Energieträger, der in jeder nötigen Menge mitgeführt werden konnte. Erst daraufhin wurde der Luftverkehr möglich.

Die vielseitigen Anwendungsmöglichkeiten von Elektrizität und Erdöl, auch für jeden Privatmann, hatten den gewaltigen Anstieg des Energieverbrauchs zur Folge, den folgende Kurve zeigt, die zugleich den wachsenden Anteil des Erdöls sichtbar macht.

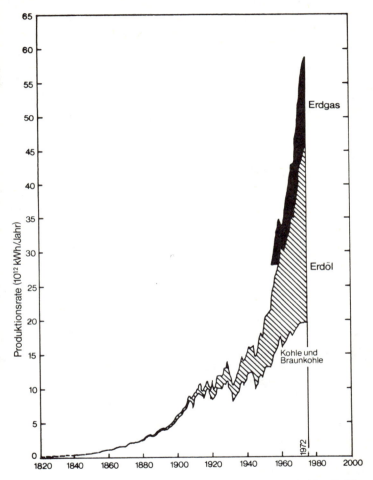

Weltproduktion von Wärmeenergie aus Kohle und Braunkohle, Erdöl und Erdgas bis 1972.

Quelle: Cloud, 194, ab 1961: UNO Statistical Papers, Ser. J No. 15 und 17, World Energy Supplies. Erdgas 1955 bis 1960: Minerals Yearbook; vor 1955 waren keine genauen Verbrauchszahlen zu bekommen.

Der Erdölverbrauch hat von 1890 bis 1973 jährlich um 6,9 Prozent zugenommen, was einer Verdoppelung alle zehn Jahre gleichkommt. Wenn man das neu hinzugetretene Erdgas berücksichtigt, dann hat dieses mit dem Rohöl zusammengenommen einen Anteil von etwa 60 Prozent der Gesamtenergie erreicht. Der allergrößte Teil der geförderten fossilen Brennstoffe wurde allein nach dem II. Weltkrieg verbraucht. Was bedeutet diese Steigerung der Weltenergieproduktion? Der Mensch verbraucht im Welt-Durchschnitt 2400 Nahrungskalorien täglich, das sind 2,8 Kilowattstunden. Zur Verfügung standen ihm im Jahre 1972 aber 52 Kilowattstunden täglich, also fast das Zwanzigfache.[1] Der deutsche Wissenschaftler Werner Braunbek, Verfasser des Buches »Die unheimliche Wachstumsformel«, veranschaulicht, daß jedem Menschen damit zwanzig »technische Sklaven« zur Verfügung stünden. Die Wirklichkeit sieht anders aus: die wenigen unberührten Eingeborenen leben immer noch von knapp 2,8 kWh Nahrungsaufnahme pro Tag; der Inder verfügt im Landesdurchschnitt nur über fünf Kilowattstunden. Der Nordamerikaner dagegen hat täglich 255 kWh zur Verfügung, also fast hundertmal soviel, wie ein Mensch für sein nacktes Leben braucht. Der tagtägliche Energieeinsatz des Nordamerikaners entspricht der Kraft, für die in früheren Zeiten einhundert Sklaven nötig gewesen wären. Die Energie heizt oder kühlt, beleuchtet ihm das Haus, treibt alle seine Geräte und sein Auto an und versorgt ihn mit Waren und Nachrichten aller Art. Er kann all diese Leistungen nur begleichen, wenn er selbst entsprechend viel »erwirtschaftet«. Dies könnte er niemals, wenn er selbst nur seine eigene Arbeitskraft zur Verfügung hätte ($^1/_{10}$ der eines Pferdes, 0,1 PS). Statt dessen läßt er an allen Arbeitsplätzen Energien und Geräte für sich arbeiten. Diese steigern seine winzige Arbeitskraft so ungeheuer, daß er damit die Werte nicht nur für sich und seine Familie erarbeitet, sondern auch für alle diejenigen mit, die in Verwaltungen, im Verkaufs- und Dienstleistungsgewerbe für ihn tätig sind.

Dies ist das Ergebnis der jahrzehntelangen technischen Entwicklung in den Industrieländern der Erde. »Die Entwicklung der mechanisierten Industrie, die sich in großen Produktionseinheiten konzentrierte, wäre nicht ohne eine Energiequelle möglich gewesen, die die menschliche und tierische Kraft bei weitem übertraf und nicht von den Launen der Natur abhing.«[2] Diese Entwicklung begann mit der Dampfmaschine und der Kohleförderung in England. »Seit dem 16. Jahrhundert zwang das Bedürfnis nach neuen Wärmeenergiequellen in einem vom Wald fast ganz entblößten Land die Briten dazu, in einer ganzen Reihe wärmeabsorbierender Industrieprozesse die pflanzlichen durch mineralische Brennstoffe zu ersetzen. Gleichzeitig stieg der Kohleverbrauch in den Haushalten ständig an.«[2] Der größte Energiebedarf bestand im Bergbau selbst. Solange die neue Energie im Bergbau noch nicht zur Verfügung stand, mußten z. B. in einem Bergwerk in Warwickshire 500 Pferde eingesetzt werden, nur um die Eimer mit Wasser hochzuziehen. Die Schwierigkeiten des Einsatzes von soviel Tieren liegen auf der Hand. Man rechne das Futter, für das damals allein eine Fläche von 2,5 Hektar pro Pferd nötig war, die Anzahl der Pferdepfleger sowie die Ermüdung von Mensch und Tier bei der Arbeit. Das alles entfiel mit der Dampfmaschine, die wenige Wärter und einen Brennstoff benötigte, der vorher »nutzlos« in der Erde lag.

Mit Hilfe der Dampfmaschine erreichte Großbritannien, das Pionierland der Industrialisierung, 1870 eine Kapazität von rund 4 Millionen Pferdestärken (PS). (Das entspricht bereits der Kraft von 40 Millionen Menschen!)[3] Die Dampfmaschinenkapazität wuchs in England von 1840–1896 von 620 000 auf 13 700 000 PS, die in der Welt von 1 650 000 auf 66 100 000.[4]

Auch der Wirkungsgrad der Energieerzeugung durch Dampf wurde gegen Ende des 19. Jahrhunderts und im 20. Jahrhundert beträchtlich gesteigert.[5] Allein schon durch ständige Verbesserung der Technik und besonders durch Einsatz der Dampfturbine konnten größere Mengen elektrischer Energie erzeugt werden. Sie wurde seit Beginn des 20. Jahrhunderts für immer vielseitigere Zwecke eingesetzt.

Die Erzeugung von elektrischer Energie seit dem I. Weltkrieg entwikkelte sich wie folgt (in Mrd. KW):

	1920	1939	1953	1963	1973
Deutschland*	14,5	60,2	62,9	150,4	298,9
Großbritannien	8,5	35,8	79,1	174,1	281,6
Frankreich	5,8	22,1	41,5	88,2	174,1
Schweden	2,6	9,1	22,4	40,7	77,3
Schweiz	2,8	7,1	13,5	22,0	36,5
Belgien	1,3	5,6	10,3	19,0	37,5
Italien	4,7	8,4	32,6	71,3	138,8
USA			514,2	1011,4	1853,4
UdSSR			134,3	412,4	915,1
Japan			55,7	160,2	428,8

Quelle: Zahlen von 1920 und 1939 aus Landes, 408. Zahlen von 1953 und 1963 aus dem Statistical Yearbook 1971 und 1973. Zahlen von 1973 aus Fischers Welt-Allmanach, Ffm. 1975.
* Deutschland wird 1920 und 1939 in den Grenzen von 1937, ohne Saar, zugrunde gelegt; die Zahlen ab 1953 gelten allein für die Bundesrepublik Deutschland.

Die Elektrizität wurde vorwiegend aus Kohle gewonnen, die auch bis in die Mitte des 20. Jahrhunderts den weitaus größten Teil der Energie für die Raumheizung dieser Länder lieferte. Dann trat in den Industrieländern auch hier das Öl und etwas später auch das Erdgas weitgehend an ihre Stelle.

Im Bereich des Verkehrs erlaubte das Erdöl den raketenhaften Aufstieg des Kraftfahrzeugs, das in den Industrieländern nach dem II. Weltkrieg ein Volksverkehrsmittel wurde.[6]

Woher kommt nun dieses vielseitig verwendbare kostbare Erdöl? Im Laufe der Jahrmillionen wuchsen neben den üblichen Meerestieren riesige Mengen planktonisch lebender Organismen, wie primitive Algen, Bakterien und Pilze in günstig gelegenen Meeresgebieten. Diese Organismen starben laufend ab und sanken auf den Meeresboden, wo sie sauerstofffrei konserviert wurden. Die Überlagerung durch Schutt und Gestein der nahe und höher gelegenen Erdschichten bewirkte unter hohem Druck die Umwandlung der organischen Substanzen in Kohlenwasserstoffe in einem Prozeß, der noch nicht bis in alle Einzelheiten aufgeklärt ist. Sicher ist, daß diese Vorgänge nur unter ganz bestimmten Bedingungen in riesigen Zeiträumen stattfinden konnten. Die Entstehungsgeschichte legt also nahe, daß sich das Erdöl (und im Zusammenhang damit auch das Erdgas) nur an den Stellen der Erde bilden konnte, wo diese Bedingungen einmal für Millionen Jahre lang vorhanden waren. Wenn heute Erdöl auch aus Schichten unterhalb des Meeresbodens zutage gefördert wird, dann besonders im Bereich der Festlandssockel, wo diese Voraussetzungen früher ebenfalls bestanden haben.

Aufgrund dieser erdgeschichtlichen Vorgänge sind die Erdölvorkommen begrenzt. Der Geologe H. R. Warmann stellt in einer Untersuchung fest,[7] daß der bedeutendste Teil der Weltvorräte sich in einer verhältnismäßig kleinen Anzahl von Ölfeldern befindet. Daraus folgert er: Bei der in den letzten Jahren aufgewendeten Mühe könne man kaum unterstellen, daß es noch viele unvermutete große Ölfelder gibt.

Die Ende 1974 bekannten Vorräte an Erdöl betrugen 93 Mrd. Tonnen. Die höchsten Schätzungen über die möglichen Vorkommen, die noch als seriös anzusehen sind, liegen bei 500 Mrd. Tonnen.[8] Dazu könnten noch einmal 500 Mrd. Tonnen kommen, die aus den Ölschiefern und Ölsanden herausgeholt werden müßten. Doch diese Gewinnung wird sehr viel kostspieliger sein als die Ausbeutung der heutigen Ölfelder. Schon die Nutzung der Lager unter dem Meer und im

54

Bereich des ewigen Eises kostet viel mehr als die bisherige Förderung.
Für die Erdgasvorkommen trifft etwa das gleiche zu wie für das Erdöl, zumal die Fundstätten weitgehend identisch sind. Die z. Z. geschätzten Vorräte betragen 57,6 Billionen cbm.
Weitaus größere Vorräte bietet unter den fossilen Brennstoffen nur die Kohle. Die Braunkohle entstand in einem Vermoderungsprozeß der Koniferen, Palmen und Laubbäume der Tertiärzeit, die unter Luftabschluß von Erdschichten einem langen Oxydationsvorgang unterworfen waren. Die ältere Steinkohle entstand aus den Gewächsen der Karbonzeit.
Wie lange reichen die fossilen Brennstoffe noch? King Hubbert kommt zu dem Schluß: »Wenn diese Stoffe weiterhin hauptsächlich wegen ihrer Energieinhalte genutzt werden und wenn sie weiterhin den Großteil des Weltenergiebedarfs decken müssen, wird die Zeit, die zur Erschöpfung der mittleren 80% der höchstmöglichen Vorräte an Brennstoffen der Erdöl-Erdgasgruppe (Rohöl, Erdgas, Erdgasbenzin, Teersandöl und Schieferöl) führt, wahrscheinlich nur ein Jahrhundert umfassen. – Unter ähnlichen Bedingungen wäre die Zeit, die zur Erschöpfung der mittleren 80% der Weltkohlevorräte benötigt wird, ungefähr 300 bis 400 Jahre (aber nur 100 bis 200 Jahre, wenn Kohle als Hauptenergiequelle benützt wird.)«[9] Unter den »mittleren 80%« versteht King Hubbert den Teil eines Grundstoffvorrates, der in der Spitzenzeit des Verbrauchs aufgezehrt wird; die übrigen 20% rechnet er als An- und Auslaufzeit.

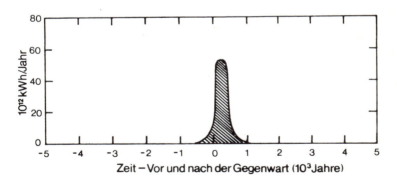

Das Zeitalter der Ausbeutung fossiler Brennstoffe in historischer Perspektive von jeweils 5000 Jahren vor und nach der Gegenwart. Quelle: Cloud, 212

Aus diesem Abschnitt ergibt sich, daß die aus fossilen Brennstoffen künstlich erzeugte Energie ein gewaltiger Produktionsfaktor ist; denn diese Energie vervielfacht die menschliche Arbeitskraft. Wir müssen aber im nächsten Abschnitt noch einen Schritt weiter gehen und den übrigen Grundstoffen, die nicht in Energie umgewandelt genutzt werden, die gleiche, wenn nicht eine noch größere Bedeutung zusprechen. Denn ohne Rohstoffe gäbe es keine Maschinen, mit denen Energie hätte erzeugt, und auch keine Gegenstände, die mit der Energie hätten hergestellt werden können. Infolgedessen ist Energie nur dann von Wert, wenn auch Rohstoffe verfügbar sind.

Die mineralischen Rohstoffe

Die mineralischen Rohstoffe sind anorganische Grundstoffe, also Bodenschätze, die keinen organischen Ursprung haben wie die im vorigen Abschnitt behandelten fossilen Brennstoffe. Zuweilen bezeichnet man allerdings auch organisch gewachsene Stoffe, wie Holz, Baumwolle, oder auch bestimmte Nahrungsmittel, die weiterverarbeitet werden, als Rohstoffe – das ist hier nicht gemeint. Hier werden Stoffe betrachtet, die weder heute irgendwo nachwachsen noch in früheren Jahrmillionen aufgrund der Sonnenenergie gewachsen sind: Bestandteile der Erdkruste aus noch ferneren Zeiten, als es organisches Leben auf der Erde überhaupt noch nicht gab. Es handelt sich also um die verhältnismäßig geringen Anteile der oberen Erdschichten, die sich für irgendeine Verwertung durch den Menschen eignen.

Diese Rohstoffe müssen von den fossilen schon darum unterschieden werden, weil sie bei ihrer Nutzung nicht verbrannt und damit – wenigstens in der Regel – nicht vernichtet werden. Bei ihrer Verarbeitung bleibt ein wesentlicher Teil der Masse erhalten, der auch noch als Altmaterial seine kennzeichnenden Eigenschaften behält. Darum ist hier eine Wiederverwendung (Recycling) möglich. Bei den fossilen Rohstoffen ist das nur bei den sehr geringen Mengen der Fall, die nicht der Energiegewinnung geopfert, sondern zu anderen Materialien verarbeitet werden. Insofern erscheint auch die getrennte Behandlung der Energieträger und der anderen Rohstoffe – nicht nur wegen der verschiedenartigen Entstehungsgeschichte – vonnöten.

Andererseits wurde Verarbeitung der mineralischen Rohstoffe durch Menschenhand im großen Umfang erst durch die Energiegewinnung aus den fossilen Brennstoffen möglich. Der zunehmende Verbrauch verläuft darum bei beiden parallel. Für beide Arten von Grundstoffen trifft zu, daß sie von der Natur nicht reproduziert werden, sie sind im Gegensatz zur unerschöpflichen lebenden Natur erschöpflich.

»Das Gesamtvolumen abbaubarer mineralischer Lagerstätten ist ein unbedeutender Bruchteil eines Prozentes des Gesamtvolumens der Erdkruste, und jede Lagerstätte stellt einen geologischen Zufall der fernen Vergangenheit dar. Lagerstätten müssen da abgebaut werden, wo sie auftreten – oft weit entfernt von den Verbrauchszentren. Jede Lagerstätte ist begrenzt und früher oder später wird sie abgebaut und erschöpft sein. Es wird keine zweite Ernte geben. Reiche Minerallagerstätten sind die wertvollsten, aber auch vergänglichen Besitztümer einer Nation – sozusagen ihr Barvermögen.«[10]

Da unter den Rohstoffen Eisen die Schlüsselfunktion der Entwicklung einnimmt, ist es wichtig, dessen Verbrauch zu verfolgen. 1740 entfielen auf einen Einwohner Großbritanniens reichlich 10 Pfund erzeugtes Eisen. Schon 1848 erzeugte die britische Industrie 2 Mill. Tonnen Eisen. Dies war damals mehr, als alle übrigen Länder zusammen produzierten. Die Steigerungsrate von 5,2% wurde in den Folgejahren allerdings schon von Deutschland mit 10,2% und von Frankreich mit 6,7% übertroffen. Die Einführung des Siemens-Martin-Verfahrens brachte einen weiteren Sprung in der Stahlerzeugung. Sie entwickelte sich dann in den vier größten europäischen Erzeugerländern von 1913–1969 wie folgt (in Mill. Tonnen):

	1913	1929	1939	1949	1959	1969
Großbritannien	7,8	9,8	13,4	15,8	20,5	26,8
Deutschland (ab 1949 BRD)	14,3	18,4	22,5	10,9	29,4	45,3
Frankreich	7,0	9,7	7,9	9,1	15,1	22,5
Belgien-Luxemburg	3,9	6,8	4,9	6,1	10,0	18,3
Gesamtproduktion	33,0	44,7	48,7	41,9	75,0	112,9

Quelle: Landes, 424. Zahlen ab 1949 vom Stat. Bundesamt, Wbd.

Unter den mineralischen Rohstoffen ist das Eisen bis heute die Hauptgrundlage unserer Zivilisation geblieben, wenn es auch inzwischen bei der Anwendung mit vielen anderen Metallen kombiniert wird. Daran konnte auch das Vordringen des Aluminiums und das Aufkommen der Kunststoffe, die ihm einige Anwendungsbereiche abgenommen haben, noch nicht viel ändern.

Die Anwendung des Eisens und anderer Metalle hat den Bau von

Maschinen und Fahrzeugen aller Art erst möglich gemacht, damit die Mechanisierung unendlich vieler Arbeitsgänge erlaubt und für die Energie im industriellen Bereich erst die Einsatzfelder geschaffen. Diese Entwicklung griff, besonders nach dem II. Weltkrieg, auch auf die Haushalte der Industrieländer über, die nun ebenfalls durch Geräte mechanisiert wurden.

Am steigenden Verbrauch der wichtigsten Mineralien läßt sich die Entwicklung ablesen:

Weltverbrauch von Mineralien (in Tausend Tonnen)

	1900	1920	1938	1948
Eisen	26 000[1]	80 000[2]	82 500	114 000
Aluminium	8	132	505	1 223
Blei	814*	974*	1 566*	1 502*
Kupfer*	499	929	1 869	2 298
Zink*	473	689	1 437	1 763
Zinn*	75	127	157	142
Nickel	8	33	115	144
Quecksilber	3	3	5	4
Silber	–	5	8	5

*Rohmaterial   +Raffinade   [1]1889   [2]1913

Das Tempo der technischen Revolution, die sich besonders in diesem Jahrhundert vollzog, war nur auf der Grundlage des exponentiell steigenden Einsatzes von mineralischen Rohstoffen möglich.

Wie schon die menschliche Produktionsleistung durch den Einsatz von Energie vervielfacht werden konnte, so erfuhr sie durch immer vielseitigere Maschinen und deren automatische, Tag und Nacht laufende Arbeitsgänge eine weitere gewaltige Steigerung. Der Mensch ist nur noch nötig, um die Vorgänge zu beaufsichtigen und bei Störungen einzugreifen. Eine Person kann darum das Vielfache von dem produzieren, was z. B. mit dem Handwebstuhl zu erzielen wäre, dessen Erzeugnisse nun kostenmäßig in keiner Weise mehr zu konkurrieren vermochten.

Seitdem geistert in der Welt die Vorstellung umher, der Mensch sei mit seiner Arbeitskraft weitestgehend überflüssig geworden. Bei der Entwicklung gingen zwar laufend Arbeitsplätze verloren, aber es entstanden auch neue. Zunächst mußten ja diese Wundermaschinen irgendwo gebaut werden. Dazu waren vielerlei Materialien und Zulieferanten nötig. Nach ihrer Fertigstellung benötigten die Maschinen Gebäude zu ihrer Unterbringung, Energie zum Antrieb und eine ständige technische Wartung. Außerdem mußten sie entsprechend ihrem Ausstoß mit riesigen Mengen von Rohstoffen gefüttert werden, die es herbeizuschaffen, so wie es die hergestellten Erzeugnisse wegzuschaffen galt. An all diesen Stellen (in vielen anderen Betrieben) wurden also neue Arbeitsplätze geschaffen. Darum führen Berechnungen über die größeren Arbeitsleistungen der Maschinen meist in die Irre, wenn all diese Arbeitsabwälzungen auf andere Wirtschaftsbereiche nicht be-

1953	1958	1963	1968	1973
167 500	192 500	271 000	378 500	493 200
1 957	3 166	6 848	11 125	16 803
1 918*	2 305*	2 969$^+$	3 675$^+$	4 387$^+$
2 563	3 365	4 725	5 422	7 473
2 190	2 705	3 632	4 651	5 964
143	171	204	215	246
182	195	335	490	656
6	9	9	9	9
7	7	8	9	10

Quelle: Metallstatistik, Metallgesellschaft AG, Frankfurt a. M., mit Ausnahme von Eisen: Stat. Bundesamt.

rücksichtigt werden. Zahlen, daß die Leistung eines Arbeiters z. B. um den Faktor 1:1000 gesteigert worden sei, sind nicht nur sinnlos, sondern falsch. Um zu den echten Produktivitätssteigerungen zu kommen, muß man alle Vorproduktionen einschließlich des Energieverbrauchs in die Berechnung einbeziehen.

Wirtschaftstheoretisch begnügte man sich meist mit der Feststellung, für den Aufbau eines mechanisierten Betriebes wären immer höhere Kapitalinvestitionen erforderlich. In diesem Kapitaleinsatz seien die Vorleistungen an Arbeit, Energie und Rohstoffen enthalten.

Wenn es sich auch weitgehend nur um Verlagerungen der Arbeit handelte, so blieb natürlich ein Plus an Leistung, sonst wäre der Einsatz solcher Maschinen nicht rentabel gewesen. Inzwischen sind für immer mehr Anwendungsbereiche immer kompliziertere Maschinen entwickelt worden, von kleinen bis zu solch riesigen Dimensionen wie denen von Baggern, die 100 000 Tonnen Braunkohle an einem Tage aus der Erde wühlen. Die Steuerung dieser Anlagen erfolgt weitgehend automatisch, wodurch der Aufwand nochmals um einige Größenordnungen erhöht wurde. In den Spitzenländern der Industrialisierung wurden oft schon Arbeitskräfte nicht deswegen durch Maschinen ersetzt, weil dies rentabler wäre, sondern weil für gewisse Arbeiten keine Menschen mehr zu bekommen waren.

Wie sich schon im Abschnitt »Energie« ergab, sind die enormen Produktionssteigerungen nur durch die fossilen Brennstoffe und durch den Einsatz von Rohstoffen (Maschinen) möglich geworden.

Der Ausstoß je Arbeitsstunde in allen Wirtschaftsbereichen stieg David Landes' Untersuchungen zufolge von 1870 bis 1938 (1913 = 100) und nach Angaben des Statistischen Bundesamtes von 1958 bis 1971 (1963 = 100) wie folgt:

	1870	1913	Mittlere Zuwachsrate 1870-1913 (% jährlich)	1938	Mittlere Zuwachsrate 1913-1938 (% jährlich)
Großbritannien	52,3	100	1,5	167,9	2,1
Frankreich	46,3	100	1,8	178,5	2,35
Deutschland	42,3	100	2,1	137,1	1,3
Belgien	42,1	100	2,0	144,2	1,5
USA	37,3	100	2,4	208,8	3,0
	1958	1963	1958-1963 (% jährlich)	1971	1963-1971 (% jährlich)
Großbritannien	88	100	2,6	127	3,0
Frankreich	79	100	4,8	150	5,3
Bundesrepublik Deutschland	80	100	4,6	144	4,7
Belgien	83	100	3,8	140	4,3
USA	85	100	3,3	126	2,9

Quelle: Landes 389. Ab 1958 Yearbook of Labour, ILO, Genf.

Die exponentiellen Steigerungsraten

Der Anstieg des Verbrauchs der Rohstoffe insgesamt betrug in den letzten 100 Jahren 2,5% jährlich. Die Steigerungen waren so gewaltig, daß sie regelmäßig die Voraussagen übertrafen. Die Verbrauchsprognosen mußten nachträglich stets korrigiert, nämlich heraufgesetzt werden. Den Grund des wiederholten menschlichen Irrtums stellt Ernst Basler in seinem Buch »Strategie des Fortschritts« dar.[11] Mangels anderer Anhaltspunkte wendet der Mensch sich zunächst nach rückwärts und stellt fest, daß in einer bestimmten Zeit bis heute eine Zunahme von x zu verzeichnen ist. Diese Erfahrungswerte verlängert er nun bis zu einem gleichweit entfernten Punkt in der Zukunft. Damit erhält er eine Gerade und somit eine arithmetische Steigerungsrate. Die tatsächliche Entwicklung jedoch kann nur von einer Exponentialkurve, die also gleiche Zuwachsraten hochrechnet, erfaßt werden. Ihr Verlauf zeigt, daß an dem fixierten Punkt der Zukunft bereits ein Stand erreicht wird, der mehr als das Doppelte des geschätzten Verbrauchs beträgt:

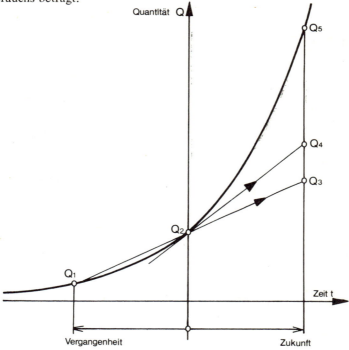

Wir extrapolieren eine erfahrene Veränderung von Q_1 auf Q_2 linear in die Zukunft auf einen möglichen Wert von Q_3. Je länger der Lebensabschnitt unserer Erfahrung ist, um so konservativer wird daher unsere Zukunftsprognose. Die Jugend vermag vielleicht gefühlsmäßig eher eine genauere Tangente an die Wachstumskurven im heutigen Zeitpunkt anzulegen und auf einen künftigen Wert Q_4 zu extrapolieren. Der tatsächliche Verlauf eines exponentiellen Wachstums nach Q_5 läßt sich aber nur mittels mathematischer Modelle ermitteln, was den Nachteil hat, daß er als unglaubwürdig aufgenommen wird.

Quelle: Basler, Strategie, 70.

Damit steigt aber auch der Bedarf an Grundstoffen mit unerwarteter Geschwindigkeit. Erst in den letzten Jahren wurden Überlegungen angestellt, wie denn wohl die exponentiellen Steigerungsraten auf die Dauer gespeist werden könnten. Daraufhin wurden Berechnungen unternommen, wie lange die bekannten Vorräte der wichtigsten Rohstoffe reichen würden, wenn die jährlichen Steigerungsraten anhielten. Solche Berechnungen stoßen auf Schwierigkeiten. Fest steht, daß sich die Vorräte nicht erneuern, unklar jedoch ist das Ausmaß der Erdvorräte. Auch dafür aber werden die Berechnungen aufgrund der weltweiten Exploration immer genauer – wobei natürlich immer noch Entdeckungen möglich sind. Gerade in den letzten Jahren wurden gewaltige Anstrengungen auf der Suche nach weiteren Lagern unternommen. Danach bleibt sicher, daß vor allem die wirtschaftlich nutzbaren Vorkommen begrenzt sind.

Da die zu erwartenden Funde für den einzelnen Rohstoff schwerlich abzuschätzen sind, werden in den »Grenzen des Wachstums« von Meadows auch Berechnungen angestellt, denen großzügig die fünffache Menge der bisher bekannten Reserven zugrunde gelegt wird. Selbst diese gewagte Annahme bringt jedoch nur eine geringe Galgenfrist, wenn der Verbrauch weiterhin exponentiell wächst. Im allgemeinen ergibt eine Verfünffachung der Vorräte nur eine Verdopplung der Zeit bis zu ihrer Erschöpfung. Für die wichtigsten Rohstoffe bei gegenwärtigen Wachstumsraten bzw. bei gleichbleibendem Verbrauch zeigt dies die nebenstehende Tabelle (nach Meadows).

Die angenommene Verfünffachung der bisherigen Funde dürfte jedoch bei den meisten Rohstoffen illusorisch sein. Aber gleichgültig, ob die Erde nun die doppelte, die dreifache oder fünffache Menge birgt, sicher ist: die Vorräte könnten nur dann ins Gewicht fallend gestreckt werden, wenn der Verbrauch gebremst wird und konstant bleibt. Nur dann würden die Neuentdeckungen von Rohstofflagern auch die Fristen der Verfügbarkeit entsprechend verlängern – bisher decken sie immer nur gerade den Mehrverbrauch. Ein konstanter Verbrauch aber würde bei einer wachsenden Erdbevölkerung bereits die Senkung des Durchschnittsverbrauchs pro Kopf bedingen. Soll der Pro-Kopf-Verbrauch aufrechterhalten werden, dann tritt schon wegen der Bevölkerungszunahme bis zum Jahre 2010 eine Verdoppelung des Bedarfs ein.

Zu dieser alarmierenden Entwicklung ist es gekommen, weil es bisher keine Hemmungen im Verbrauch, sondern nur Anreize zu seiner Erhöhung gibt. Die unersetzlichen Rohstoffe kosten nämlich nichts

Grundstoffe	Exponentieller Verbrauch (Jahre)	Exponentieller Verbrauch bei fünffachen Vorräten (Jahre)	Gleichbleibender Verbrauch wie 1970 (Jahre)
Kohle	111	150	2300
Erdöl	20	50	31
Erdgas	22	49	38
Eisen	93	173	240
Aluminium	31	55	100
Blei	21	64	26
Kupfer	21	48	36
Zink	18	50	23
Zinn	15	61	17
Nickel	53	96	150
Quecksilber	13	41	13
Silber	13	42	16
Mangan	46	94	97
Wolfram	28	72	40
Chrom	95	154	420
Kobalt	60	148	110
Gold	9	29	11
Platin	47	85	130
Molybdän	34	65	79

Quelle: Meadows, Grenzen, 46 ff.

und haben in den Modellen der Wirtschaftswissenschaftler bisher überhaupt keinen Stellenwert gehabt.

Die Vervielfältigung der Produktion fand in allen Industrieländern statt, hatte also keine überwiegend politischen Gründe. David Landes kommt zu dem Ergebnis: »Schon eine kursorische vergleichende Darstellung des Regierungssystems der industrialisierten und der sich auf dem Wege zur Industrialisierung befindlichen Nationen macht deutlich, daß eine große Vielfalt institutioneller Vorkehrungen mit dieser Entwicklung vereinbar waren. Großbritannien ist seit frühem eine parlamentarische, die USA eine Präsidialdemokratie gewesen; Frankreich hat unter mehreren Regimen gelebt; Rußland hat sich von einem autokratischen zu einem totalitären Staat entwickelt; Japan hat seine industrielle Revolution unter der Herrschaft eines Bündnisses von Militärs und Plutokraten gemacht, die sehr viele Parallelen mit der Oligarchie der Junker und Industriellen im deutschen Kaiserreich aufweist. Überdies hat zwischen der politischen und ökonomischen Freiheit stets nur ein loser Zusammenhang bestanden.«[12]

Wohl kein Land hat mit einer solchen Gewaltsamkeit die Grundstoffindustrien aus dem Boden gestampft wie die Sowjetunion. Darauf gründen sich ihre gewaltigen Erfolge, die sie zur zweiten Weltmacht emporgetragen haben. Die Sowjets haben an dem Punkt angesetzt, der ihnen die größten Steigerungen bringen konnte. Mit den Produktionserfolgen haben sie letztlich sogar die Bevölkerung für sich gewonnen – nicht mit der Ideologie. Als die Sowjetunion dann noch den schweren Krieg gegen eine Industriemacht wie Deutschland bestand – die vom russischen Volk wie die USA heimlich bewundert wurde –, fühlten sich viele Sowjetbürger in der Richtigkeit ihres Weges bestätigt.

Innerhalb der Staaten verschiedenster Systeme konnte das »große Geld« nur noch im Bereich der Industrie »gemacht« werden. Darum genossen die Grundstoffindustrien staatliche Förderung und staatliches Wohlwollen im Westen wie im Osten. Die Industrie wird gegenüber der Landwirtschaft begünstigt und die Schwerindustrie wiederum gegenüber der Leichtindustrie.[13] Das heißt: gerade die Zweige werden am meisten gefördert, die sehr viel Rohstoffe und Energien verbrauchen. Alle traditionellen Tätigkeiten des Menschen, aber besonders der Ackerbau, geraten hoffnungslos ins Hintertreffen. Die Menschen verlassen das Land und strömen in jene Zentren, in denen die Rohstoffe gewonnen oder verarbeitet werden.[14] Während es draußen auf dem Lande nur eine Ernte pro Jahr gibt, fließt hier der Reichtum Tag und Nacht. Hier an der Maschinerie beteiligt zu sein, bringt mehr Gewinn, als selbst dem fruchtbarsten Boden abgerungen werden kann. Die ganz natürliche Folge ist, daß in allen Industrieländern schnell Mangel an Arbeitskräften in der Landwirtschaft und bald auch in den Handwerks- und Dienstleistungsberufen eintritt. Die Industrie arbeitet im allgemeinen mit so viel Gewinn, daß ein großer Teil davon für weitere noch größere Ausbeutungsanlagen abgezweigt werden kann – selbst wenn der Staat einen beträchtlichen Teil wegsteuert.

Was stimmt im modernen System der Weltwirtschaft nicht, daß von aller Welt eine Entwicklung als selbstverständlich hingenommen wird, für die entsprechende Voraussetzungen gar nicht vorliegen?

Die vergessenen Produktionsfaktoren

Wir haben in den vorhergehenden Abschnitten dargestellt, welchen Anteil Energien und Rohstoffe an der heutigen Wirtschaft haben – nämlich einen alles andere überragenden.

Stellen wir uns vor, die heutigen 4 Milliarden Menschen auf der Erde hätten keinen anderen Grundstoff als Holz zur Verfügung, zum Häuser- und Fahrzeugbau, für alle Geräte und als Brennstoff für die Energieerzeugung. Dann gäbe es weder die heutige Industrie noch wäre der heutige Lebensstandard möglich; denn das jährlich nachwachsende Holz würde bestenfalls für 1 Milliarde Menschen reichen.

Die Wirtschaftstheorie der letzten Jahrhunderte arbeitete mit einer Formel, wonach sich die Produktion lediglich aus Arbeit und Kapital ergibt: $P = A + K$. Dies ist die sogenannte »Cobb-Douglas-Funktion«.[15] Unter K wird zwar das Realkapital verstanden; das sind sämtliche Produktionsanlagen und Vorräte. Dabei können wir es aber nicht bewenden lassen. Wir müssen fragen, wo diese herkommen und wo sie in Zukunft herkommen werden. Kapital ist, auch wenn man das Realkapital damit meint, keine Quelle, sondern ein Durchgangszustand.

Nur, indem zunehmende Massen von Bodenschätzen in den Produktionsapparat geworfen wurden, kam es zu einer Vervielfachung des Bruttosozialprodukts (P). Legt man nämlich der Produktionsbilanz die vorgeschlagene Formel $P = A + K$ zugrunde, dann findet sich für die Vervielfachung von P kein entsprechend höherer Einsatz auf der rechten Seite der Formel. Wenn wir unterstellen, daß P das erwirtschaftete Produkt einer Bevölkerung ist, die selbst ihre ganze Arbeitskraft (A) einsetzt und einen Teil der Arbeitsleistung zur Kapitalbildung verwendet, so ist dennoch ein stets größer werdender Zuwachs zu verzeichnen.

Wenn sich jemand ernsthaft mit diesem Vorgang befaßt hätte, dann wäre er auf die Frage gestoßen: Wie konnte ein Vielfaches an materiellen Gütern erzeugt werden, wo doch auf dieser Welt das Gesetz der Erhaltung der Materie unumstößlich ist? Ist dieses Gesetz hier außer Kraft getreten? Die Wirtschaftstheoretiker werden antworten, der Grund liege in der höheren Arbeitsproduktivität. Doch diese wurde eben vorwiegend durch den Einsatz von Energien und Maschinen (also Rohstoffen) erhöht. Auf diesen Einwand wird man mit Sicherheit die Antwort bekommen, diese Dinge steckten im Begriff des Kapitals.

Diesen Begriff verwendet man zwar hinreichend undeutlich, damit er für alles mögliche herhalten kann; dennoch hat niemand bisher behauptet, daß Kapital aus dem Nichts Materie herbeizaubern kann.

Aber genau das wird von der bis heute herrschenden Wirtschaftstheorie stillschweigend unterstellt. Diese Unterstellung ist um so erstaunlicher, als doch jeder Unternehmer von jeher weiß, daß seine Materialvorräte wichtiger Bestandteil der Bilanz sind. Wenn bei ihm am Jahresschluß ein großes Rohstofflager aufgebraucht wäre, diese Tatsache aber lediglich in der Rubrik »Gewinne aus Verkäufen« seinen Niederschlag fände, nicht aber in einer Verminderung der Lagerbestände, so würde dies als offensichtliche Verfälschung der Bilanz beanstandet werden. (Die Bewertung der Rohstoffe ist in diesem Fall allerdings nicht schwierig; sie ergibt sich aus dem gezahlten Preis, der die vorausgehenden Kosten für Abbau, Transport und Verarbeitung enthält.)

In der Weltbilanz taucht der Verbrauch von Bodenschätzen in der Formel jedoch stillschweigend nur auf der positiven Seite (P) auf: Es findet eine Erhöhung des Bruttosozialproduktes – gleichsam aus dem Nichts – statt! Und die Menschen des 19. und 20. Jahrhunderts standen und stehen tatsächlich ehrfürchtig vor ihren eigenen Werken und fühlen sich als »Schöpfer«, denen kein Ding mehr unmöglich ist. Dabei besteht die einzige Tat, die diese Menschen vollbracht haben, in der Ausforschung von Mitteln und Wegen, die eine Nutzung von Grundstoffen erlauben, die früher unangetastet in der Erde ruhten. Unsere heutige Produktion ist also keineswegs eine »Schöpfung«, sondern nur eine Umwandlung. Weil dabei laufend Grundstoffe verbraucht werden, findet mit der Produktion zugleich eine Verminderung des Volksvermögens oder Weltvermögens statt; denn die Bodenschätze sind, sobald sie abgebaut wurden, eben keine »Schätze« mehr. Sie sind unwiederbringlich verloren.

Diese Tatsache verschweigen alle Wirtschaften des Westens wie ihre sozialistischen Nachahmer im Osten bei der Herausgabe ihrer Erfolgsmeldungen.

E. F. Schumacher umschreibt das mit der Floskel, das Produktionsproblem der Firma »Welt« sei bisher ungelöst: »Die Illusion unbegrenzter Macht« nährt sich durch »eine Vorstellung, die sich auf dem Unvermögen gründet, Einkommen und Kapital gerade dort auseinanderzuhalten, wo es auf diese Unterscheidung am meisten ankommt. Jeder Nationalökonom, jeder Geschäftsmann und Unternehmer kennt den Unterschied und berücksichtigt ihn gewissenhaft und mit beachtlichem

Scharfsinn in allen Wirtschaftsdingen – nur dort nicht, wo er von größter Bedeutung ist, wo es sich um unersetzliches Kapital handelt, das der Mensch nicht selbst geschaffen, sondern lediglich vorgefunden hat, und ohne welches er überhaupt nichts schaffen kann. – Niemand würde von einer Firma behaupten, sie habe ihr Produktionsproblem gelöst und ihre Lebensfähigkeit bewiesen, wenn er wüßte, daß sie dabei ist, ihr Kapital zu verzehren. Wie ist es jedoch möglich, daß diese lebenswichtige Tatsache geflissentlich übersehen wird, sobald es sich um die größte aller Firmen handelt – die Wirtschaft des Raumschiffs Erde . . .«[16] Der Glaube, das Produktionsproblem sei gelöst, ist für Schumacher nichts anderes als »ein selbstmörderischer Irrtum«, vor allem, wenn man Wirtschaft wie Politik auf diesen Glauben gründet,[17] wie das heute der Fall ist.

Die Bodenschätze sind unser aller Kapital, nicht unser Einkommen! Das Einkommen kann variabel sein, niemals das Kapital. Wir wollen hier statt »Einkommen« lieber den Begriff »Zinsen« verwenden. Eine Bevölkerung, die weitgehend vom Kapital statt nur von den jährlichen Zinsen lebt, führt ein Parasitenleben. Der reiche Teil der Menschheit führt seit etwa zweihundert Jahren ein solches Parasitenleben, auch wenn er das bis heute nicht zugeben will. Im Gegenteil, er ist vielmehr ungeheuer stolz auf diese Lebensweise und auf seine Intelligenz, die ihm dieses Wunder angeblich ermöglicht. In Wirklichkeit lassen sich die vielen Erfindungen des Menschen auf eine prinzipielle Entdeckung zurückführen, die Carl Amery plastisch formuliert: »die Entdeckung nämlich, daß unser gemeinsames Floß eßbar ist«.[18] Diese Entdeckung hat der Sozialismus in seinem Machtbereich genauso gemacht wie der Kapitalismus vor ihm.

Dies war nur möglich, weil die Bodenschätze als »freie Güter« behandelt wurden, bereits von Adam Smith. Daß sie nicht frei waren, schrieb er lediglich dem Umstand zu, daß die Grundbesitzer sie okkupiert hätten. »Er hat also offenbar daran gedacht, daß in einer Volkswirtschaft, in der es kein Grundeigentum gibt, allein die Arbeit einen Faktor in den Berechnungen der Wirtschaftssubjekte bilden würde«[19]. Mit seiner Arbeitswertlehre fand Adam Smith einen Nachfolger in Karl Marx. E. F. Schumacher bezeichnet es als den »verheerenden Irrtum« des Dr. Marx, bei der Aufstellung seiner Arbeitswerttheorie folgendes nicht erkannt zu haben: »Ein viel größerer Teil ist das Kapital, das die Natur, und nicht der Mensch, beisteuert . . .«[20] Seit Adam Smith und Karl Marx aber gehen die herrschenden wirtschaftswissenschaftlichen Theorien davon aus, daß zur Produktion lediglich Arbeitskraft und Kapital gehörten ($P = A + K$). Der ganze Streit ging seither darum, welchen Anteil Arbeit und Kapital nun tatsächlich haben und welchen sie haben sollten. Ganze Bibliotheken wurden über diesen Sachverhalt geschrieben – und die Diskussion tobt heute wie eh und je. Politische und gesellschaftliche Bewegungen entstanden darüber, Revolutionen fanden statt, Kriege wurden geführt. Die weltweite Auseinandersetzung der letzten Jahrzehnte war beherrscht von dem Gegensatz zwischen Kapitalismus und Sozialismus. Wobei der Sozialismus für sich in Anspruch nahm, die Interessen des »arbeitenden Menschen« zu vertreten; während marktwirtschaftliche Systeme den größtmöglichen Wohlstand für alle Bürger mit Hilfe des Privatkapitals erstrebten.

Da die Auseinandersetzung zwischen Industrienationen stattfand, war der Faktor Boden (B), den die Physiokraten des ausgehenden 18. Jahrhunderts als den wesentlichsten angesehen hatten, völlig fallengelassen worden. Damals hatte Johann Baptist Say schon gegen Adam Smith den Vorwurf erhoben, daß er der Arbeitsteilung einen zu großen Einfluß zuschreibe, während doch die größten Wunder »dem Gebrauch« zu verdanken seien, »den wir Menschen von den Kräften der Natur machen«.[20] Doch solche Überlegungen verschwanden völlig. Der Unterschied zwischen sozialistischen und kapitalistischen Wirtschaftstheoretikern bestand lediglich darin, daß der Westen das Kapital im privaten Besitz ließ, während im Osten die »Produktionsmittel« in den Besitz des Staates übergingen, womit es dann in der Praxis zum »Staatskapitalismus« kam.

Joseph Schumpeter nennt allerdings schon 1911 in seinem Buch »Theorie der wirtschaftlichen Entwicklung« als letzte Elemente der Produktion wieder »Arbeit und Naturgaben oder ›Boden‹, Arbeits- und Bodenleistungen. Aus wenigstens einem und meist aus allen beiden ›bestehen‹ alle andern Güter. Daraus folgt, daß wir dieselben in diesem Sinn in ›Arbeit und Boden‹ auflösen, daß wir alle Güter als Bündel von Arbeits- und Bodenleistungen auffassen können«.[21] Schumpeter verstand unter »Bodenleistungen« auch die Rohstoffe und fossilen Brennstoffe, die wir aus dem Boden holen, und hatte damit den richtigen Ansatz. Dies ist nur nicht beachtet worden, und Schumpeter selbst hat diesen grundlegenden Gedanken nicht weiter ausgebaut.

Die neue Formel

Wir haben im I. Teil über den natürlichen Regelkreis gesehen, daß der Boden mit Hilfe der Sonnenenergie jährlich eine Ernte gibt (nur in besonders begünstigten Landstrichen mehrere). Deren Ertrag konnte mittels der menschlichen und später auch der tierischen Arbeitskraft etwas verbessert werden. Die Arbeitskraft allein wäre schon damals wertlos gewesen; sie brauchte einen Gegenstand, um ihn zu bearbeiten: den Boden. Dieser durfte nicht aus Wüste, Fels oder ewigem Eis bestehen; es mußte fruchtbarer Boden sein. Da aber auch Boden ohne Luft, Wasser, klimatische und andere Voraussetzungen keinen Ertrag bringt, setzten wir statt Boden den Faktor N = Natur als das Objekt der Arbeit in der vorindustriellen Gesellschaft. Wir kamen beiläufig zu der Formel:

$$P = N + A$$

Diese Formel ist nun zunächst um den Faktor Energie (E) zu erweitern. Da mit ihm die menschliche Arbeitskraft (A) vervielfacht wird, ist A mit E zu multiplizieren:

$$A \times E$$

Somit lautet die erweiterte Produktionsformel für industrielle Fertigung:

$$P = N + A \times E$$

Es ist erstaunlich, daß die Wirtschaftstheorie diesen ganz entscheidenden Faktor E unbeachtet ließ. Hans Christoph Binswanger stellte auf dem 3. St. Galler Symposium für Umweltfragen fest, »daß die Nichtbeachtung der Energie als Produktionsfaktor ganz allgemein zu irreführenden Schlußfolgerungen in der Nationalökonomie geführt hat und eine wesentliche Lücke in der bisherigen Theorie darstellt«.[22] Der Fehler schleppt sich seit Adam Smiths Zeiten, der noch keinen Energieeinsatz dieses Ausmaßes gekannt hat, bis in unsere Tage fort. Smith hatte sogar gemeint: »Was mit Geld oder mit Gütern erkauft wird, wird ebenso durch Arbeit erkauft wie das, was man mit eigener Mühe und Arbeit sich verschafft. Jenes Geld oder jene Güter ersparen in der Tat diese Arbeit. Sie enthalten den Wert einer bestimmten Quantität Arbeit, welche gegen etwas vertauscht wird, wovon man zur Zeit glaubt, daß es den Wert einer gleichen Qualität enthalte. Die Arbeit war der erste Preis, das ursprüngliche Kaufgeld, welches für alle Dinge gezahlt wurde. Nicht mit Gold und Silber, sondern mit Arbeit wurde aller Reichtum der Welt ursprünglich erkauft, und der Wert derselben ist für ihre Besitzer, die sie gegen neue Produkte vertauschen wollen, genau der Arbeitsmenge gleich, welche sie dafür kaufen oder zur Verfügung haben können.«[23]

Diese Entstehungstheorie des Preises stimmt nicht einmal für sich; denn mit ziemlicher Sicherheit wurde zuerst das gehandelt, was die Natur geliefert hatte. Nicht von ungefähr wurden bei vielen Völkern Tiere – in Resten heute noch – als Zahlungsmittel gebraucht. Auf diese wurde aber in früheren Zeiten wie auf die Früchte der Erde wenig Arbeit verwandt. Von Bedeutung war, wer die Macht hatte, auf diese Tiere oder die Feldfrüchte seinen Besitzanspruch nicht nur anzumelden, sondern diesen auch aufrechtzuerhalten und erfolgreich zu verteidigen.

Wie Binswanger weiter darstellt, hat dann Léon Walras die reine Arbeitswerttheorie aufgegeben und durch die »Vorstellung eines begrenzten, von vornherein im Wirtschaftsprozeß eingesetzten Vorrats von Produktionsmitteln ersetzt«. Binswanger fährt fort: »Weder Adam Smith noch Marx noch Walras haben aber gesehen oder sehen wollen, daß das Wesen der Arbeitsteilung nicht in einer immer weitergehenden Spezialisierung der Arbeitskräfte besteht, sondern darin, daß durch Konzentration der Produktion in den Fabriken dem Energieeinsatz immer mehr Raum gegeben wird. Aus diesem Grund ist es weder wahr, daß sich auf dem Markt über die Waren Arbeit gegen Arbeit tauscht, noch daß die im wirtschaftlichen Einsatz befindliche Produktionskapazität von vornherein gegeben ist. Die Energie ersetzt und ergänzt die Arbeit und erweitert gleichzeitig die Produktionskapazität. Die Einbeziehung der Energie in die Nationalökonomie stellt somit sowohl die Arbeitswertlehre (Adam Smith, Marx) als auch die subjektive Wertlehre (Walras, neoklassische Theorie) in Frage.«[24]

Das Objekt, auf das sich die Arbeitskraft in der industriellen Gesellschaft außerdem richtet, ist der Rohstoff. Da die Produkte menschlicher Arbeit materieller Art sind, müssen dem menschlichen Produzieren auch Materialien zugrunde liegen – und das sind die Rohstoffe $= R$. Aus ihnen werden Maschinen hergestellt, die ebenfalls die menschliche Arbeitskraft vervielfältigen: $A \times R$. Da dies in Verbindung mit Energie geschieht, lautet die Formel der industriellen Wirtschaft:

$$P = N + A (E + R)$$

Das »Kapital« hingegen hat in dieser Gleichung nichts zu suchen. Es nimmt am Stoffkreislauf nicht teil.[25] Wenn Karl Marx das Kapital neben der Arbeit dennoch zur Grundlage seines Gedankengebäudes machte, dann mußte er trotz allen Scharfsinns zu einem Gebäude kommen, dem die Basis fehlte: die Realität. Selbst die beiden Weltkriege, mit der Blockade verschiedener Länder, vermochten eigenartigerweise der Wirtschaftswissenschaft nicht die Einsicht zu vermitteln, daß Kapital völlig wertlos ist, wenn man dafür die gewünschten Rohstoffe nicht kaufen kann.

Um die tatsächlichen Verhältnisse zu erfassen, setzen wir also die Faktoren E + R in die Formel der menschlichen Wirtschaft ein. Aus dieser Formel lassen sich dann auch die schwerwiegenden Folgen der bisherigen Nichtbeachtung der Faktoren Energie und Rohstoffe ableiten.

Außerdem wird mit der Formel folgendes klargestellt: In der natürlichen Produktion kann das Ergebnis der Natur durch die Arbeit nur additiv vermehrt werden – in der industriellen Produktion kann die Arbeit durch Einsatz von Energien und Rohstoffen jedoch multiplikativ vermehrt werden. Der menschlichen Betätigung war damit eine neue Dimension erschlossen, die erst die Produktionssteigerungen möglich machte.

Neben dem Kreislauf der Natur wurde ein künstlicher Kreislauf mit Hilfe der Grundstoffe eröffnet. Dieser übertraf mit seinem Produktionsausstoß bald die Produktion der Natur.

Die einmaligen Bodenschätze sind »umsonst«

Die bruchstückhafte Wirtschaftstheorie hatte aber zur Folge, daß man die neue Quelle des Reichtums nicht beachtete und sich infolgedessen um die Vorräte an Energien und Rohstoffen keinerlei Gedanken machte. Daß diese Rohstoffe als freie Güter angesehen wurden, hielt jedermann für richtig; denn sie waren ja von der Natur »geschenkt«. Ihr Abbau und ihre Verarbeitung kosteten in den ersten Jahrhunderten der Nutzung auch so viel Schweiß und Mühe, daß niemand solche Unternehmungen begonnen hätte, wenn auch noch große Summen allein für den Erwerb des Rohstoffes aufzubringen gewesen wären. So ergab es sich, daß der Eigentümer des jeweiligen Grund und Bodens nur ein kleines Entgelt für die Schürfrechte bekam, das in der Höhe etwa dem Ertrag der benötigten Fläche bei ihrer landwirtschaftlichen

Nutzung entsprach, also sehr niedrig war. In der Bundesrepublik Deutschland betrug der Förderzins 1973 für Erdgas und Erdöl 5% des Bruttoerlöses abzüglich der Manipulationskosten.[26] Für den Steinkohleabbau wird gar nichts gezahlt.

Oft wurde aber auch dem Eigentümer die Fläche vorher für einen geringen Preis abgekauft. Gering in Anbetracht der Werte, die durch die Ausbeutung des Lagers geschaffen wurden – während der Preis dem Verkäufer hoch erschien; denn er selbst wurde vielleicht für seine Lebenszeit ein reicher Mann.

Die privatrechtlichen Ansprüche waren dennoch in den westlichen Ländern eine schwache Barriere gegen den beliebigen Abbau der Rohstoffe. Sie war schwach, weil sie noch dadurch herabgesetzt wurde, daß die Anbieter in Konkurrenz zueinander standen. In den kommunistischen Staaten entfiel selbst der geringe Aufwand für die Abfindung des Besitzers, da dort schon der Boden prinzipiell »der Allgemeinheit« gehört.

Der Preis eines Rohstoffes ergibt sich damit im wesentlichen aus dem Aufwand für Exploration, Abbau und Transport. Sind die Einrichtungen dafür erst einmal vorhanden, dann kann der Rohstoff um so billiger geliefert werden, je größer die Abnahmemengen sind. Der Bezieher großer Mengen bekommt meist einen Preisvorteil eingeräumt. Dies gilt auch für die Energiepreise, wo zum Beispiel der Strompreis mit der Steigerung der abgenommenen Menge sinkt. In der Bundesrepublik Deutschland zahlen die 150 000 industriellen Sonderabnehmer, die 60% des Stroms verbrauchen, Preise von durchschnittlich 7,54 Pfennig je Kilowattstunde, während die 20 Mill. Privatabnehmer 13,24 Pfennig zahlen.[27] Wer viel verbraucht, bekommt für das gleiche Geld also manchmal das Mehrfache an Energie.

Von der Preisbildung geht demnach ein Anreiz zum größeren Verbrauch aus. Weitere Anreize für den Verbrauch schafft der Staat. In den USA dürfen die Bergbaugesellschaften nicht nur auf ihr technisches Instrumentarium Abschreibungen tätigen, sondern auch in bezug auf die Erschöpfung der Lager[28], was sich natürlich als Anreiz für einen möglichst schnellen Abbau auswirkt. Durch einen Spruch des Obersten Gerichtshofes im Jahre 1954 wurden die Erdgaslieferanten der USA gezwungen, ihre Preise allein aufgrund der Gewinnungskosten festzulegen.[29] In der Bundesrepublik Deutschland werden seit Jahrzehnten staatliche Zuschüsse für die Kohleförderung gewährt. Diese erreichten in der Zeit vom 20. 6. 1948 bis 31. 12. 1974 einen Gesamtbetrag von über 22 Mrd. DM. Dazu kommen noch gesparte Zinsen in

Höhe von rund 350 Mill. jährlich für die aus Haushaltsmitteln gewährten Kredite.[30]

Es würde zu weit führen, all die verschiedenen Förderungsmaßnahmen der einzelnen Staaten, zum Beispiel auch auf steuerlichem Gebiet, zugunsten eines erhöhten Rohstoffverbrauchs zusammenzustellen. Es wäre eine gesonderte Untersuchung wert, auf welch vielfältige Weise die Staaten riesige Summen zur Ausbeutung der Bodenschätze zur Verfügung stellen. Dazu würden auch die Förderungen von Investitionen jeglicher Art und die staatlichen Aufwendungen zugunsten wirtschaftlich verwertbarer Forschung, ja sogar viele Bildungsaufwendungen, zum Beispiel für technologische Ausbildungen, gehören. Insofern trägt jeder Steuerzahler dazu bei, daß nicht nur immer mehr Rohstoffe, sondern diese auch zu stark verbilligten Preisen auf den Markt kommen.

Die bisherige Einstellung ist so, daß es verdienstvoll ist, in jährlich steigendem Ausmaß Bodenschätze dem Verbrauch zuzuführen. Je mehr ein Land davon erschloß, um so schneller entwickelte sich seine Wirtschaftskraft und um so reicher wurde es. Mit der Verarbeitung von immer mehr Rohstoffen konnte ein höheres Bruttosozialprodukt erzielt werden. Allein in diesem Bereich spielte sich der »Fortschritt« ab. Völker, die Energien und Rohstoffe im großen Stil verarbeiteten, nahmen daran teil, die anderen blieben hoffnungslos zurück.

Die industrialisierte Landwirtschaft

Zurückgeblieben ist zunächst auch die Landwirtschaft der Industrieländer. Ihre Produktion unterlag weiter dem Gesetz des natürlichen Kreislaufs. Darum konnte sie bis ins 19. Jahrhundert nur durch die Ausdehnung der Anbaugebiete erhöht werden und geriet erst im 20. Jahrhundert in eine revolutionäre Entwicklung. Man suchte die billig angebotenen Energien und Rohstoffe nun auch in der Landwirtschaft einzusetzen und tut dies seit 125 Jahren und besonders in den letzten 50 Jahren mit exponentiell steigendem Erfolg.

Darum ist es ein großer Irrtum, daß, wenn nun die menschlichen Aktivitäten das Kapital der Erde bedrohlich mindern, dann noch ein Wirtschaftszweig bliebe, dessen Ertrag auf dem Kreislauf der Natur beruhe und darum unerschöpflich sei, nämlich die Landwirtschaft. Daraus wird fälschlich gefolgert, daß doch wenigstens die Ernährung der Menschheit gesichert werden könnte, zumal es der Landwirtschaft gelungen ist, ihre Erträge in den letzten Jahren schneller zu steigern, als die Bevölkerung der Welt wuchs. Zugleich wird dann die voreilige Schlußfolgerung gezogen, daß sich auch die Voraussage des Engländers Malthus in seinem »Versuch über das Bevölkerungs-Gesetz« (1798) als falsch erwiesen hätte. Dies wäre eine höchst oberflächliche Darstellung des Sachverhalts, die zu völlig falschen Schlußfolgerungen führen muß. So bei dem Nobelpreisträger Jean Tinbergen auf dem 3. St. Galler Symposium.[31] Tinbergen unterscheidet wie wir zwischen erschöpfbaren und nichterschöpfbaren Produktionsfaktoren. Er geht davon aus, daß die nichterschöpfbaren Produktionsfaktoren, und er meint damit die der Natur, immer noch 20 bis 25% ausmachten. Tinbergen geht dann noch viel weiter, indem er glaubt, daß der Rückgang des Wachstums der erschöpflichen Güter durch einen Zuwachs der nichterschöpflichen zum Teil kompensiert werden könnte. Diese Theorie Tinbergens – der sich große Verdienste um die Bestimmung eines Bruttowohlfahrtsprodukts anstelle der unbefriedigenden gesamtgesellschaftlichen Bilanzierung zum Bruttosozialprodukt erwarb – beruhte leider auf einer falschen Annahme. Es müßte zu verhängnisvollen Folgen führen, wenn man sie zur Grundlage des Handelns machte.

Das steigende Produktionsergebnis der Landwirtschaft wird nämlich nicht mit unerschöpflichen, sondern ebenfalls mit erschöplichen Ressourcen erzielt. Seit Justus Liebig erntet die Landwirtschaft nicht mehr das allein, was der Kreislauf der Natur hergibt. Dieser Wissenschaftler hatte um 1840 entdeckt, daß die Frucht dem Boden hauptsächlich Stickstoff, Phosphor und Kali entzieht, und daß man daraufhin durch Düngung mit diesen Substanzen eine beträchtliche Erhöhung der Ernten erzielen kann. Seitdem entwickeln sich Düngerverbrauch und Ernteerträge ebenfalls in Exponentialkurven ständig aufwärts. Der steile Anstieg begann auch hier nach dem II. Weltkrieg. Wiederum liegen die Vereinigten Staaten an der Spitze. Der Düngemittelverbrauch der Welt steigerte sich von 1949 bis 1973 wie folgt:

	1949	1961	1973
Stickstoff (N)	3,10	10,2	36,02
Phosphat (P_2O_5)	5,00	9,8	22,77
Kali (K_2O)	3,30	8,5	18,70

Die Zahlen (in Mill. t) beziehen sich auf die Erntejahre, also 1948/49 usw. 1948/49 ohne UdSSR.

Quelle: FAO-Jahrbücher.

In den Ländern mit intensiver Landwirtschaft hat sich der Verbrauch an Düngemitteln nach dem II. Weltkrieg in jedem Jahrzehnt verdoppelt bis verdreifacht.

Woher kommen diese Stoffe?

Der in der Welt erzeugte Stickstoffdünger stammt zu 98% aus der Ammoniak-Synthese. Das heißt, der Stickstoff wird im Hochdruckverfahren mit Hilfe von Wasserstoff aus der Luft gewonnen. Zur Wasserstoffgewinnung werden Erdöl, Erdgas und Kohle verwendet. Die geschätzten Anteile dieser Stoffe betragen weltweit im Jahre 1972–1973

Erdgas	59%
Naphtha	21%
Koksgas, Kohle	11%
Heizöl, Raffinerie-Abgase	7%
Sonstige	2%
	100%

Quelle: Fachverband Stickstoffindustrie e. V.[32]

Für 1 t reinen Stickstoff werden benötigt: 1 t Naphtha oder 1,1 t Schweröl oder 1200 Kubikmeter Erdgas; außerdem ca. 300 Kilowattstunden Elektrizität, für 1 t Stickstoff im Kalkstickstoff sogar 11 000 Kilowattstunden.[32] Damit ist klar, daß für die Stickstofferzeugung gerade solche Rohstoffe nötig sind, die in der nächsten Zeit knapp werden, die aber dennoch für Heiz- und Energiezwecke weiter verfeuert werden.

Das Phosphat stammt aus zwei Quellen. Der größere Teil (90%) kommt aus den Lagern in verschiedenen Gebieten der Welt, der kleinere aus der Eisenhüttenindustrie (in Deutschland 1973 etwa 37%). Die Verfügbarkeit der letztgenannten Phosphate hängt also vom Fortbestand der Stahlerzeugung ab. Die Weltreserven an Rohphosphaten sind über alle Erdteile verstreut und in ihrer Gesamtmenge bisher nur pauschal ermittelt. Die ergiebigsten Lager von rund 3,63 Mrd. t Rohphosphat befinden sich in Marokko, woraus in den nächsten Jahren 25% des Weltbedarfs gedeckt werden sollen. Die anderen bedeutendsten Erzeugerländer sind die USA (2,7 Mrd. t), die Spanische Sahara (1,54 Mrd. t), Australien (1,36 Mrd. t) und die Sowjetunion (1,45 Mrd. t).[33] Wenn der Jahresverbrauch mit rund 30 Mill. t P_2O_5 konstant bliebe, könnte man hier nach dem gegenwärtigen Stand des Wissens mit einem Vorrat für über 400 Jahre rechnen. Eine Frist, die sich bei steigendem Verbrauch sehr schnell verkürzt.

Ähnlich sieht die Lage bei Kali aus. Aber auch hier sind die Vorräte noch sehr ungenau erfaßt. Die z. Z. bekannten abbaubaren Vorräte belaufen sich auf 7,66 Mrd. t, die beim gegenwärtigen Jahresverbrauch von 20 Mill. t knapp 400 Jahre reichen würden.[34] Bei einer weiteren Verdoppelung des Verbrauchs alle 10 Jahre würde diese Menge jedoch nicht einmal für die nächsten 50 Jahre ausreichen.

Die Kalivorkommen sind jedoch im Gegensatz zu Phosphor ziemlich gleichmäßig über die ganze Welt verteilt.

Ein ganz anderes Bild ergibt sich aber, wenn die Düngung aller Flächen auf den Stand der USA angehoben würde. Dann würden die Pflanzennährstoffe nur noch Bruchteile der genannten Zeiten zur Verfügung stehen. Da der Ernteertrag von dem Nährstoff abhängig ist, von dem die geringste Gabe erfolgt, müssen immer alle drei zur Verfügung stehen.

Ein weiteres Kennzeichen der heutigen Landwirtschaft ist der zunehmende Einsatz von Pflanzenschutz- und Schädlingsbekämpfungsmitteln. Deren Anwendung erreicht in der Welt 4 Mill. t.[35] Bei diesen Mitteln ist weniger die Versorgungslage von Bedeutung als die vielfältigen schädlichen Auswirkungen auf die gesamte Umwelt über Pflanze und Tier bis zum Menschen.

Diese Abhängigkeit vom Kunstdünger und von den Chemikalien ist aber nicht die einzige Abhängigkeit der Landwirtschaft von der Industrie. Auch ihre Arbeitsmethoden hat sie so mechanisiert, wie das die Industrie vorher getan hatte. Sie setzte Maschinen und Energien an die Stelle der menschlichen und tierischen Arbeitskraft. Menschen wurden für andere Arbeit frei, Zugtiere wurden überflüssig.

Mit dem Wegfall der Zugtiere ergaben sich beträchtliche Einsparungen an Land. Zugpferde benötigten in Deutschland noch 1928 zu ihrer eigenen Ernährung 14% der landwirtschaftlich genutzten Fläche.[36] Diese Fläche diente also der Aufrechterhaltung der Arbeitsenergie für die landwirtschaftlichen Betriebe und fiel damit für die Nahrungsmittelproduktion aus. Das heute benutzte Dieselöl muß zwar herangeschafft und bezahlt werden, benötigt aber keine Fläche. Die genannten 14 Prozent des fruchtbaren Ackerlandes konnten so der Erzeugung von Nahrungsmitteln zugeführt werden.

Die sogenannte »Grüne Revolution« fand überwiegend nach dem II. Weltkrieg statt.[36a] Für Großbritannien hat Kenneth Blaxter folgende Steigerungsraten ermittelt:

	1946	1971
Kombinierte Erntemaschinen	3 500	66 000
Trocknungsanlagen	1 000	63 000
Motorisierte Transportfahrzeuge	61 800	130 300

Heute kommt 1 PS Traktorenleistung auf 5 acres, während vor dem II. Weltkrieg von einem Pferd 25–35 acres bearbeitet wurden. (1 acre = 0,4046 Hektar)

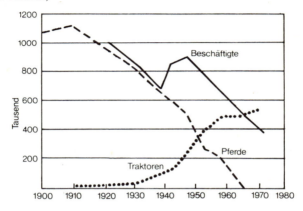

Die Darstellung zeigt, wie die Maschinen den Menschen und Tieren die landwirtschaftliche Arbeit abgenommen haben; dabei wuchs der Einsatz von fossiler Energie von (1938) 200 Mill. therms auf (1970) 800 Mill. therms.

Quelle: Blaxter, 37.

Blaxter hat den gesamten Energieeinsatz der Landwirtschaft, bestehend aus Kunstdüngern und Treibstoffen, in Kalorien umgerechnet. Er kommt zu dem Ergebnis, daß zu jeder erzeugten Nahrungskalorie eine künstliche Kalorie nötig ist. Dabei hat er jedoch den Energie- und Rohstoffaufwand bei der Produktion der landwirtschaftlichen Maschinen und der Chemikalien noch gar nicht berücksichtigt. Ebenso fehlt der entsprechende Einsatz in der Industrie, die die Nahrungsmittel verarbeitet. »Die landwirtschaftliche Zuliefererindustrie und die nahrungsmittelverarbeitende Industrie verbraucht möglicherweise mehr Energie als die Landwirtschaft selber, was die Abhängigkeit unserer Nahrungsmittelversorgung von der Energie noch weiter bekräftigt.«[37]

Damit dürfte der Energieaufwand für eine Nahrungskalorie, bis sie in

Energieaufwand in Kilokalorien bei der Maiserzeugung pro Jahr

Aufwand	1945	1950	1954	1959	1964	1970
Arbeit	12 500	9 800	9 300	7 600	6 000	4 900
Maschinen	180 000	250 000	300 000	350 000	420 000	420 000
Treibstoff	543 400	615 800	688 300	724 500	760 700	797 000
Stickstoff	58 800	126 000	226 800	344 400	487 200	940 800
Phosphor	10 600	15 200	18 200	24 300	27 400	47 100
Kali	5 200	10 500	50 400	60 400	68 000	68 000
Samen	34 000	40 400	18 900	36 500	30 400	63 000
Bewässerung	19 000	23 000	27 000	31 000	34 000	34 000
Insektizide	0	1 100	3 300	7 700	11 000	11 000
Herbizide	0	600	1 100	2 800	4 200	11 000
Trocknung	10 000	30 000	60 000	100 000	120 000	126 000
Elektrizität	32 000	54 000	100 000	140 000	203 000	310 000
Transport	20 000	30 000	45 000	60 000	70 000	70 000
Gesamtaufwand	925 500	1 206 400	1 548 300	1 889 200	2 241 900	2 896 000
Maisertrag	3 427 200	3 830 400	4 132 800	5 443 200	6 854 400	8 164 800
Ertrag/Aufwand-Verhältnis	3.70	3.18	2.67	2.88	3.06	2.82

Quelle: Science, Vol. 182, November 1973, 445.

einem Industrieland auf den Tisch kommt, mindestens zwei Kalorien künstlichen Energieaufwandes erfordern.

Der Aufwand steigt auch schon in der Landwirtschaft selbst entsprechend dem Veredelungsgrad. Während beim Weizen mit einer künstlichen Kalorie 2,2 Nahrungskalorien zu erzielen sind, bei der Kartoffel noch das Verhältnis von 1:1 erzielt werden kann, werden bei der Milch nur noch 0,30, bei Eiern nur noch 0,16 und bei Fleisch zwischen 0,10 und 0,20 Nahrungskalorien durch den Einsatz einer Energiekalorie erzielt.[38] Das heißt andererseits auch, daß aus der gleichen landwirtschaftlichen Fläche sich um so weniger Menschen ernähren lassen, je stärker diese Milch, Fleisch und Eier bevorzugen, statt die Feldfrüchte direkt zu verzehren. Auch bei der folgenden Untersuchung für die Vereinigten Staaten ist zu berücksichtigen, daß sich die Bevölkerung dort nicht vom Mais, sondern vorwiegend von Nahrungsmitteln, die (mit hohem Kalorienaufwand noch weiter veredelt) durch den Rinder-, Schweine- oder Hühnermagen umgewandelt wurden, ernährt, wobei im Durchschnitt weniger als 20% der Kalorien übrigbleiben.

Für die USA haben die Professoren David Pimentel und L. E. Hurd mit weiteren Mitarbeitern die Verhältnisse untersucht.[39] Sie nehmen den Mais als repräsentative Frucht. Sein Durchschnittsertrag hat sich von 1909 bis 1945 nur von 26 auf 34 bushel per acre gesteigert, von 1945 bis 1970 aber von 34 auf 81 bushel.[40] Sie schreiben 20 bis 40% dieser enormen Steigerung der Züchtung von Hybrid-Mais und 60–80% dem Einsatz von künstlichen Energien zu. Wobei allerdings die Züchtung ohne den Kunstdüngereinsatz nicht zu diesem Erfolg geführt hätte und umgekehrt. Die nebenstehende Tabelle zeigt Aufwand und Ertrag, umgerechnet in Kilokalorien für den durchschnittlichen acre.

Aus der Tabelle sind die gewaltigen Steigerungen der einzelnen Faktoren ersichtlich, nur die menschliche Arbeitsleistung ist auf weniger als 40% gesunken. Es ist aber auch erkennbar, daß die Effektivität des Einsatzes der Hilfsmittel, das Verhältnis zwischen Ertrag und Aufwand, kontinuierlich sinkt.

Um die Nahrungsmittelproduktion von 1951 bis 1966 im Weltdurchschnitt um 34% zu steigern, mußten vielfache Steigerungen des Rohstoffeinsatzes stattfinden. Diese betrugen bei[41]

Traktoren	63%
Phosphaten	75%
Nitraten	146%
Pestiziden	300%

Eine weitere Steigerung ist in den Spitzenländern, auch wenn sie möglich erscheint, nicht mehr wirtschaftlich. Sicher ist, daß die Steigerung hauptsächlich durch den Einsatz fossiler Energien erreicht wurde.

Dennoch macht der gesamte künstliche Energieeinsatz mit 2,9 Mill. Kilokalorien in der amerikanischen Untersuchung nur einen Bruchteil der Sonnenenergie aus. Diese sendet pro Wachstumsperiode 2043 Mill. Kilokalorien auf einen acre. Davon gehen zwar nur 1,26 Prozent in die Pflanze, das sind aber immer noch 26,6 Mill. Kilokalorien. Außerdem, so stellen die Verfasser fest: »Der wichtige Punkt ist, daß die Versorgung mit Sonnenenergie zeitlich unbegrenzt ist, wogegen die fossile Energieversorgung begrenzt bleibt.«[42]

Damit wird auch jede Verknappung und Verteuerung der Rohstoffe und der Energien auf die landwirtschaftlichen Produktionskosten durchschlagen. »Wenn in jeder Tomate und in jedem Schnitzel so viel Erdöl oder Kohle steckt, wie diese Nahrungsmittel Kalorien enthalten, dann heißt das auch, daß jede Verknappung oder Verteuerung der Energierohstoffe sich sogleich auf Verfügbarkeit und Preis der Lebensmittel auswirken muß. ... Gerade die auf Rentabilität zielende Industrialisierung der landwirtschaftlichen Produktion hat diesen lebensnotwendigen Produktionsbereich den gleichen Gefährdungen ausgesetzt, die aus den übrigen Bereichen der Industrieproduktion mittlerweile wohlbekannt sind, und es erscheint fast als eine Ironie dieses Entwicklungsganges, daß die Energieabhängigkeit der Landwirtschaft just zu dem Zeitpunkt endgültig perfekt wird, da man sich in aller Welt die Köpfe darüber zerbricht, auf welche Weise man den wachsenden Schwierigkeiten mit der Energie überhaupt beikommen kann.«[43] Jürgen Dahl zieht aus der Entwicklung folgende sehr richtige Schlußfolgerung: »Jahrtausendelang hat der Mensch von dem gelebt, was sich mit Hilfe der Sonnenenergie gewissermaßen von selbst produzierte und er hat die eigene Kraft nur eingesetzt, um diese ›Gratis‹-Produktion zu steuern und zu ernten; er hat das Vorkommen benutzt, ohne es ein für allemal aufzubrauchen und ohne mehr Energie von außen zuzuführen, als er selber wiederum aus der erzeugten Nahrung zu gewinnen imstande war. Der Kreislauf von Produktion und Verbrauch war intakt. – Heute, ... wird zusätzlich zu Sonnenenergie und menschlicher Arbeitskraft ebensoviel Brennstoffenergie zur Erzeugung der Nahrung aufgewendet, wie diese selbst enthält, und dabei werden unersetzliche Rohstoffquellen mit wachsender Beschleunigung aufgebraucht.«[43]

Oft hört man Zahlen, wonach eine landwirtschaftliche Arbeitskraft fast vierzig Personen (Bundesrepublik Deutschland) oder mehr als fünfzig Personen (USA) ernährt. Bei dieser vielgerühmten Produktivitätssteigerung der Landwirtschaft ist ebenfalls zu bedenken, daß die Herstellung von Düngemitteln, Maschinen und Treibstoffen, der umfangreiche technische Kundendienst und die viel komplizierteren Bearbeitungsvorgänge der Produkte zu einer Verlagerung der Arbeitsplätze geführt haben. In den Vereinigten Staaten wird geschätzt, daß für jede Arbeitskraft auf dem Lande zwei zusätzliche im Bereich der Nahrungsversorgung tätig sind.

So ist auch in der Bundesrepublik Deutschland die Zahl der landwirtschaftlichen Vollarbeitsplätze von 1951 bis 1974 von 3,9 Millionen auf 1,2 Millionen zurückgegangen. Aber eine große Zahl von Saison- und Teilarbeitskräften ergibt umgerechnet zusätzlich 0,7 Mill. Vollarbeitskräfte. Die im gesamten Bereich der »Ernährungsindustrie« tätigen Arbeitskräfte erreichen auch hier für das Jahr 1973 die Zahl von 4,2 Millionen. Dies ist der sechste Teil aller in der Bundesrepublik Deutschland beschäftigten Arbeitskräfte. Diese ernähren mit ihrer Arbeitsleistung über 40 Mill. Einwohner. Damit erarbeitet eine Arbeitskraft in der Landwirtschaft heute zwar die Nahrung für zwanzig Personen, aber wenn man die in der »Ernährungsindustrie« beschäftigte zweite Hälfte hinzunimmt, dann sind es nur etwas mehr als zehn Personen. Die Zahl von »über 40 Mill.« ergibt sich daraus, daß die übrigen 10 bis 20 Mill. Bewohner der Bundesrepublik Deutschland durch Nahrungsmittel- oder Futtermitteleinfuhren mit anschließender Veredelung ernährt werden. Der Kaufpreis für die fehlenden Nahrungsmittel wird durch den Export der Industrie erwirtschaftet.

Zusammenfassend ist festzustellen: Auch die Landwirtschaft produziert heute nicht mehr nach der Formel $P = N + A$, sondern sie arbeitet mit Energien und Rohstoffen. Also trifft die Formel der industriellen Produktion

$$P = N + A (E + R)$$

auch für die Landwirtschaft zu. Auch hier wird jetzt die menschliche Arbeitskraft vervielfacht. Aus der Formel läßt sich leicht ablesen, daß die Landwirtschaft – genauso wie die Industrie – von der Zufuhr von E + R abhängig ist. Auch in der Landwirtschaft war und ist die Produktionssteigerung nur möglich aufgrund des gesteigerten Gebrauchs der Erdvorräte.

Der weltweite Verkehr mit seinem Austausch von Düngemitteln,

Energien, Maschinen, Futtermitteln und Fertigprodukten sowie von Züchtungsergebnissen bildet die Voraussetzung der hohen Erzeugung einiger landwirtschaftlicher Hochleistungsgebiete. Fielen diese Voraussetzungen weg, dann müßte die landwirtschaftliche Produktion auch in den Ländern wieder auf das vorindustrielle Niveau zurückfallen, in denen heute riesige Überschüsse erzielt werden. Diese Folgen würden schon eintreten, wenn z. B. die Düngemittelzufuhr unterbrochen würde, selbst wenn es woanders noch genug Düngemittel gäbe.

Der natürliche Kreislauf der Stoffe ist ganz besonders in den Gebieten mit intensiver Landwirtschaft nicht mehr vorhanden. Die Betriebe haben sich auf einseitige Produktionen spezialisiert. Damit nimmt die umweltschonende Wiederverwendung ständig ab. Die Wiederverwendung bestand in der Landwirtschaft in der natürlichen Düngung mit Mist und Jauche. Jetzt nimmt die umweltschädliche Vernichtung von Stoffen auch in der Landwirtschaft ständig zu: Stroh wird auf dem Feld verbrannt, statt zu Mist verarbeitet; die Ausscheidungen der Tiere (besonders in der Massentierhaltung) werden verbrannt oder sonstwie umweltbelastend verbracht, statt als natürliche Düngemittel verwendet zu werden.

Der ausgiebige Einsatz von Düngemitteln künstlicher Art führt nicht nur zu einer Düngung der Felder, sondern auch zu einer Düngung der Gewässer. Reinhold Kickuth errechnet, daß von 1 Mill. Tonnen Stickstoff 450 000 in die Pflanzen und 550 000 in die Gewässer der Bundesrepublik gehen.[44] Die bis in die Trinkwasserversorgung reichenden Folgen sind vielfach beschrieben worden. Die chemischen Bekämpfungsmittel rufen Umweltschäden besonderer Art hervor.[45] In den landwirtschaftlichen Spitzenländern sind die Grenzen des Sinnvollen bereits erreicht, folglich kann diese Entwicklung unmöglich so fortgesetzt werden.

Auch durch ihren industriellen Teil, der mit dem erhöhten Rohstoff- und Energiebedarf beginnt, ist die Landwirtschaft an der Umweltschädigung der Industrie indirekt beteiligt. Und sie selbst braucht auch größere Baulichkeiten und ein gutes Verkehrsnetz.

Die Landwirtschaft würde infolge der hohen Erträge für die gleiche Produktion weniger Land benötigen; aber die Bevölkerungszunahme macht diesen Vorteil wieder zunichte. Die wachsende Erdbevölkerung verursacht nicht nur einen zunehmenden Bedarf an Wohnungen, industriellen und öffentlichen Einrichtungen, die alle Land erfordern, sondern auch einen wachsenden Bedarf an landwirtschaftlich nutzbarer Fläche. Beide Forderungen stehen einander entgegen.

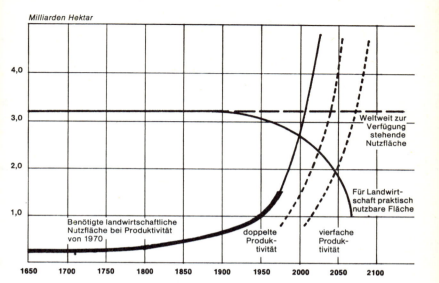

Landwirtschaftlich nutzbares Land
Auf der Erde gibt es etwa 3,2 Milliarden Hektar nutzbares Land. Jeder Mensch benötigt bei der gegenwärtigen Produktionsrate etwa 0,4 Hektar zu seiner Ernährung. Der Kurvenverlauf spiegelt deshalb den Verlauf des Bevölkerungswachstums wider. Dünn ausgezogen sind die Linien des hochgerechneten Landbedarfs nach 1970 unter der Voraussetzung, daß die Bevölkerung sich entsprechend der gegenwärtigen Wachstumsrate weiter vermehrt. Die Gesamtfläche nutzbaren Landes sinkt mit wachsender Bevölkerung, Städtebau und Industrialisierung. Die gestrichelten Kurven zeigen den Bedarf an landwirtschaftlich nutzbarem Land, wenn die gegenwärtige Produktivität verdoppelt beziehungsweise vervierfacht wird. Quelle: Meadows, Grenzen, 40.

Wie aus der graphischen Darstellung ersichtlich, kann auch die Verdoppelung der landwirtschaftlichen Produktivität den katastrophalen Zusammenstoß der entgegengesetzten Ansprüche auf Grund und Boden nur um reichlich zwanzig Jahre hinauszögern – und selbst die Vervierfachung gewährt nicht einmal fünfzig Jahre Galgenfrist.

Da die Fläche für die Landwirtschaft ständig abnimmt, folgerte man, daß nur eine bedeutende Möglichkeit der Ertragsförderung übrigbleibe: die immer intensivere Nutzung der Flächen – durch mehr Düngung und noch stärkeren Einsatz von Maschinen, Traktoren und Treibstoffen. Dadurch wird die Produktivitätssteigerung bewirkt, von der Tinbergen sprach – aber eben auch der Verbrauch erschöpfbarer Rohstoffe und Energien verstärkt. Dieser Ausweg entfernt die Landwirtschaft immer mehr von dem natürlichen Regelkreis, der sich selbst erhält; es ist also nur ein Ausweg für eine begrenzte Zeit.

In dieser Zeit wird die Abhängigkeit der Landwirtschaft von der Industrie immer totaler. Das Endergebnis ist, daß mit der Erschöpfung der Rohstoffe und des Erdöls auf der Erde nicht nur der Zusammenbruch der Industrie, sondern, zwangsläufig damit verbunden, auch der Zusammenbruch der Landwirtschaft in ihrer jetzigen Form erfolgen muß. Wenn die Industrie nicht mehr funktioniert (als Produzent von Stickstoff, Phosphor und Kali) und keine Maschinen und Energien mehr liefert, und wenn der Verkehr nicht mehr intakt ist, müßte die Landwirtschaft auf das vorindustrielle Produktionsniveau zurückfallen. Die landwirtschaftlich nutzbare Fläche der Erde von höchstens 35 Mill. Quadratkilometern könnte dann vielleicht 1,5 Mrd. Menschen ernähren, oder entsprechend mehr, wenn sich alle Bevölkerungen mit Feldfrüchten begnügten, statt ihren Gaumen immer mehr mit tierischen Produkten zu verwöhnen.

Der Wald verbrennt – die Wüste wächst

Die landwirtschaftliche Nutzfläche auf der Welt läßt sich – entgegen allen tröstlichen Behauptungen – nur noch unwesentlich erweitern. Wenn man sie weiter auf Kosten der Wälder vermehren wollte, wäre dies das baldige Ende der Landwirtschaft in den betreffenden Gebieten. Denn die Wälder sind die unverzichtbare Grundlage für den Wasserhaushalt der Natur. Außerdem ist die Wasserversorgung der Bevölkerung wie der Industrie in den meisten Ländern schon jetzt so angespannt, daß die Belieferung selbst bei jetzigem Waldbestand in Kürze schwierig werden wird. Darum braucht die Bedeutung der Wälder für die Luftreinhaltung und für die Erholung der Menschen gar nicht erst herangezogen zu werden, um zu beweisen, daß eine weitere Abholzung unvertretbar ist.

Im Herbst 1974 erklärte der amerikanische Professor Georg Bergström auf der internationalen Tagung bei Stockholm: »Innerhalb kurzer Zeit wurde die Hälfte aller Wälder der Erde abgeholzt. Und wir fällen munter weiter, weil die Verantwortlichen auf den steigenden Bedarf an Papier und Holz hinweisen. Aber sie vergessen den hohen Preis: die Ökologie der Erde braucht den Wald. Die Überschwemmungen in Indien und Bangladesh und die Erosion in Afrika stehen in direktem Zusammenhang mit dem Raubbau am Wald.«[46] Aber die

Wälder werden keineswegs nur um des Nutzholzes willen gefällt. Nach Berechnungen der FAO wurden 1972 noch 2,3 Mrd. Tonnen Holz, das sind 65% des gesamten Holzverbrauchs, für Brennzwecke verwandt. In den Entwicklungsländern werden 85% des gefällten Holzes verbrannt.[47] Der World Wildlife Fund verlautbarte im Februar 1974: Auf der Welt gibt es noch 41 Mill. Quadratkilometer Wald. Doch zwischen 50 und 100 000 qkm gehen jährlich verloren, weil der Boden urbar gemacht wird.[48] Das ist Jahr für Jahr eine Fläche, die etwa so groß ist wie ⅓ der Bundesrepublik Deutschland. Aber nach wenigen guten Ernten verkarstet dann sehr oft das Land. Je stärker allerdings der hungernde Teil der Weltbevölkerung anwächst, um so gewaltiger wird der Druck auf die ökologisch noch intakten Gebiete der Erde werden. Damit wird auch die Gefahr der Vernichtung der Wälder wachsen. Viele geschichtliche Beispiele zeigen die Folgen eines solchen Raubbaus. Der Humusboden wird dann vom Wind hinweggeblasen oder von Regengüssen in die Meere geschwemmt.

Die Menschen haben zwar schon wider die Natur gesündigt, solange sich das Feuer in ihrer Hand befindet. Doch früher konnten die Bewohner weiterziehen, wenn sie das Land zur Wüste verwandelt hatten. Heute geht es um die letzten Reste der Natur.

Das Zweistromland, wo das biblische Paradies lag, wo die älteste uns bekannte Kultur der Sumerer entstand, wo später die Assyrer und Babylonier mächtige Reiche begründeten, ist heute eine Wüste. »In Kritias beschreibt Plato, wie Attika zum › Skelett eines Körpers, durch Krankheit verdorben‹, geworden war, weil man die Wälder abgeholzt hatte. Unkontrollierte Weidepraktiken vergrößerten die Schäden durch Abholzung, das Versiegen der Quellen und die Zerstörung des fruchtbarsten Bodens, denn das Wasser war verloren, ›weil es über öden Boden ins Meer floß‹. Plinius (23–79 n. Chr.) berichtet, daß der Mensch das Klima veränderte, indem er Flußläufe verlegte und Seen austrocknete, was dazu führte, daß Oliven und Trauben durch Frost vernichtet wurden.«[49] »Das Gebiet südlich von Hit jedoch, das Fluß und Berg schufen, hat der Mensch zerstört; es ist jetzt ein baumlos kahler, der Erosion anheimgefallener Boden, oder vielmehr der Leichnam eines Bodens, der am Homo militaris starb, einer Abart des Krankheitserregers Homo sapiens. Xenophon, als er das Land im Jahre 401 v. Chr. mit seinen Zehntausend durchzog, fand es noch fruchtbar, wildreich, mit Wäldern bedeckt.«[50]

Auch das Industal muß früher einen fruchtbaren Boden gehabt haben, der reiche Städte zu tragen vermochte. Heute kann dieses Tal nur eine sehr geringe Bevölkerung mit niedrigem Lebensstandard ernähren.[51]

Der gleiche Raubbau wurde im Apennin und später auch in Spanien betrieben. Noch zwischen 1914 und 1934 schwanden in Italien 50 000 Quadratkilometer nutzbaren Landes durch Erosion.[52] Heute werden die Waldflächen in Italien zwar wieder aufgeforstet, die sofortige Vernichtung durch Waldbrände und Ziegenfraß übertrifft an Ausmaß aber die Neuanpflanzungen.[53]

Nordafrika war z. Z. der Römer noch eine Kornkammer, und die Karthager fanden genügend Holz zum Bau ihrer Schiffe. Die südliche Sahara wächst heute um 10 000 km^2 jährlich. Die Grenze der Wüste hat sich bereits um 300 km vorgeschoben.[54] Dieses Wachsen der Wüste findet nicht nur in Afrika, sondern auch in Persien, Pakistan und Mexiko statt.[55] Harroy bezeichnete Afrika bereits als einen sterbenden Kontinent. Und General Smuts sagte: »Für Südafrika ist die Erosion die größte Frage, größer als jede politische.«[56]

W. Vogt, der Leiter der Abteilung für Bodenschutz der Pan Amerikanischen Union, erklärte schon nach dem II. Weltkrieg, daß Mexiko in 100 Jahren zum größten Teil Wüste sein würde.[56] Die Methoden der Landverwüstung in Mittelamerika beschreibt Thomas Croat: »Die übrigen Wälder in Panama befinden sich in beträchtlicher Gefährdung. Durch eine weitere Million Menschen innerhalb kurzer Zeit und durch verminderte landwirtschaftliche Produktion auf dem augenblicklich genutzten Land werden alle verbliebenen Wälder auf den steileren und unzugänglicheren Hängen bald gerodet werden. Überdies befindet sich ein großer Teil des verbliebenen Waldes an der Karibischen Küste, wo die Erosion wegen der heftigen jährlichen Regenfälle stark ist. – So wird auch die Rodung des restlichen Waldes, um mehr Ackerland zu schaffen, keine Lösung für das Problem der landwirtschaftlichen Produktion sein. Sie wird in der Tat nur das Problem der landwirtschaftlichen Produktivität erschweren, indem sie Verwüstungen mit ausgedehnten Überschwemmungen, massive Erosion und Zerstörung des Bodens hervorruft, in vielen Fällen gefolgt von außergewöhnlichen Trockenzeiten zu verschiedenen Jahreszeiten. Die landwirtschaftliche Produktion wird stark sinken und es wird ausgedehnte Hungersnot geben. – Andere tropische Länder sehen sich mit ähnlichen, wenn auch vielleicht weniger akuten Dilemmas konfrontiert, verursacht durch rapide anwachsende Bevölkerungen, gepaart mit ständig sinkenden Mitteln für die Förderung der Landwirtschaft.«[57]

Nach neueren Forschungen ist die Kultur der Mayas in Mittelamerika dadurch zugrunde gegangen, daß immer neue Waldflächen gerodet werden mußten, die dann ebenfalls sehr schnell verkarsteten.[58] Das Problem der dortigen Böden ist die Laterisation. Sobald die tropischen Wälder gefällt sind, wird der Boden in wenigen Jahren hart wie Stein. Dazu erklärt Mary McNeil: »Die ehrgeizigen Pläne zur Steigerung der Nahrungsmittelproduktion in den Tropen, mit denen man dem Druck der raschen Bevölkerungszunahme entgegentreten will, berücksichtigen nicht in genügendem Maße das Laterisationsproblem und die Maßnahmen, die zu seiner Bewältigung getroffen werden müssen.« Anschließend beschreibt sie das Debakel von Iata im Amazonas-Bekken, wo die brasilianische Regierung den Versuch unternahm, eine landwirtschaftliche Genossenschaft einzurichten. Die Laterisation zerstörte das Projekt, da »die gerodeten Felder sich in weniger als fünf Jahren zum größten Teil in felsiges Pflaster verwandelten«.[59] 1974 wurden Pläne aus Brasilien bekannt, 360 000 Quadratkilometer Urwald zu schlagen, um 200 Mill. Festmeter Holz zu gewinnen, damit die 10 Mrd. Dollar Auslandsverschuldung Brasiliens abgedeckt und noch 25 Mrd. Dollar gewonnen würden. Welcher Schaden bei Durchführung solcher Projekte entstehen würde, ist noch gar nicht abzusehen, während andererseits die Laterisation den Erfolg für den Ackerbau zunichte machen dürfte.[60]

Die Entwaldung Nordchinas führte dazu, daß heute der Hoang-ho pro Kubikmeter 100–150mal mehr Schlamm hinwegführt als in früheren Zeiten, das sind jährlich 2 Mrd. Tonnen.[61] Seit dem II. Weltkrieg bemüht sich China um die Wiederaufforstung.[62]

Zweidrittel der Fläche der Vereinigten Staaten sind heute eine vom Menschen gemachte Wüste. Der tägliche Verlust an Ackerland durch Erosion erreicht dort eine Fläche von 4 000 acres.[63]

Nach Angaben von Prof. H. Lamprecht vom Institut für Waldbau der Universität Göttingen gingen in den Tropen allein 2 Mrd. Hektar für eine ›sinnvolle Bodennutzung‹ verloren. Als Ursachen gelten in den Tropen und Subtropen vor allem: Entwaldung, einseitige Bodennutzung, ungünstige Auswahl der Kulturpflanzen, Überweidung, Ausrottung bodenständiger Tierarten, nachteilige Veränderungen der Flußsysteme und Störungen des Wasserhaushaltes.[64]

Die Erosion der landwirtschaftlichen Böden wird durch die intensive großflächige Bebauung ganz wesentlich verstärkt. Der Wind kann hier die Humusschicht ungehindert abtragen. Dies ist nichts anderes als eine spezielle Form der Entropie, die vom Menschen eingeleitet wird. In dem englischen Papier »A Blueprint for Survival« findet sich eine

87

Tabelle, wonach die Qualität der landwirtschaftlich genutzten Boden-
decke auf dem Erdball wie folgt abnahm:

	1882 %	1952 %
gut	85,0	41,2
Humusdecke zur Hälfte erschöpft	9,9	38,5
ausgebeutet und verloren	5,1	20,3

Quelle: Planspiel zum Überleben 105.

Man könnte dagegen einwenden, daß es eine natürliche Form der
Entropie schließlich immer gegeben habe. Das stimmt; aber die natürlichen Verwehungen und Abschwemmungen wurden durch den reich-
lichen Pflanzenwuchs und dessen ungestörte Verwesung mehr als
ersetzt. Darum konnte die Humusdecke im Laufe der Jahrmillionen
ständig stärker werden. Zu den Überschüssen vergangener Zeiten
gehören auch die fossilen Brennstoffe. Heute werden die Pflanzen und
vor allem die Bäume ganz überwiegend einer Verarbeitung zugeführt
und damit dem Naturkreislauf entzogen, ihre Endstation ist größten-
teils die Verbrennung.
Von 1882 bis 1952 vergrößerten sich die Wüsten und wüstenähnlichen
Gebiete der Erde von 11 auf 26 Mill. Quadratkilometer, also um
140%.[65] Inzwischen haben sich diese Gebiete noch weiter ausgedehnt
und nehmen über ein Viertel der festen Erdoberfläche ein. Der
englische Ökologe John Leonard Cloudsley spricht von einem »alarmierenden Tempo« dieser Ausbreitung.[66] Das noch vorhandene
Brachland verminderte sich von 18 Mill. auf 2,7 Mill. Quadratkilometer, womit diese Reserve fast ausgeschöpft ist.[67]
Aus alledem wird deutlich, daß keinesfalls mit einer Vergrößerung der
Fläche für den Landbau zu rechnen ist, sondern mit einer Verminderung. Denn auch die überbauten Flächen verdoppelten sich fast von
0,87 Millionen Quadratkilometern im Jahre 1882 auf 1,6 Millionen
(1952) und dürften jetzt bald 3 Mill. Quadratkilometer erreicht haben.
Genaue Zahlen darüber waren leider nicht zu erhalten.
Eine weitere negative Tatsache ist die, daß sich die Bevölkerung
gerade an den Stellen der Erdoberfläche zusammenballt, die von der
Bodenbeschaffenheit und vom Klima her besonders begünstigt sind.
Die 60 700 Hektar landwirtschaftlicher Fläche, die in Großbritannien
jährlich dem Anbau entzogen werden, haben eine etwa 70% höhere

Produktivität als der Boden im Landesdurchschnitt.[68] Da die Menschen schon immer an solchen bevorzugten Stellen siedelten, hat sich auch die Industrie vorwiegend dort niedergelassen.

Es bleibt noch ein Blick auf die »Nahrungsquelle Meer« zu werfen. »Einige bekannte Autoren haben das Meer als ein grenzenloses Reservoir von Nahrungsenergie dargestellt, welches jede denkbare menschliche Bevölkerung versorgen könnte. Nichts könnte davon aber weiter entfernt sein. Der Ertrag von 1968 aus den Gewässern mit 60 Millionen Tonnen im Jahr entspricht etwa 60 Billionen Kilokalorien. Der jährliche Energiebedarf für die damals vorhandenen 3,5 Mrd. Menschen betrug etwa 3000 Billionen Kilokalorien – 50mal soviel.«[69] Gewichtig sind die Fischfänge nur für das Protein, von dessen Weltbedarf sie zu Ende der 60er Jahre ¼ deckten. Um diesen Anteil überhaupt zu halten, müßte sich der Fischfang schon bis 2010 verdoppeln. Wenn die utopischen Pläne der Aberntung des Planktons realisierbar wären, dann würde man den Fischen die Lebensgrundlage entziehen. In dieser Richtung wirkt ohnehin schon die zunehmende Verschmutzung der Weltmeere, insbesondere auch durch Öl.

Die Schätzungen über die Gesamtverseuchung der Meere durch Erdöl-Kohlenwasserstoffe schwanken zwischen 5 und 10 Mill. Tonnen jährlich. Nach einem Anfang 1975 von der Nationalen Akademie der Wissenschaften vorgelegten und in deren Auftrag vom Ocean Affairs Board des National Research Council der Vereinigten Staaten angefertigten Untersuchungsbericht geraten jährlich rund 6,1 Millionen Tonnen Rohöl, Ölreste und Abfälle der Raffinerieproduktion in folgender Aufteilung in die Ozeane der Erde:[70]

Transport (Tanker, Unfälle . . .)	2,1
Küsten- und Industrieabfälle	0,8
Ölförderung aus dem Meer	0,1
Flüsse und Kommunalabwässer	1,9
atmosphärischer Niederschlag	0,6
natürliche Sickerprozesse	0,6

Während William Ricker 1969 noch eine Verzweieinhalbfachung des Fischfangs für möglich hielt[71], ist der Weltfischfang seit 1970 rückläufig. Es ist nicht die Steigerung von 60 Mill. Tonnen auf 150 Mill. Tonnen im Gange, sondern nach der Spitze im Jahre 1970 von 69,8 Millionen ein Abfall auf 65,0 Millionen (1972) und 63,0 Millionen (1973)[72]. Dies, obwohl die Fangtechniken viel raffinierter geworden sind oder eben gerade darum. Die Wale sind inzwischen fast ausgerottet. Die Störfänge mit der Kaviarproduktion im Kaspischen Meer sind fast zum Erliegen gekommen. Besonders drastisch verlief die Entwicklung beim Heringsfang. Während 1963 weltweit 14,8 Millionen Tonnen gefangen wurden, stieg der Ertrag in den Jahren 1966 bis 1971 in den Bereich von 20 Millionen Tonnen, um dann 1972 auf 13,5 und 1973 auf 11 Mill. Tonnen herabzusinken.

Es ist zu befürchten, daß die Entwicklung bei allen Erträgen aus dem Meer ähnlich verläuft.

2. Der vergessene Faktor Zeit

Wir benutzen die Erde, als wären wir die letzte Generation.

René Dubos

Die Ernte der Jahrmillionen

Woher kommen alle die Grundstoffe, deren Verbrauch ins Unermeßliche wächst? Woher kommen damit auch die Steigerungen der landwirtschaftlichen Produktion?

Auf dieser Erde gilt das Gesetz von der Erhaltung der Materie! Da auch die menschliche Wirtschaft von diesem Gesetz nicht ausgenommen ist, muß eine ständige Zufuhr von Gütern schließlich irgendwoher stammen. Und dort muß eine entsprechende Verminderung die Folge sein.

Der englische Philosoph Francis Bacon sagt in bezug auf den Wirtschaftsprozeß: »Quidquid alicui addicitur, alibi detrahitur« (Was irgendwo hinzugefügt wird, wird woanders weggenommen). Dieses Naturgesetz gilt auch dann, wenn es der Wirtschaftswissenschaft beliebt, es zu ignorieren.

Durch das Vorangegangene dürfte klargeworden sein, daß die Vervielfachung der Produktion eine Folge des gewaltigen Einsatzes von Energien und Rohstoffen war. Dieser Einsatz konnte nur darum in Gang kommen, weil diese Stoffe, obgleich ganz richtig als »Bodenschätze« bezeichnet, »umsonst« zu haben waren.

Woher beziehen wir aber diese zusätzlichen Energien und Rohstoffe?

Aus dem Vorrat der Zeit!

Was in früheren Jahrmillionen entstanden ist, das setzt die heutige Menschheit in Kraft und Stoff (= Leistung) um. Auch hier gilt die physikalische Formel. Will man ein hängendes Gewicht in Leistung umwandeln, so gilt dafür die Gleichung:

Die Fußnoten befinden sich am Ende des Buches, S. 354–355.

91

$$\text{Leistung} = \frac{\text{Gewicht} \times \text{Höhe}}{\text{Zeit}}$$

Soll die Leistung erhöht werden, geht das nur auf Kosten der Zeit. Bei Erhöhung der Leistung auf das Zehnfache kann man sie statt 10 Sekunden lang nur 1 Sekunde lang nutzen. Ebenso kann die langsame Ausbeutung der Erde in eine beschleunigte umgewandelt werden. Jede Verbesserung der Technik bedeutet, daß noch mehr Vorrat der Vergangenheit in noch kürzerer Zeit in Nutzung umgesetzt wird.

Am deutlichsten ist das bei der Ausbeutung der fossilen Brennstoffe zu erkennen. Rund 500 Millionen Jahre waren nötig, damit sich rund 500 Milliarden Tonnen Erdöl bilden konnten. Bisher wurden davon 44,5 Mrd. Tonnen ausgebeutet; das ist der Ertrag von 44½ Mill. Jahren. Allein im Jahre 1973 wurde demnach das Ergebnis von 2 800 000 Jahren verbrannt!

Infolgedessen ist die heutige Technik auf der einen Seite schöpferisch, auf der anderen aber zerstörend. Das Ergebnis der Vergangenheit ist, indem es heute verbraucht wird, zugleich der Zukunft entzogen. Es muß auf dem Konto »Zukunft« als Verlust gebucht werden. Hans Christoph Binswanger bezeichnet die Rohstoffe sehr richtig als »Importe«.[1] Wir importieren E + R, Energie und Rohstoffe aus den Lagern der Vergangenheit; weil wir diese aber für die Zukunft entleeren, können wir auch mit Binswanger von einem »Import aus der Zukunft« sprechen. Dieser bislang fast kostenlose Import ist die Grundlage unseres Wohlstandes. Er kostet uns nicht einmal eine Wartezeit. Auf die jährliche Ernte der Natur muß geduldig gewartet werden. Niemand hat dort die Macht, die Wachstumszeit zu verkürzen. Nur aus dem Vorrat der Vergangenheit läßt sich das Ergebnis von Jahrtausenden durch die heutige Technik zusammenraffen. Darum waren hier Zuwachsraten zu erzielen, die im natürlichen Kreislauf niemals möglich sind.

Was wir heute über das natürliche jährliche Ergebnis der Land- und Forstwirtschaft sowie der Fischerei hinaus ernten, das stammt aus den Jahrmillionen vor uns. Diese Ernte der Zeiten ist eine einmalige Ernte, und darum kommt der Tag, wo es nichts mehr zu ernten gibt. Nur die Natur dieses Erdballs hat eben die einzigartige Eigenschaft, mit Hilfe der Sonnenenergie Jahr für Jahr neue Geschenke hervorzubringen und dennoch nicht zu versiegen.

Die fossilen Brennstoffe sind Produkte der Natur, die unter bestimmten Voraussetzungen bis heute gespeichert wurden. Sie kamen in

Jahrmillionen zusammen, weil niemand sie abbaute. Was heute noch an fossiler Energie neu gebildet wird, ist nicht mehr als die tropfenweise »Auffüllung« eines Reservoirs, das durch ein ständig wachsendes Riesenloch entleert wird. Oder, wie Ernst Basler es an anderer Stelle ausdrückt: »Der vom Menschen erzeugte Fortschritt vollzieht sich heute rund einemillionmal schneller als die Evolutionsgeschwindigkeit der Natur.«[2]

Wenn die gegenwärtige Menschheit in den Jahren von 1963 bis 1973 den Verbrauch von 1,30 Mrd. t Erdöl auf 2,83 Mrd. Tonnen gesteigert hat, dann ist es ihr gelungen, statt des Ergebnisses von 1,3 Millionen Jahren das Ergebnis von 2,83 Millionen Jahren in einem Jahr zu verbrennen.

Das gleiche Prinzip läßt sich auf die mineralischen Rohstoffe anwenden. Denn auch die Eisenlagerstätten zum Beispiel haben eine Entstehungsgeschichte, wenngleich diese in noch größerer Ferne liegt und vielleicht Milliarden von Jahren gedauert hat. Wie sie auch verlaufen sein mag: Eisen war ihr Ergebnis – und auch Blei, Kupfer, Zinn, Nickel, Silber und Gold sind Ergebnis eines solchen Zeitverlaufs. Darum ist es erlaubt, auch hier von einer Umwandlung eines Zeitergebnisses in ein Momentergebnis zu sprechen.

Der vielgerühmte »Fortschritt« der letzten zwei Jahrhunderte besteht also im Grunde darin, daß der Mensch Mittel und Wege gefunden hat, sich die ruhenden Kapitalien der Erde nutzbar zu machen – und damit Zeit in Kraft und Masse umzuwandeln. Dabei wurde ganz übersehen, daß nicht nur Werte geschaffen, sondern auch in einem immer schneller werdenden Tempo vernichtet werden.[3] Nur so schafft die heutige menschliche Technik kurzfristig ihre riesigen Wert»schöpfungen«: auf Kosten dauernder Vernichtung.

Wir müssen der Wirtschaftstheorie also vorwerfen, daß sie gegenüber der Verminderung der Weltvorräte blind war. Dies kann man auch so formulieren: sie hat alle ihre Berechnungen unter Ausklammerung des Faktors »Zeit« angestellt. Eigentlich erstaunlich für eine Wissenschaft, die bei ihren Berechnungen des betrieblichen Produktionsausstoßes und der Kalkulation des Arbeits- und Materialeinsatzes tagtäglich mit der Frage zu tun hat: in welcher Zeitspanne?

Dieses Versäumnis hatte allerdings eine für alle Menschen sehr erwünschte Folge. Man konnte in der volkswirtschaftlichen Gesamtrechnung immer neue Zugänge verbuchen, ohne irgendeinen entsprechenden Abgang buchen zu müssen.[4] Wenn man die heutigen Thesen einiger Ökonomen hört, »die der neoklassischen Schule nahestehen«, wie Bruno Fritsch es behutsam formuliert, dann muß man sich fragen, ob sie nicht absichtlich Blindheit verbreiten wollten, da es in ihrer Modellwelt »das Konzept der nichtregenerierbaren Ressourcen grundsätzlich nicht gibt«.[5]

Solange man behauptet, allein mit Arbeit und Kapital produzieren zu können, ist es nur folgerichtig, dieses Problem zu ignorieren; denn menschliche Arbeitskraft wird immer wieder neu geboren. Und wenn Kapital tatsächlich das Ergebnis vorhergehender Arbeit wäre, dann brauchte man sich auch nicht weiter darum zu sorgen, dann wäre auch dieses durch frühere Geburten erzielt worden. Sobald aber materielle Faktoren eingesetzt werden müssen, nämlich E + R, taucht sofort die Frage auf: wie lange reichen diese? Denn diese Faktoren wachsen nicht auf natürliche Weise nach wie Pflanzen, Tiere und – Menschen. Infolgedessen ist die Zeit ein grundlegender Faktor menschlichen Wirtschaftens; eine Produktion kann nur auf einer bestimmten Höhe gehalten werden, solange Rohstoffe und Energien ausreichen.

Die bisher erarbeitete Formel P = N + A (E + R) ist also um den Faktor Zeit (Z) zu erweitern:

$$P = N + A \left(\frac{E}{Z} + \frac{R}{Z} \right)$$

Wenn eine bestimmte jährliche Produktion 1000 Jahre hindurch aufrechterhalten werden soll, dann darf pro Jahr auch nur $^1/_{1000}$ des Gesamtvorrates von E und von R eingesetzt werden. Wenn man die Produktion von heute auf morgen verdoppelt, dann werden statt $^1/_{1000}$ schon $^2/_{1000}$ verbraucht. Die Folge ist, daß diese Produktion dann nur 500 Jahre lang laufen kann. Die beiden Glieder der Formel heißen dann $\frac{E}{500} + \frac{R}{500}$.

Nun sind wir uns der Tatsache bewußt, daß E und noch mehr R in sich vielfältig zusammengesetzte Faktoren sind. Absolut sicher ist nur, daß die Produktion dann aufhört, wenn keinerlei E oder keinerlei R mehr vorhanden ist. Hier zeigt sich der Vorteil der Trennung von E und R. E und R können nämlich durchaus verschiedene Z-Werte haben, wir schreiben sie so: $\frac{E}{Z_1} + \frac{R}{Z_2}$. Dabei wird die Zeit einer Produktion (P) von dem niedrigsten Z-Wert begrenzt. Es kann zum Beispiel noch Energie vorhanden sein, wenn die Rohstoffe bereits aufgebraucht sind: Z_2 war dann kleiner als Z_1. Das wäre der Fall bei Nutzung von Sonnenenergie oder auch bei Anwendung der Fusionsenergie. Dann kann energieseitig ein beträchtlicher Zeitgewinn eintreten: Z_1 könnte gegen unendlich wachsen. Die Frage bleibt allerdings: Was fängt man mit reichlicher Energie an, wenn die Anwendungsmöglichkeiten fehlen – das heißt, wenn nicht mehr genügend Rohstoffe für eine industrielle Wirtschaft da sind? Die Geologen sind der Ansicht: »Die Zukunft der Rohstoffversorgung wird mit Sicherheit ungünstiger als die der Energieversorgung.«[6] Rohstoffe bleiben die Voraussetzung auch für den utopischen Fall, daß E ohne mengenmäßige und zeitliche Begrenzung zur Verfügung stünde. Dann setzt eben (das kleinere) Z_2 der Produktion ein Ende. (Übrigens sind auch für jede künstliche, also technische Energieerzeugung und -übertragung sowie -anwendung Materialien, also Rohstoffe nötig.)

Wenden wir uns also der Rohstoffseite zu. Hier scheint es zunächst angebracht, für die Weltwirtschaft von Durchschnittswerten auszugehen. Wenn für eine bestimmte Produktion ein benötigter Rohstoff länger reicht als andere, dann bestimmt zwar zunächst der kleinste Vorrat die Dauer der Produktion. Man wird ihn aber unter Umständen irgendwie ersetzen können; am ehesten dann, wenn die benötigten Mengen klein sind. Andererseits ist klar, daß eine industrielle Produktion nicht weiterlaufen kann, wenn nur noch einige wenige Grundstoffe vorhanden, die meisten aber aufgebraucht sind.

Darum ist es, grob gesehen, durchaus berechtigt, von einer Durchschnittsdauer auszugehen. Diese beträgt bei der Zugrundelegung der 16 Rohstoffe in der Tabelle von Meadows ca. 40 Jahre und bei angenommener Verfünffachung der Vorräte durch Neufunde ca. 75 Jahre.

Dieses Ergebnis bleibt auch dann noch erschreckend genug, wenn der Endpunkt sich, bei äußerster Vergrößerung der Unsicherheitsfaktoren, noch um einige Jahrzehnte hinausschiebt.[7] Die bestürzende Erkenntnis dämmert heute in immer mehr Köpfen, daß all die genialen Erfindungen, die ständig verbesserten Produktionsmethoden, der Bau von noch größeren, noch schnelleren Maschinen, kurz all die großen »friedlichen« Siege der Menschheit auch einen Preis gekostet haben: nämlich den, daß dabei die Erde um Milliarden und Millionen von Tonnen hochwertigster Materialien unwiederbringlich ärmer geworden ist. Das sind Negativposten, die noch niemand addiert hat, von denen überhaupt erst wenige wissen, und die den unruhig werdenden Völkern weiter absichtlich oder unabsichtlich verschwiegen werden.

Die Völker nehmen es einfach hin, daß sie heute das Vielfache an Gütern verbrauchen als jemals in der Weltgeschichte. Wenn sie sich Gedanken darüber machen, wieso das heute möglich ist, dann schreiben sie die Errungenschaften ihrer gesteigerten Intelligenz zu. Dies ist aber nur ein kleiner Teil der Wahrheit. Die Intelligenz hat nur Wege gefunden, die Materie umzuwandeln, aber keine, Materie neu zu schaffen! Wie seltsam, daß dieses materialistische Zeitalter, das den »dialektischen Materialismus« hervorgebracht hat, bis heute nicht begriffen hat, daß zur Güterproduktion Materie notwendig ist.

Indessen schaut die heutige Generation mit mitleidiger Herablassung auf das Leben früherer Generationen herab. Man verhöhnt die eigenen Vorfahren, die »dumm genug« waren, sich mit dem zu begnügen, was die Natur ihnen wachsen ließ. Aber nur dadurch blieben uns die Vorräte der Erde erhalten! Damit wir sie nun skrupellos der Nachwelt wegfressen?

Die auf uns folgenden Generationen werden mit blanker Wut und Verachtung auf den Egoismus der Menschen des 20. Jahrhunderts zurückblicken, die sich in ihrer unübertrefflichen Selbstgefälligkeit vornahmen, den Erdball in 100 Jahren auszuplündern. Denn was wir heute von den Vorräten aus zurückliegenden Zeiten verbrauchen, nehmen wir den Zeiten nach uns weg. Spätere Generationen werden von den Resten leben müssen, die wir übriglassen. Sie werden versuchen müssen, das zu verwerten, was uns zu geringwertig und zu kostspielig schien. Sie werden sich mit dem Schlechteren begnügen müssen und es viel schwerer haben. Die Mitmenschen auszubeuten, gilt heute als verpönt. Aber den Enkeln die Existenzgrundlage entziehen, indem man heute ausbeutet, was sie bitter nötig haben werden, ist eine verdienstvolle Tat. Das bringt Geld und Ehren – und absolute Wahlsiege ein.[8]

Der allergrößte Witz ist aber der, daß man diesen ganzen Betrieb damit begründet, man arbeite für eine »bessere Zukunft«. Dabei verzehrt man mit den Gütern der Vergangenheit gerade die Art von Zukunft (die materiell gesicherte nämlich), die man angeblich – mag sein im guten Glauben – anstrebt. Jetzt erkennen wir, was die Dinge wirklich kosten: nicht nur die Arbeit oder das Geld, sondern sie kosten die Zukunft und damit ein Stück unseres Lebens und des Lebens unserer Kinder. Damit müssen wir bezahlen! Ist das nicht Grund genug, die Güter anders zu bewerten und wieder sparsam mit ihnen umzugehen?

Wir reden hier natürlich von dem – bestenfalls – einem Drittel der Erdenbewohner, die sich dieses kurzfristige Freudenfeuerwerk leisten. Wir sehen deren Schuld auch nicht darin, daß sie dies alles den übrigen zwei Dritteln vorenthalten. Nein, ihr unverantwortliches Handeln besteht darin, daß sie die übrigen zwei Drittel glauben machen, auch sie könnten diesen Standard erreichen. Man nennt sie ja Entwicklungsländer, womit klar gesagt ist, wohin sie sich gefälligst zu entwickeln haben. Sie können sich gegen diese Gaukelei nicht wehren. Denn all ihre Kenntnisse, Glaubensinhalte und Lebensgewohnheiten sind längst von der rationellen Effektivität der industriellen Welt überrollt worden. Oder muß es für sie nicht deprimierend sein, wenn ein einziger Bagger an einem Tage die Erdmassen bewegt, wozu hundert Eingeborene Monate gebraucht hätten? Ihre Handarbeit ist hoffnungslos entwertet. Die Produkte ihrer Hände können mit den in der Stadt ausgestoßenen nicht entfernt konkurrieren. Also verlassen sie das Land und ihre Sippe, um dann in der Stadt festzustellen, daß sie nur das Proletariat vermehren."

Die Industrieländer haben durch ihr Beispiel und ihre Propaganda die Illusion in die Hirne gepflanzt, daß alle so leben könnten, wie man das vom Fernsehen oder vom Kino her kennt – und von den Touristen, die reich und selbstbewußt durch das Land jagen. Die Hoffnung, wenn nicht gar der Glaube an eine solche rosige Zukunft wird die armen Völker nicht veranlassen können, um das Überleben ihrer Kinder so zu bangen, daß sie lieber auf einige davon verzichten.

Dabei ist der Lebensstandard der Industrievölker in dieser Höhe nur möglich, weil die Rohstoffe auch aus den sogenannten Entwicklungsländern herangeholt werden. Daß sie dort ebenfalls so gut wie nichts dafür bezahlten, ist den Industrienationen gar nicht anzulasten, denn sie kennen es auch zu Hause nicht anders. Im Gegenteil: Für ein volkreiches Entwicklungsland sind die Arbeits- und Verdienstmöglichkeiten, die durch Abbau, erste Verarbeitung und Transport der Rohstoffe entstehen, noch immer bedeutender, als es in den Industrieländern der Fall ist.

Die heutige Wirtschaft greift nicht nur in die Zeit aus – nämlich auf die Vorräte der Vergangenheit zurück und damit auch in die Zukunft voraus, sie betrachtet auch den Raum, die gesamte Erdoberfläche, als die Vorratskammer für das Hier und Jetzt.

Früher waren es nur die Kolonien der europäischen Mächte, die zunächst hauptsächlich Naturerzeugnisse, eben Kolonialwaren, lieferten. Dann wurden auch im zunehmenden Maße Bodenschätze abgebaut. Heute wird jeder Winkel der Erde systematisch nach Bodenschätzen durchsucht. Man erforschte die Seegebiete im Bereich des Festlandssockels, geht nun auf den Grund der Hohen See und stößt in die Bereiche des ewigen Eises vor – in Kanada wie in Sibirien. Neuerdings liest man von Projekten zur Ausbeutung der Antarktis.

Alles wird auf das Heute konzentriert; es fehlt jeder Zeithorizont – man kann nicht schnell genug ernten, was sich in Jahrmillionen angesammelt hatte. Warum will man eigentlich solche übermächtigen Schwierigkeiten auf sich nehmen, wo doch so viele behaupten, man werde völlig neue Stoffe finden und andere Techniken entwickeln?

Die einmalige Ernte des Wissens

Zur Ernte, wenn nicht der Jahrmillionen, so doch zur Ernte der Jahrtausende, gehört auch das angesammelte Wissen. Darüber schreibt Alexander Rüstow in seinem höchst empfehlenswerten Aufsatz, »Kritik des technischen Fortschritts« (1951)[10]: »Diese einmalige und einzigartige weltgeschichtliche Situation, mit einem Anlauf von mehr als 2000 Jahren, sie ist es, die zu diesem einmaligen und einzigartigen, unerhörten Tempo des technischen Fortschritts geführt hat, dessen staunende Zeugen wir seit 200 Jahren sind, und das seit der letzten Jahrhundertwende eine nochmalige Steigerung erfahren hat.«

Das heutige Tempo des technischen Fortschritts ist für Rüstow »eine ganz exeptionelle und ganz extreme Erscheinung«, so daß dafür noch andere Gründe vorhanden sein müssen als der Siegeszug der exakten Wissenschaften. Es hatte schon in der Antike zahlreiche Erfindungen gegeben, aber angewandt wurden sie nur in der Kriegstechnik und – für Spielautomaten. Und auch die Scholastik des Mittelalters brachte einen Aufschwung, der über die Renaissance zu Kopernikus, Kepler, Galilei, Newton führte. Roger Bacon (1214–1294) postulierte bereits die Erfindung von Flugzeug, Auto, Dynamit, und Leonardo da Vinci fertigte schon Konstruktionsskizzen für U-Boote und Flugzeuge.

»Was jedoch den praktischen Fortschritt des Mittelalters in Grenzen hielt, war die nicht-ökonomische Orientierung der Gesellschaft. Sowohl in der feudalen wie in der kirchlichen Rangordnung rangierten Erwerbstätigkeiten auf der untersten Stufe der sozialen Leiter. Sicher war die Arbeit gottgefälliger, als sie je in der Antike gewesen war – dafür sorgten schon die [geistlichen] Orden. Aber solange die Kirche als etablierter Heilsapparat die Gleichheit der Menschen in der Welt des Jenseits sicherstellte, war kein großes Bedürfnis nach Sicherung des diesseitigen Reiches vorhanden.«[11] Auch die Renaissance war nicht naturwissenschaftlich, sondern geisteswissenschaftlich interessiert, und sie hatte keine Fortschrittsideologie. Obwohl die damaligen Erfindungen »durchaus produktionstechnisch anwendbar gewesen wä-

98

ren, fand eine solche praktische Anwendung genauso wenig wie im Altertum statt«[12] – wieder mit Ausnahme der Kriegstechnik und der Spielautomaten und etwaiger Anwendung in Eigenbetrieben der Fürsten, insbesondere in Bergwerken. Dabei gab es eine ganze eigene Literaturgattung, die der Projektanten, worin handschriftlich oder gedruckt den Fürsten »die praktische Nutzbarmachung solcher technischen Fortschritte ausgemalt und propagiert und die ungeheuren Gewinnmöglichkeiten vorgerechnet wurden«.[13] Aber es bestand kein Bedürfnis zur wirtschaftlichen Verwertung. Von der Kirche wurde diese als Todsünde verurteilt, wie sie schon von Aristoteles als Habgier verachtet worden war. In den antiken Sagen erleiden die Erfinder ein übles Schicksal. »Hephaistos hinkt, Ikaros stürzt ab, Prometheus wird angeschmiedet. Und in einem berühmten Chorlied von Sophokles' Antigone ruft der Chor sein tragisches Wehe! über die erfinderische Vermessenheit des Menschen.« Noch in der Thorner Zunfturkunde von 1523 heißt es: »Kein Handwerksmann soll etwas Neues erdenken oder erfinden oder gebrauchen, sondern jeder soll aus bürgerlicher und brüderlicher Liebe seinem Nächsten folgen.« Alexander Rüstow meint, »gegen diesen großartig-verhängnisvollen Schritt ins Unbetretene, nicht zu Betretende, ein tollkühnes Wagnis und Abenteuer von unabsehbaren Folgen, scheint sich die abendländische Menschheit jahrhundertelang mit einer Häufung von Widerständen aller Art instinktiv gewehrt zu haben.«[14]

Damit hatte sich aber im Laufe der Jahrhunderte ein Vorrat von Wissen, von Erfindungen und Plänen angestaut, dessen Freisetzung innerhalb kurzer Frist, etwa um die Wende des 18. Jahrhunderts zu einer wahren Sturzflut führte. »Dabei wurde durch den siegreichen Wirtschaftsliberalismus die Anwendung nicht nur ermöglicht, sondern zugleich auch erzwungen.«[10] Darin sieht Alexander Rüstow die Lösung des Rätsels, das unter dem Stichwort »Industrielle Revolution« hinter uns liegt und das von dem deutschen Staatsrechtler Ernst Forsthoff als »Zeitalter der technischen Realisation« bezeichnet wird. Nachdem die Dämme gebrochen waren, trat die Weltgeschichte in ein ganz neues Stadium ein. Die entfesselte Begeisterung für den technischen Fortschritt trat ihren Siegeszug rund um den Erdball an.[15] Was Wunder, daß dieser »blinde Glaube an den technischen Fortschritt auch ein Zentralbestandteil der kommunistisch-bolschewistischen Weltreligion geworden ist«.[16]

Seitdem ist die Menschheit nicht mehr zur Besinnung gekommen. Nicht nur, daß sie den Krieg des Fortschritts führen mußte, der letzten

Endes ein Krieg gegen die Erde ist – sie mußte auch unter sich Kriege um den »wahren Weg« zum Fortschritt führen und führt sie heute noch. Jede Bewegung, jede Revolution verspricht heute unter dem Stichwort »soziale Gerechtigkeit«, mehr Güter zur Verteilung zu bringen. Selbst große Teile der christlichen Kirchen haben sich inzwischen dieser Bewegung angeschlossen und erwarten das Heil nicht mehr im Jenseits, sondern in einer Verwirklichung der Ideen des Fortschritts, die dann die Lösung aller sozialen Probleme bringen würde.

Die Erfindungen waren auch in den letzten Jahrhunderten noch die Taten genialer Einzelgänger. Auch da wurde durchaus nicht alles verwirklicht, was an Neuerungen angeboten wurde. Erst im 20. Jahrhundert begann eine neue Phase, in der neue Lösungen sogar systematisch gesucht wurden; zunächst von großen Firmen. Etwa mit dem II. Weltkrieg begannen die Staaten, Entwicklungsaufträge mit bestimmter Zielsetzung zu vergeben – zunächst auf militärischem Gebiet. Die Dimensionen der Probleme nahmen auch so gewaltig zu, daß nur noch mit großen finanziellen Mitteln Ergebnisse zu erzielen waren. Dennoch stellt Norbert Wiener 1952 fest: »So wertvoll das große Laboratorium ist, so arbeitet es doch am wirkungsvollsten bei der Entwicklung von bereits am Tage liegenden Ideen und am schlechtesten und unwirtschaftlichsten bei neuen Ideen. Daß es uns während des Krieges so große Dienste leistete, lag daran, daß wir zu jener Zeit einen riesigen Bestand wissenschaftlicher Ideen aus der Vergangenheit hatten, der bis dahin noch nicht für erfinderische Zwecke benutzt worden war. Schon beginnt dieser Vorrat abzunehmen.«[17] In den letzten Jahren mußte der Vorrat dadurch immer geringer werden, weil die Frist bis zur Umsetzung der Erkenntnisse in wirtschaftliche Nutzung immer weiter verkürzt wurde. Bruno Fritsch gibt eine Tabelle aus »The Futurist« wieder[18] (s. nebenstehende Abbildung).

Man suchte mittlerweile Entwicklungen, von denen man annahm, daß sie ohnehin kommen würden, zeitlich zu beschleunigen, um damit einen strategischen oder wirtschaftlichen Vorteil zu erreichen – manchmal auch nur ein höheres Prestige.

Naturgemäß hatten die USA hier die größten Möglichkeiten. Die bekanntesten Großprojekte sind: die Entwicklung der Kernspaltung, der Überschallflugzeuge, der Raketen bis zum Weltraumflug und die Computertechnik; aber es gibt unzählige andere. Ein Vorrat an Erfindungen, den wir der nächsten Generation überlassen könnten, kann überhaupt nicht mehr entstehen.

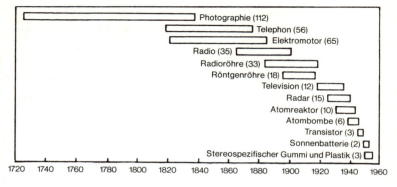

Technische Erfindungen
Zeitspannen zwischen Erfindung und praktischem Einsatz (in Jahren)

Eine Benachteiligung der Zukunft entsteht noch auf Grund einer anderen Tatsache, auf die Bruno Fritsch hinweist.[19] Im Konkurrenzkampf stehende Firmen und auch die Staaten fördern die angewandte Forschung und haben für die Grundlagenforschung keine Mittel übrig. Dies muß zu einem Defizit bei den wissenschaftlichen Grundlagen führen, während die in dem Dreiecksverhältnis von Staat – Wissenschaft – Wirtschaft freigesetzten Kräfte heute »eine zunehmende Verwobenheit von gesellschaftlichen und technischen Phänomenen« zeigen, »wobei die Komplexität und damit Verwundbarkeit Störungen gegenüber insbesondere in den wissenschafts- und kapitalintensiven Sektoren der Industriegesellschaften stark zunahm und immer noch zunimmt«.[20]

Eine weitere Unsitte hat in den letzten Jahren um sich gegriffen: Für möglich erachtete oder auch nur erhoffte Ergebnisse werden von Wirtschaft und Politik so behandelt, als gehörten sie bereits zur Wirklichkeit. Das bedeutendste und typischste Beispiel ist die Kernfusion. Sie ist in der Wasserstoffbombe realisiert, und damit wird weitgehend unterstellt, daß man daraus in Zukunft unbegrenzte Energiemengen gewinnen könne. Die ungeheuren Schwierigkeiten, von denen Wissenschaftler und Techniker berichten, werden nur in Kleinschrift gemeldet.

Man rechnet bereits mit den wirtschaftlichen Ergebnissen von Erfindungen, die erst noch gemacht werden sollen. Das hat es bisher noch in keiner Epoche der Geschichte gegeben! Und erst recht nicht, daß man bei der Sicherung der Lebensgrundlagen Erfindungen einkalkulierte, die erst noch realisiert werden mußten. Früher war es dagegen so, daß man eine Erfindung als unverhofftes Geschenk ansah und sich viel Zeit ließ, bis man sie nutzte.

Norbert Wiener sagt: »Dadurch, daß wir uns auf zukünftige Erfindungen verlassen, welche uns aus Zwangslagen herausziehen sollen, in die wir durch die Verschwendung unserer natürlichen Hilfsmittel geraten sind, zeigen wir aufs deutlichste unsere amerikanische Vorliebe für Glücksspiele und unsere Begeisterung für den Spieler, aber unter Bedingungen, unter denen kein vernünftiger Spieler setzen würde. Welche Fertigkeit der erfolgreiche Pokerspieler auch haben mag, er muß doch mindestens wissen, was er in der Hand hält. Im Glücksspiel der zukünftigen Erfindungen jedoch kennt niemand den Wert der Karte, die er in der Hand hält.«[21] In wenigen Generationen wird selbst »die Befriedigung der lebensnotwendigen Bedürfnisse der Menschen von Erfindungen abhängen, die erst noch gemacht werden müssen«.[22]

Damit ist in bezug auf die Summe des Wissens die gleiche fatale Lage eingetreten wie auf dem Gebiet der Energie- und Rohstoffvorräte. Vergangenheit und Zukunft werden rücksichtslos auf das Hier und Heute übertragen. Das bedeutet, daß den nächsten Generationen kein Wissensvorrat überlassen wird, der nicht bereits ausgebeutet wäre; während das 20. Jahrhundert noch einen großen Vorrat übernehmen konnte. Alles wird heute sofort realisiert und – was das Allerschlimmste ist – ohne jede Rücksicht auf die Folgen oder mögliche Fehlschläge.

Wenn heute die Einstellung vorherrscht, alle Probleme könnten durch neue Entdeckungen und Erfindungen gelöst werden, dann ist das »eine reine Extrapolation der Erfahrungen der letzten 100 Jahre, und es wäre, wie schon bei der Behandlung der Buchführung über die Ressourcen begründet, verwegen, wenn man sich in seinem Verhalten gegenüber den zukünftigen Generationen auf eine so wenig fundierte Prognose stützen würde«.[23]

Der Schwindel von der »Substitution«

Das deutsche Wort für Substitution, nämlich »Ersatz«, ist infolge der beiden Weltkriege in Deutschland bestens bekannt. Heute wird sehr schnell von dem Ausweg mittels Substitution gesprochen, sobald man nicht mehr umhinkommt, die Möglichkeit der Erschöpfung von Rohstoffen zuzugeben. Warum haben die »blockierten« Deutschen so herzlich wenig ersetzt, obwohl ihre Lage zweimal über viele Jahre verzweifelt war? Das einzige, was ihnen geglückt ist, war die Stickstoff-Synthese, die aber von Haber schon vor dem I. Weltkrieg entwickelt worden war.

Die Substitution ist auch nur dann ein Ausweg, wenn es gelingt, Rohstoffe durch bisher ungenutzte Stoffe zu ersetzen. Denn es ist nicht das Geringste damit gewonnen, bereits verwendete Grundstoffe durch andere, ebenfalls schon verwendete Grundstoffe auszutauschen; weil auch diese dann nur eher aufgebraucht sein werden. Genau das ist aber die heute gängige Praxis der »Substitution«.

Man müßte eigentlich erwarten, daß, angesichts der geringen Vorräte und der unerhört teuer gewordenen weltweiten Suche nach Nachschub, bereits Vorstellungen darüber bestünden, welche Grundstoffe durch neue ersetzt werden sollen. Denn bis zur Herstellung großer Mengen dürften dann ohnehin noch Jahrzehnte vergehen. Für die Erkundungen, die zu neuen Funden führen, sind nach Thomas Lovering mehr als fünf Jahre nötig. Und »weil die Zahl der Minerallagerstätten endlich ist, wird die Anlaufzeit für die Entdeckung immer seltener werdender neuer Lagerstätten immer größer«.[24] Für die anschließende Planungszeit sind bis zur anlaufenden Produktion noch einmal mindestens fünf Jahre nötig.[25] Dazu kommt bei der Verwendung völlig neuer Materialien noch, daß erst einmal Klarheit über die Art der weiteren industriellen Verarbeitung einschließlich deren Erprobung geschaffen werden muß. Und schließlich fehlen noch die langwierigen Untersuchungen über die Auswirkungen auf die Umwelt, was man früher völlig vernachlässigt hat. »Ersatzstoffe und -verfahren lassen sich nicht von heute auf morgen aus dem Boden stampfen. Entwicklungszeiten, Umstellungszeiten von Wirtschaft, Industrie und Markt und Verbraucher liegen in der Größenordnung von Jahrzehnten.«[26]

Demnach wäre es höchste Zeit, daß die Propheten der Substitution endlich einmal sagen, was womit substituiert werden soll. Aber wo man sich auch umhört, man findet keine konkreten Vorschläge. »Die meisten heute in Gang gesetzten rohstoffpolitischen Konzepte erstrecken sich über einen Zeithorizont von kaum zwanzig Jahren. Eine Zeitspanne von fünfzig Jahren für die Planung wäre jedoch richtiger, denn die heutigen Maßnahmen und Handlungen auf dem Rohstoffsektor sind für die Rohstoffsituation in fünfzig Jahren sehr bedeutsam.«[27]

Die Ökonomen betrachten die technischen Erfindungen so, als brauchte man sie nur zu bestellen. »Die Technik hat bisher noch immer . . .« so lautet ihre Redensart. Die Techniker wehren sich im allgemeinen gegen solch übertriebene Erwartungen. Aber sie werden gar nicht erst gefragt oder man schmeichelt ihnen mit der Unterstellung ihrer Allmacht. Eine besonders umsichtige Stellungnahme hat Hartmut Bossel unter dem Titel »Auch von der Technologie sind keine Wunder zu erwarten« am 22. 12. 72 in der FAZ veröffentlicht. Er wehrt sich als Techniker gegen die Angriffe der Ökonomen auf das Meadows-Modell; denn nach deren Szenarium soll »die Technologie in Zukunft jeden auftretenden Mangel decken, für jeden nicht mehr vorhandenen Rohstoff einen Ersatzstoff finden, jede entsprechende Energielücke füllen, alle hungrigen Münder der Welt füllen und allen Menschen auf der Erde einen Lebensstandard verschaffen, der den heutigen amerikanischen oder westeuropäischen noch weit übertreffen wird. Alles das trotz weiteren Bevölkerungswachstums.« Bossel hält dem entgegen, daß der Nutzen neuer Forschungsergebnisse für den Mann auf der Straße je ausgegebener Forschungsmark nie so gering war wie heute, »nach einer stürmischen Entwicklung wird ein gleichbleibender Teil an technischem Fortschritt nun mit immer höheren Kosten erkauft«. Er warnt dringend vor der Annahme, »daß die Technologie für jeden sich am Horizont abzeichnenden Notfall eine Lösung bereit haben wird, sobald das Problem akut wird«. Fast jede der uns auf der Erde heute und morgen bevorstehenden größeren Aufgaben werde komplexer und schwieriger sein als der Mondflug; auf vielen Gebieten werden sich auch mit höchstem Forschungsaufwand keine Neuentwicklungen mehr erzielen lassen, »weil wir ganz einfach an Naturgesetze stoßen, über die wir uns nicht hinwegsetzen können«. Hartmut Bossel schließt mit den Worten: »Mir scheint, daß (besonders von seiten der Ökonomie) der Technologie eine Schlüsselrolle in der zukünftigen gesellschaftlichen Entwicklung zugewiesen wird, die sie nur teilweise wird ausfüllen können. Wenn aber die Technologie die ihr zugemutete Rolle nicht spielen kann, dann brechen auch notwendig viele der gegenwärtig noch vertretenen Zukunftsprognosen zusammen. Insbesondere ergeben sich die allerschwersten Zweifel an der langfristigen Erwünschtheit, ja Zulässigkeit, (materiellen) Wirtschaftswachstums.«

Hier »bedankt« sich also ein Technologe in höflicher, aber um so entschiedenerer Form für das freundliche Angebot der Ökonomen, die in vielen Fällen »die Rechnung ohne den Wirt machen, nämlich ohne die tatsächlichen Möglichkeiten und Beschränkungen der Technologie zu berücksichtigen«. Nach dem Konzept der Wissenschaftler sollten die Technologen gefälligst die Schlüsselrolle übernehmen und all die Probleme lösen, die die Ökonomen in der Vergangenheit nicht gesehen haben und auch jetzt noch nicht sehen wollen. Einige Ökonomen versuchen, ihre völlige Hilflosigkeit mit einer scharfen Polemik gegen die Untersuchungen des Club of Rome und anderer zu verschleiern. Sie selbst haben aber nicht die Spur einer Lösung anzubieten; statt dessen tragen sie die unerschütterliche Gewißheit vor, daß andere dies für sie erledigen werden. (Auf die hervorragenden Leistungen einiger Ökonomen bei der Entwicklung der Ökonomie zu einer Umweltökonomik wird an anderer Stelle eingegangen.)

Das Rückgrat unserer Industrie bildet nach wie vor das Eisen, das nun schon über 2000 Jahre in Gebrauch ist. Glücklicherweise ist es noch am ausgiebigsten vorhanden. Geändert hat sich nur so viel, daß Eisen mit einer zunehmenden Anzahl von anderen Mineralien legiert wird. Diese Komplizierung hat den Nachteil, daß Schwierigkeiten bereits dann auftreten werden, wenn einer der benötigten Zusätze ausfällt. Thomas Lovering spricht von »einzelnen seltenen Metallvitaminen, die essentiell für das Leben einzelner Industriegiganten sind«.[28] Dazu zählt er Quecksilber, Wolfram, Tantal, Silber, Zinn und Molybdän, die alle nur zu geringen Anteilen in anderen Erzen vorkommen.

Es hat in der Geschichte unserer Eisenzeit nur zwei bedeutende Erweiterungen durch neue Materialien gegeben: durch Aluminium seit 1889 und durch Kunststoff seit rund 40 Jahren.

Das Leichtmetall Aluminium wird hauptsächlich aus Bauxit gewonnen. Die Vorräte sind im Vergleich zu anderen Mineralien verhältnismäßig groß. Die elektrolytische Herstellung einer Tonne Aluminium erfordert jedoch die enorme Menge von 15 000 Kilowattstunden Elektrizität!

Die verschiedenen Arten der Kunststoffe werden alle aus bekannten Rohstoffen hergestellt. Für die Zelluloseprodukte dienen Pflanzen als Ausgangsmaterial: Holz und Baumwolle. Die dafür verwendeten Mengen werden also jeder anderen Verwendung entzogen. Die Massenkunststoffe Polyäthylen und PVC benötigen 105 bzw. 49 % Äthylen, das mit einer Ausbeute von 3 % aus Rohöl gewonnen werden kann. Man muß also 30 t Rohöl haben, um eine Tonne Polyäthylen zu bekommen.

Dabei ist zu berücksichtigen, daß aus den übrigen Anteilen allerdings Benzin, Dieselöl und Heizöl, Propylen und weitere Pyrolyse-Produkte anfallen. Das Polyäthylen selbst wird allerdings im wesentlichen aus dem ohnehin anfallenden Äthylen hergestellt, welches früher abgefakkelt werden mußte. Der Energiebedarf stellt sich auf 2000 bis 14 750 Kilowattstunden je Tonne Polyäthylen und auf ca. 2000 Kilowattstunden je Tonne PVC. Eine Tonne Polystyrol benötigt ca. 5600 Kilowattstunden.[29] Die Weltproduktion an Kunststoffen stieg von 1,5 Mill. Tonnen im Jahre 1950 auf 30 Mill. Tonnen im Jahre 1972.

Festzuhalten ist also, daß Kunststoffe nur dann hergestellt werden können, wenn Rohöl zur Verfügung steht und verarbeitet wird. Die Einführung der Kunststoffe bringt also eine zusätzliche Verwendung für das Erdöl, das schon für viele Produkte den Grundstoff abgibt. Die Kunststoffe substituieren im echten Sinne des Wortes überhaupt nichts, sie tragen nur zum vermehrten Verbrauch des knappen Erdöls bei und benötigen zusätzliche große Energiemengen. Wenn das Erdöl erschöpft ist oder wenn keine Energie zur Verfügung steht, dann hört auch die Kunststoffproduktion auf. Was hier stattfindet, ist eine chemische Umwandlung. Davon gibt es sehr viele. Diese benutzen bekannte Grundstoffe und lohnen sich meist nur für spezifische Zwecke kleineren Ausmaßes, da sie sehr teuer sind.

Verschiedene Rohstoffe werden ohnehin niemals ersetzt werden können. Das trifft zum Beispiel für die Düngemittel zu. Die Pflanzen brauchen nun einmal Stickstoff, Phosphor und Kali; mit etwas anderem kann man ihnen nicht dienen. Bei den künstlichen Düngemitteln scheidet auch die Wiederverwendung aus, ihr Einsatz ist – wie bei den fossilen Brennstoffen – ein einmaliger.

Es muß also festgestellt werden, daß in der technischen Revolution der letzten 200 Jahre für große Anwendungsbereiche nur ein neuer Rohstoff entdeckt worden ist: Aluminium. Das ist – mit Verlaub – herzlich wenig für einen Zeitraum, in dem sich die Weltausbeute schon lange bekannter Rohstoffe auf das Vieltausendfache gesteigert hat! Das laute Getöse um die Substitution ist also ein Riesenschwindel – und es wird endlich Zeit, daß er als solcher entlarvt wird. Alle reden davon, aber niemand bringt einen konkreten Vorschlag. Dabei wäre es höchst nötig und verdienstvoll, zum Beispiel für Quecksilber einen Ersatz anzubieten. Einmal, weil dieses Mineral in wenigen Jahren aufgebraucht sein wird, zum zweiten, weil die Umweltvergiftung durch Quecksilber beträchtlich ist.

Die Leistungen unseres technischen Zeitalters liegen nicht in der Entdeckung neuer Rohstoffe, sondern in den immer raffinierteren Kombinationen mit stets den gleichen Grundstoffen, die schon seit

Jahrhunderten und Jahrtausenden bekannt sind. Was in die Welt gesetzt wird, sind nur Schlagworte – von den »tiefgreifenden und unvoraussagbaren (!) Wandlungen« der Ressourcen zum Beispiel. Das kostet nichts und hört sich gelehrt an. Eine der Theorien von der ewigen Fülle haben die beiden Amerikaner Barnett und Morse aufgestellt. Sie gehen davon aus, daß seit 75 Jahren die Kosten für den Abbau von Mineralien ständig gesunken seien. Sie folgern daraus, daß diese Entwicklung immer so weitergehen und daß das schließlich dazu führen werde, daß sogar ganz normale Erde verarbeitet werden könnte. Ihr Kernsatz lautet: »Wenige Komponenten der Erdkruste, einschließlich der landwirtschaftlich genutzten Flächen, sind so spezifisch, daß sie nicht wirtschaftlich ersetzt werden könnten, oder dem technischen Fortschritt so unzugänglich, daß sie nicht unter bestimmten Umständen Produkte zu gleichbleibenden oder absinkenden Kosten hervorbringen könnten.«[30] Diese Theorie berücksichtigt überhaupt nicht, daß erstens die Kostensenkung der letzten Jahre dem zunehmenden Einsatz von Maschinen und viel Energie bei etwa gleichbleibender Güte der Vorkommen zu verdanken ist, daß zweitens jetzt die Grenze der Mechanisierung erreicht sein dürfte und daß drittens allein schon der Zwang zum Abbau immer schwächerer Vorkommen die Kosten wieder erhöhen wird.[31]

Thomas Lovering weist darüber hinaus sogar nach, daß die These von der Verbilligung auch in der Vergangenheit nicht für alle Grundstoffe galt. So ist z. B. die Kupfer- und die Quecksilbergewinnung teurer geworden und ebenso die von Blei und Zink. Ebenso sind die Kosten für die Erschließung neuer Erdgasvorkommen in den USA ständig gestiegen.[32] Wie stark die Kosten der Erdölgewinnung anwachsen, weiß heute beinahe jedes Kind.

Wenn Barnett und Morse recht hätten, dann müßte die ganze fieberhafte Suche nach Rohstoffen, die heute in der ganzen Welt, besonders aber in den Vereinigten Staaten stattfindet, ja ein Werk von Irren sein, die nicht wissen, daß man nicht ebensogut Steine, Sand oder Wasser nehmen kann! Es sind immer die gleichen Rohstoffe, die man sucht: Erdöl, Erdgas, Uran, Mangan, Kupfer, Zink, Nickel, Kobalt. Die Preise je geförderte Tonne werden künftig ein Vielfaches von dem betragen, was in den alten Fördergebieten aufgewendet werden mußte.

An der Erfahrung geprüft ist das »Lusky-Verhältnis«[33], auch als »Gehalt-Tonnage-Verhältnis« bekannt: Der Geologe Lusky fand, daß der Umfang aller Lagerstätten mit geometrischem Faktor zunimmt, während dabei der durchschnittliche Gehalt des jeweils abgebauten Erzes arithmetisch abnimmt. Daraus darf aber nicht etwa abgeleitet werden, daß es unentdeckte arme Lagerstätten astronomischen Ausmaßes gibt. »Lagerstätten minderster Güte treten meist in Form von vielen kleinen, zerstreuten Lagern auf, deren ökonomische Aufbereitung vergleichbare Probleme schaffen würde, wie das Fangen großer Mengen kleiner und seltener Organismen, die im Wald oder im Meer verstreut leben.«[34]

Für die künftige Gewinnung mineralischer Rohstoffe ergibt sich, daß für Suche, Abbau, Konzentrierung und längere Transportwege laufend mehr Energien und Maschinen (das sind selbst wiederum verarbeitete Rohstoffe!) sowie Arbeitskräfte nötig sein werden. Außerdem werden immer größere Abraummengen entstehen, die wieder zu Landschaftszerstörungen und zum Verlust landwirtschaftlich nutzbarer Böden führen. Beim Abbau von Metall aus Granit würden auf einen Teil mindestens zweitausend Teile Abfall entstehen, die noch dazu ein um 20–40% größeres Volumen hätten.[35]

Daß es festumgrenzte Bestände an Rohstoffen auf dieser Erde gibt (soweit deren Abbau jemals lohnend sein wird), ist sicher. Variabel ist nur der Stand der Kenntnisse über all die Vorkommen. Wenn daher Geologen gelegentlich von der Unsicherheit über die Gesamtvorräte der Erde und daher von »dynamischen Reserven« sprachen, dann meinten sie damit die mögliche Erweiterung unserer Kenntnis von den Vorräten, nicht die Vorräte selbst.[36] Diese Kenntnis wird in den nächsten Jahrzehnten vervollständigt sein, und dann werden auch genaue Angaben darüber zur Verfügung stehen, für welche Zeit die Vorräte reichen. Der Faktor »Zeit« (Z) wird dann kein schwankender Wert mehr sein, wie er dies heute noch in einer gewissen Bandbreite ist, obwohl sich diese auch nur über wenige Jahrzehnte erstreckt.

Trotz der vielen Ungenauigkeiten oder gerade darum müssen wir der bitteren Notwendigkeit Rechnung tragen und Zeitberechnungen anstellen, um eine Grundlage für unser Handeln zu schaffen. Dabei sollte man zunächst vorsichtig im Ansatz sein; denn es ist kein Unglück, wenn der Vorrat länger als vorgesehen reicht. Es kann jedoch katastrophale Folgen haben, wenn die Frist plötzlich viel kürzer ist als erwartet. Adolf Jöhr faßt seine Ansicht dahingehend zusammen: »Wir müssen uns in umweltökonomischer Hinsicht so verhalten, daß den künftigen Generationen der Menschheit ein Leben ohne äußere Not möglich ist. Wir dürfen diesen künftigen Generationen auch nicht Entfaltungsmöglichkeiten wegnehmen, die wir heute noch haben, und wir müssen im Hinblick auf die Beurteilung dieser Möglichkeiten uns am jeweiligen Gegenwartsstand der Technologie und der entdeckten Rohstoffvorkommen orientieren.«[37] Jöhr bezeichnet es als gefährlich, »künftige Entdeckungen von Rohstoffvorkommen und künftige technologische Errungenschaften als feste Posten in eine Buchführung der Ressourcen einzusetzen. Wohl sind die diesbezüglichen Erfolge gerade seit der Jahrhundertwende außerordentlich groß gewesen. Daraus darf man aber nicht schließen, daß es auch bis in alle Zukunft so sein werde, auch wenn es in den nächsten Jahrzehnten mit einer größeren Wahrscheinlichkeit sich noch so verhalten dürfte. Aber es geht ja um die Sicherstellung der Lebens- und Entfaltungsgrundlagen der Menschheit auf eine nicht begrenzte Zeit.«[38]

Von einer »nicht begrenzten Zeit« kann nach dem Ergebnis unserer Überlegungen ohnehin nie die Rede sein. Denn auch dann, wenn nur sehr geringe Mengen von Rohstoffen verbraucht würden, bliebe die Tatsache bestehen, daß alle nicht nachwachsenden Stoffe einmal erschöpft sein werden. Das bedeutet auch, daß alle nicht erneuerbaren Ersatzstoffe, sobald sie zum Einsatz gelangen, selbst einer Erschöpfung zugehen. Noch aber sind sie gar nicht in Sicht, wie wir feststellten. Bis heute arbeitet die Wirtschaft ganz überwiegend mit Rohstoffen, die sie schon seit Jahrhunderten und Jahrtausenden kennt. Adolf Jöhr vertritt die einzig richtige Meinung: »Sobald wir unsere Betrachtung auf einen Zeitraum von mehreren Jahrhunderten erstrecken, müssen wir die gesamte Umwelt als einen begrenzten Bestand von Ressourcen betrachten. Im Hinblick auf einzelne wichtige Rohstoffe und Energiequellen gilt das wohl schon für einen Zeitraum, der in Jahrzehnten zu bemessen ist.«[39]

Rettung durch die Kernspaltung?

Der einzige völlig neue Rohstoff, der in diesem Jahrhundert einer Verwendung zugeführt werden konnte, ist das Uran für die Energieerzeugung. Diese neue Energiequelle wurde vor 30 Jahren entdeckt, zunächst für Kriegszwecke, wie üblich.

Damit wurde aber ein Schritt in unbetretene – für irdische Wesen vielleicht auch unstatthafte Bereiche – getan. Die völlig neue Dimension dieses Schrittes bedeutet eine noch radikalere Revolution für den natürlichen Regelkreis. Denn hier werden – auch bei der friedlichen Nutzung – Stoffe freigesetzt, die nicht nur Umweltschäden verursa-

109

chen, sondern die für jede Art von Leben vernichtend sind, sobald sie außer Kontrolle geraten, oder infolge ihrer starken Verbreitung mit der Lebenswelt nur in Berührung kommen. Die Vernichtungskraft des Feuers ist demgegenüber eine höchst harmlose Angelegenheit. Es steht fest, daß selbst bei ungestörtem Verlauf der Kernenergieerzeugung in wenigen Jahrhunderten Millionen Tonnen von Stoffen entstehen würden, die niemals mit der Natur in Berührung kommen dürften.

Ist diese Art von Energieerzeugung immer und überall unter Kontrolle zu halten? Lassen sich die Transporte des Materials und die Ablagerungen des radioaktiven Mülls auf Jahrtausende mit absoluter Sicherheit so behandeln, daß es zu keiner Katastrophe oder Verseuchung kommt? Aufgrund jahrtausendelanger Erfahrungen mit den menschlichen Schwächen, der Kriege der Staaten und der ständigen Umstürze der Gesellschaften kann nur das Gegenteil als so gut wie sicher bezeichnet werden.

Ein »Faustischer Pakt« wurde geschlossen: Die Menschheit bekommt (vorübergehend) Energie, aber ihr Leben steht für alle Zeiten unter der Drohung des Entweichens tödlicher Strahlen. Aber darüber verfügt nicht nur der Teufel, sondern eine riesige Zahl, wenn nicht böswilliger, so doch oft fahrlässiger Menschen.

Es geht also nicht darum, ob man heute Kernkraftwerke baut und dabei größtmögliche Sicherheitsvorkehrungen trifft. Das Problem ist: wenn Tausende von Kernkraftwerken in der Welt jahraus jahrein über Jahrhunderte ihre radioaktiven Rückstände produzieren – wo sollen diese bleiben? Man hat schon heute Schwierigkeiten mit noch lächerlich geringen Mengen; wie soll bewältigt werden, was da noch kommt?

Der amerikanische Kernphysiker Alvin M. Weinberg, ein Befürworter der Kernkraft, hält es heute für ausgeschlossen, daß die riesigen Mengen von Atommüll über die Wechselfälle der Geschichte hinweg (auch ohne Atomkrieg) an tausend Stellen der Erde ständig unter der intensiven Kontrolle gehalten werden können, die nötig ist. Dieses Problem ist ungelöst! Nach wie vor finden Versenkungen im Meer statt, ohne daß die Folgen absehbar sind. Nach wie vor herrschen immense Unklarheiten über die Gefahren des Kernreaktorbetriebes; denn es hat noch niemals eine Technik ohne unvorhersehbare Ereignisse gegeben – und es wird auch in Zukunft keine Technik ohne Unglücksfälle geben. Nur deren Ausmaß wird wahrhaftig neue Dimensionen erreichen.

In keinem Land der Welt hat ein Parlament unter Abwägung aller Gesichtspunkte die Entscheidung für die Nutzung des Urans getroffen. Und dennoch ist hier das tollste exponentielle »Wachstum« im Gange, was diese Welt bisher erlebt hat. Die Hast, diese neue Energiequelle fließen zu lassen, ist so groß, daß man sich bis heute noch nicht einmal darüber im klaren ist, wie begrenzt auch dieser Rohstoff auf der Erde vorrätig ist. Solange er nur in den Leichtwasser-Reaktoren verbrannt wird, die bekanntlich weniger als 1% der Energie nutzen, erreichen die im billigen Uran enthaltenen Energievorräte nur den fünfzigsten Teil der Energie, die in den Kohle- und Erdöllagern der Welt steckt. Letztere betragen 7949 Mrd. Tonnen (in Steinkohleeinheiten umgerechnet), die Uranvorräte enthalten 159 Mrd. Tonnen Steinkohleeinheiten.[40] Die USA haben im Juni 1975 die Entwicklung des Schnellen Brüters beschränkt. Wenn dieser aber nicht vor dem Jahr 2000 zum ausgedehnten Einsatz kommt, dann kann das Uran die fossilen Brennstoffe nicht mehr ablösen, weil es auch verbraucht sein wird – etwa zur gleichen Zeit wie Erdgas und Erdöl.

Mit der Nutzung der Kernkraft ist kein Zukunftsproblem gelöst. Vielmehr wird den nächsten Generationen damit nicht nur ein ausgeplünderter Planet, sondern zusätzlich ein mit Giftlagern belasteter »vererbt«.

Wenn die anderen technischen Lösungen und die neu zu findenden Stoffe von gleicher Art sein sollten, dann wäre es besser, die Menschen fänden sie nicht.

Das Gesetz der Entropie

Es ist ein Naturgesetz, daß sich die Konzentrationen wertvoller Bestandteile in der Erdkruste aufgrund natürlicher Vorgänge und neuerdings menschlicher Eingriffe in weniger dichte Konzentrationen verwandeln. Auf unserer Erde findet ein fortwährender Prozeß der Angleichung statt, indem sich die Stoffe vermischen. Man nennt diesen Vorgang Entropie. Dafür ein Beispiel: »Ein Gefäß sei durch eine wegnehmbare Trennwand in zwei Kammern getrennt. In das eine gießen wir Wasser von 50 Grad Wärme, in das andere Wasser von 10 Grad Wärme. Nehmen wir nun die Trennwand weg, so wird . . . die Temperatur im ganzen Behälter einen gleichen mittleren Wert annehmen. Dieser Vorgang ist ein Beispiel für eine Zunahme der Entropie.«[41]

Die menschliche Tätigkeit hat zunächst das entgegengesetzte Ziel: sie sondert die Stoffe zu sehr eigenwilligen Extremformen, widernatürlichen Ausnahmen, die demgemäß nicht von langer Dauer sind: Häuser, Autos, Flugzeuge, Kathedralen. »Der Konsumtionsprozeß dagegen ist eine Vermehrung der gesellschaftlichen Entropie, denn er verwandelt diese wenig wahrscheinlichen Strukturen in Strukturen größerer Wahrscheinlichkeit, wie Staub, Erde und Würmer.«[42] Die menschlichen Konzentrate haben nur vorübergehend Bestand und tragen dann als Abfall in einem Ausmaß zur Entropie bei, das heute die natürliche Entropie weit übertrifft.

Vor allem die industrielle Betätigung des Menschen besteht letzten Endes in der Umsetzung von hochwertigen Stoffen in geringwertige Abfälle, wobei eine Verteilung zunächst in der Luft und über die Erdoberfläche und über die Gewässer stattfindet, schon weil die Meere 70% der Erdoberfläche einnehmen. Außerdem werden die Weltmeere über die Niederschläge direkt und von allen Strömen der Länder indirekt gespeist. Auch die festen Abfälle werden über das Land verteilt oder in die See versenkt.

»Der wirtschaftliche Erfolg wird gegenwärtig daran gemessen, welche Mengen die Werke aus unseren Rohmaterialvorräten bearbeiten und zu Produkten machen, die schließlich nur die Schadstoff- und Müllmengen erhöhen. Das Bruttosozialprodukt ist letzten Endes nur eine Meßzahl für den Durchsatz an Rohstoffreserven, die zu Müll werden.«[43] Eine andere Formulierung von Boulding lautet: »all things slide down towards a middle muddle unless somebody does something about it.« Etwa: Wenn niemand was dagegen tut, dann verwandelt sich alles in einen mausgrauen Matsch.[44]

Im »Blueprint for Survival« (»Planspiel zum Überleben« 1973) – dem ökologischen »Aktionsprogramm« einer kleinen Gruppe englischer Wissenschaftler um die Zeitschrift »The Ecologist« (London) – wird dargestellt, in welchem Ausmaß die menschliche Betätigung jetzt die natürliche Entropie übertrifft[45] (s. nebenstehende Tabelle).

Da die natürliche Entropie schon hunderte Millionen Jahre dauert, ist es kein Wunder, wenn im Meer alle möglichen Mineralien zu finden sind. Unverständlicher ist es dagegen, daß heute solch ein Wesen darum gemacht wird. Man liest Zahlen darüber, welch riesige Mengen von wertvollen Stoffen in den Meeren zu finden seien. An erster Stelle 7,5 Mill. t Gold. Das macht ganze 0,005 Gramm Gold auf eine Million Liter Wasser, von dem die Weltmeere $1,5 \times 10^{18}$ Tonnen enthalten. Man hat tatsächlich auch schon $1/10$ Milligramm im Werte von sage und

Element	Geologische Rate (in Flüssen) 1000 t pro Jahr	Durch menschliche Tätigkeit (Bergbau) 1000 t pro Jahr
Eisen	25 000	319 000
Stickstoff	8 500	9 800
Mangan	440	1 600
Kupfer	375	4 460
Zink	370	3 930
Nickel	300	358
Blei	180	2 330
Phosphor	180	6 500
Molybdän	13	57
Silber	5	7
Quecksilber	3	7
Zinn	1,5	166
Antimon	1,3	40

schreibe $1/1000$ Dollar extrahiert.[46] An diesem Beispiel wird der ganze Unsinn solcher Zahlenangaben deutlich. Natürlich enthalten die Weltmeere auch Uran: 4 Gramm auf 1 Mill. Liter Wasser, mit einem Wert, den man mit 0,08 $ angibt.[47] Die Rechnung muß aber hier lauten: Wieviel Energie müßte eingesetzt werden, um an die Energie des Urans zu kommen?

Nur 16 Elemente kommen zu mehr als 100 Gramm je 1 Mill. Liter Wasser vor. Und nur 8 Elemente erreichen einen Wert von 10 Dollar pro 1 Mill. Liter Wasser: Chlor, Natrium, Magnesium, Schwefel, Kalzium, Kalium, Brom, Rubidium. Aber gerade diese sind im Überfluß vorhanden.[47] Preston Cloud spricht deshalb von »der Sage vom unerschöpflichen Mineralschatz des Meeres«.[48]

Auch die berühmten Manganknollen enthalten oft mehr Silikat als Mangan, was die Knollen »unter den Gegebenheiten der jetzigen metallurgischen Technik« selbst dann unzugänglich machen würde, »wenn diese Manganknollen an leicht zugänglichen Plätzen des Festlandes gefunden würden«.[49]

Cloud folgert daraus: »Das Meerwasser kann alles Magnesium und Brom, das wir jemals brauchen werden, liefern. Ebenso Kochsalz und einige andere Substanzen . . . Wir müssen jedoch vermeiden, auf die verführerische Meinung hereinzufallen, daß ein großer Vorrat im Meer liegt, und wenn die Vorräte auf dem Festland einmal erschöpft sind, wir uns ohne Zögern dem Meer zuwenden können. . . . Der ›Mineralschatz‹ unter dem Meer besteht nur in der Übertreibung. Was momentan davon gewonnen wird, ist das Ergebnis unablässiger, phantasievoller Forschung, genialen Erfindergeistes, kühner und geschickter Experimente und intelligenter Anwendung dieser Kenntnisse. Die zu erwartenden Vorkommen werden hauptsächlich von den überfluteten Kontinentalsockeln, Hängen und Erhebungen stammen. Ob sie groß oder klein sein werden, ist unbekannt. Es ist eine nicht unbegründete Annahme, daß sie respektabel sein werden. Aber wenn die vorherrschende Meinung über die Struktur und die Zusammensetzung des Meeresgrundes und dessen Geschichte nur annähernd richtig ist, werden die Mineralien aus dem Meer wahrscheinlich nie in Umfang und Wert mit denen, die bisher vom Festland gewonnen wurden, vergleichbar sein. Das Meerwasser selbst, wenn es auch in riesigen Mengen vorkommt und große Mengen gelöster Salze enthält, kann doch nur wenige Substanzen liefern, die von der modernen Industrie als wichtig erachtet werden.«[50]

Die Realitäten auf unserem Planeten stehen im völligen Widerspruch zu den Erwartungen, die heute geschürt werden. Zwei Schlußfolgerungen sind unabweisbar: 1. Von geringfügigen Ausnahmen abgesehen, werden wir auf die Bodenschätze des Festlandes und der Festlandsockel angewiesen bleiben. 2. Wie reich unsere Erdkruste auch an Mineralien sein mag, der weitaus größte Teil wird niemals abbauwürdig sein. Stoffe verdünnter Konzentration werden immer häufiger auf der Erde angetroffen werden als Stoffe hoher Konzentration. Die menschliche Tätigkeit hat sich zunächst die Lager höchster Konzentration zunutze gemacht und muß nun nach und nach zur Ausbeutung weniger konzentrierter Vorkommen übergehen.

Werner Stumm, Direktor der Eidgenössischen Anstalt für Wasser in Bern, erklärte 1971: »Ein entscheidender Faktor, der dem Wachstum Grenzen setzen wird, ist wahrscheinlich die relative Zunahme in der Entropieproduktion. Die Herabsetzung der Organisation und der Ordnung in der Natur führt zur Zerstörung der Regelmechanismen und zur ökologischen Unstabilität.«[51] In der vom Menschen unbeeinflußten Natur sorgten Anpassung und Mutation dafür, daß es im Laufe langer Zeiträume zu immer höheren Ordnungen kam. Die menschliche Zerstörungskraft ist heute so groß, daß sie die Werte schaffende Tätigkeit der Natur um ein Vielfaches übertrifft. Damit werden nicht nur die Faktoren E + R, sondern auch der Faktor N (Natur) ständig in hohem Maße vermindert.

Die Möglichkeit der Wiederverwendung (Recycling)

Es gibt einen immer noch erfolgversprechenderen Weg als all die vielfältigen Erwägungen darüber, wie denn weitere Rohstoffvorräte geringsten Gehalts unter größten Schwierigkeiten zu gewinnen wären – das ist die Wiederverwendung von Altmaterial. Hier wird heute noch eine gewaltige Verschwendung betrieben, die in keinem Verhältnis zu der sich bereits abzeichnenden Knappheit steht. (Dies ist ein Beweis mehr dafür, daß künftige Knappheit keinen Einfluß auf den heutigen Preis und auch nicht auf das heutige Verhalten hat!) Heute sind viele Rohstoffe noch in guten Lagerstätten billiger zu haben. Also wird nur ein sehr geringer Teil der Abfälle der Wiederverwendung zugeführt.

Hier zeigt sich die Folge der unbegreiflichen Tatsache, daß die Rohstoffe »umsonst« sind. Es hat wohl noch nie einen größeren wirtschaftlichen Wahnsinn gegeben als den, die Wegwerfgesellschaft zu propagieren: die Wegwerfflasche, die Wegwerfverpackung, die Wegwerftragetasche, das Wegwerfhemd bis hin zum vorübergehend aufgetauchten Wegwerfauto und Wegwerfhaus. Dies konnte nur geschehen, weil sich die Ökonomie allein auf die finanziellen Motive des lohnendsten Kapitaleinsatzes gründete. Rohstoffe und Energien blieben außer Betracht. Bestenfalls hatte die Arbeitskraft noch Einfluß auf die Überlegungen. Und auch da sprach bisher alles dafür, den Menschen durch die Maschine zu ersetzen – und die ließ sich am besten, manchmal überhaupt nur, mit frisch gewonnenen Rohstoffen füttern.

Der unterste Preis, zu dem originäre Rohstoffe auf der Erde angeboten werden sollten, wäre darum so anzusetzen, daß sie stets etwas mehr kosten als die Wiederverwendung des entsprechenden Altmaterials.

Die Wiederverwendung gewährt die einzigartige Chance zu produzieren, ohne die Rohstoffvorräte anzugreifen. Darum gehört die Wiederverwendung von Rohstoffen als ein wichtiger Faktor in unsere Produktionsformel:

$$P = N + A \left(\frac{E}{Z_1} + \frac{R}{Z_2} + W \right)$$

Man sieht, daß sich hiermit das Produkt (P) erhöhen läßt, ohne daß sich durch die Erhöhung von R die Zeit (Z_2) vermindert. Hier ist also ein echter »Gewinn«, eine Mehrproduktion oder eine Schonung der Reserven (Verlängerung von Z_2) zu erzielen. Dabei wird wieder ein Motiv für die Trennung von E und R deutlich; denn eine Wiederverwendung von Energie ist nicht möglich, nur die von Rohstoffen. Die Wiederaufbereitung wird allerdings auch Energie brauchen, so daß für diese keine bedeutende Entlastung eintritt. Der Energieverbrauch beginnt schon beim Einsammeln und Transportieren der Altmaterialien. Ein großer Teil des Aufwandes bei der Wiederverwendung wird allerdings aus Arbeit bestehen – und das ist durchaus erfreulich, wie sich im Kapitel Arbeit herausstellen wird.

Die Wiederverwendung wird im allgemeinen ökologisch viel weniger schädlich sein als die Verarbeitung neuer Rohstoffe. Ganz unschädlich für die Umwelt ist sie allerdings auch nicht; was sich schon aus dem erforderlichen Energieeinsatz ergibt. Der Hauptgesichtspunkt wird darum immer in der Einsparung von Rohstoffen liegen. Auch Naturprodukte, wie zum Beispiel Papier und Textilien, werden bis zum höchstmöglichen Prozentsatz der Wiederverwendung zugeführt werden müssen.

Die Möglichkeiten zur Förderung der Wiederverwertung sind:
1. Subventionierung der Wiederverwendung
2. Verteuerung der originären Rohstoffe
3. Erhöhung der Nutzungsdauer der Produkte
4. Produktgestaltung im Hinblick auf die Wiederverwendung
5. Unterstützung der Forschung

Untersuchungen von Jørgen Randers und Dennis Meadows ergaben[52], daß eine Kombination der Punkte 1.–3. (25% Verteuerung der Rohstoffe und 25% Subventionierung bei 25% längerer Nutzungszeit) für die Wiederverwendung die günstigsten Wirkungen erzielt; ebenso die Produktgestaltung zu 4. Die Abfälle müssen in Zukunft so behandelt und abgelagert werden, daß sie für die Wiederverwendung erfaßbar sind.

Wunder sind allerdings auch von der Wiederverwendung nicht zu erwarten. Das Material verschleißt und korrodiert, vor allem die Metalle. Beim Eisen rechnet man nach 25jähriger Gebrauchszeit mit einer Verwertbarkeit von lediglich 30% des ursprünglichen Materials.[53] Bei vielen Rohstoffen wird der verwertbare Prozentsatz höher liegen, bei einigen aber auch tiefer.

Gerhard Lüttig von der Bundesanstalt für Geowissenschaften hat über die höchstmöglichen Wiederverwendungsraten folgende Angaben gemacht[54]:

Kupfer	61%	Nickel	40%
Aluminium	48%	Stahl	26%
Blei	42%	Zink	14%

Bleiben wir beim Beispiel Eisen. 30% Wiederverwendung würde bedeuten, daß in 25 Jahren nur noch 70% des Jahresbedarfs an Roheisen aus der Erde gefördert zu werden brauchten. Sollte sich die Weltbevölkerung aber bis dahin – wie zu erwarten – verdoppelt haben und der Pro-Kopf-Verbrauch aufrechterhalten werden, dann reicht die dreißigprozentige Wiederverwendung lediglich für 15% des Bedarfs. Wenn allerdings die bisherige Produktionssteigerung von 5 bis 5,5% jährlich über die nächsten 25 Jahre anhält, so wird sich der Eisenverbrauch bis dahin vervierfacht haben, und eine dreißigprozentige Rückgewinnung kann dann nur noch 7,5% zum kommenden Verbrauch beisteuern. 92,5% müßten also trotz Wiederverwendung aus der Erde geholt werden – ein äußerst bescheidenes Ergebnis.

In den »Grenzen des Wachstums« hat Meadows für das Metall Chrom eine interessante Rechnung durchgeführt. Die bekannten Chromvorräte, 775 Mill. Tonnen, bilden eine Menge, die bei gleichbleibendem Verbrauch ab 1970 für 420 Jahre reichen würde. Da aber die jährliche Steigerung 2,6% beträgt, reicht der Vorrat nur 95 Jahre. Selbst wenn nun ab 1970 das Altmetall von Chrom jeweils hundertprozentig der Wiederverwendung zugeführt würde, so müßte das Chrom dennoch bei einer Steigerung von jährlich 2,6% nach 235 Jahren knapp werden.[55]

Auch hier zeigt sich: die Steigerungsraten verurteilen jede Gegenmaßnahme zur Erfolglosigkeit. Nur bei gleichbleibendem Verbrauch kann die Wiederverwendung einen gewichtigen Anteil zur Produktion beitragen. Zur Wiederverwendung wird es aber in der freien Marktwirtschaft erst kommen, wenn die Rohstoffvorräte knapp werden. Dann jedoch ist es zu spät, um durch Recycling noch Erfolge zu erzielen.

3. Umweltverderbnis und Umweltschutz

> *Der Mensch ist Lärmerzeuger, Luftverpester, Wasserverschmutzer, Waldverschandler, Abfallerzeuger en gros, alles durch sein eigenes Genie.*
>
> John B. Priestley

Umwelt ist gleich Natur

Produktion und Mehrproduktion hatten in den letzten 200 Jahren einen solchen Vorrang, wurden dermaßen zum »Fetisch«, daß alle mit ihnen verbundenen negativen Begleiterscheinungen unbeachtet blieben. Wo man sich nicht einmal über die eigentlichen Ursachen des zunehmenden Wohlstandes Gedanken gemacht hatte, war gegenüber seinen Nebenwirkungen kein anderes Verhalten zu erwarten. Allein das sichtbare und meßbare Ergebnis interessierte – nichts anderes.

Die Rohstoffvorräte in der Erde sind für das normale Auge unsichtbar, infolgedessen ist auch das Ausmaß ihrer Erschöpfung nicht unmittelbar zu verfolgen. Ähnlich verhält es sich bei der Inanspruchnahme der »Umwelt« durch den Menschen. Ein Teil der Umweltschäden bleibt den sechs Sinnen weitgehend verborgen oder zeigt sich erst Jahre, sogar Jahrzehnte später. Das Ausmaß der Belastung hängt von der Bevölkerungszahl und der Intensität der menschlichen Betätigung ab. Beide wachsen exponentiell und damit wiederum in einer Geschwindigkeit, die sich menschlichem Vorstellungsvermögen weitgehend entzieht.[1]

Zunächst sei klar definiert, was wir unter »Umwelt« verstehen. Wir begrenzen diesen Begriff auf die »natürliche Umwelt«, lassen also alles das beiseite, was sich der Mensch an »künstlicher Umwelt« geschaffen hat, wie sie heute in den Industriestaaten seinen Alltag beherrscht. Damit hat sich der Mensch in den letzten Jahrhunderten – auch theoretisch – ohnehin übermäßig beschäftigt. Was jetzt not tut, ist eine Besinnung auf die Grundlagen. Zur »Umwelt« gehört also die Ober-

---

Die Fußnoten befinden sich am Ende des Buches, S. 355–356.

fläche dieses Planeten als Raum und Ackerboden, dazu die Elemente Luft und Wasser, die Pflanzen- und Tierwelt. Aus dieser Aufzählung ergibt sich bei jeder näheren Überlegung, daß bei Fehlen auch nur eines dieser Elemente Leben weder möglich noch denkbar ist. Aus dem Zusammenspiel ergab sich die »Ökologie«, wörtlich: die Lehre vom Haushalt der Natur. Ernst Haeckel, der den Begriff vor 100 Jahren erstmals verwandte, definierte ihn als »Lehre vom Haushalt der Lebewesen«.[2]

Diese »natürliche Umwelt« des Menschen ist auch ohne Menschen durchaus denkbar – und sie würde auch ohne Menschen fortbestehen. Wir bezeichneten sie als Faktor N: er bedingt den Menschen und alles Menschenwerk, ist seinerseits aber nicht durch den Menschen bedingt.

Die Rohstoffe der Erde (R) und die fossilen Brennstoffe (E) sind keine Bestandteile der natürlichen Umwelt; denn sie sind weder für diese noch für den Menschen lebensnotwendig. Darum müssen wir auf die scharfe Trennung der Faktoren N und (R + E) Wert legen, wohingegen die weitere Unterteilung von R + E längst nicht solche Bedeutung hat. Erst durch Gewinnung und Verarbeitung der Grundstoffe durch den wirtschaftenden Menschen erfolgt eine ausgedehnte Einwirkung von R + E auf die Natur. (Die kleinen Mengen, die von den Pflanzen und Tieren im natürlichen Kreislauf verarbeitet werden, können hier vernachlässigt bleiben, auch die Vulkantätigkeit und wetterbedingte Einwirkungen.)

Allein der Mensch ist der Verursacher der Umweltschäden, von denen hier gesprochen wird, und damit der Schädiger seiner selbst.

Es geht im folgenden nicht um die Selbstzerstörung des künstlichen Produktionskreises infolge Aufzehrung der Grundstoffe, die ihn – wie oben beschrieben – tragen. Es geht um die Nebenwirkungen dieses Prozesses auf die Umwelt, die ungeheuerlich genug sind. Denn damit wird die weitergehende Gefahr eröffnet, daß sich die Menschheit nicht nur selbst zerstört, sondern die gesamte Natur in ihren Untergang mit hineinreißt.

Die Gefahr der Umweltzerstörung ist in den letzten Jahren erkennbar stärker ins Bewußtsein gerückt als die Gefahr der Erschöpfung der Bodenschätze. Dies ist nicht verwunderlich, da die Umweltschäden an vielen Stellen offen zutage traten und Reaktionen bei den betroffenen Bevölkerungsgruppen auslösten. Besonders die hochentwickelte Medizin kam zu dem Ergebnis, daß die Gesundheit des Menschen unter Umweltgiften leidet und in einer wachsenden Zahl von Fällen ganz zerstört wird. Und das nicht nur im Arbeitsleben, sondern auch bei Personen, die außerhalb des Produktionsbereiches stehen. Damit lagen auch wirtschaftliche Folgen auf der Hand. Die Arbeitsproduktivität litt unter gesundheitlichen Schäden, und die Aufwendungen für die Heilung oder die Versorgung von Invaliden wurden immer höher, da der belastete Personenkreis sich immer stärker ausweitete. Im Dokument der UNO »Neue Bevölkerungs-Trends und Zukunftsperspektiven« zur Bukarester Weltbevölkerungs-Konferenz 1974 wird ausgeführt, daß in den entwickelten Ländern seit dem II. Weltkrieg nur geringe Fortschritte bei der Erhöhung der Lebenserwartung erreicht wurden und daß teilweise sogar umgekehrte Entwicklungen eingetreten sind. Etwa im Jahr 1965 schlug die Tendenz bei den Männern sogar um. Ursache ist die Zunahme von Herz- und Kreislauf- sowie Krebserkrankungen.

Das Japanische Amt für Umweltfragen veröffentlichte im Sommer 1974 eine offizielle Statistik, wonach zu diesem Zeitpunkt 20 000 Patienten in japanischen Krankenhäusern lagen, die »durch Luft- und Wasservergiftung geschädigt« waren. »Mehrere 100 Menschen (sind) bereits in den vergangenen Jahren an den Folgen derartiger Vergiftungen gestorben«.[3] Aber längst nicht alle Umweltkranken liegen in Krankenhäusern. Außerdem gehört es zur Natur der Sache, daß sich die Umweltverderbnis in ihren verschiedenen Auswirkungen nicht direkt und nicht sofort zeigt, vielmehr zur Verschlechterung anderer Krankheiten und des allgemeinen Wohlbefindens entscheidend beiträgt. Darüber wird es nie vollständige Statistiken geben. Das ist in einer Zeit, die immer Zahlen sehen will, natürlich ein Nachteil. Es müssen schon Tote vorgezeigt werden, damit man – auch dann nichts tut. Es gibt jedoch kaum einen verborgeneren Tod als den Umwelttod – und auch keinen langfristiger sich anbahnenden. An den steinernen Denkmälern der Vergangenheit läßt dieser Tod sich ablesen. Jahrhunderte haben sie standgehalten, die drei Jahrzehnte nach dem letzten Weltkrieg aber haben ihnen den Garaus gemacht.

Sollten die Wachstumsfanatiker weiter die Oberhand behalten, dann stehen wir erst am Anfang einer Entwicklung. An deren Ende wird man jede Menge Tote vorweisen können – nur wird dann eine Wiedergutmachung nicht mehr möglich sein.

Unser fehlerhaftes Wirtschaftssystem

Auch hinsichtlich der Umwelt hat die Wirtschaftswissenschaft versagt. Kenneth Galbraith stellt in seinem neuesten Buch »Wirtschaft, Staat und Gesellschaft« (1974) fest: »Selbst die lautesten Verfechter der neoklassischen Nationalökonomie geben zu, nichts zur Vorbereitung der Öffentlichkeit auf die plötzlich entstandenen Umweltsorgen geleistet zu haben – wie man es von einer angesehenen Wissenschaft hätte erwarten müssen. Ein Nationalökonom würde daher klug daran tun, sich bei Empfehlungen von Gegenmaßnahmen ... Zurückhaltung aufzuerlegen.«[4]

Ein Vorläufer, der sich dieser Problematik immerhin 1950 angenommen hatte, fand erst nach 20 Jahren Beachtung. William Kapps Untersuchung »The Social Costs of Private Enterprise«, erst 1958 unter dem deutschen Titel »Volkswirtschaftliche Kosten der Privatwirtschaft« erschienen, läßt allerdings noch weniger als der englische Originaltitel das behandelte Problem erkennen. Kapp hatte nämlich aufgedeckt, daß die industrielle Produktion Kosten verursacht, die nicht in die Preise der hergestellten Güter eingehen, deren Last vielmehr die gesamte Gesellschaft in Form von Umweltschäden trägt. Diese Entwicklung ergab sich daraus, daß man die Umweltgüter als »freie Güter« angesehen hat, die beliebig und unberechnet benutzt werden können, »da der Mensch ihre Quantität nicht zu vermindern im Stande ist«, wie H. Pesch 1905 meinte.[5] Ein anderer klassischer Nationalökonom, E. v. Philippovich, formulierte 1911 den Trugschluß klassisch: »Freie Güter sind solche, die in einer für die praktischen Bedürfnisse der Menschen beliebig großen Menge vorhanden sind, deren Aneignung daher ohne Sorge um die Erhaltung der dauernden Verfügung vor sich gehen kann und die für die Befriedigung auch der voraussichtlich künftig entstehenden Bedürfnisse ausreichen. Luft, Licht, Wasser in wasserreicher Gegend, Holz im Urwald sind nicht Gegenstand der menschlichen Wirtschaft, das heißt dauernder Sorge um ihren Bedarf, sondern nur der Aneignung und des Verbrauchs.«[6] Hier liegt die gleiche Vernachlässigung vor, die wir schon bei den Rohstoffen und Energieträgern fanden, die ja auch als freie Güter betrachtet wurden.

Soweit die Wirtschaftswissenschaft neuerdings die Frage der Umweltbelastung aufgreift, behandelt sie auch die drohende Erschöpfung der Rohstoff- und Energiequellen unter dem Gesichtspunkt der Umweltschädigung. Diese Gleichbehandlung ist unhaltbar, denn es geht um

121

eine völlig andere Kategorie von Gefährdung. Sind die Rohstoffe des Planeten erst einmal erschöpft, wird der Schaden für die natürliche Umwelt gleich Null sein: gerade dann hört die Umweltschädigung schlicht auf; denn sie entsteht allein durch technische Verwertung, durch Abbau, Verarbeitung der Rohstoffe, sowie den dabei anfallenden Abfall. Über die in Gang gekommene Umweltdiskussion aber nahmen die meisten beteiligten Wissenschaftler endlich wieder die Bedeutung der Bodenschätze für die heutige Wirtschaft zur Kenntnis – nach fast 200 Jahren. So haben die Untersuchungen des Massachusetts Institute of Technology (MIT) alle diese Faktoren miteinbezogen, wenn auch ihre gegenseitige Einwirkung noch nicht genügend klar erfaßt werden konnte.

Dieser Erkenntnisvorgang zeigt, daß der unmittelbar erfahrene kurzfristige Schaden die Menschen eher zu einer Reaktion veranlaßt als die langfristige Zerstörung der Lebensmöglichkeiten der eigenen und aller künftigen Generationen auf unserem Planeten.

»Human environment protection« (Schutz der menschlichen Umwelt) hieß auch der Schlachtruf, der von den Vereinigten Staaten zu uns herüberkam – nicht etwa: Schutz der natürlichen Umwelt! Allerdings bekam der Begriff im Verlaufe der Diskussion der letzten Jahre eine immer umfassendere Bedeutung. Der deutsche Begriff »Umweltschutz« kann auch schon weitgehender verstanden werden. Dagegen wird die deutsche Übersetzung des Wortes »pollution« mit »Umweltverschmutzung« der Bedeutung des Problems in keiner Weise gerecht, da »Schmutz« im deutschen Wortsinn eine zwar unangenehme, aber im allgemeinen doch recht harmlose Sache ist, die man einfach abbürstet oder abwäscht.[7] Es fehlt das Merkmal der alles durchdringenden Giftigkeit, welches zur Bezeichnung der Vorgänge auch unumgänglich ist. »Umweltvergiftung« ist wiederum zu scharf, da man »Vergiftung« mit der Vorstellung des unmittelbar erfolgenden Todes verbindet. Darum schlage ich vor, von »Umweltverderbnis« zu sprechen. Wenn etwas verdirbt, dann führt das auch zu Auflösung und Tod, aber in einem langsamen Vorgang.

Wir erweitern also unsere Formel, indem wir auch den Faktor Umweltverderbnis (Uv) einsetzen, der vor allem durch die industrielle Tätigkeit der Menschen entsteht und mit ihr stark anwächst. Da jedes Anwachsen von Uv den Wert der Natur mindert, setzen wir $\frac{N}{Uv}$ als Bruch. Betrachten wir den natürlichen Regelkreis, dann mindert dort die Umweltverderbnis das Produkt aus N + A nicht. Es bleibt also N = N, genau wie 1 = 1 oder bei der Darstellung als Bruch: $\frac{N}{1}$. Steigt jedoch nun der Faktor Uv beträchtlich, zum Beispiel auf 2, dann ist das Produkt nur noch die Hälfte wert: $P = \frac{N}{2}$. Ein so hoher Anstieg von Uv konnte im Zeitalter der Ackerbauer und Viehzüchter gar nicht eintreten, obwohl auch damals schon menschliche Arbeitskraft auf die Umwelt angesetzt wurde. Ein solcher Anstieg ergibt sich nur aus der industriellen Tätigkeit der Menschen, also aus

$$A \left(\frac{E}{Z_1} + \frac{R}{Z_2} + W \right)$$

Diese Tätigkeit hat schädigende Rückwirkungen auf N durch die Erhöhung von Uv; sie bewirkt eine Minderung von N und damit letzten Endes auch des Produktionswertes (P). Diese Minderungen sind die »sozialen Kosten« im Sinne von Kapp. Die Quantität der Produkte steigt zwar immer weiter, die Qualität der Lebensumstände aber sinkt. Diese Senkung ist die Folge des Anwachsens der Umweltverderbnis.

Die Verschlechterung der Lebensbedingungen durch Minderung von N, die mit der Produktion zunimmt, hat Hans Christoph Binswanger in einer graphischen Darstellung zu erfassen versucht:

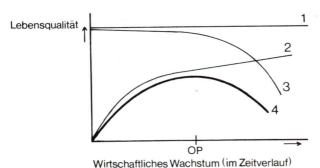

»Die Lebensqualität in Abhängigkeit vom wirtschaftlichen Wachstum.«
(1) Die mit dem ursprünglich vorhandenen Vorrat an Umweltleistungen verbundene maximale Lebensqualität (N ist unvermindert)
(2) Kurve der mit dem jeweiligen Realeinkommen verbundenen Lebensqualität (quantitative Steigerung von P)
(3) Kurve der mit den jeweils noch vorhandenen Umweltleistungen verbundenen Lebensqualität (N ist vermindert)
(4) Kurve der gesamten Lebensqualität

Quelle: 3. St. Galler Symposium, 105.

Die gesamte Lebensqualität (Kurve 4) ist gleich dem Teil der Lebensqualität, den man sich aufgrund seines Realeinkommens beschaffen kann (Kurve 2) – vermindert um die Abnahme der Lebensqualität, die sich aus der Verminderung der Umweltleistungen ergibt (Distanz zwischen Linie 1 und Kurve 3).

Man erkennt leicht: der Optimalzustand ist am Punkt OP erreicht. Jede weitere Steigerung des Realeinkommens bewirkt eine so starke Senkung von N, daß auch die echte Lebensqualität sehr schnell absinkt. Die Industrieländer haben heute den optimalen Punkt bereits überschritten. Dafür gibt es auch einen sehr deutlichen Indikator: die Lebenserwartung nimmt wieder ab, zumindest kommt die Zunahme zum Stillstand.

Die Verschlechterung der Lebensbedingungen durch Minderung von N hat im einzelnen folgende Ursachen:

1. Luftverschlechterung, die von der Minderung des Wohlbefindens bis zur Erregung tödlicher Krankheiten reicht.
2. Wasserverschlechterung, die bis zum Zusammenbruch der Trinkwasserversorgung führen kann.
3. Lärm, der sich von der nervlichen Belastung bis zur physischen Krankheit steigern kann.
4. Abnahme der Quantität des fruchtbaren Bodens durch Überbauung mit immer mehr und immer größeren Wohnungen sowie mit Bauten für Industrie, Verwaltung und Verkehr.
5. Einbringen von chemischen und radioaktiven Stoffen sowie von Abfallmassen in den ökologischen Kreislauf.
6. Infolge Zunahme der genannten Faktoren 1 bis 5 Abnahme der Pflanzen- und Tierarten bis zur Zerstörung ganzer Landschaften. Dabei ist schon einer der aufgeführten Faktoren im Stande, eine solche Zerstörung zu bewirken.
7. Die Abwärme bei der Energieerzeugung hat schließlich Änderungen des Klimas und Störungen des ökologischen Gleichgewichts zur Folge.
8. Verengungen des Raumes durch ständige Zunahme der Menschenzahl mit gleichzeitiger Abnahme der Freiheit.

Alle 8 Punkte verkleinern die Größe N. Die Lebensmöglichkeiten von immer mehr Arten entfallen, andere siechen dahin. Sollte die Umwelt N sich durch das Ansteigen von Uv immer mehr der Null nähern, dann entfiele die Voraussetzung für jedwedes Leben. Alle diese Faktoren werden vom Umfang der menschlichen Aktivitäten und damit auch von der Zahl der Menschen bestimmt. Von einer gewissen Dichte an dürften, entsprechend Punkt 8, die Lebensbedingungen allein von der drangvollen Enge her unerträglich werden. Je größer der materielle Lebensstandard, um so mehr Raum benötigt der Mensch für Wohnung, Verkehrsfläche, Anteil an öffentlichen Einrichtungen für Bildung, Sport, Gesundheit und Verwaltung. Damit wird nicht nur die Landschaft im allemeinen, sondern auch die landwirtschaftlich nutzbare Fläche immer weiter verringert. Dies wurde schon in den Kurven über die verfügbare Fläche im Abschnitt »Die industrialisierte Landwirtschaft« dargestellt.

Wir haben die Umweltelemente in der obigen Aufstellung nach der Dringlichkeit geordnet:
1. Fehlende Luft führt zum Tod nach Sekunden.
2. Fehlendes Wasser führt zum Tod nach Tagen.
3. Fehlende Nahrung führt zum Tod nach Wochen.
4. Lärm führt zur Schlaflosigkeit und steigert sich bis zur Krankheit, möglicherweise zum Wahnsinn.
5. Die chemische Vergiftung von Ökosystemen führt zum Tod nach Jahren. Radioaktive Vergiftung kann allerdings auch zur sofortigen Vernichtung des Lebens und der Natur führen.
6. Die langsame Zerstörung der Natur entzieht allen Lebewesen die Lebensgrundlage in Jahrzehnten.
7. Die Abwärme führt zu klimatischen Veränderungen des Planeten, zum Abschmelzen der polaren Eiskappen und damit zu einer Überflutung riesiger Landmassen.
8. Die Raumüberfüllung kann nach der jetzigen Bevölkerungszunahme schon in wenigen Jahrzehnten eintreten.
Die Punkte 7 und 8 beinhalten Möglichkeiten, zu denen es wahrscheinlich gar nicht kommen wird, weil längst vorher die anderen Faktoren die Entwicklung stoppen werden.

Von größter Bedeutung ist die Einordnung der acht Faktoren nach reversibler und irreversibler Umweltverderbnis:
1. Irreversibel ist die Ausrottung von Tier- und Pflanzenarten. Diese Bedrohung sagt einem heutigen Leser wahrscheinlich wenig, wenn er zur Natur und ihrer Vielfalt kaum eine Beziehung hat. Wir können aber an sein ökonomisches Denken appellieren: Aus den wildlebenden Tieren und Pflanzen sind unsere nutzbaren Arten gezüchtet worden und durch neue Kreuzungen finden immer weitere Verbesserungen statt. Ein Tagesordnungspunkt der Parlamenta-

125

rierkonferenz über Umweltfragen in Nairobi war der Sorge gewidmet, wie diese Arten für künftige Züchtungen erhalten werden können. Außerdem wird jede stärkere Umweltverderbnis auch die Haustiere in Mitleidenschaft ziehen.

2. Nahezu irreversibel ist die Betonierung des Bodens, fast immer fruchtbaren Bodens, durch Wohnbauten, öffentliche Gebäude, durch Industrieanlagen und Autostraßen. Diese Bauten lassen sich zwar auch wieder beseitigen, wenn sie ihren Zweck verloren haben, aber mit einem viel zu hohen Aufwand, als daß diese Chance Aussicht hätte, realisiert zu werden. Auch wäre meist nur die Raumfläche, in den seltensten Fällen noch der fruchtbare Boden darunter, wieder zu gewinnen. Nach Ernst Basler entspricht die Zunahme des Bauvolumens in Prozent fast genau der Zunahme des Bruttosozialprodukts in Prozent.[8]

3. Irreversibel kann die Vergiftung von Binnenseen und sogar der Weltmeere werden. Vor allem, wenn diese weiterhin als Abladeplatz für giftigen und radioaktiven Müll dienen, mit Öl verseucht werden, und wenn durch die Flüsse statt Frischwasser nur noch Abwässer zugeführt werden. Eine Wiederbelebung wäre insbesondere bei stehenden Gewässern eine Jahrzehnte währende Angelegenheit.

4. Bei chemischer und radioaktiver Verseuchung des ökologischen Kreislaufs liegen die Verhältnisse ähnlich wie beim Wasser.

5. Am wenigsten nachhaltig wäre eine Vergiftung der Luft – es sei denn, sie wäre radioaktiv verseucht. Normalerweise wird sich die Luft erneuern, solange die Pflanzen-, insbesondere die Waldbestände der Erde in großem Ausmaß erhalten bleiben. Diese sind aber durch alle Faktoren, mit Ausnahme von Lärm, höchst gefährdet. Wie schwer einmal verkarstete Flächen wieder bewaldet werden können, das zeigen die vielen traurigen Beispiele der Geschichte. Auch eine so starke Verunreinigung der Weltmeere, daß ihre Sauerstoffproduktion zum Erliegen käme, wäre eine tödliche Gefahr für die Atmosphäre; denn die Weltmeere produzieren schätzungsweise 70% des Sauerstoffs.[9]

6. Der Lärm hat den Vorteil, daß er notfalls auf der Stelle beendet werden kann. Dem steht allerdings der erhebliche finanzielle Aufwand entgegen, wenn Mopeds, Autos, Flugzeuge und lärmintensive Betriebe stillgelegt würden. Aber Lärm ist eben nur in den gesundheitlichen Schäden, die er hinterläßt, irreversibel; seine Quelle kann abgestellt oder fast immer herabgesetzt werden.

Übrig bleiben schließlich die beiden Faktoren, die kaum eintreten werden, weil längst vorher die anderen Kräfte zur Katastrophe geführt haben. Die Abwärme wäre sicher dann irreversibel, wenn man die Energieproduktion rücksichtslos soweit vorantriebe, bis die praktischen Folgen nicht mehr zu stoppen wären. Der absolute Höhepunkt der Veränderung des Weltklimas würde nämlich erst mit einigen Jahren Verzögerung eintreten. Die unerträgliche Raumenge würde sich wahrscheinlich in unablässigen Ausrottungskriegen äußern und wäre damit prinzipiell reversibel. Mit größerer Wahrscheinlichkeit käme es aber längst vorher zu Zusammenbrüchen der Nahrungsversorgung als Folge der Punkte 1 und 2.

Der Mensch als Urheber der ganzen Entwicklung zum Untergang wird zunächst geneigt sein, die Uv-Faktoren einzudämmen, die ihm unmittelbar selbst schaden. Dieses Motiv führte schon lange zu »Umweltschutz«, wenn auch unter anderen Namen. So wird der Abfall, der in den mittelalterlichen Städten noch auf die Straße geworfen wurde, bereits seit Jahrhunderten abgefahren.

Auch treten ja nicht lediglich biologische Schäden auf, die auf den Bereich der natürlichen Umwelt (N) beschränkt bleiben. Auch die industrielle Produktion wird beeinträchtigt, wenn zum Beispiel kein sauberes Wasser mehr gefunden wird oder Maschinen und Anlagen durch chemisch angereicherte Luftvergiftung korrodieren.

Nach dem gegenwärtigen Stand der ökologischen Wissenschaften ist längst noch nicht geklärt, was alles schädliche Wirkungen hervorruft und wo überall sich das auswirkt. Bei einem großen Teil der Ursachen können die Wirkungen erst Jahre und Jahrzehnte später festgestellt werden. Vor allem die Fragen des Synergetismus (des Zusammenwirkens verschiedener Stoffe) sind noch sehr wenig aufgehellt. Doch liegt in vielen Fällen die unmittelbare Schädlichkeit von vornherein auf der Hand; in anderen ist sie inzwischen wissenschaftlich gesichert.

Die Grenzen des Umweltschutzes

Es gibt auch Techniken, die seit langem für den Umweltschutz eingesetzt werden: zum Beispiel die Klärung von Abwässern, die Lärmdämmung, die Abgasfilterung. Für diese Bekämpfung von technischen Umweltschäden durch noch mehr Technik hat sich der Begriff »technischer Umweltschutz« eingebürgert. Dafür stehen auch bereits Technologien zur Verfügung, die mittels neuer Produktionsverfahren, manchmal sogar vereinfachter, Umweltschäden weitgehend vermindern.

Erfolgreicher Umweltschutz besteht ohnehin nur im Vermeiden von Schäden. Wenn jemand von »Beseitigung von Umweltschäden« spricht, dann liefert er den Beweis dafür, daß er von dem Problem noch nichts begriffen hat. Oder meint er die gesamte Lufthülle der Erde einmal durch Filter, die Ozeane durch Klärwerke leiten zu können? Am deutlichsten wird dieser Tatbestand beim Lärm; einmal entstanden, kann er nicht zurückgeholt werden. Er kann nur vermieden werden, bevor er entsteht. Umweltschutz kann meist nur so eingesetzt werden, daß er sozusagen den Nachschub an Schadstoffen unterbindet. Auch bei den festen Abfällen gibt es keine »Beseitigung«; nur Umwandlung in einen Zustand, der vielleicht weniger schädlich ist.

Umweltschäden können also in nahezu allen Fällen nur durch Vorsorge vermieden, selten nachträglich beseitigt werden. Die irreversiblen Schäden sind ihrer Definition nach ohnehin für immer eingetreten – und das sind nicht wenige, wie wir sahen. Die Umweltschutzmaßnahmen sind also Maßnahmen der Vorbeugung und nur als solche möglich und sinnvoll. Die erforderlichen Maßnahmen sind so vielfältig und schwierig, daß die gewaltigen Dimensionen dieser Aufgabe noch gar nicht ganz erkannt sind.

Nach dem – für die Marktwirtschaft wie für die Planwirtschaft – allein sinnvollen »Verursacherprinzip« muß der Umweltschutz in die Produktionsvorgänge eingebaut werden. Die dadurch entstehenden Mehrkosten gehören unstrittig zu den Gestehungskosten der Produkte. Nur wenn diese Kosten auf den Preis aufgeschlagen werden, entsteht ein echter Preis im Sinne einer durch Umwelt erweiterten Ökonomie. Wenn daraufhin ein Konsumverzicht gegenüber den Gütern eintritt, die sich stark verteuert haben (weil sie viel Umweltschutzmaßnahmen erforderlich machten), dann ist das eine durchaus erwünschte Folge. Erst dann sind auch die »social costs« von der ungerechten Verteilung auf die Gesamtheit dorthin verlagert, wo sie hingehören: auf den Nutznießer des Produkts, der es trotz der Verteuerung erwerben möchte. Bis jetzt fördern die Staaten durch vielfältige Maßnahmen die Ausbeutung der Erde und verbilligen damit auch die Umweltzerstörung, statt sie zu erschweren.

Rein rechnerisch werden die Umweltschutz-Kosten eine Erhöhung des Bruttosozialprodukts zur Folge haben, wie das bisher auch schon der Fall war. (In einer einwandfreien Statistik müßten diese Vermeidungskosten allerdings vom Ergebnis des Produkts abgezogen werden!) Für diese Kosten ist nur ein realer Wert teilweise zurückgekauft worden, der vor der industriellen Produktion vorhanden war: die unverdorbene Umwelt. Es ist nichts Neues damit geschaffen worden. Dieser Wert ist im starken Maße ein Zukunftswert; denn die volle Wucht der heute verursachten Schäden wird oft erst mit einer Verzögerung von Jahren oder Jahrzehnten eintreten. Demnach handelt es sich auch hier um das Ausmaß der Verantwortlichkeit, welche die heutige für zukünftige Generationen aufzubringen bereit ist.

Für unsere Formel heißt das: die Umweltverderbnis (Uv) wird durch Umweltschutz (Us) ausgeglichen – im Idealfall hundertprozentig. Das heißt, die Minderung der Qualität von P, die durch die Verminderung von N eintritt, weil Uv ständig steigt $\frac{N}{1+Uv}$, muß durch einen zusätzlichen Aufwand wieder ausgeglichen werden, durch Us.

Der Wirtschaftsprozeß verläuft also nach der bisher entwickelten Produktionsformel wie folgt

$$P = \frac{N}{1+Uv} + A \left(\frac{E}{Z_1} + \frac{R}{Z_2} + W \right) Us$$

Daraus ist klar ersichtlich, daß nur dann keine Beeinträchtigung der Umwelt eintritt, wenn Us den Wert von Uv erreicht. Bei Anwendung dieser Formel ist auch sichergestellt, daß der Us-Aufwand den Wert von P keinesfalls erhöht, sondern eben bestenfalls nur die durch Uv verursachten Verluste ausgleicht.

Damit hätten wir alle Faktoren der Produktionsformel zusammengetragen und können ihre Entwicklung abschließen. Das Bestreben einer ökologisch fundierten Wirtschaft, die auf Dauer angelegt ist, muß es sein: 1. Die Faktoren $\frac{E}{Z_1} + \frac{R}{Z_2}$ so klein wie möglich, 2. W so groß wie möglich, 3. Uv so klein wie möglich und Us wiederum so groß wie möglich zu halten.

Dieser Ausgleich erfordert mehr Arbeit, mehr Energie und auch etwas mehr Rohstoffe. So werden zum Beispiel für den Bau einer Kläranlage zunächst beträchtliche Mengen von Rohstoffen und Energien benötigt. Der laufende Betrieb erfordert später jahraus und jahrein Energien und Arbeitskräfte.

Auf die verschiedenen Bereiche der Industrie bezogen, schwankt das Ausmaß des nötigen Us-Aufwands je nach Branche und Produktionsverfahren beträchtlich. Meyer-Abich nannte auf dem 3. St. Galler Symposium Meßzahlen, die von 2 bis 10 Prozent bei den verschiedenen Industrien schwanken. Es gibt auch Neuerungen der Technologie, bei denen der zusätzliche Aufwand durch produktionstechnische Vorteile mehr als aufgeholt wird. Doch das sind seltene Ausnahmen und es werden Ausnahmen bleiben. Im allgemeinen kann man sagen, daß in letzter Zeit errichtete Betriebe ihre Produktion bereits viel stärker auf den Umweltschutz abgestellt haben als ältere.

Soweit für den Umweltschutz Energien und Rohstoffe angesetzt werden müssen, verursachen diese Faktoren ihrerseits auch wieder mehr Umweltverderbnis. Diese größere Uv infolge Us ist vom Effektivergebnis des Umweltschutzes wieder abzuziehen. Schon aus dieser Überlegung ergibt sich, daß in der industriellen Welt kein hundertprozentiger Umweltschutz möglich ist. Es ist sehr wahrscheinlich, daß zum Beispiel die nahezu vollständige Klärung von Abwässern einen derartig hohen Energie- und Rohstoffeinsatz erfordern würde, daß die Umweltbeeinträchtigung, die bei deren Bereitstellung entstünde, größer wäre als die durch die Abwasserreinigung vermiedene.

Der Engländer Max Nicholson, der weltweite Erfahrungen im Umweltschutz sammelte, schreibt: »Man darf deshalb paradoxerweise behaupten, daß Beschränkungen, die der Industrie im Interesse des Umweltschutzes auferlegt werden und die von der Industrie meist als schweres Handikap bezeichnet wurden, sich oft als Anregung für neues Wachstum erweisen, während andererseits der Nettogewinn für den Umweltschutz oft viel geringer ist als erwartet, wenn er nicht sogar durch die von Ersatzstoffen oder Ersatzprozessen aufgeworfenen neuen Probleme aufgewogen wird.«[10]

Es müssen also für jeden Einzelfall Berechnungen darüber angestellt werden, auf welche Weise das Optimalergebnis des Umweltschutzes erreichbar ist. In diese Berechnungen sind als höchst bedeutende Faktoren künftig auch die Knappheits-Indikatoren für Rohstoffe und Energien einzusetzen.

Im Normalfall wird es weder möglich noch wirtschaftlich sein, die Umweltverderbnis völlig zu vermeiden. Denn der Aufwand für Umweltschutz steigt progressiv.[11] Man wird sich aus Gründen der Wirtschaftlichkeit mit 70 bis 90% Wirksamkeit begnügen müssen, weil anderenfalls eine Produktion so teuer käme, daß man sie besser ganz unterläßt – was in immer mehr Fällen auch nötig sein wird.

Bei alledem ist immer zu berücksichtigen, daß es für einige Umweltschäden gar keinen Schutz gibt: Bebauung des Landes, Erzeugung von Abwärme, ein Mindestmaß von Lärmerzeugung, unerwünschte Verbreitung von kunstdüngenden Chemikalien, Abriebe durch Reifen und

Bremsen, radioaktive Spuren der Kernindustrie. Diese nicht beeinflußbaren Faktoren drücken den überhaupt möglichen Gesamterfolg auf vielleicht 50% herab. (Meadows hält eine Reduktion der Uv auf 25%, also einen 75% wirksamen Us, für unrealistisch.)

Wenn man sich nun in den Fällen, in denen Umweltschutz überhaupt möglich ist, mit 70- bis 90prozentiger Wirksamkeit begnügen muß, dann wird so lange eine fortlaufende Verschlechterung der Umwelt eintreten, wie die Produktion weiter steigt. Dabei ist es gleichgültig, ob diese Steigerung von einer wachsenden Zahl von Menschen bei gleichbleibendem Pro-Kopf-Verbrauch herrührt oder von einem wachsenden Verbrauch pro Kopf bei gleichbleibender Zahl der Verbraucher. Am schlimmsten ist natürlich beides – und genau das ist in der heutigen Welt der Fall.

Karl-Erik Ziemen von der Technischen Universität Berlin stellt in einem Artikel, »Der Wettlauf mit dem Wachstum«, fest, »daß die Umweltdegradierung (D) proportional ist der Bevölkerungszahl (P), dem Energieverbrauch per capita (C/P) und der Umweltschädigung pro Produktionseinheit (D/C)«. Da er davon ausgeht, daß Bevölkerungszahl und Energieverbrauch »noch für einige Zeit exponentiell anwachsen« werden, wird es um so wichtiger sein, die Umweltschädigung pro Produktionseinheit »drastisch zu verringern«.[12] Daß dieser Wettlauf zwischen Umweltschutz und Wachstum vom Umweltschutz gewonnen werden kann, beurteilt Ziemen demgemäß sehr skeptisch.

Bruno Fritsch kommt zu folgendem Schluß: »Es scheint ferner ziemlich sicher zu sein, daß der technologische Umweltschutz allein uns aus der Gefahrenzone der Zusammenbruchsanpassung so lange nicht herausführt, als (a) die jeweilige Umweltbelastung nicht auf Null herabgesetzt und/oder (b) das exponentielle Wachstum nicht in einen Null-Wachstumsprozeß auf einem mit der Umwelt verträglichen Niveau überführt werden kann, was vorübergehend zumindest bei gewissen hochindustrialisierten Staaten sogar negative Wachstumsraten erforderlich machen würde.«[13]

Binswanger führte beim 3. St. Galler Symposium den Nachweis, daß bei fortwährend gesteigerter Produktion die Umweltverderbnis immer größer werden müsse – allem Umweltschutz zum Trotz. Die Umweltschutzmaßnahmen können nur bis zu einem beschränkten Wirkungsgrad getrieben werden, sonst übersteigen die Umweltschutzkosten den Nutzen des Produktionsergebnisses. Dieser logische Zusammenhang führt zu folgendem überraschenden Ergebnis:

Zahl der Aktivitäten	Wirkungsgrad des technischen Umwelt- schutzes in Prozent	Belastung pro Aktivität (zum Beispiel Verschmutzungs- stoff/Liter-Abwasser) in Prozent der Anfangsbelastung
A	Us	(100–Us)
100	0	100
200	50	50
400	75	25
800	87,5	12,5
1600	93,75	6,25
3200	96,875	3,125

Quelle: 3. St. Galler Symposium, 112.

Es besagt: Wenn man die 100% Umweltverderbnis einer wirtschaftlichen Aktivität 100 ohne jede Gegenmaßnahme (Us) hinzunehmen bereit ist, diesen Zustand aber auch nicht weiter verschlechtern möchte, dann muß man bei einer Verdoppelung der wirtschaftlichen Aktivitäten (P) 50% der gesamten Uv durch Us beseitigen. Bei einer nochmaligen Verdoppelung jedoch 75% und bei der dritten Verdoppelung bereits 87,5%. Das heißt, bei der dritten Verdoppelung ist die wirtschaftlich überhaupt noch sinnvolle Obergrenze schon überschritten, zumindest erreicht. An dieser Stelle müßte also der Umweltschutz schon aus Gründen des Umweltschutzes stehen bleiben, weil jede weitere Us-Steigerung soviel mehr Energie und Rohstoffe erfordern würde, daß bestenfalls noch ein Leerlauf dabei herauskäme. (Binswanger legte auf dem 3. St. Galler Symposium eine Berechnung vor, wonach ein 50%iger technischer Umweltschutz 15% der Gesamtenergie benötigen würde, ein 87,5%iger bereits 45% und ein 99%iger sogar 90% der Gesamtenergiemenge.)

Wenn nun die Produktion ohne Rücksicht auf die Umwelt zum vierten Mal verdoppelt wird, dann schlägt diese Verdoppelung voll auf die Umwelt durch: die Belastung steigt von dem bisher gehaltenen Faktor 100 auf 200, obwohl der Umweltschutz gleich intensiv weiter betrieben wird (87,5%). Man ersieht aus dem Verlauf der Kurve, daß zunächst mit verhältnismäßig wenig Energie und Kosten ein hoher Effekt zu erreichen ist, der sich aber bald der Null nähert (s. nebenstehende Abbildung).

Die gegenwärtige Umweltbelastung in den Industrieländern dürfte (mit großen Schwankungen) bei Uv = 2 liegen: $\frac{N}{1+2}$, wovon 50% durch Us beseitigt werden, was einen Wert $\frac{N}{1+1} = \frac{N}{2}$ ergibt, wonach unsere natürliche Umwelt im Durchschnitt nur noch die halbe Qualität

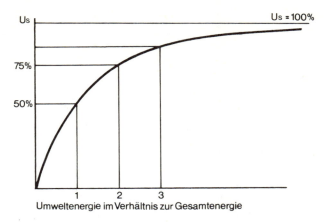

Verhältnis zwischen dem Wirkungsgrad des technologischen Umweltschutzes (Us) und dem entsprechenden Aufwand.

Quelle: 3. St. Galler Symposium, 112.

besäße. Die Minderung mag vielen als etwas hoch gegriffen erscheinen; dabei ist jedoch zu bedenken, daß auch schon verursachte Schäden, die noch nicht sichtbar geworden sind, einbezogen werden müssen. Ihre nicht mehr rückgängig zu machenden Auswirkungen treten erst noch ein.

Wenn sich die wirtschaftlichen Aktivitäten der Menschheit weiterhin alle 15 Jahre verdoppeln, dann würde trotz intensivster Steigerung von Us auf 87,5% Wirksamkeit nach dem Jahre 2000 der Rückschlag voll einsetzen. Und in der folgenden Verdoppelungszeit müßte eine unaufhaltsame Verdoppelung der Umweltverderbnis eintreten, die um 2020 voll wirksam würde. Selbst bei einer verminderten Produktionszunahme von 3% jährlich und einer sofortigen Reduzierung aller Schadstoffausschüttungen um 80% würde in 52 Jahren wieder die heutige Ausgangssituation erreicht sein; bei 6% Zunahme aber schon in 26 Jahren.[14]

In dem Buch »Alternativen zur Umweltmisere« wird festgestellt, daß nach den Analysen vieler Zukunftsforscher das Umweltproblem nur gemeistert werden kann, »wenn man in Zukunft auf materielles Wachstum weitgehend oder ganz verzichtet. Diese politisch unbequeme Schlußfolgerung wird von Politikern bisher nur zögernd akzeptiert; auf das Wachstum als politische Zielsetzung glaubt man auf keinen Fall verzichten zu können.«[15]

Die Reaktion

Zur Zeit wählt man den bequemeren Weg: Bekämpfung der bisherigen Techniken mit neuen zusätzlichen Techniken. Dies ist systemkonform und hält die Mehrproduktion in Schwung. »Nachdem nun auch die Politiker verstanden haben, daß Wirtschaftswachstum die Ökologie gefährdet, wird verstärkt an die Techniker appelliert, durch beschleunigten Fortschritt die Umweltgefahren ›in den Griff zu bekommen‹. Daß dies bald gelingen werde und die Wirtschaft sogar noch wirtschaftlicher machen werde, ist ein weitverbreiteter Glaube. Ihn zu erzeugen und zu nähren, gibt die Industrie sich große Mühe und findet dabei Unterstützung durch Wissenschaftler und Politiker.«[16]
Aber selbst der technisch mögliche Umweltschutz ist längst noch nicht durchgesetzt. Große Teile der Wirtschaft wehren sich überhaupt gegen den Umweltschutz, und zwar in zweifacher Hinsicht. Sie suchen einmal die Gesetze zu mildern und, wenn das nicht gelingt, deren Anwendung abzuschwächen. Zum anderen wissen sie, wie man Vorwürfe der Öffentlichkeit abwehrt. Kenneth Galbraith schreibt darüber: »Der Vorwurf, eine Kapitalgesellschaft verschmutze Wasser und Luft, vergeude natürliche Rohstoffe oder verstoße mit einem Produkt gegen die Gebote der Sicherheit, ruft fast automatisch einen Werbefeldzug auf den Plan, der versichert, die Firma sei ganz und gar dem Umweltschutz verpflichtet, dem sparsamen Umgang mit Rohstoffen und der öffentlichen Sicherheit. Gewöhnlich ist das ein wirkungsvoller Ersatz für kostspieligere Maßnahmen.«[17]
Die allerfixesten Unternehmen haben schon begriffen, daß man aus dem Umweltschutz ein neues Geschäft machen und ihn dabei unterlaufen kann. Erstens führt der technische Umweltschutz zu einer neuen Industrie und damit zu neuen Verdienstmöglichkeiten für einige Branchen. Damit werden auch noch weitere Arbeitsplätze geschaffen und das statistische Bruttosozialprodukt wird weiter erhöht. Zweitens kann man die wunderschöne Forderung aufstellen, daß eine allgemeine Steigerung der Produktion höchst nötig sei; denn man müsse nun auch noch die zusätzlichen Umweltkosten »erwirtschaften«. Dabei wird allerdings die Gegenfrage kaum jemals beantwortet: Wann diese Umweltschutzkosten denn nun eigentlich erwirtschaftet sein werden? Selbst die in der Produktion weit an der Spitze liegenden Vereinigten Staaten haben offensichtlich noch nicht entfernt genügend Geld für ihre Umwelt abzweigen können – und Japan schon gar nicht.
Speziell aus amerikanischer Sicht stellt Galbraith fest: »Staatlicher

Umweltschutz wird durch übergeordnete Zwecke des Planungssystems, insbesondere Wachstum und technische Weiterentwicklung unterminiert. Die Vereinigung und die Symbiose zwischen Planungssystem und Staat werden auch bei den Diensten des Staates selbst zu einer höchst ungleichen Entwicklung führen. Jene Dienste, die den Erfordernissen des Planungssystems entsprechen, für den Absatz seiner Produkte sorgen . . . werden großzügig gefördert. Andere Dienste leiden Not.«[18] Die Umweltschädigung ist aber keine Besonderheit des Planungssystems, auch das Marktsystem schädigt die Umwelt. »Außerdem verschanzen sich die Sünder hinter dem Schutz der Überzeugung, nichts dürfe wirtschaftliches Wachstum beeinträchtigen.«[19]

Die bisher wohl größte Auseinandersetzung zwischen Umweltschutz und Industrie fand im Sommer 1972 in Kalifornien statt. Georg Hermann hat in der »Zeit« darüber berichtet.[20] Er spricht von einem »Schulbeispiel für die Manipulation des Volkswillens durch übermächtige Interessengruppen«. Ein Volksbegehren forderte ein Umweltgesetz mit Vorschriften, die weitgehend mit der Bundesgesetzgebung übereinstimmten, mit deren Durchführung aber endlich Ernst gemacht werden sollte; neu war nur eine fünfjährige Studienpause beim Bau von Atomkraftwerken. Gegen diese Bürgerinitiative bildete sich ein Komitee der größten Firmen, die für eine Propagandakampagne mehr als 1,5 Mill. Dollar aufbrachten (einzelne Firmen gaben über 50 000 Dollar), aber selbst im Hintergrund blieben. Für sie arbeitete eine Public-Relations-Firma, die einen Kampagneplan aufstellte. Zuerst »müßten geachtete Naturfreunde, Akademiker, Arbeiterführer und Politiker der Demokratischen Partei das Wort ergreifen, denen sich erst später Privatunternehmen, die Industrie, die Landwirtschaft und Führer der Republikanischen Partei anschließen sollten«.

Die Bürgerinitiative konnte nur 235 000 Dollar sammeln (höchster Einzelbetrag 600 Dollar). Das Fernsehen nahm nicht einmal bezahlte Werbesendungen der Bürger an, die Presse war gegen sie. Die Industrie arbeitete mit folgender Darstellung: »Die Umweltinitiative ist die größte Gefahr, die dem Wohlstand Kaliforniens je drohte. Sollte die Vorlage Gesetz werden, so hieß es in den Zeitungen, im Radio und im Fernsehen, würde die gesamte Wirtschaft zum Stillstand kommen . . . Die Kalifornier könnten nur solche Waren und dann nur zu horrenden Preisen kaufen, die mit Pferdefuhrwerken transportiert werden: Not und Entbehrung wird das Schicksal eines jeden Bürgers. Die Bauindustriellen rechneten vor, daß allein in Los Angeles innerhalb von 30 Tagen nach Annahme des Gesetzes 120 000 Bauarbeiter auf die

135

Straße gesetzt werden müßten. Und mit jedem entlassenen Bauarbeiter müßten weitere 10 Arbeiter entlassen werden, die das Baumaterial liefern, so daß allein im Gebiet von Los Angeles mehr als 1 Mill. Arbeitslose in der Bauindustrie zu erwarten wären. Aber nicht nur Massenarbeitslosigkeit und Hungersnot, sondern noch weit Schlimmeres stünde bevor: die Häuser könnten nicht mehr vor Ameisen, Küchenschaben und anderen Ungeziefern geschützt werden, ja das Leben selber wäre in Gefahr – Seuchen wie Typhus, Malaria, gelbes Fieber und Gehirnentzündung würden wieder freie Bahn haben.«

Broschüren mit derartiger Greuelpropaganda wurden an die Belegschaftsmitglieder der Betriebe verteilt, in denen auch Versammlungen die fürchterlichen Folgen einer Annahme des Volksbegehrens in bunten Farben schilderten. Die Gas-, Elektrizitäts- und Wasserwerke legten ihren Rechnungen Flugschriften gegen die Initiative bei.

»In diesem Lärm der Gegenpropaganda ging die Stimme der Befürworter fast gänzlich unter. Sie schickten Zehntausende von Radfahrern – meist Studenten und junge Mädchen und Buben – in die Städte und Dörfer Kaliforniens, um für die Initiative zu werben und Geld zu sammeln . . . Doch von all dem drang sehr wenig ins Bewußtsein der Öffentlichkeit.« In der Propaganda blieben die Vertreter der Umwelt hoffnungslos unterlegen. Ergebnis: Ihr Antrag wurde mit 3 839 208 Nein-Stimmen gegen immerhin 2 091 416 Ja-Stimmen verworfen.

Auch in der Bundesrepublik Deutschland wäre der Umweltschutz schon in den Anfängen steckengeblieben, wenn nicht die Bürger hellhörig geworden wären und sich vielerorts zu Umweltaktionen zusammengetan hätten. Nur durch ihre lauten Proteste und durch die Anrufung von Gerichten hat die offizielle Umweltpolitik einigen Nachdruck erfahren. Denn auch hier besteht eine beträchtliche Verfilzung zwischen Industrie, Verwaltung und Politik. Minister und Regierungsbeamte aller Parteien agieren als oberste Aufsichts- und Genehmigungsbehörden und zugleich als Mitglieder von Aufsichtsräten der betroffenen Firmen. Die staatlichen Strukturen stammen aus einer Zeit, wo der jetzt offenkundig gewordene Konflikt zwischen wirtschaftlichen Aktivitäten und Umweltvorsorge noch nicht erkannt war.

Wenn sich nun auch der Mensch reichlich spät mit der Ökologie zu befassen begann und heute noch viele Zusammenhänge unerforscht sind, eines ist sicher: die Ökonomie muß der Ökologie den Vorrang lassen. Ökonomie für sich allein betreiben, heißt heute, eine Politik der verbrannten Erde, des Terracids in Kauf zu nehmen. Nur solange der Faktor N intakt ist, sind menschliche Aktivitäten auf die Dauer möglich.[21]

»Das legt den Schluß nahe, daß wir den Wert des Kapitals im herkömmlichen Sinn, das in unserem Wirtschaftssystem angehäuft wird, überprüfen müssen. Die Auswirkungen des Wirtschaftssystems auf den Wert seines biologischen Kapitals müssen offensichtlich mitberücksichtigt werden, wenn man die Gesamtkapazität des Systems, Volksvermögen zu bilden, richtig einschätzen will.«[22] Soweit Barry Commoner. Von der Wirtschaft wird zur Zeit immer mehr Kapital angehäuft und als sogenannter Wohlstand verteilt. Die Minderung des Wertes von N ist es, die in keiner Buchführung zu finden ist. Und dennoch wäre dieses ökologische Hauptbuch die einzige Grundlage, die wir zuerst haben müßten, bevor wir auf diesem Planeten all die vielen Unternehmungen überhaupt beginnen oder weiterführen. Statt daß sie sich aber mit dem Hauptbuch des Lebens befassen, sind alle Sinne der Menschen auf ihre jeweilige Betriebsbuchhaltung fixiert. Die drohenden Folgen schildert Commoner: »Tatsächlich könnte das biologische Kapital – wenn diese Entwicklung anhält – schließlich völlig zunichte werden. Da die Brauchbarkeit konventionellen Kapitals aber von der Existenz biologischen Kapitals – also des Ökosystems – abhängig ist, wird mit letzterem auch die Brauchbarkeit des ersteren zerstört. Trotz seiner scheinbaren Prosperität treibt dieses System mithin seinem Bankrott entgegen. Die Umweltzerrüttung stellt einen entscheidenden, potentiell verhängnisvollen, verborgenen Faktor für das Funktionieren des Wirtschaftssystems dar.«[23]

William Kapp kommt zu dem Schluß, daß unsere Wirtschaft eine der »unbezahlten Kosten« ist.[24] Wir stellen uns ständig riesige Wechsel auf die Zukunft aus. Diese laufen zu einer Summe auf, die keine der folgenden Generationen mehr aufbringen kann.

In dieser Lage empfehlen die Wachstumsfanatiker der Wirtschaft folgendes Rezept: noch mehr Wechsel bei der Zukunft aufzunehmen, um mit diesen Wechseln für die Bezahlung der laufenden Wechsel gerüstet zu sein. Wissen sie wirklich nicht, welchen Unsinn sie hier empfehlen, weil ihnen der Zeithorizont fehlt? Auch unsere politischen und sozialen Institutionen sind »fast ausschließlich auf die Lösung gegenwärtiger und kurzfristiger Probleme spezialisiert«[25]. Außerdem: Solange Bevölkerungswachstum und Produktionssteigerung fortlaufen, hebt der Faktor Zeit die Wirksamkeit der heute festgesetzten Grenzwerte für Schadstoff-Freisetzungen immer wieder auf, wobei die schädlichen Folgen wiederum erst Jahre später auftreten. Damit stehen wir – wie bei dem Problem der Rohstoff- und Energievorräte – wieder vor der Frage, »welche Verpflichtungen die heutigen Bewohner des Planeten Erde gegenüber den Menschen haben, die in 20 oder 100 Jahren auf ihm leben müssen«[26].

Als Ergebnis dieses Kapitels ist festzuhalten: Umweltschutz hat nur in einer stabilen Welt Aussicht auf Erfolg; in einer Welt der ständigen Mehrproduktion muß er bald scheitern. Damit ist – nach der Rohstoff- und Energiegrenze – noch eine dritte Grenze für die Steigerungsraten der Wirtschaft gezogen. Wenn die Menschheit ihr Verhalten nicht ändert, dann besteht die große Wahrscheinlichkeit, daß alle drei Grenzen fast gleichzeitig erreicht werden.

4. Der Faktor Arbeit

Es ist für den Menschen an der Zeit, sich selbst neu einzuschätzen.

Philip Wylie

Die neue Dimension der Arbeit

Nachdem wir alle Faktoren des künstlichen Produktionskreises zusammengetragen haben, wenden wir uns nochmals dem Faktor Arbeit zu. Da die Arbeit vom Menschen verrichtet wird, ist der Mensch das Bindeglied zwischen dem natürlichen Regelkreis und dem künstlichen Produktionskreis. Als Lebewesen ist er von der Natur total abhängig; vom künstlichen Produktionskreis hat er sich in steigendem Maße abhängig gemacht, je mehr er ihn ausweitete. Wenn der Mensch auch die Quelle aller Arbeit ist, so ist er doch keineswegs die alleinige Quelle der Produktion. Um überhaupt produzieren zu können, muß die Natur vorhanden sein. Einmal als Objekt der Arbeit, zum anderen aber auch als Lebensgrundlage des tätigen Menschen selbst. Erst auf dieser Grundlage wird er in die Lage versetzt, seine Arbeitskraft einzusetzen und sie schließlich mittels technischer Energieerzeugung zu verstärken und auf immer mehr Objekte zu richten: die Rohstoffe. Hat er diese Objekte nicht, ist auch kein Arbeitseinsatz möglich. Karl Jaspers sagt: »Technik ist jeweils gebunden an Stoffe und Kräfte, die begrenzt sind: Die Technik braucht Stoffe und Kräfte, mit denen sie operiert.«[1]

Die unvollständige Lehre vom Arbeitswert

Die Größe des Faktors A ergab sich im natürlichen Regelkreis fast ausschließlich aus der Zahl der Menschen, die jeweils die Erde bewohnten. Wollte man die Arbeitskraft erhöhen, dann mußte man die Zahl der Menschen vermehren. Wo die natürliche Vermehrung zu

Die Fußnoten befinden sich am Ende des Buches, S. 356–358.

langsam ging, dort importierte man Sklaven. Dafür ist der Handel der Nordamerikaner mit den Negern das letzte und abscheulichste Beispiel. All die Jahrtausende vorher »hatte es keine andere Quelle des Reichtums gegeben als die Ausbeutung anderer (Menschen). Die eigene Arbeit konnte stets nur zu einer notdürftigen Befriedigung der eigenen Bedürfnisse hinreichen«.[2]

Auch in den ersten organisierten Gesellschaften mit etwas höherer Kultur gab es nur menschliche Arbeitskraft und darum die Verwendung von Sklaven. Eine Notwendigkeit, die selbst Marx und Engels in diesem historischen Stadium anerkennen.[3] Denn die menschliche Energie konnte nur durch die tierische (Zug- und Reittiere) ein wenig erweitert werden. Soweit man schon damals die Natur ausbeutete, ging das nur mit diesen beschränkten Kräften. Wie begrenzt die Kräfte waren, geht daraus hervor, daß der Mensch 1600 Kalorien zur Selbsterhaltung des Körpers nötig hat; erst die Kalorien, die er darüber verbraucht, lassen sich in Arbeitskraft umsetzen.[4] Wer größere Leistungen erbringen wollte, mußte also eine Menge Menschen dafür einsetzen. Dies geschah nicht nur in der Antike, sondern auch noch in den ersten Jahrzehnten des Bestehens der Sowjetunion und jetzt in China, zum Teil mit größter Rücksichtslosigkeit. Erst als die künstliche Energie im riesigen Ausmaß zur Verfügung stand, brauchte die Ausbeutung der Natur nicht mehr mit Hilfe ausgebeuteter Menschen zu erfolgen.

Aber gerade bevor noch diese Entwicklung große Ausmaße annahm, wurden die wirtschaftspolitischen Theorien entwickelt, die ausschließlich von der Arbeit und von dem schon damals bekannten Geld ausgingen. Diese Theorien stimmten sehr bald nicht mehr – aber fast niemand hat's gemerkt.

Damals war die Arbeit zum alleinigen Bewertungsmaßstab der Ware erhoben worden. Das war der Fehler, den Karl Marx übernahm und auf dem er ein ganzes Gedankengebäude errichtete: seine Lehre vom Mehrwert. Ganz zweifellos war eine Ware schon immer mehr wert als die darauf verwendete Arbeit. Warum, dies haben wir in den vorangegangenen Kapiteln dargestellt: Weil es freie Güter gibt, die »umsonst« zu haben sind! Berücksichtigen will es jedoch bis heute kaum jemand. Worüber hätte man sich die 200 Jahre auch streiten sollen, wenn die Fehler dieser Theorie sofort erkannt worden wären? Statt dessen gab es unzählige mühevolle Definitionen, was Arbeit und was Kapital eigentlich sei.

Daß der Arbeiter nicht den vollen Warenwert für seine Arbeit bekam, lag nach Karl Marx allein an den Kapitalisten, die den »Mehrwert« unberechtigt in ihre Tasche fließen ließen. Mit diesem Postulat ist Marx' Wirtschaftstheorie genauso auf dem Faktor »Arbeit« aufgebaut wie die von Adam Smith.

In Wirklichkeit lassen sich zu keiner Zeit der Geschichte alle Werte auf die Arbeit zurückführen. Zu der Zeit, als die Zahl der Menschen noch klein und die Natur unerschöpflich war, hätte man erst recht nicht alle Werte nach der aufgewendeten Arbeit bemessen können. Denn es gab damals Landstriche auf der Erde, wo der Mensch fast ohne Arbeit sein Auskommen hatte – und es gab andere, wo er eine beträchtliche Arbeitsleistung hinzufügen mußte, um sich am Leben zu erhalten. Aber von seiner Arbeitskraft allein – isoliert von aller Umwelt – hat noch nie ein Mensch gelebt. Der Mensch richtet seine Arbeitskraft auf die Natur, erzielt daraus ein Produkt, das er selbst verbraucht oder für neue Arbeit anwendet. Die Obergrenze der Produktmenge wird sowohl von der Natur als auch von seiner Arbeitskraft bestimmt.

Die Menschen brauchten damals viel Land zu ihrer Ernährung. Infolgedessen war ihrer Zahl eine Grenze gesetzt und damit auch der Zahl der Arbeitskräfte, die in einem Land eingesetzt werden konnten. Für Arbeitstiere galt das gleiche. Erst als das angehäufte Wissen zu neuen Dimensionen durchbrach und diese in der Technik verwirklicht wurden, brach ein völlig neues Zeitalter für den Menschen an.

Das umwälzende Ergebnis des technischen Zeitalters war, daß man nicht mehr allein auf die langsamen Umsetzungsprozesse der Natur angewiesen blieb. Somit gelang es, neben dem natürlichen Kreislauf einen völlig neuen aufzubauen, den wir den künstlichen Produktionskreis nennen. Künstlich, weil er vom Menschen gemacht und in Gang gehalten wird; ohne den Menschen würde er sofort zusammenbrechen.

Die beiden Produktionskreise

Die beiden Produktionskreise, die der Mensch mit seiner Arbeit und mit seinen inzwischen enorm gestiegenen Kenntnissen betreibt, unterscheiden sich in ihren Grundlagen völlig. Da sie aber ineinander verzahnt sind, und weil heute auch die Landwirtschaft weitestgehend industriell arbeitet, ist diese grundlegende Verschiedenheit bisher von keiner Lehre erfaßt worden.

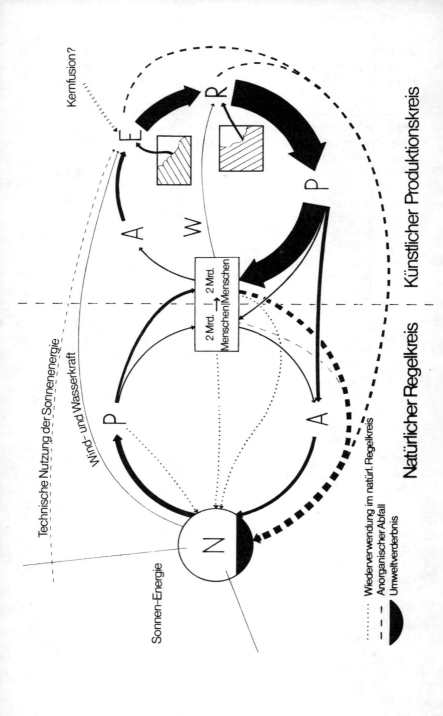

Der *natürliche Regelkreis* läuft nach der Formel

$$P = N + A$$

Er wird gespeist durch die unendliche Quelle der Sonnenenergie, die
von der Natur (N) umgewandelt wird. Das durch menschlicher Hände
Arbeit (A) vergrößerte Produkt (P) der Natur wird vom Menschen
verzehrt. Was er nicht braucht (Blätter, Stroh, Schalen), geht sofort an
die Natur zurück, ebenso der vom Menschen erzeugte Abfall (. . .);
diese organischen Substanzen belasten die Natur nicht, da sie wieder
umgewandelt werden.

Von den Bewohnern der ganzen Erde fanden 1970 noch 51% ihre
Existenzgrundlage im landwirtschaftlichen Bereich.[5] Sie arbeiten dort
allerdings zum Teil mit industriellen Methoden. Inzwischen dürfte ihr
Anteil die 50%-Grenze leicht unterschritten haben. Darum nehmen
wir zur Zeit an, daß von den etwa 4 Milliarden Menschen 2 Mrd. im
natürlichen Kreislauf und 2 Mrd. im künstlichen Produktionskreis
arbeiten. Der Mensch als das zur Natur gehörende Wesen ist das
Bindeglied zwischen beiden Kreisläufen. »Leben« kann er nur im
natürlichen Kreislauf – »arbeiten« kann er in dem einen oder dem
anderen.

Der *künstliche Produktionskreis* arbeitet nach der Formel

$$P = \frac{N}{1 + Uv} + A \left(\frac{E}{Z_1} + \frac{R}{Z_2} + W \right) Us$$

Da dieser Kreislauf mit den erschöpflichen Energie- und Rohstoffvor-
räten des Planeten (E + R) in Betrieb gehalten wird, liefert er ein
Mehrfaches an Gütern als durch Bearbeitung der Natur zu erzielen
sind. Die wertmäßigen Relationen werden ganz grob durch das Verhältnis der Pfeilstärken ausgedrückt. Die menschliche Arbeitskraft
läßt sich durch gute Organisation rationeller und wirksamer einsetzen,
aber entscheidend erst durch künstliche Energie vervielfachen und
durch Rohstoffe zu einer gewaltigen industriellen Produktion (P)
steigern. Der weitaus größte Teil dieser Produktion bleibt in den
industrialisierten Zonen. Die landwirtschaftlich tätige Bevölkerung,
zum allergrößten Teil in den Entwicklungsländern, bekommt nur
wenig davon ab. Entsprechend gering ist ihr Beitrag zu den anorganischen Abfallstoffen (– – –), während er vom zweiten Kreis her groß
ist. Letztgenannte fallen auch schon während der Energieerzeugung
und Rohstoffverarbeitung an. Alle zusammen belasten sie die Natur,

wie auch ein Teil der künstlichen Düngemittel und Chemikalien. (Die Umweltverderbnis, also Naturminderung, steigt an.) Nur ein geringer Teil der Rohstoffe wird bisher der Wiederverwendung (W) zugeführt.

Der künstliche Produktionskreis bezieht einen geringen Teil der Energie aus der Natur (Wind- und Wasserkraft sowie Brennholz). Der zweite Kreis ist der reiche, der sich selbst verzehrt. Der erste Kreis ist der arme, der sich selbst erhält, soweit er nicht jetzt durch die Zufuhren aus dem zweiten künstlich aufgebläht ist und durch Uv geschädigt wird.

Erst die Direktumwandlung der Sonnenenergie würde unbegrenzt natürliche Energie, die gelungene Kernfusion unbegrenzt künstliche Energie verfügbar machen. Begrenzt bleiben aber auch dann die Rohstoffvorkommen.

Der künstliche Produktionskreis liefert an den natürlichen Regelkreis Düngemittel, Maschinen und Energien zur Erhöhung der landwirtschaftlichen Produktion. Ohne diese Zufuhren wäre die Rücklieferung an die 2 Milliarden Menschen des künstlichen Kreises unmöglich. Diese Rücklieferung ist bedeutend größer als der Eigenverbrauch der landwirtschaftlichen Weltbevölkerung. Die zivilisierte, hochentwickelte und städtisch lebende Bevölkerung verbraucht nämlich vorwiegend veredelte Nahrungsmittel, wie Fleisch, Eier, Milch; sie verbraucht auch einen größeren Anteil der Genußmittel, wie Kaffee, Tee, Tabak und einen größeren Anteil an Baumwolle, Kautschuk, Häuten und Fellen, Holz und Faserstoffen.

Seit zwei Jahrhunderten findet eine unaufhörliche Wanderung von Arbeitskräften aus dem alten Regelkreis in den neuen Produktionskreis statt. Der natürliche Regelkreis mußte in den Industrieländern sehr bald durch verschiedene staatliche Maßnahmen gestützt werden, damit er nicht zusammenbrach. Vor allem fiel es der Landwirtschaft in allen Ländern schwer, die Zufuhren aus dem künstlichen Produktionskreis zu bezahlen, die von dort angeboten wurden.

Der natürliche Regelkreis erhält ganz neuartige Importe aus dem künstlichen Produktionskreis, die ständig zunehmen: Kunstdünger (seit etwa 1850), Landmaschinen (seit dem Ende des 19. Jahrhunderts), Traktoren (seit dem I. Weltkrieg), Chemikalien (seit dem II. Weltkrieg) – und die dafür benötigte Energie. Die Landwirtschaft arbeitet – regional sehr unterschiedlich – immer stärker nach den Methoden des zweiten Kreises, es kommt zur industrialisierten Landwirtschaft, der sogenannten »Grünen Revolution«. Wo diese erfolgt, erhöht sich auch die Produktivität derjenigen Arbeitskräfte, die im natürlichen Regelkreis verblieben sind. Diese Erhöhung ist aber auch für beide Kreise existenznotwendig geworden; denn die Arbeitskräfte (= Menschen) des künstlichen Regelkreises müssen ebenfalls aus dem natürlichen Kreis ernährt werden. Dafür liefern sie die genannten Betriebsmittel, aber auch die übrigen Produkte des künstlichen Produktionskreises, die der Erhöhung des Lebensstandards dienen. Von diesen möchte schließlich die landwirtschaftlich tätige Bevölkerung, die im gleichen Land wohnt, ihren Pro-Kopf-Anteil haben. Der Streit um den gerechten Austausch läßt die Industrieländer nicht zur Ruhe kommen; denn die Landwirtschaft hinkt fast immer hinterher, weil die Industrie das Tempo bestimmt. Diese Differenz war in den kommunistischen Ländern jeweils noch größer als in den demokratisch regierten.

In der heutigen Welt bestehen zwischen den beiden Regelkreisen alle denkbaren Beziehungen. Der im I. Teil dargestellte unangetastete natürliche Regelkreis ist nur noch in einigen letzten Inseln der Welt erhalten. Überwiegend natürliche Regelkreise finden sich in den Staaten der dritten Welt; überwiegend künstliche Produktionskreise besitzen die Industrieländer. An der Spitze steht Nordamerika (USA und Kanada), wo die landwirtschaftliche Bevölkerung rund 10 Millionen und die industrielle Bevölkerung 216 Millionen beträgt.[6] Dies ist ein Verhältnis von 4 : 96%. Dagegen ist in Nepal das Verhältnis fast genau umgekehrt: 92 : 8%.

Nur der zehnte Teil der 2 Mrd. Landbevölkerung ist in den Industrieländern zu finden. Diese rund 200 Mill. Menschen betreiben dort die Art von Landbau, die man schon zur Industrie rechnen könnte. Dieses Zehntel produziert aber etwa genauso viel Nahrungsmittel wie die übrigen $9/10$ zusammen. Daß mit dieser Hälfte nur wenig mehr als $1/3$ der Menschheit ernährt wird, liegt daran, daß dieses Drittel nur Nahrungsmittel mit einem hohen Veredelungsgrad zu sich nimmt.

Der zweite künstliche Kreis ist das Ergebnis der großen Arbeitsteilung, die das technische Zeitalter mit sich brachte. In diesem Produktionskreis hat sich dann die Arbeitsteilung unendlich weiter aufgefächert und der Mensch so spezialisiert, daß das Ganze zu einem kunstvollen Gebilde geworden ist. Die Teilung der Arbeitsgänge im industriellen Produktionskreis wurde sowohl von den Maschinen erzwungen, wie sie auch wieder den Einsatz der Maschinen förderte.[7]

Unsere Darstellung der Kreisläufe bietet die gute Gelegenheit, ein Phänomen ökonomisch zu erklären, was bisher nur sozial oder psychologisch erklärt wurde[8]: die Befriedigung des Menschen an seiner Arbeit. Es stellt sich heraus, daß diese eng mit dem Anteil der menschlichen Arbeit an dem von ihm gefertigten Produkt korrespondiert.

Im natürlichen Regelkreis ist der Anteil der Arbeit an einem Produkt nicht groß, er steigt dann bei den Kulturvölkern so, daß er bei vielen Fertigkeiten in die Nähe von 100% kommt. Dies trifft etwa für die Handwerker des Mittelalters zu. Aber auch die Landwirte hatten damals fast alles mit ihrer Hände Arbeit bis zur Vollendung zu bringen, woran sich bis zum 20. Jahrhundert nicht viel änderte. Mit der Zunahme der Industrialisierung nahm dann der Anteil der Arbeit eines Menschen an dem Produkt, das er herstellt, enorm ab.

Im natürlichen Stadium ist der menschliche Arbeitsanteil gering. Da die Natur das meiste tut, ist die Bedeutung der Arbeit für den Menschen nicht groß. Daher bestand auch kein Bedürfnis, die Arbeit durch Verbesserungen und Erfindungen zu verringern; es gibt keine technische Fortentwicklung oder sie verläuft sehr langsam. Die größere Befriedigung geht von der Jagd oder vom Krieg aus.

Im handwerklichen Stadium ist der Anteil der Arbeit sehr groß. Ein Erzeugnis wird zum Beispiel von einem Schmied vom Rohmaterial bis zum endgültigen Erzeugnis eigenhändig gefertigt. Die direkte Beziehung zum Produkt führt zu einer optimalen Befriedigung am eigenen Werk. Dies ist die Zeit der kulturellen und künstlerischen Blüte der Völker und zugleich die Zeit der Erfindungen, die eine Entlastung von der Arbeit bringen sollen.

Im industriellen Produktionskreis wird der Anteil der Arbeit des einzelnen Menschen am Produkt immer geringer. Durch die radikale Spezialisierung und die Verwendung von Maschinen und Energien sinkt der Beitrag des einzelnen immer weiter. Der Tiefpunkt ist heute erreicht; denn was der Fließbandarbeiter zu einem Produkt beiträgt, ist vielfach nicht einmal ein Tausendstel der für dieses Produkt insgesamt notwendigen Arbeit. Allein die Bezahlung verlockt noch zur Leistung; die Aussicht darauf, was man alles mit dem Geld wird kaufen können, liefert das Antriebsmotiv. Damit ist die Beziehung zur Arbeit nur noch eine indirekte.

Dies hat noch eine andere Folge, die Schumacher beschreibt: »Wir behaupten, nie zuvor in der Geschichte seien so viele Menschen so hochgradig ausgebildet gewesen; doch diese Menschen können selber nichts hervorbringen, da sie völlig abhängig geworden sind von riesigen und unglaublich teuren Maschinen und Organisationen.«[9] An

anderer Stelle sagt Schumacher: »Direkt-produktive Arbeit, ohne
Hast und Sorge sachgemäß verrichtet, schöpferisch, indem sie aus
Nutzlosem etwas Nützliches und vielleicht sogar Schönes hervorbringt;
Arbeit, die den Menschen erfüllen und befriedigen kann, ist in der
modernen Industriegesellschaft zu einem Gut geworden, an das nur
die wenigsten herankommen. Der Mensch, wie Thomas von Aquin
sagt, ein Wesen mit Vernunft und Händen, braucht eine solche Arbeit
mehr als das meiste, was er sonst noch braucht. Ist sie ihm verwehrt, so
kommt er auf die verrücktesten Ideen und wird in der einen oder
anderen Weise – krank. Jeder erfahrene Arzt weiß von der therapeuti-
schen Kraft der echten Arbeit. Die Hoffnung, daß man sich für
freudlose Arbeit – oder Arbeitslosigkeit! – durch ›Freizeitgestaltung‹
entschädigen könne, ist unerfüllbar; denn alle Erfahrung bestätigt die
Verallgemeinerung: Die Qualität der Arbeitszeit bestimmt die Qualität der Freizeit. – Echte, direkt schöpferische Arbeit ist in der modernen Industriegesellschaft zu der seltensten aller Mangelwaren geworden. Man muß schon sehr wohlhabend sein, um sie sich leisten zu
können . . .«[10]
Während das Ergebnis der Arbeit an Masse immer mehr zugenommen
hat, ist der Wert der Arbeit an sich, gerade für den noch handarbei-
tenden Menschen, auf nahe Null gesunken. Kaum jemand macht sich
klar, mit welcher Geschwindigkeit diese Änderung in wenigen Jahrzehnten eingetreten ist.

Die Sage von der Verkürzung der Arbeitszeit

Aufgrund des hohen Ausstoßes an Gütern und der Produktivitätssteigerung durch maschinelle Rationalisierung hatte man befürchtet, daß
die Maschinen die Arbeiter brotlos machen würden. Eines der bekannten Beispiele formulierte Bertrand Russell: »Nehmen wir an, daß
gegenwärtig eine bestimmte Anzahl von Menschen mit der Herstellung von Nadeln beschäftigt ist. Sie machen so viele Nadeln, wie die
Weltbevölkerung braucht, und arbeiten acht Stunden täglich. Nun
macht jemand eine Erfindung, die es ermöglicht, daß dieselbe Zahl
von Menschen doppelt so viele Nadeln herstellen kann. Aber die
Menschheit braucht nicht doppelt so viele Nadeln. Sie sind bereits so
billig, daß kaum eine zusätzlich verkauft würde, wenn sie noch billiger
werden. In einer vernünftigen Welt würde jeder, der mit der Herstellung von Nadeln beschäftigt ist, jetzt eben vier statt acht Stunden

täglich arbeiten, und alles ginge weiter wie zuvor. Aber in unserer realen Welt betrachtet man so etwas als demoralisierend. Die Nadelmacher arbeiten noch immer acht Stunden, es gibt zu viele Nadeln. Einige Nadelfabrikanten machen bankrott, und die Hälfte der Leute, die Nadeln machen, verlieren ihre Arbeitsplätze. Es gibt jetzt, genau betrachtet, genausoviel Freizeit wie bei halber Arbeitszeit; denn jetzt hat die Hälfte der Leute überhaupt nichts mehr zu tun, und die andere überarbeitet sich. Auf diese Weise ist sichergestellt, daß die unvermeidliche Freizeit Elend hervorruft, statt daß sie eine Quelle des Wohlbefindens werden kann. Kann man sich noch etwas Irrsinnigeres vorstellen?«[11]

Daraus entstand ein weiterer Irrtum der Wirtschaftswissenschaften, daß der Mensch im zunehmenden Maße Freizeit haben werde. Man kann noch heute fast keine Zeitung aufschlagen, ohne dieser Mär in irgendeiner Form zu begegnen.

Die Theorien von der drohenden Arbeitslosigkeit oder wachsenden Freizeit – was auf die gleiche Ursache hinausläuft – sind nicht totzukriegen. Selbst ein so intelligenter Mensch wie Norbert Wiener, den man den »Vater der Kybernetik« nennt, verkündete noch 1950: »Die Arbeit der Maschinen . . . wird eine Arbeitslosigkeit zur Folge haben, mit der verglichen die Krise der dreißiger Jahre als ein harmloser Witz erscheinen wird.«[12] Obwohl jedoch im Laufe der jüngsten zwei Jahrhunderte mehrere Millionen Maschinen in Betrieb genommen wurden und die gesamte Menschheit im Jahre 1972 über 72 Billionen (!) Kilowatt an Energie verfügte, ist gerade in den Ländern der Mangel an Arbeitskräften am fühlbarsten geworden, wo diese Maschinen in Benutzung sind.

Arbeitslosigkeit herrscht statt dessen in der Welt da, wo es keine Maschinen gibt, nämlich in den Entwicklungsländern. Man schätzt, daß dort ein Viertel der arbeitsfähigen Bevölkerung arbeitslos ist. In der Bundesrepublik Deutschland wurden dagegen Anfang der siebziger Jahre 2,5 Mill. Gastarbeiter beschäftigt, obwohl allein die Landwirtschaft von 1951 bis 1973 fast 2,7 Mill. Arbeitskräfte abgab und einige Millionen Arbeitskräfte aus den deutschen Ostgebieten und aus Mitteldeutschland gekommen waren.

Nun wird behauptet, das komme von der Verkürzung der Arbeitszeit. Doch inwiefern ist die Arbeitszeit wirklich verkürzt worden?

In den Vereinigten Staaten dürfte die durchschnittliche wöchentliche Arbeitszeit im letzten Teil des 19. Jahrhunderts gut 60 Stunden betragen haben. 1909 lag die Durchschnittszeit in der verarbeitenden

Industrie bei 51 Stunden, 1929 bei 44 Stunden. Nach den Schwankungen der Weltwirtschaftskrise und des II. Weltkriegs blieb die Arbeitszeit immer knapp über 40 Stunden. Da die kurzarbeitenden Frauen und Jugendlichen, die beide an Zahl zugenommen haben, in die Rechnung mit eingegangen sind, liegt die echte Arbeitszeit in den Vereinigten Staaten eher höher als niedriger. Staffan Linder kommt zu dem Ergebnis, daß das Durchschnittsniveau in der Nachkriegszeit bei etwa 45 Stunden liegt.[13] Die Zahl der Bürger, die mehr als 48 Stunden wöchentlich arbeiten, sei aber von 13% im Jahre 1948 auf 20% im Jahre 1965 gestiegen! Darüber hinaus sprechen Schätzungen davon, daß sich die Mehrfachtätigkeit seit 1950 verdoppelt habe, was in der Statistik die Durchschnittsarbeitszeit drückt.[14]

In der Bundesrepublik Deutschland betrug 1952 die durchschnittlich tatsächlich geleistete Arbeitszeit eines männlichen Arbeiters 48,8 und die einer Arbeiterin 43,7 Stunden. Diese war 1962 auf 45,6 bzw. 41,7 Stunden und bis 1972 auf 43,7 bzw. 40,2 Stunden gesunken. Da die Männer den größeren Anteil stellen, sank die Durchschnittszeit aller Beschäftigten von 1952 bis 1972 in der Industrie von 47,6 über 44,6 bis auf 42,8 Stunden.[15] Wenn man bedenkt, daß in diesen zwanzig Jahren die höchsten Rationalisierungserfolge der Geschichte zu verzeichnen waren, dann ist die Arbeitszeitverkürzung um 10% höchst bescheiden. Auch das Tempo der Verkürzung hat sich in den letzten Jahren nicht beschleunigt, sondern stark verlangsamt. (Die Verkürzung der tariflichen Arbeitszeit ist etwas stärker; doch sie dient nur dem Zweck, den Anteil der besser bezahlten Überstunden zu erhöhen.)

Dabei muß man noch die Fahrzeiten zum und vom Arbeitsplatz hinzurechnen, die in den letzten Jahren mit Sicherheit zugenommen haben. Bertrand de Jouvenel schreibt: »In Frankreich und Großbritannien hat es in jüngster Zeit kaum Arbeitszeitverkürzungen gegeben, obwohl die Entfernungen zum Arbeitsplatz ständig gewachsen sind.«[16] Die meisten benötigen über fünf Stunden wöchentlich, viele sogar zwischen zehn und fünfzehn Stunden für die Wege zur Arbeit. Dies ist eine Folge der zunehmenden Spezialisierung der Arbeitsplätze. Um im eigenen »Fach« bleiben zu können, dürfen Arbeitnehmer einen weiteren Weg nicht scheuen. Alexander Rüstow meinte bereits 1951: »Auch rein quantitativ ist es sehr fraglich, ob die jährliche Arbeitszeit eines modernen Industriearbeiters (die Anmarschzeiten eingerechnet) im Durchschnitt kürzer ist als die eines Bauern oder Handwerkers früherer Zeiten.«[17]

Mit amerikanischen und deutschen Statistiken läßt sich belegen, daß es nach dem II. Weltkrieg in den Industrieländern keine erheblichen Verkürzungen der Arbeitszeit gegeben hat. Und das immerhin in der Zeit der stürmischsten Produktivitätssteigerung, die es je gab, in der also Verkürzungen am ehesten möglich gewesen wären.[18] Dabei ist noch zu berücksichtigen, welchen zusätzlichen nervlichen und gesundheitlichen Belastungen die Menschen heute nicht nur im Verkehr und am Arbeitsplatz, sondern auch noch in ihrer Freizeit bis in ihre Wohnungen (durch Lärm und Abgase) ausgesetzt sind.[19]

Dennoch bleibt der Mythos von der laufenden Verringerung der Arbeitszeit weiter am Leben. Und die Futurologen werden nicht müde, eine 30-Stunden-Woche, eine 3tägige Arbeitswoche und mindestens zweimal im Jahr Urlaub anzukündigen. Selbst wenn der leichte Rückgang der Arbeitszeit in Deutschland so weiter verliefe wie im letzten Jahrzehnt (minus 1,8 Stunden), dann würden die bewußten dreißig Stunden erst in 71 Jahren erreicht werden. Doch wir sahen, der Rückgang verlangsamt sich bereits.

Es bleibt also gültig, was Alexander Rüstow schon 1951 schrieb: »Auf einem kaum weniger naiven Irrtum beruht auch die landläufige Meinung, der technische Fortschritt habe den Menschen eine außerordentliche Arbeitsentlastung gebracht. Zum Beweis pflegt angeführt zu werden, daß ein Gebrauchsgegenstand heute maschinell in einem Bruchteil der Zeit hergestellt wird, die früher zu seiner handwerklichen Erzeugung notwendig war. Eine Arbeitszeitverkürzung per saldo würde das aber doch nur dann bedeuten, wenn wir bei unsern alten bescheidenen Bedürfnissen geblieben wären und diese jetzt in soviel kürzerer Arbeitszeit befriedigen würden. Wir wissen aber alle, daß das keineswegs der Fall ist.«[20]

Das ist des Rätsels Lösung! Jede Steigerung der Arbeitsproduktivität brachte neue Bedürfnisse hervor, deren Befriedigung neue Produktionen erforderte, in denen die freigesetzten Arbeitskräfte sofort unterkamen. Es gehört auch zur Methode aller modernen Wirtschaftssysteme, die auf Vermehrung bedacht sind, mit Zukunftsversprechungen die gegenwärtige Leistung zu erhöhen. Und nichts läßt sich so leicht mobilisieren wie die menschliche Hoffnung. Auch die Annahme Joseph Schumpeters: »Je mehr man in der Bedürfnisbefriedigung fortschreitet, desto mehr sinkt der Antrieb zur Arbeit und um so mehr steigt die Größe, die mit ihm jedesmal verglichen wird, nämlich die Arbeitsunlust . . .«, ist durch die Tatsachen widerlegt worden.[21]

Mit dem Aufbau der Industrie hätten die betreffenden Völker die

150

Entscheidung frei gehabt. Nach dem »Prinzip des geringsten Aufwands«, das der französische Naturwissenschaftler Pierre de Maupertius formuliert hatte, stand zur Wahl: die gleiche Leistung mit einem geringeren Arbeitsaufwand zu erreichen oder mit gleichem Aufwand eine höhere Leistung zu erzielen. Doch wie meistens in der Geschichte: die Frage wurde nicht entschieden, wahrscheinlich nicht einmal gestellt. Die Menschen und die Völker gerieten vielmehr in einen Wettbewerb hinein. Inzwischen beherrscht das »Leistungsprinzip« beinahe die ganze Welt[22]. Der Wettkampf um die Verbesserung der »Produktivität« ist daher genauso scharf wie der um die Märkte.

Die Menschen haben nie genug!

Der entscheidende Grund, warum es in den Industrieländern weder zu nennenswerter Arbeitslosigkeit noch zu bedeutender zusätzlicher Freizeit gekommen ist, liegt in der grenzenlosen Begehrlichkeit des Menschen, der von Freizeit redet, aber immer mehr Güter will. Diese inzwischen hinlänglich erwiesene Tatsache hat westliche Voraussagen und östliche Heilsvorstellungen über ein Zeitalter der Glückseligkeit und Zufriedenheit gleichermaßen überholt.

Daß die Kommunisten einmal allen Ernstes als Ziel proklamierten, der Menschheit soviel Waren zur Verfügung zu stellen, daß kein Geld mehr benötigt werde, wirkt heute nur noch als Witz. Jeder würde sich soviel nehmen können, wie er brauche, hieß es damals. Hatten die eine Ahnung, was der Mensch alles brauchen kann! Und was er nicht brauchen kann, das nimmt er dennoch mit, um es zu verkaufen, damit er etwas anderes dafür erwerben kann, was er zu brauchen meint.

Das Bedürfnis nach neuen Gütern wuchs im allgemeinen immer schneller als die Produktion; denn die Erfüllung eines Wunsches weckt mehrere neue und so fort. Auch hier erfolgt eine Entwicklung von der Einfachheit zur komplizierten Vielfalt: gegen die natürliche Entropie also. Da die Möglichkeiten der Variation und Kombination exponentiell zunehmen, sind dem Erstrebbaren auf dem gegenwärtigen Produktionsstand keine Grenzen gesetzt. Früher wurde nicht vorausgesehen, daß des Menschen Wünsche keine Grenzen kennen. Es besteht gar keine Schwierigkeit, jedwede Mehrproduktion abzusetzen; ja die Nachfrage ist meistens größer als das Angebot. Heute können die Maschinen gar nicht so viel produzieren, wie ein jeder gern haben möchte. Nirgendwo trat bisher eine Sättigung ein, es sei denn, an billigen Waren; dafür verlangte man luxuriösere, raffiniertere. Einerseits stimuliert die Mode die Anschaffung der jeweils neuesten Ausführung und damit das Wegwerfen der alten Waren. Andererseits werden die Produkte in einer – im Vergleich zu ihrem Zweck – »zwecklosen« und aufwendigen Aufmachung auf den Markt gebracht. Das Renommierbedürfnis des Menschen ist noch immer seine schwächste Stelle. Tag für Tag schuftet er für Dinge, zu deren Genuß er kaum Zeit haben wird. Klaus Müller sagt zugespitzt: »Das Subjekt wird dazu überwältigt, glücklich zu werden durch objektiv kontrollierbare Befriedigung objektiv zu erhebender Bedürfnisse. In Erfüllung dieses Programms wird die objektiv ausweisbare Leistung zum beherrschenden Maß: Leistung in der Produktion bedingt Leistung im Konsum, Leistung im Konsum bedingt Leistung in der Produktion. Damit schließt sich der totalitäre Kreis: Die Leistungsmonomanie läßt die Subjektivität der Subjekte verdampfen . . .«[23]

Der »Konsum« wird immer wieder angekurbelt. Da er zahlenmäßig nur über den Verkaufspreis erfaßt wird, sagen die Zahlen nichts über den Nutzen oder Genuß aus, den der Kauf nachher bewirkt hat. Der Grenznutzen des Verbrauchs nähert sich bei vielen Gütern bereits Null. »Immer neue Höhen des Konsums werden erreicht, und trotzdem wagen es die Menschen – gottlob – ihre Ansprüche noch weiter zu steigern. Ob Werbung oder nicht, man kann sich immer darauf verlassen, daß der Appetit des Massenverbrauchers zu reizen ist. Eine Abnahme des Grenznutzens kann vielleicht einzelne Gebrauchsgüter, nicht aber den gesamten Konsum in Mitleidenschaft ziehen.«[24] Die Mittel sind zum Zweck geworden, die Menschen wünschen eine Erhöhung ihres Verbrauchs selbst dann noch, wenn der Nutzwert bei Null liegt. (Tun sie es plötzlich nicht mehr unkritisch, dann kommt es zu Störungen in der Wirtschaft wie 1974/75.)

Das ist auch die Erkenntnis von Bertrand de Jouvenel: »Die Unzahl von Untersuchungen zur Verbesserung der Produktion steht in krassem Gegensatz zum Fehlen jeglicher Reflexion, was die Art der zu produzierenden Güter angeht. Es kann nicht nur darum gehen, so viel wie möglich zu produzieren; auch der Nutzen, den wir dem Menschen mit unseren Produkten verschaffen wollen, muß uns interessieren.«[25]

Wie denn nun der Durchschnittsverdiener in den reichen Ländern all die Güter genießen könne, die er sich mit seiner rastlosen Arbeit verdient hat, darüber hat sich der schwedische Parlamentarier Staffan Linder gründlich Gedanken gemacht, in seinem Buch: ›Das Linder-Axiom oder Warum wir keine Zeit mehr haben‹ (1970).

Auch hier hat die Wirtschaftswissenschaft nicht wahrgenommen, daß Zeit »faktisch zu einem immer knapper werdenden Gut geworden« ist.[26] »Es überrascht kaum, daß beispielsweise Soziologen die Verwendung der Zeit bisher noch nicht als das Problem sehen, mit einem zunehmend knappen Gut hauszuhalten. Ein solcher Standpunkt wäre jedoch natürlich für eine Disziplin, die sich mit den Grundfragen der Zeiteinteilung beschäftigt, nämlich die Wirtschaftswissenschaft. Trotzdem fehlt in der wirtschaftswissenschaftlichen Literatur eine angemessene Zeitanalyse.«[27] Zu dem Faktor »Zeit«, soweit es sich nicht um Produktionszeit handelt, haben die Wirtschaftswissenschaftler noch nie ein vertrautes Verhältnis gehabt, sonst hätten sie viele ihrer Irrtümer vermieden.

Der ruhelose Wohlstandsmensch unserer Tage leidet unter »Zeit-Hunger«[28], er lebt unter der Tyrannei der Uhr, und »diese Tyrannei hat sich im Gleichschritt mit unserer erfolgreichen Revolution gegen die Diktatur materieller Armut entwickelt«.[29] Früher starben die Leute hier und da an Warenknappheit – heute sterben sie einen frühen Tod durch Überlastung und Zeitmangel. »Die Todesursache ist nun hohe, nicht niedrige Produktivität.«[30]

Daran trägt nicht allein die Arbeitszeit plus Fahrzeit schuld. Die Menschen führen inzwischen einen großen Haushalt, in dem es soviel zu tun, wofür es aber keine Bediensteten gibt. Damit eine Familie bei der Jagd nach Gütern mithalten kann, muß meistens auch die Frau »berufstätig« sein. In ihrem Haus hat dann die amerikanische Frau und neuerdings auch die europäische allerdings so viele technische Hilfskräfte und Energien zur Verfügung, daß ihre Leistung der ganzer Sklavenbataillone gleichkommt. All diese Apparate bis hin zum Kraftwagen wollen bedient sein, und es dürfen keine Fehler dabei gemacht werden. Also übernimmt der technisch meist versiertere Mann Hausfrauenpflichten.

Trotz dieses Mißverhältnisses zwischen Freizeit und Güterangebot gibt es Menschen, die sich angeblich ernste Sorgen machen, was denn die anderen mit der »wachsenden Freizeit« anfangen sollen, obgleich sie diese heute nicht haben und nach dem jetzigen Wirtschaftssystem auch in Zukunft nicht bekommen werden. So gibt es bereits eine »Freizeitindustrie«. Auch mit ihr werden neue Wünsche nach Gütern geweckt, zu deren Gebrauch nachher die Zeit fehlt.

Anspruchsvoll ist der Mensch allerdings auch in seiner Freizeit geworden. Das zeigt zum Beispiel der Sport. »In einer natürlichen Gesellschaft übt sich der Mensch durch schwimmen, tanzen oder im Verlauf seiner Arbeit. Heute braucht er ein Auto, einen Sack mit Golfschlägern oder ein Segelboot. In einer natürlichen Gesellschaft gewinnt er den Status durch seine Geschicklichkeit – heute muß er Statussymbole kaufen.«[31] Die einfache Betätigung des Körpers, die äußerst wichtig ist, wäre heute viel zu simpel – so verfuhr man bei Turnvater Jahn. Wer jetzt viel verdient, »kann es sich gewissermaßen nicht leisten, schlicht spazierenzugehen – er ist es seiner Stellung schuldig, statt dessen Golf zu spielen«.[32] Wer Golf spielt, legt immerhin sein reichliches Geld noch zur Pflege der Natur an. Sonst aber braucht man für den Sportbetrieb heute beheizte Schwimmbäder, Sporthallen, Stadien. Zum Skifahren benötigt man Lifte – auf jedem Hang mehrere –, und riesige Planierraupen wühlen im Sommer die Berge um, damit freie Pisten ohne Hindernisse für die Schußfahrt entstehen. Nehmen wir die Motorboote auf den Gewässern hinzu, und überhaupt den riesigen Verkehr, der durch all dies in Bewegung – oder besser: in Stauung – gesetzt wird, und die Abfälle, die zurückbleiben, dann ist kein weiterer Nachweis nötig: Hier sind tatsächlich unter dem Vorwand des Sports ganze Industrien entstanden, deren Umweltschäden den gesundheitlichen Nutzen der sportlichen Betätigung bei weitem übertreffen.

In der Vorgeschichte haben die Menschen ihre ganze Kraft und Zeit dafür verwenden müssen, um ihr materielles Leben zu sichern. Dann kam die geschichtliche Periode, in der interessierte Menschen soviel Zeit erübrigten, um sich der Pflege der Kultur und des Geistes zu widmen. Heute leben wir in der dritten Periode, die im Grunde eine Wiederholung der ersten ist. Die Menschen verwenden wieder die gesamte Zeit und Kraft für ihr materielles Leben auf einer viel höheren Basis, die sich durch wirtschaftliche und technische Vielfalt und Differenziertheit von allen anderen Epochen unterscheidet und jeden so in Anspruch nimmt, daß für Geist und Kultur wiederum wenig Zeit und Sinn übrigbleibt. Entsprechend der radikalen Arbeitsteilung hat man einige Menschen zur »Produktion« von Kultur abgestellt. Diese genießen jedoch bei ihren Völkern weniger Ansehen und empfangen meist einen geringeren Lohn als Sportskanonen.

Das Märchen von der Dienstleistungsgesellschaft

Eine weitere falsche Prognose vieler Wirtschaftstheoretiker und Futurologen ist die von der »Dienstleistungsgesellschaft«, auf die hin wir uns angeblich entwickeln.

Bei der Zunahme der Arbeitskräfte, die im Dienstleistungsbereich verzeichnet wird, ist der industrielle vom persönlichen Bereich zu unterscheiden. Die Industrie selbst hat einen steigenden Bedarf an Dienstleistungen. Sie braucht Wissenschaftler, Techniker, Juristen, Psychologen und Steuerfachleute als Berater. Außerdem gibt es in der komplizierten Wirtschaft den Sektor der Dienstleistungen, die mit dem Handel und Geldverkehr zunehmen. Diese Dienstleistungen werden ebenfalls industriell abgewickelt. In Banken und Versicherungen arbeiten die Angestellten wie an Fließbändern, sie bedienen Schreib- und Rechenmaschinen und Datenverarbeitungsanlagen. In einem Staat mit einer hochentwickelten Wirtschaft muß auch der Behördenapparat zwangsläufig zunehmen. Mit dem Ausbau des Schulwesens und der Verwaltung all der Berge gespeicherten Wissens wird ebenfalls die ständige Erweiterung unumgänglich.

Woran man jedoch zuerst denkt, wenn man von Dienstleistungen reden hört, das sind die persönlichen Dienstleistungen. Und die bekommt man nirgendwo so schwer und so mangelhaft wie in einer sog. Dienstleistungsgesellschaft. Je höher das Bruttosozialprodukt steigt, um so schlechter sind die Dienstleistungen. Staffan Linder urteilt zutreffend, »daß die relative Zahl der Beschäftigten im kommerziellen Dienstleistungssektor zunimmt. Daraus hat man den Schluß gezogen, daß sich die Dienstleistungen schlechthin verbesserten. Man hat übersehen, daß für ein hohes Dienstleistungsniveau die einzelne Dienstleistung entscheidend ist, nicht das Gesamtvolumen der Dienstleistungen. Eine Verschlechterung der Dienstleistungsqualität beschreibt die Situation in den reichen Ländern besser als die steigende Dienstleistungsquantität. Wir haben allen Grund, von einer ›Verschlechterung der Dienstleistung in der Dienstleistungswirtschaft‹ zu sprechen.«[33]

Wer persönliche Dienstleistungen schätzt, der muß in ein Entwicklungsland reisen – dort bekommt er sie! Wer dagegen in Deutschland als Tourist Dienstleistungen sucht, der bekommt entweder eine lustlose deutsche Bedienung oder eine solche durch Ausländer, denen er nicht einmal seine Wünsche ganz verständlich machen kann. Der Bedarf an Dienstleistungen ist sehr groß, aber es findet sich kaum jemand, der sie noch verrichten will, es sei denn eben ungelernte

Ausländer. Auch die Krankenhäuser und Pflegeheime wissen ein Lied zu singen, wie schwer jemand für Dienstleistungen zu gewinnen ist. Warum aber sind keine Arbeitskräfte für die Dienstleistungsbereiche zu finden? Weil der Verdienst in den rohstoffverarbeitenden Industrien höher liegt, da dort unvergleichlich höhere Gewinne erzielt werden. Das ist auch gar nicht verwunderlich, denn dort wird nach den Theorien der Ökonomen aus Nichts ein wertvolles Etwas hergestellt. Das kann der Dienstleistende bekanntlich nicht, er schafft nur das, was er mit seiner Hände Arbeit leisten kann. Zwar haben auch hier Maschinen und Energien Eingang gefunden, aber die Dienstleistungen sind einer Automation weitgehend unzugänglich. Darum können hier die Leistungssteigerungen der Industrie nicht erzielt werden. Hier muß immer noch der größere Teil der Arbeit von Hand getan werden, während sich der Anteil der Hände in der Industrie laufend vermindern ließ; denn Mengen und Werte der Produktion steigen in der Industrie durch den Einsatz von Energien und Rohstoffen.

Die höhere Produktivität der Arbeit in der Industrie hat zu absurden Folgen für den natürlichen Regelkreis geführt. Es lohnt sich verschiedentlich nicht einmal mehr, das zu ernten, was die Natur uns liefert. Man fahre in Deutschland im Herbst durch die Landschaft und man wird unzählige Obstbäume finden, die niemand aberntet. Wieso auch! Das Pflückergebnis einer Stunde (einschließlich Wegezeit und Transport) bringt einen geringeren Erlös als beinahe jeder Stundenlohn in irgendeinem Betrieb. Wer dort arbeitet, kauft infolgedessen das Obst billiger, als wenn er es sich umsonst vom Baum holte! Nur der industriell betriebene Obstbau, nur die industriell betriebene Landwirtschaft kann die Ware noch entsprechend preiswert liefern – wobei die Preise allerdings zusätzlich herunter manipuliert sind.

Infolge der viel höheren Einkommen aller Schichten ist in den Industrieländern die Nachfrage nach Dienstleistungen sehr groß; viele wollen solche haben, aber nur wenige dergleichen leisten.

Damit ist auch schon die Frage beantwortet, warum so viele Hausfrauen einen Beruf ausüben, statt im Hause Dienstleistungen zu verrichten. Weil sie dort viel mehr verdienen als daheim. Hier liegt auch der Hauptgrund für die Kinderarmut in den Industrieländern. Jedes Kind kostet die Frau einige Jahre guter Verdienstmöglichkeiten – und Arbeit hat sie dennoch: mit dem Kind. Und nicht nur dieser Ausfall ist zu verzeichnen. Darüber hinaus kostet jedes Kind, bis es selbst berufstätig wird, noch enorme Summen. Es muß ja in Wohnung, Kleidung, Ausbildung und Ausstattung dem hiesigen Standard entsprechend bedient werden. Nach Angaben von Dimitris N. Chorafas kostet in den Vereinigten Staaten ein Sprößling bis zum Alter des College-Eintritts seine Eltern durchschnittlich 30 000 Dollar.[34] Hat man schon einmal berechnet, den wievielten Teil davon das Aufziehen eines Kindes z. B. in der Türkei kostet? Man wird auf ganz erstaunliche Größenunterschiede kommen. Überdies hat dort die Mutter eines Kindes gar keine Möglichkeit – wie auch in anderen Entwicklungsländern – einen Arbeitsplatz zu bekommen oder höchstens einen sehr schlecht bezahlten. Darum ist nicht nur das Kind billig, sondern auch die Mutter. Was ist die Folge? Da sich die »Produktion« von menschlichen Arbeitskräften in Nichtindustrieländern unerhört billig – bei uns dagegen unerhört teuer stellt, ist es wirtschaftlich sehr viel rationeller geworden, die Arbeitskräfte in jenen Ländern »erzeugen« zu lassen, um sie dann, wenn sie fertiggestellt sind, als Gastarbeiter zu »importieren«. Und das tun wir ja auch ausgiebig.

Die Zeit unserer Erwachsenen ist dagegen viel zu wertvoll, als daß sie diese damit »vergeuden« könnten, sich »nur« um ihre Kinder oder um andere Mitmenschen zu kümmern. Die heutige Frau kann, wenn sie »modern« sein und »mit der Zeit gehen« will, auch nicht ihre alten Eltern versorgen. Letztere werden deshalb schnellstmöglich in ein Altersheim gebracht, wo sie dann in einer hygienisch einwandfreien Umgebung auf ihren Tod warten dürfen.[35] Deren Betreuung durch fremde Menschen führt, wie die der Kinder im Kindergarten, zu einer Erhöhung der Dienstleistungen in der Statistik, während sich die privaten Dienstleistungen in der Familie ebenfalls vermindert haben, ohne daß dies registriert wird. So sieht es auch Bertrand de Jouvenel: »Die Berechnung des Wachstums einer Volkswirtschaft wird insbesondere dadurch verfälscht, daß man nicht nur eine zu geringe Einschätzung zum Ausgangspunkt nimmt (die unbezahlten Dienstleistungen sind ausgeschlossen), sondern zum Zuwachs auch noch die früher schon vorhandenen, jedoch noch nicht kommerzialisierten Arbeitsprodukte und Dienstleistungen rechnet.«[36]

Wenn die Statistiker wirklich herausbekommen haben, daß die Zahl der im Dienstleistungsbereich Beschäftigten zunimmt, dann sollten sie auch einmal gegenrechnen, wie viele Hausfrauen heute zur Arbeit gehen, anstatt Dienstleistungen für ihre Familien zu verrichten. (Da die Hausarbeiten noch nie erfaßt wurden, tauchen sie auch im Bruttosozialprodukt nicht auf.) Dafür essen diese Hausfrauen nun wie der Mann in der Kantine oder im Restaurant, und ihre Kinder benötigen einen Kindergarten. (Das sind nun wieder Dienstleistungen, die bei der Errechnung des Bruttosozialprodukts erfaßt werden.) Diese Einrichtungen waren so lange gar nicht nötig, wie die Hausfrauen den Haushalt, die Kinder und die eigenen Eltern versorgten.

Die in den Industrieländern herrschende Tendenz, die Erziehung und Pflege der Menschen in immer ausgedehnterem Maße den öffentlichen Einrichtungen zu übertragen, macht die Angelegenheit keineswegs billiger. Aber das wird vergessen; die höheren Aufwendungen gehen ja zu Lasten der öffentlichen Haushalte. Darum die große Nachfrage nach solchen Einrichtungen, deren Nutzen jeder einzelne natürlich sucht, weil sie zu einem großen Teil von der Allgemeinheit bezahlt werden. Der einzelne wundert sich dann nur, daß er immer höhere Steuern und Versicherungen zu bezahlen hat. Diese Erfahrung veranlaßt ihn erst recht, die öffentlichen Einrichtungen so ausgedehnt wie möglich in Anspruch zu nehmen, damit er womöglich seinen Anteil wieder »herausbekommt«. Dieser Sachverhalt ist zugleich ein berechtigter Einwand gegen jede Art von Sozialismus. Hier stoßen wir wieder auf das »Gesetz der Allmende«. Auf dem Gebiet der Krankenversicherung sind die Folgen schon heute sichtbar; sie wird so teuer, daß die Gesunden die Beiträge bald nicht mehr aufbringen können.[37]

Wenn man all die aufgeführten Gesichtspunkte in die Untersuchungen einbezöge, käme man zum Ergebnis, daß die Zahl der Dienstleistenden insgesamt nur insoweit gestiegen ist, als die Industrialisierung neue Dienstleistungen benötigte und sofern die weggefallenen unberechneten Familienleistungen sich auf berechnete öffentliche Leistungen verlagert haben. Würde man die Kostenberechnungen bereinigen, dann käme man zu dem Ergebnis, daß die persönlichen Dienstleistungen um so tiefer sinken, je stärker die Industrialisierung voranschreitet.

Viele Dienstleistungen reichen immer nur für einige Wenige. Je mehr Menschen aber Dienstleistungen haben wollen, um so mehr müssen sie zur Selbstbedienung übergehen. Genau das ist heute der Fall. Da eine Familie jetzt zwar Geld, aber keine Zeit hat, möchte sie gern Dienstleistungen kaufen; doch andere Familien möchten das auch. Darum ist die Nachfrage groß – das Angebot klein. Ein hohes Angebot an Dienstleistungen ist immer das Kennzeichen armer Gesellschaften. Feudalherren hatten immer Diener, auch wenn sie sonst nichts hatten.

Auf der Basis der falschen Berechnungen der bisherigen Entwicklung werden nun fröhliche Voraussagen über die »nachindustrielle Gesellschaft« gemacht, die eine Dienstleistungsgesellschaft sein werde. Und ein jeder freut sich schon darauf, daß er dann nur noch bedient werden wird.

Man redet heute von einer nachindustriellen Gesellschaft in einer Art und Weise, als ob dann die Industrie ohne menschliche Arbeitskraft, so von ganz alleine laufen werde. So behauptete Jean Fourastié, daß sich in Zukunft nur noch 10% der Erwerbstätigen mit der Güterproduktion beschäftigen und 80% im Dienstleistungssektor tätig sein würden.[38] Nach anderen Propheten dieser Richtung werden diese 10% dann auch noch mehr als das Doppelte dessen produzieren, was heute produziert wird.

Soviel steht fest: Zu dieser Art nachindustrieller Dienstleistungsgesellschaft wird es nie kommen. Erstens ist die Industrie zum größten Teil am Ende ihrer Rationalisierungsmöglichkeiten angelangt; und es ist naiv, die Kurve der Produktivitätssteigerung je Kopf einfach weiter zu verlängern. Zweitens wird die Rohstoffgewinnung schwieriger und damit arbeitsintensiver werden; weil entlegenere und minderwertige Vorkommen einen höheren Aufwand jeder Art – also auch an Arbeit – erfordern werden. Dafür gibt es bereits eine Menge konkreter Beispiele, wie die Erdölgewinnung aus der See oder aus Teersand und Ölschiefer. Dies beginnt schon mit dem höheren Aufwand an Menschen und Geräten (Bau ganzer Bohrinseln mit Hilfe einer umfangreichen Zulieferindustrie) und endet bei den immer weiteren Transportwegen der Rohstoffe. Dabei bleibt es gleich, ob ein Land die betreffenden Rohstoffe selbst fördert oder zu hohen Kosten importieren muß. Neue Technologien erfordern einen früher unvorstellbaren Entwicklungsaufwand – man denke an die Weltraumfahrt.

Klaus Müller urteilt, »daß der Gedanke, wir gingen einer Freizeitgesellschaft entgegen, in der unser Leben hauptsächlich aus Zerstreuung besteht, eine fahrlässige Illusion ist, die von einer verantwortungslosen Reklame suggeriert wird, deren Urheber nur zu gern selbst glauben, was sie propagieren. Nichts dergleichen wird sich erfüllen lassen . . .«[39] Die postindustrielle Dienstleistungsgesellschaft ist genau so weit von einer Verwirklichung entfernt wie das Märchen vom »Tischlein deck dich!« Daß dort die Speisen nicht serviert zu werden brauchen, ist das kleinere Wunder – das größere ist, daß sie sich auch von selbst produzieren! Und genau das malen uns die Propagandisten der Dienstleistungsgesellschaft an die Wand. Solche Utopien haben eine fatale Ähnlichkeit mit den seit Adam Smith herrschenden Wirtschaftstheorien, die nur aufgrund geschickter Arbeitseinteilung und Organisation aus Nichts heraus Etwas zu machen vorgeben.

Arbeit ist ein Akt der Vernichtung geworden

Der Ruf nach Arbeit ertönt schon lange laut und er wird immer lauter werden. Das klingt zunächst seltsam. Sind nicht nur die Mittel, welche die Menschen unserer Tage zur angeblichen Verbesserung des Lebens einsetzen, zum Selbstzweck geworden, sondern auch die Arbeit? Wie sonst wäre es denkbar, daß nicht nur die Regierungen, die Unternehmen, die Gewerkschaften, sondern praktisch die gesamte Bevölkerung ständig das Recht auf »Arbeitsplätze« im Munde führt? Welch totale Perversion!

Arbeiten zu müssen, war gerade die Strafe, die der biblische Gott über den Menschen verhängt hatte. Er verwies auf den Erdboden mit den Worten: »Mit Mühsal sollst du dich von ihm ernähren dein Leben lang. Dornen und Disteln soll er dir tragen und das Kraut des Feldes sollst du essen. Im Schweiße deines Angesichts sollst du dein Brot essen . . .«[40]

Jahrtausende haben die Menschen es als Mühsal und Plage empfunden, arbeiten zu müssen. Und es war gerade ein Privileg, nicht arbeiten zu brauchen.[41] Und heute verlangen die Menschen Arbeitsplätze![41] Ist das nicht absurd? Warum verlangen sie nicht gutes Essen und Trinken und was sie sonst zum Leben nötig haben (die Römer verlangten »Brot und Spiele«) – wieso aber Arbeit?

Natürlich ist Arbeit nur eine schamhafte Umschreibung des Umstands, daß die Menschen Geld verdienen wollen, möglichst viel Geld, mit dem sie dann beim Konsum-Wettbewerb mithalten können. Mit anderen Worten: sie wollen nicht bloß einen Arbeitsplatz, sie wollen einen gut bezahlten, so gut, wie er nur unter Einsatz bedeutender Mengen von Energien und Rohstoffen bereitgestellt werden kann. Für einen Arbeitsplatz, wie ihn noch ein deutscher Landarbeiter um 1930 innehatte, würden sich die heutigen Bundesrepublikaner – und die Amerikaner schon lange – bestens bedanken. Der Anspruch auf einen Arbeitsplatz ist also gleichbedeutend mit der Forderung auf einen hohen Lebensstandard.

Die Arbeit hat wahrscheinlich in den letzten Jahren gerade darum so viel an Wertschätzung hinzugewonnen, weil man heute mit ihr ein Vielfaches der materiellen Güter erwerben kann, als das jemals in der Geschichte möglich war. Dieser große Ertrag ist es, der die Arbeit so attraktiv macht, daß viele tatsächlich sogar gern arbeiten mögen. Das ist sicher auch ein Grund, warum man heute Eingeborene in allen Erdteilen für die industrielle Arbeit begeistern kann. Aber wenn sie schon eben so arbeiten, dann wollen sie natürlich bald auch soviel verdienen wie der weiße Mann; d. h. aber auch, daß sie soviel produzieren müssen. Dies bedeutet aber nun nicht mehr und nicht weniger, als daß anstelle von zur Zeit 1,2 Milliarden noch 2,8 Milliarden Menschen zusätzlich – und nach dem Jahre 2000 über 5 Mrd. Menschen zusätzlich – die gleiche Menge an Rohstoffen und Energien pro Kopf und nicht zuletzt an Nahrungsmitteln verbrauchen wollen, wie sie bei uns bereits verbraucht werden.[42]

Nach einem Bericht des Population Reference Bureaus in Washington werden pro Kopf der amerikanischen Bevölkerung jährlich dreieinhalb Tonnen Stein, Sand und Kies gefördert und über fünfhundert Pfund Zement verbraucht. Verbrannt werden jährlich fast vier Tonnen Erdöl, 2,6 Tonnen Kohle und 3100 Kubikmeter Erdgas. Verarbeitet werden 0,3 Tonnen Eisen und andere Mineralien. Dazu kommen 0,25 Tonnen Düngemittel und 0,6 Tonnen landwirtschaftlicher Endprodukte, der Verbrauch von 1,6 Kubikmeter Holz und die Entnahme einer beträchtlichen Menge Wasser. Insgesamt werden für jeden einzelnen Bewohner somit jährlich über zwanzig Tonnen Rohstoffe der Erde unter zum Teil großer Schädigung entnommen und verarbeitet.[43] Dies ist das Ergebnis der menschlichen Arbeit bei Anwendung der »fortschrittlichsten« Methoden.

Der Kapitaleinsatz verfolgt heute zwei entgegengesetzte Ziele gleichzeitig: »Wir sagen, wir brauchen Kapital, um Arbeitsplätze zu schaffen, und gleichzeitig nutzen wir Kapital in erster Linie, um Arbeitsplätze einzusparen.«[44] Daher muß die Expansion so gewaltig sein, weil nicht nur neue Arbeitsplätze geschaffen werden, sondern Arbeitsplätze mit einem enormen Energie- und Rohstoffeinsatz; und weil auch die alten, die wegrationalisiert wurden, ersetzt werden müssen – ersetzt durch Arbeitsplätze von ebenfalls höherer Produktivität, also mit höherem Energie- und Rohstoffeinsatz. Bei wachsender Bevölkerung ist dieses Problem genausowenig lösbar wie die Quadratur des Kreises. »Um die sozialen Folgen der Automatisierung, vor allem die Freisetzung von Arbeitskräften, auffangen zu können, muß die Produktion Jahr um Jahr um x Prozente wachsen. Das fortgesetzte jährliche Wachstum um x Prozent ist aber systemtheoretisch ein explosiver Vorgang, der nicht unbegrenzt weitergehen kann, ohne daß das System zerstört wird.«[45]

Heute sind in den Entwicklungsländern schon bis zu 25% der arbeitsfähigen Menschen arbeitslos. Durch die Zunahme der Menschen müßten aber in den nächsten 25 Jahren mindestens 750 Millionen neue

161

Arbeitsplätze geschaffen werden – mehr als doppelt soviel, wie heute in den Entwicklungsländern vorhanden sind. Wenn nur 500 Millionen dieser neuen Arbeitskräfte in Industriestädten angesiedelt würden, dann wären es mit Angehörigen 1500 Mill. Menschen. Man müßte 150 Riesenstädte für je 10 Mill. Einwohner bauen, um diese zusätzlichen Massen unterzubringen.[46] In der Landwirtschaft sind diese Menschenmassen nicht unterzubringen; denn die Flächen lassen sich nur unwesentlich vermehren und die Entwicklung der modernen Landwirtschaft verläuft ebenfalls in Richtung der Einsparung von Arbeitskräften.

Würde man den Versuch machen, die gesamte Weltbevölkerung auf den Lebensstandard der USA zu heben, dann hieße das schon heute: Eine Verdreifachung der Ausbeutungspotenz,[47] und wenn die proklamierten Pläne der Industriestaaten bis zum Jahre 2000 realisiert werden könnten, nochmals eine Vervierfachung für diese selbst und die bis dahin entwickelten Länder. Das würde mehr als eine Verzehnfachung des heutigen Weltdurchschnitts-Verbrauchs bedeuten. Jeder begreift sofort, daß dies Wahnsinn ist. Aber dieselben Leute, die beruhigend versichern, daß Gegenkräfte eine solche Entwicklung ohnehin nicht zulassen würden, arbeiten intensiv an solchen Planungen, die genau das, zumindest für die heutigen Industriestaaten, zum Ziel haben.

Wir kommen – ob wir es wollen oder nicht – zu dem Ergebnis: Könnte der Anspruch jedes Menschen auf einen Arbeitsplatz nach heutigen Produktivitätsmaßstäben erfüllt werden, dann nur um den Preis der totalen Zerstörung aller Lebensgrundlagen auf diesem Erdball innerhalb weniger Jahrzehnte. Wenn zwei Mrd. Menschen zusätzlich Arbeitsplätze von der Effektivität innehätten, wie sie heute in den Vereinigten Staaten üblich ist, dann würden sie kein Jahrhundert brauchen – und die Erde wäre total ausgeplündert. Darum ist es völlig absurd, einen solchen »Anspruch auf Arbeit« auf diesem Planeten konstruieren zu wollen, wie das die Vereinten Nationen in ihrer »Erklärung der Menschenrechte« am 10. Dezember 1948 getan haben. Dort heißt es im Artikel 23: »Jeder hat das Recht auf Arbeit, freie Wahl seiner Beschäftigung, angemessene und befriedigende Arbeitsbedingung und Schutz gegen Arbeitslosigkeit.« Ein solcher Anspruch auf Arbeit läßt sich ganz gewiß nicht einmal für die 1,7 Mrd. der heute lebenden arbeitsfähigen Erdenbewohner, ja für längere Zeit noch nicht einmal für die halbe Milliarde arbeitsfähiger Menschen der Industrieländer realisieren – von den hinzukommenden Milliarden ganz zu schweigen.

162

Wenn das in der Menschenrechtserklärung der UNO enthaltene Recht jedes Menschen auf Arbeit realisiert würde – dann hätte dies nichts anderes zur Folge als die Umwandlung der Erde in eine Wüste. Was nützen dem Menschen Rechte, deren Ausübung ihm selbst die Lebensgrundlage entzieht? Bei wem sollen die Bewohner dieser Erde – und das sind jährlich über 70 Millionen mehr, Jahr für Jahr also soviel zusätzlich wie die gesamte deutsche Bevölkerung – diese Rechte einklagen? Bei den Delegierten der UNO-Versammlung von 1948? Die werden dann bereits gestorben oder in alle Winde zerstoben sein! Und was hülfe es auch, wenn jemand sie zur Verantwortung zöge für den Unsinn, den sie beschlossen haben?

Unser Planet hat eine Inflation an Arbeitskräften zu verkraften. Diese konnten bisher ihre Arbeit nur darum teuer verkaufen, weil die Unternehmer (gleich ob privat oder staatlich) immer mehr Arbeitskräfte zur Ausbeutung der Erde einsetzten. Dies geht aber nur so lange, wie es etwas auszubeuten gibt!

Mit Arbeitskraft allein läßt sich eben keine Produktion aufbauen. Auch das »Wissen« um die vielfältigen Möglichkeiten, wie Arbeitskräfte eingesetzt werden könnten, schafft noch keinen einzigen Arbeitsplatz. Auch Kapital ist wertlos, wenn keine Böden und keine Rohstoffe mehr vorhanden sind, die damit gekauft werden könnten.

Die Grundlagen der gesamten Wirtschaft, die von Menschenhand auf diesem Planeten aufgebaut wurde, sind: Natur, Rohstoffe und Energien. Wenn nur einer dieser drei Faktoren sich entscheidend vermindert, dann wird der künstliche Produktionskreis ganz schnell in eine Krise geraten. Und diese Krise wird um so katastrophaler werden, je mehr Menschen auf diesem Erdball Arbeitsplätze für sich suchen. Und die Katastrophe wird noch schneller und gründlicher eintreten, je mehr Menschen Arbeitsplätze nach dem Produktivitätsmaßstab der Industrieländer innehaben, und je mehr sie noch zusätzlich haben wollen.

Der gesamte künstliche Produktionskreis kann, so wie er heute strukturiert ist, nur eine vorübergehende Erscheinung der Erdgeschichte sein! Bei näherer Überlegung ist das auch gar nicht anders denkbar. Denn hier wird in den natürlichen Regelkreis etwas einmalig »von draußen« importiert (Rohstoffe, Energien). Auf etwas Einmaliges läßt sich aber kein dauerhaftes Wirtschaftssystem gründen. Der ganze künstliche Produktionskreis ist innerhalb jeder natürlichen planetarischen Wirtschaft ein Fremdkörper! Ein planetarisches Wirtschaftssystem muß einem sich selbst erhaltenden Kreislauf folgen. Solange die

Sonne ihre gleichbleibende Energie zu uns herüberschickt, hält sich der natürliche Kreislauf im Gleichgewicht. Diese Sonnenenergie ist wirklich »geschenkt« und fließt unaufhörlich, so daß sie der Mensch mit gutem Gewissen annehmen darf. Oder, wie man es auch erklären kann: hier ist ein Kapital, das Jahr für Jahr Zinsen bringt.

Was der Mensch sich darüber hinaus aus einem »metaökonomischen Bereich« aneignet, ist dem Kapital entnommen und kann daher nur einmal verwertet werden. Zum Metaökonomischen rechnet E. F. Schumacher: die Erde einschließlich der Bodenschätze, Luft, Wasser und Feuer. »Diese vier Begriffe umreißen den Rahmen, innerhalb dessen sich das wirtschaftliche Leben abspielt. Ohne diesen Rahmen gäbe es keine Wirtschaft; und ginge der Rahmen kaputt, so ginge damit auch alle Wirtschaft kaputt. Der Mensch hat diesen Rahmen nicht selbst geschaffen; für ihn ist er unersetzlich und darum meta-ökonomisch. Er darf keine Berechnungen darüber anstellen, ob es wirtschaftlich ist, diesen Rahmen zu verbrauchen, zu zerstören oder ob es sich vielleicht ›lohnt‹, ihn zu pflegen und zu bewahren. Und wenn er doch solche Berechnungen anstellt, ganz gleich zu welchem Resultat er dabei kommt, dann macht er sich damit zutiefst schuldig . . .«[48]

Der Mensch hat diese Grenze mißachtet, er hat das Metaökonomische in seine erdachte Ökonomie einbezogen und damit kalkuliert, als handele es sich um etwas immer und beliebig Verfügbares. Das ist der verheerendste Irrtum der Menschheitsgeschichte. Das ist die Fehlleistung des menschlichen Großhirns, wie Theo Löbsack sagen würde.[49]

Schumacher fährt fort: »Der modernen Volkswirtschaftslehre ist der Vorwurf zu machen, daß sie von dieser Unterscheidung nichts weiß und unter allen Umständen nichts wissen will. Dadurch wird sie zur Stifterin unabsehbaren Unheils. Kein politischer Imperialismus hat je so viel Zerstörung angerichtet wie der Imperialismus der ökonomischen Denkweise, die sich unbedenklich die meta-ökonomischen Regionen untertan macht. Den Nationalökonomen als solchen daraus einen besonderen Vorwurf zu machen, wäre vielleicht ungerecht; denn sie folgen dabei nur dem Zuge der Zeit. Diese steht unter der Herrschaft des quantitativen Denkens und damit des Materialismus profanster Art, und das ist die ›metaphysische Erkrankung‹, die zwangsläufig zum Ende der modernen Epoche führen muß. Trotzdem läßt sich nicht leugnen, daß die Volkswirtschaftler eine ganz besonders große Verantwortung trifft, denn sie haben sich zu den Gralshütern und Hohen Priestern der Wirtschaftsreligion gemacht.«[50]

Die Ökonomen haben das Startsignal gegeben und den Völkern zugerufen: Greift zu! Bedient euch! Es ist euer Schade, wenn ihr es nicht tut! Wenn ihr es aber tut, dann habt ihr stolze Leistungen vollbracht, ja dann habt ihr eigentlich erst eure Bestimmung als Menschen erfüllt!

Indem die Ökonomen die Arbeit zum alleinigen Wertmaßstab erhoben haben, ist auch die gesamte Produktion zu einem ausschließlichen Werk des Menschen erklärt worden, und dieser durfte sich daraufhin als der Schöpfer aller Dinge fühlen, die er um sich hat. Wie sollte er jemandem Dank dafür schuldig sein? Infolgedessen ist jede Wirtschaftslehre, die sich allein auf die Arbeit stützt, atheistisch. Die Menschen, die überzeugt waren, etwas von der Natur geschenkt zu bekommen, waren gottgläubig. Sie wußten oder fühlten zumindest, daß ihnen etwas gegeben wurde, was nicht ihr Verdienst war, worauf sie keinen Einfluß hatten. Darum waren auch bäuerliche Gesellschaften die Reservate aller Religionen, wogegen sich alle städtischen Gesellschaften zum Atheismus hin entwickeln. Heute können sich allerdings in den Industrieländern selbst die Landwirte damit begnügen, im Falle von Hagelschlag an die Versicherung und im Falle einer Viehseuche an die Hilfe des Staates zu glauben. Aber auch sie werden sich eines Tages getäuscht sehen.

Denn der künstliche Produktionskreis arbeitet nicht mit der unendlichen Quelle des Sonnenlichts, sondern mit den knappen Vorräten dieser Erde. Es sind einmalige Geschenke oder Kapitalentnahmen, die nur ein einziges Mal möglich sind. Die Tragik ist, daß sie zu einer Lebensweise verführten, die auf die Dauer nicht vorhalten kann. Je mehr sich aber die Menschheit von diesen einmaligen Geschenken blenden und verführen läßt, ein um so furchtbareres Ende wird sie nehmen.

Der künstliche Produktionskreis zehrt sich selbst auf. Je gigantischer dieser Kreis ausgebaut wird, um so schneller vernichtet er seine eigene Grundlage: die einmaligen Grundstoffe. Dieser künstliche Kreislauf ist eine vorübergehende Erscheinung der Erdgeschichte, die früher oder später mangels Nachschub in sich zusammenfällt.

Dies wäre nicht weiter schlimm, wenn der künstliche Produktionskreis völlig isoliert vom natürlichen abliefe. Das ist aber nicht der Fall! Im künstlichen Kreis arbeiten heute 50% aller arbeitsfähigen Menschen, und ihr Anteil nimmt ständig zu. Aber schlimmer: Der künstliche Kreis stellt die Mittel zur Verfügung, damit der natürliche Kreis, der Landbau, heute global mehr als dreimal soviel Nahrungsmittel produ-

165

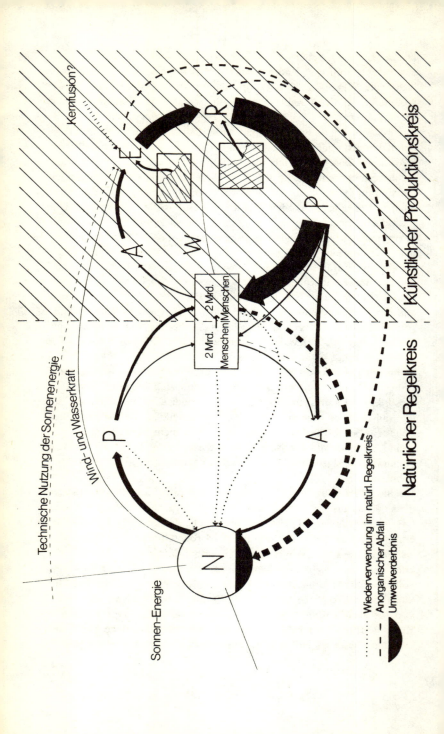

ziert, als er das ohne Zufuhr aus dem künstlichen Produktionskreis (darunter »Kunstdünger«) könnte. Damit ernährt der Landbau statt der 1,26 Mrd. Menschen um 1850 gegenwärtig 4 Milliarden. Bricht nun der künstliche Produktionskreis zusammen, dann verlieren nicht nur die dort Beschäftigten ihre Arbeitsplätze, es entfallen auch all die Lieferungen an die Landwirtschaft, die diese heute aus dem künstlichen Produktionskreis bezieht: Düngemittel, Maschinen, Energien. Daraufhin sinken die Ernteerträge, so daß die zwei Milliarden im künstlichen Produktionskreis auch die gesamte Rücklieferung an Nahrungsmitteln verlieren. Dies läßt sich an unserem Kreislaufschema nebenstehend leicht darstellen: der rechte Kreis fällt einfach weg.

Wie wir sahen, betragen die Zufuhren an die Landwirtschaft mindestens eine Kalorie Energie für eine Kalorie Nahrung. Fallen die industriellen Zufuhren weg, dann wird der Landbau auf die Produktionsstufe vor Justus Liebig zurückgeworfen. Er wird dann in kurzer Frist nicht einmal mehr die zwei Milliarden Menschen ernähren können, die heute noch im landwirtschaftlichen Bereich leben.

Da im natürlichen Kreis wieder fast alles mit der Hand gemacht werden müßte, könnte dieser Kreis (in den Industrieländern) zwar zusätzliche Arbeitskräfte aufnehmen, aber nur einen Bruchteil derer, die der künstliche Produktionskreis beschäftigt. Wir schätzen, daß der natürliche Regelkreis dieses Planeten bestenfalls für 1,5 Mrd. Menschen eine Ernährungsbasis bieten kann. Aber wohlgemerkt: auf dem Lebensstandard, der in Europa vor 1850 herrschte.

Daraus ergibt sich eine bittere Lehre. Die Menschheit hätte mit der plötzlichen »Sonderzuwendung«, dem Import aus dem metaökonomischen Bereich, alles mögliche anstellen können – nur zu einem hätte sie sich nicht verleiten lassen dürfen: menschliches Leben zu vermehren.

Sie hat es getan. Sie hat bereits 4 Milliarden auf einen Planeten gesetzt, der auf die Dauer höchstens 1,5 Milliarden Menschen tragen kann. Sie hat die Grenzen mißachtet und mißachtet sie weiterhin: »Die Zahl der von ›industrieller Nahrungsproduktion‹ lebenden Menschen wächst jährlich um 70 bis 80 Millionen und entsprechend die Zahl derer, die das unmittelbare Opfer eines industriellen Zusammenbruchs würden.«[51] Die Menschheit hat die Naturgesetze durchbrochen und geglaubt, daß sie für den Menschen nicht mehr gültig seien. Die Menschen haben sozusagen ihr Schicksal selbst in die Hand genommen. Sie wollten zeigen, wie man so etwas richtig »macht«. Nun sind sie dabei, jämmerlich zu scheitern; denn sie haben nicht einmal das

Grundgesetz der Welt begriffen: daß alles nur Verwandlung ist – daß niemals Etwas aus Nichts entsteht. Die Arbeit der Menschen bestand aber in den letzten 200 Jahren darin, immer riesigere Mengen wertvollen Materials in wertloses Material zu verwandeln, nur um vorübergehend »brauchbare« Güter für sich zu gewinnen. Damit das immer schneller lief, konnte man gar nicht genug Arbeitskräfte, also Menschen, bekommen. Und als man zuviel Menschen hatte, wurde behauptet, man müsse immer mehr »Arbeitsplätze schaffen«, wie man so schön sagt.

Diesen Leichtsinn werden die Menschen nach den strengen Gesetzen der Natur büßen müssen. Sie werden ihre Schulden (nicht moralisch gesehen, sondern im Sinne der »Weltbilanz«) bezahlen müssen. Die einzige Währung aber, die hier gilt und in der Verstöße gegen die Naturgesetze beglichen werden können, ist der Tod. Der Tod bringt den Ausgleich, er schneidet alles Leben, das auf diesem Planeten auswuchert, wieder zurück, damit der Planet wieder ins Gleichgewicht kommt.

Der Mensch kann zwar vorher noch in seiner Panik – und es ist wahrscheinlich, daß dies so kommen wird – sehr viel anderes Leben vernichten – Pflanzen, Tiere und fruchtbaren Boden. Mit den Wäldern wird schon seit Jahrhunderten so verfahren, die Meere werden zur Zeit ausgeplündert. Aber auch diese Rechnung wird beglichen: um so verheerender wird seine eigene Vernichtung ausfallen. Die Erde wird dann nämlich auch keine 1,5 Mrd. Menschen mehr ernähren können, sondern nur einige hundert Millionen oder noch weniger, die in ökologischen Nischen der Erde, die noch nicht kahlgefressen wurden, ihr Leben fristen werden.

Diese ausweglose Lage ist das Ergebnis des gewaltigen Fortschritts in der »Arbeitsproduktivität«, die Folge des Einsatzes riesiger Armeen von Menschen im Ausbeutungskrieg gegen die Erde. Ihr totaler Sieg besiegelt automatisch ihr eigenes Ende. Zur Zeit aber lebt die Menschheit noch im Siegesrausch. Erst seit dem Jahre 1973 nehmen die Zweifel zu. Der Mensch ist der Erfinder der Produktion und damit letzten Endes auch der Verursacher der Selbstzerstörung. »Immer schneller drückt steigender Bevölkerungszuwachs immer schwerer auf die Naturschätze und Naturprodukte«[52], warnt Aldous Huxley. Die Heere der Arbeitssuchenden werden immer größer. Die Vernichtungskapazität wächst so gewaltig, daß es keiner Atombombe bedarf, um die Erde unbewohnbar zu machen.

Darum wäre eine wirksame Entlastung der Erde nur dann zu erzielen, wenn die Zahl der Menschen vermindert würde. Dadurch könnte der Rohstoff- und Naturverbrauch auch ohne Verbrauchsbeschränkungen verringert werden. Dies würde gerade in den Ländern hoher Arbeitsproduktivität am meisten ins Gewicht fallen. Die Zahl der Arbeitskräfte reduzieren zu wollen, bedeutet demnach: die Zahl der Geburten reduzieren zu müssen.

5. Selbstausrottung durch Geburten?

. . . und der Geburten zahlenlose Plage droht
jeden Tag als mit dem jüngsten Tage.
Johann Wolfgang Goethe

Der Erfolg führte zum Selbstbetrug

Die Erde ist längst so überfüllt, daß selbst bei sparsamstem Verbrauch
die Menschen auch nicht mehr entfernt mit dem auskommen könnten,
was auf natürliche Weise wächst. Die Voraussetzungen für die heutige
Bevölkerungszahl sind überhaupt erst durch den künstlichen Produktionskreis geschaffen worden. Und vom Funktionieren dieses Kreises
hängt seit 100 Jahren (seit Justus Liebig) auch die Nahrungsmittelversorgung ab. Die jetzige Bewirtschaftung der Erde wurde nur möglich,
weil wir auf die in langen Zeiten der Erdgeschichte aufgehäuften
Vorräte zurückgegriffen haben. Nur diese überlieferten Vorräte haben
zu der ungeahnten Produktionssteigerung geführt und die Menschen
zu dem Glauben verführt, daß sie künftig in noch größerem Überfluß
leben könnten. Der zweite Kreis hat glänzend funktioniert und für
immer neue Millionen Arbeit geschaffen. Keiner hat gefragt: wie lange
das gutgehen kann, wovon wir eigentlich leben, für wie viele der
Vorrat bei welchem Verbrauch reicht?
Solche Gedankengänge blieben jenseits des menschlichen Horizonts.
Die Naturgesetze wurden vom Menschen überall mit Erfolg angewandt, nur nicht auf sein eigenes Tun. Der unreflektierte Glaube an
den »Fortschritt« verbreitete sich über die ganze Erde.
Im Vertrauen darauf, daß er alles nehmen dürfe und daß die Fülle
dennoch nie zu Ende gehen würde, bevölkert der Mensch zur Zeit die
Erde.
Der Trend zum Anwachsen der Bevölkerung setzte mit der industriel-
len Entwicklung in Europa ein. Es kam seitdem zu folgenden Zunahmeraten der Weltbevölkerung:

Die Fußnoten befinden sich am Ende des Buches, S. 358.

Wachstum der Weltbevölkerung 1750–1970 und niedrigste UNO-Projektion bis 2000

Geschätzte Bevölkerung in Millionen

Jahr	Welt	Entwickelte Regionen[a]	Wenig entwickelte Regionen[b]
1750	791	201	590
1800	978	248	730
1850	1 262	347	915
1900	1 650	573	1 077
1950	2 506	857	1 649
1960	2 995	976	2 019
1970	3 621	1 084	2 537
1980	4 401	1 183	3 218
1990	5 346	1 282	4 064
2000	6 407	1 368	5 039

a) Europa, UdSSR, Japan, Kanada, USA, Argentinien, Chile, Uruguay, Australien und Neuseeland
b) alle anderen Gebiete

Quelle: Arbeitspapier der UNO-Welt-Bevölkerungs-Konferenz in Bukarest 1974: Recent Population Trends and Future Prospects (E/Conf. 60/3 Annex II), 3.

	Jährliche Zunahme in Mill.			Jährliche Wachstumsrate in %		
	Welt insges.	Entwickelte Regionen	Weniger entwickelte Regionen	Welt insges.	Entwickelte Regionen	Weniger entwickelte Regionen
1750–1800	3.7	0.9	2.8	0.4	0.4	0.4
1800–1850	5.7	2.0	3.7	0.5	0.7	0.5
1850–1900	7.8	4.5	3.2	0.5	1.0	0.3
1900–1950	17.1	5.7	11.4	0.8	0.8	0.9
1950–2000	78.0	10.2	67.8	1.9	0.9	2.2
1950–1960	48.9	11.9	37.0	1.8	1.3	2.0
1960–1970	62.6	10.8	51.8	1.9	1.0	2.3
1970–1980	78.0	9.9	68.1	2.0	0.9	2.4
1980–1990	94.5	9.9	84.6	1.9	0.8	2.3
1990–2000	106.1	8.6	97.5	1.8	0.6	2.2

Quellen: 1750–1950: J. D. Durand, »The modern expansion of world population«, Proceedings of the American Philosophical Society, Vol. 111 (1967), 137 (»medium« estimates).
1950–2000: Bevölkerungsschätzungen und -projektionen, wie sie den Vereinten Nationen bis März 1974 verfügbar waren.

Aus der zweiten Tabelle ist zu ersehen, daß in Europa die Zunahme im 19. Jahrhundert größer war als in den Entwicklungsländern. Erst im 20. Jahrhundert überholten die Zunahmeraten der Entwicklungsländer die der Industrienationen, nach dem II. Weltkrieg allerdings ganz gewaltig. Die weniger entwickelten Völker erreichten Zuwachsraten, die es in Europa nie gegeben hatte. Infolge ihrer Geburtenzahl wird die nächste Verdoppelung der Weltbevölkerung wohl nur 35 Jahre benötigen, so daß im Jahre 2010 bereits 8 Mrd. Menschen die Erde bewohnen werden, wenn Hungerkatastrophen das nicht verhindern.

Es wird meist vergessen, daß die Voraussetzungen in Europa andere waren, weil hier schon im Mittelalter die Geburtenzahl relativ gering, auf jeden Fall bedeutend niedriger lag als in den heutigen Entwicklungsländern. Das Bevölkerungswachstum begann in Europa praktisch erst mit der Industrialisierung. Von 1790 bis 1800 betrug dann die Steigerung über 10%, von 1810 bis 1820 bereits 18%.[1] Das war die Zeit, in der Adam Smith festgestellt hatte: »Die Nachfrage nach Menschen reguliert, genau wie die nach jedem anderen Komfort, notwendigerweise die Produktion von Menschen.«[2]

Völker, die schon einen fortgeschritteneren Standard der Industrialisierung erreicht haben, suchen also Arbeitskräfte und sehen keinen Anlaß, die Zahl ihrer Geburten niedrig zu halten. David Landes kommt zu dem Schluß, »daß dieses ökonomische Wachstum einen starken Einfluß auf den Bevölkerungszuwachs ausübte. Ein vermehrtes Einkommen bedeutete geringere Sterbeziffern und in einigen Fällen auch höhere Geburtenzahlen.«[3] Die später einsetzende Abnahme der Geburtenziffer in den Industrieländern hat ihre Ursache nicht im Mangel, sondern in dem Streben nach einem höheren Lebensstandard und nach Bequemlichkeit.

Hatte die jahrtausendealte Erfahrung im Kampf ums Überleben dazu geführt, daß die meisten Religionen und Weltanschauungen Kinderreichtum als Ideal ansahen (Christentum, Islam, nationalistische wie kommunistische Ideen), so haben diese Ansichten in allen Industrieländern ihre Kraft verloren. Obwohl im Ostblock von der Ideologie her das Bevölkerungswachstum befürwortet wird, ist es ebenfalls nicht groß, zum Teil sogar rückläufig (Bulgarien, DDR, Ungarn). Der Kommunismus hat das rationale Denken der Menschen gefördert; darum rechnen sich die Bürger auch dort aus, wieviel wertvolle Zeit und Geld Kinder kosten. Das gleiche gilt für Japan. So ist eine Übereinstimmung zwischen allen Industriestaaten zu verzeichnen;

denn in keinem liegt die Geburtenziffer heute jährlich über 25 pro Tausend Einwohner. 25 Geburten pro Tausend bedeutet aber immer noch eine effektive Bevölkerungssteigerung um 1,7%, das heißt eine Verdoppelung in 40 Jahren. Nur bei ca. 14 Geburten je Tausend ergäbe sich keine reale Zunahme mehr (vorausgesetzt, alle lebenden Geburtenjahrgänge haben eine gleichmäßige Stärke und die Lebenserwartung beträgt einheitlich ca. 70 Jahre).

Um aber in dieses Stadium zu kommen, waren über 100 Jahre wirtschaftlicher Entwicklung bis zu einer unwahrscheinlichen Höhe nötig gewesen. Somit ist dieser Weg der freiwilligen Geburtenbeschränkung (Transition) für die übrige Welt nicht gangbar. Schon in 25 Jahren, um die Jahrtausendwende, wird es in den Entwicklungsländern mindestens 5 Mrd. Menschen geben. Denn gerade in den weniger entwickelten Gebieten der Erde, in denen sich die höchsten Geburtenraten finden, sind über 41,4% der Einwohner 0 bis 15 Jahre alt (in den entwickelten nur 26,8%), so daß sich dies in den nächsten 3 Jahrzehnten entsprechend niederschlagen wird. Die Alterspyramiden der Entwicklungsländer und der Industrieländer zeigen den auf Seite 174 und 175 gegenübergestellten Aufbau.

Danach ist die nächste Verdoppelung der Menschheit durch keine Geburtenbeschränkung mehr aufzuhalten – höchstens durch Hungerkatastrophen.[4]

Nur wenn diese unterentwickelten 5 Milliarden (in der sehr kurzen Frist von 25 Jahren) den Lebensstandard erreichten, für den die überentwickelte Milliarde in den heutigen Industrieländern 100 Jahre gebraucht hat, erst dann bestünde begründete Hoffnung auf Geburtenbeschränkung auf Grund und im Interesse eines hohen Lebensstandards. Um aber mehr als 6 Milliarden Menschen auf den europäischen Lebensstandard zu heben, dafür sind weder genügend Nahrungsmittel vorhanden noch reichen die Rohstoffe und Energien und ebensowenig die natürlichen Räume unserer Erde dafür aus.

Daß sich die Bevölkerung der Erde heute um 70–80 Mill. jährlich vermehrt, ist überhaupt nur möglich, weil die Menschen in Ländern zur Welt kommen, wo sie wenig und einfache Nahrung, geringen Raum und fast keine Güter beanspruchen. Doch selbst die dortigen Minimalanforderungen sind nicht zu erfüllen. Schon jetzt müssen jährlich etwa dreieinhalb Millionen verhungern. Niemand wird diese Zahl jemals genau ermitteln. Die Bevölkerungsvermehrung in den armen Ländern ist sicherlich der gefährlichste aller menschlichen Irrwege. Allein dadurch können alle anderen Anstrengungen zunichte

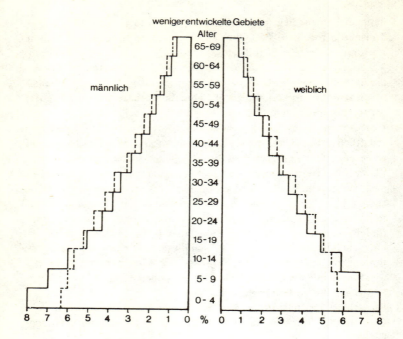

werden. François de Closets ist der Überzeugung, daß die Entscheidung für den Hungertod praktisch gefallen ist, nachdem die Welt diese Frage schon lange ohne Lösung vor sich herschiebt.[5]
Fast alle Völker kamen über den Welthandel und -verkehr in den Genuß medizinischer Errungenschaften und den der Versorgung mit gerade so viel Nahrung, daß sie zum Überleben reichte. Nun blieben Kinder, die sonst gestorben wären, am Leben und trugen ihrerseits zur weiteren Vermehrung bei. Im natürlichen Regelkreis war die Wahrscheinlichkeit, daß ein Neugeborenes das geschlechtsreife Alter erreichte, nur 1:4. Heute ist die Lebenserwartung überall viel höher, und in den Industrieländern ist das Verhältnis umgekehrt. Der hygienische Fortschritt, der in Europa in jahrhundertelanger Entwicklung erreicht worden war, ist in die Entwicklungsländer innerhalb so kurzer Frist eingedrungen, daß sich dort die traditionelle, von der Natur gegebene Einstellung zu den Geburten gar nicht so schnell wandeln konnte.
Der Entwicklung der Medizin hatte kein bewußter Plan zugrunde gelegen. Aus vielen Einzelerfolgen ergaben sich schließlich Wirkun-

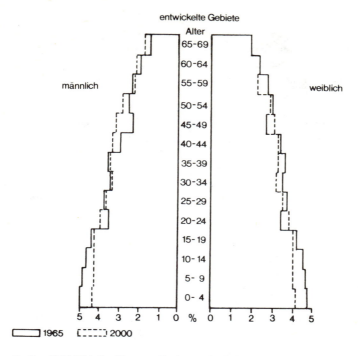

Quelle: UNO-Welt-Bevölkerungs-Konferenz in Bukarest 1974: Recent Population Trends and Future Prospects (E/Conf. 60/3), 56.

gen, deren Gesamtergebnis nicht im voraus bedacht worden war. Längeres Leben im allgemeinen und Beseitigung der Säuglingssterblichkeit im besonderen ließ die Erdbevölkerung exponentiell anwachsen. Der Tod war der natürliche Regelfaktor des irdischen Ökosystems; seine Ausschaltung durch den Menschen hat unerwartete Folgen. Auf diese Folgen waren die Menschen in keiner Weise gefaßt. Aufgrund der kollektiven Erfahrungen ihrer bisherigen Geschichte waren »religiöse und soziale Traditionen zugunsten unbeschränkten Gebärens weit verbreitet«. »Aus all diesen Gründen«, sagt Aldous Huxley, »läßt sich Sterblichkeitsbeschränkung sehr leicht erzielen, Geburtenbeschränkung aber nur mit großen Schwierigkeiten.« Es gibt »nirgends irgendwelche religiöse Traditionen, die für unbeschränktes Sterben sprechen«.[6]

Die Entwicklungshilfe sorgt inzwischen dafür, daß Hunderttausende von Kleinkindern gerade noch am Leben bleiben, mit der – sicher ungewollten – Folge, daß in einigen Jahren statt dessen Millionen verhungern werden. Huxley sieht die Entwicklung so: »Wir begeben uns zum Beispiel auf eine tropische Insel, rotten mit Hilfe von DDT die Malaria aus und retten so in 2 oder 3 Jahren Hunderttausenden das Leben. Das ist offensichtlich gut. Aber die Hunderttausende von Menschen, die so gerettet werden, und die Millionen, die von diesen gezeugt und geboren werden, können mit den zur Verfügung stehenden Mitteln der Insel nicht ausreichend gekleidet, behaust, unterrichtet, ja nicht einmal genügend ernährt werden. Schneller Tod durch Malaria ist abgeschafft worden; aber ein durch Unterernährung und Überfüllung elend gemachtes Leben ist nun die Regel, und ein langsamer Tod durch unverblümtes Verhungern bedroht eine immer größere Zahl von Menschen.«[7]

Das Ergebnis der heutigen Aktion »Brot für die Welt« wird sich in einigen Jahren im Endergebnis als ein vervielfachter »Tod für die Welt« erweisen. Heinz Haber fragt: »Was also ist christlicher: In diesem Jahr eine Million vor dem Hungertod zu bewahren, um dann in den nächsten drei bis vier Jahren vielleicht drei oder vier Millionen nicht mehr retten zu können oder – wie es ein wirklich nachdenklicher Mann ausgedrückt hat – Indien seinem Schicksal zu überlassen? Wenn man das täte, so würden im Laufe der nächsten fünf oder zehn Jahre viele Millionen weniger Menschen einem unausweichlichen Schicksal überantwortet werden. – Diese erschütternden Überlegungen zeigen aber, vor welchen Alternativen wir stehen.«[8]

Das ist die Tragik des Menschen, daß er nur das tun kann, was heute richtig zu sein scheint, nicht das, was auf die Dauer richtig ist. Was heute als gute Tat erscheint, erweist der Lauf der Geschichte als Verbrechen. Und was für das eine Land gut ist, ist selten gut für das andere.

Die Menschheit »produziert« heute Kinder, die bis zu ihrem 65. Lebensjahr, also bis 2040, einen Arbeitsplatz beanspruchen werden. Der wirtschaftspolitische Horizont reicht aber nicht einmal bis zum Jahre 2000. Das heißt, er reicht nicht weiter als bis zu dem Zeitpunkt, wo die heute geborenen Kinder gerade erst ihre Berufsausbildung abgeschlossen haben werden. Um das Jahr 2000 treten die Menschen ins Arbeitsleben ein, die heute im Vertrauen auf einen ständig steigenden Wohlstand geboren werden. Aber derselbe Wohlstand hat zur Folge, daß um die Jahrtausendwende die ersten lebenswichtigen Rohstoffe zu Ende gehen und andere nur noch zu einem mehrfachen Preis zu haben sein werden. Ein Unternehmer würde sich eine solche Fehlkalkulation nicht erlauben können. Bei ihm geht es zwar nur um den Bestand seines Unternehmens, dennoch wird sorgfältig kalkuliert. Wo es aber um Leben oder Tod ganzer Völker geht, da wird überhaupt nicht kalkuliert.

Die heutige angeblich vernunftbegabte Menschheit verhält sich, was ihre eigene Zukunft betrifft, genauso irrational wie irgendeine Population des Tierreiches. Ja, im Tierreich reagieren wenigstens einige Arten mit dem Instinkt.[9] Der Mensch aber hat seinen Instinkt verloren, ohne voll in den Bereich der Rationalität eingetreten zu sein. Und diese Zwitterhaftigkeit seiner Existenz verschärft die Gefahr für seinen weiteren Fortbestand. Der deutsche Nobelpreisträger Max Born schrieb vor seinem Tode: »Es scheint mir, daß der Versuch der Natur, auf dieser Erde ein denkendes Wesen hervorzubringen, gescheitert ist.«[10] Neuerdings stellt Theo Löbsack fest: »Der Versuch der Natur, mit dem Großhirnwesen Mensch einen auf lange Sicht erfolgreichen Erdbewohner zu schaffen, scheint gescheitert zu sein. Es war ein Irrtum. Der Mensch, der seinem Gehirn auf Gedeih und Verderb ausgeliefert ist, wird von der Erde wieder verschwinden und mit ihm das Organ, dem er seinen Aufstieg, aber auch seinen Untergang verdankt.«[11]

In den Massen der geburtenreichen Länder können auch keinerlei Überlegungen darüber angestellt werden, bestenfalls bei ihren Führern. Aber auch denen ist noch die Wirtschaftsdoktrin des Abendlandes eingehämmert worden, die sich gegenwärtig als völlig falsch erweist.

Und wie antwortet unsere zivilisierte Welt auf die voraussehbaren Katastrophen jener Völker? Mit einer ungeheuerlichen Lüge! Dank unserer (Entwicklungs)Hilfe, heißt es, würden diese Völker schließlich einen »Lebensstandard« erreichen wie die Industrieländer. Diese Lüge wird nicht dadurch gemildert, daß die Industrieländer sich selbst betrügen, indem sie veranschlagen, daß ihnen im Jahre 2000 viermal so viel materielle Güter zur Verfügung stehen würden wie heute, sie wird vielmehr verschärft. Solange solches Wunschdenken ernsthaft als Prognose verbreitet wird, kann man nicht damit rechnen, daß die betroffenen Völker energische Anstrengungen unternehmen, ihren Zuwachs zu bremsen. Man müßte ihnen die Wahrheit sagen – und die besagt genau das Gegenteil:

Energien und Rohstoffe werden in wenigen Jahrzehnten nicht mehr im heutigen Ausmaß vorhanden sein, die Produktion von Nahrungsmit-

teln wird schon im Laufe der nächsten Jahre ans Ende ihrer Möglichkeiten gelangen. Wesentliche Überschüsse werden schon heute nur
noch in drei Ländern der Welt erzielt: USA, Kanada und Australien.

Das Problem der Weltbevölkerung ist aber nicht nur eine Frage der
Ernährung. Unter diesem Gesichtspunkt abgehandelt, führt es zu so
sinnlosen Antworten, wie sie etwa Fritz Baade oder Colin Clark
gegeben haben. Sie hielten allen Ernstes eine Weltbevölkerung von 50
bis 60 Mrd. bzw. 47 bis 157 Mrd.(!) für möglich.[12] Rein rechnerisch
mögen diese vermeintlichen Fachurteile stimmen; sie führen jedoch zu
völlig absurden Schlußfolgerungen, weil sie die übrigen Lebensbedingungen nicht beachten.

Die industrielle Wirtschaft kann um so mehr Menschen einsetzen, je
schneller sie die Vorräte der Erde ausbeutet. Doch dies ist der teuflische Regelkreis: Je mehr Menschen zur Ausbeutung der Erde angesetzt werden, um so schneller wird sie ausgeplündert sein. Aber die
Milliarden von Menschen, die man angeblich brauchte, werden noch
leben und nach Arbeit und Brot schreien, wenn niemand es ihnen
mehr geben kann. Denn so viele Menschen können eben nur so lange
beschäftigt werden, wie die Grundlagen dieses Wirtschaftssystems
vorhanden sind: Natur + Rohstoffe + Energie. Wenn die Vorräte der
Jahrmillionen zur Neige gehen, wird es für einige Milliarden Menschen
»keine Verwendung« mehr geben. Das bedeutet nicht etwa nur, daß
sie ein Leben in Armut führen müssen, sondern daß sie umkommen
werden.

Solche Katastrophen zu vermeiden, müßten alle in diesem Buch
behandelten Voraussetzungen langfristig – eigentlich für alle Zeit! –
sichergestellt sein; nämlich: natürliche Umwelt (N), Nahrungsmittel-
Erzeugung, Energievorräte (E) und Rohstoffe (R). Erst dann wären
auch die Arbeitsmöglichkeiten gesichert. Tatsächlich ist keine einzige
Voraussetzung gesichert. Bis diese ungelösten Fragen jedoch ins öffentliche Bewußtsein aller Völker gedrungen sein werden, wird sich
die Weltbevölkerung abermals verdoppelt haben.

Der Zuwachs der Masse Mensch und die zunehmende Erschöpfung
der Rohstoffe potenzieren sich in der Geschwindigkeit. Es kann nur
eine Frage der Zeit sein, wann die Katastrophe eintritt. Deren Ausmaß
und Zeitpunkt wird von dem weiteren Tempo abhängen, das in den
nächsten Jahren erreicht wird. Die Zahl der Anheizer ist riesig, und sie
haben alle Macht in ihren Händen. Sie arbeiten heute, im Jahre 1975,
noch nach Wirtschaftstheorien, in denen die Grundbegriffe

N + R + E überhaupt nicht vorkommen. Nur Umweltschutz (Us) und Wiederverwendung (W) haben inzwischen einen höchst bescheidenen Stellenwert erreicht.

Alle Staaten arbeiten heute fanatisch daran, einer wachsenden Bevölkerung Arbeitsplätze zu schaffen. Der ehemalige amerikanische Arbeitsminister William Wirtz sagte 1970 in einer Rede: »Ein Arbeitsminister verbringt die Jahre, die er im Amt ist, mit dem aussichtslosen Versuch, durch die Schaffung von mehr Arbeitsplätzen gegen die Arbeitslosigkeit anzugehen; erst später, wenn er von den Hemmnissen, die Amt und politische Rücksichtnahme mit sich bringen, befreit ist, vermag er der Wahrheit ins Auge zu blicken, daß es nämlich zu wenig Arbeitsplätze gibt, weil es zu viele Menschen gibt.«[13]

Kann die Menschenlawine gestoppt werden?

Der entscheidende Beitrag zu einer Wende wäre also die Verringerung der Weltbevölkerung durch radikale Einschränkung der Geburten. Aber gerade dieser wirksame Beitrag ist auch der, welcher am schwersten zu erreichen ist. Die Entscheidung über die Geburten setzt sich aus Millionen von Einzelentscheidungen der Elternpaare zusammen, besser gesagt: ihrer unterbliebenen Entscheidung. Denn auch hier gilt, daß die Nichtentscheidung den Lauf der Dinge am stärksten beeinflußt; sie hat automatisch Folgen: Geburten. Erst wenn überall in der Welt die gleichen Entscheidungen getroffen und auch durchgehalten würden, könnte eine Umkehr zu konstanten Einwohnerzahlen hin erreicht werden.

Davon sind wir weit entfernt. Denn die Regierungen bestätigen ihren Völkern abermals »ein Recht«. In der Schlußakte der »Internationalen Konferenz über die Menschenrechte« vom 22. April bis 13. Mai 1968 in Teheran wurde proklamiert: »Eltern haben das Grundrecht, frei und verantwortlich über Zahl und zeitlichen Abstand ihrer Kinder zu entscheiden.« Auf der Weltbevölkerungs-Konferenz in Bukarest 1974 wurde auf diesen Beschluß Bezug genommen und darüber hinaus allen Ländern empfohlen, dieses Recht zu respektieren und sicherzustellen.

Dabei ist erwiesen, daß viele Völker schon in früheren Zeiten Bevölkerungsregelungen anwandten. Die Ägypter kannten bereits 1450 v. Chr. Empfängnisverhütung, wie aus dem Ebers-Papyrus, einem Kompendium medizinischer Schriften, hervorgeht.[14] Gesetzliche Regelungen gab es in Indien und China.[15] Auch Plato und Aristoteles befürworteten eine planmäßige Bevölkerungspolitik, wobei Aristoteles die Aussetzung kranker Kinder für eine richtige bevölkerungspolitische Maßnahme hielt. Meadows beschreibt den »Kontrollmechanismus bei einer primitiven Agrarbevölkerung«, den Tsembagas im Hochland von Neu-Guinea.[16] Andere primitive Völker steuerten ihre Bevölkerungszahl mit Kinderaussetzung und Kindestötung (auch in Japan) und Tötung altersschwacher Personen. Dies alles sollen nur Beispiele dafür sein, wie weit die Menschen in dieser Hinsicht zu gehen bereit waren – sicher nicht aufgrund sadistischer Neigungen, sondern weil ihnen die tödliche Gefahr der Übervölkerung furchtbar gegenwärtig war.

Im Mittelalter war die Eheerlaubnis an den Besitz eines Hofes oder einer der durch Zunftmonopole regulierten Handwerksstelle geknüpft. Die übrigen Nachkommen blieben ehelos und stellten das Reservoir für geistliche und kriegerische Berufe. Da außereheliche Geburten in jeder Beziehung diskriminiert wurden, war dies System wirksam. In Europa wurde diese harte Bevölkerungspolitik erst gegen Ende des 18. Jahrhunderts im Gefolge der liberalen Aufklärung und der Industrialisierung abgebaut. Aber auch in neuerer Zeit haben die Iren auf furchtbare Hungernöte (1830 ff.) mit einer ungewöhnlich niedrigen Geburtenrate reagiert.

Vieles spricht für die Vermutung, daß den heutigen Widerständen gegen die viel leichter zu praktizierende Geburtenregelung in der Welt auch machtpolitische Erwägungen zugrunde liegen. Der Vatikan möchte die Zahl der katholischen Christen erhöhen oder wenigstens ihren Anteil erhalten. Die katholischen Länder taten sich auf der Weltbevölkerungskonferenz in Bukarest, August 1974, besonders darin hervor, jeden vernünftigen Vorschlag abzulehnen. Unbekümmert um ihre ideologische Todfeindschaft bildeten sie ausgerechnet mit den kommunistischen Ländern, die wieder um ihre Macht besorgt sind, eine Einheitsfront. Letztere sehen in der Ablehnung der Geburtenkontrolle auch eine gute Gelegenheit, die Entwicklungsländer politisch gegen den Westen einzusetzen. In dieser Hinsicht war in Bukarest die Haltung der Chinesen beachtenswert: sie sprachen sich gegen jede Bevölkerungspolitik aus, obwohl sie nachweislich in ihrem eigenen Lande die Bevölkerungszunahme – noch dazu regional differenziert – in engen Grenzen halten.

Die kommunistischen Länder warfen den Westmächten auf der Weltbevölkerungskonferenz sogar vor, daß die Bevölkerungsexplosion eine vom Westen erfundene Lüge sei. Auf der anderen Seite kauften sie

180

aber in den Jahren davor besonders aus Nordamerika viele Millionen Tonnen Getreide, welches damit den Hungernden in den Entwicklungsländern vorenthalten wurde.[17]

Während sich also in Bukarest verschiedene Delegationen zu der Behauptung verstiegen, es gäbe überhaupt keine Bevölkerungsprobleme, starben in Bangla Desh Zehntausende in den Fluten des Ganges, Millionen wurden obdachlos und Hunderttausende verhungerten. Warum? Garett Hardin schrieb 1971: »Ich war in Kalkutta, als der Wirbelsturm im November 1970 Ostbengalen heimsuchte. Ungefähr 500 000 Menschen sind bei dieser Sturmflut ertrunken. Die pakistanische Bevölkerung hat aber innerhalb 40 Tagen diesen Bevölkerungsverlust bereits wieder wettgemacht, und die Welt richtet ihre Aufmerksamkeit wieder auf andere Dinge. – Was verursachte dieses Elend? Der Wirbelsturm? So steht es in allen Zeitungen. Aber man könnte mit wohl besserem Recht sagen: Überbevölkerung tötete sie! Das Delta des Ganges liegt praktisch auf Meeresniveau. Jedes Jahr kommen einige tausend Leute in den üblichen Stürmen um. Wenn Pakistan nicht überbevölkert wäre, würde kein vernünftiger Mann seine Familie hierher bringen. Ökologisch gesehen gehört das Delta dem Fluß und dem Meer, ihrer Tierwelt und Fauna. Der Mensch hat dort nichts zu suchen.«[18]

Auf der Konferenz in Bukarest wurden währenddessen Reden gehalten, mit dem Tenor, daß die Erde das Mehrfache der heutigen Bevölkerung tragen könne. Kein Ergebnis ist auch ein Ergebnis: es läuft alles so weiter wie bisher. Karl Steinbuch bemerkt, daß »die menschliche Fähigkeit, Entscheidungen bewußt auszuwählen«, infolge verschiedener Ursachen vielfach verlorengehe. »Hierunter spielt die beschleunigte technische Entwicklung eine große Rolle. Dazu kommt die unübersehbare weltweite Interdependenz. Beiden steht kein menschliches Bewußtsein gegenüber, das in der Lage wäre, die Zusammenhänge zu verstehen, geschweige denn zu kontrollieren. Die Entwicklung fällt teilweise in den vormenschlichen, unbewußten Mechanismus zurück ... Obwohl es beinahe allerseits unbestritten ist, daß langfristig das Überleben der menschlichen Art eine rasch wirksame Geburtenbeschränkung voraussetzt, die technisch auch möglich wäre, gelingt es nicht, die Anzahl der auf der Erde lebenden Menschen in Grenzen zu halten. Das Problem wird wahrscheinlich schließlich ganz ohne menschliches Dazutun unbewußt gelöst, aber die unbewußte Lösung wird grauenhaft sein. Die Menschen werden schließlich durch den produzierten Unrat, den Nahrungsmittelmangel oder durch die Unlösbarkeit ihrer sozialen Probleme dezimiert. Dies ist dann die unbewußte, gewissermaßen natürliche Lösung des Problems.«[19]

»Zwei Wege stehen zur Wahl«, sagt Aldous Huxley, »Hungersnot, Pestilenz und Krieg ist der eine, Geburtenbeschränkung ist der andere.«[20] Vor diesem Dilemma steht die Menschheit. Sie will immer noch der harten Entscheidung ausweichen, indem sie sich vorlügt, das Problem ließe sich durch eine Vervielfachung des Raubbaus an der Erde lösen. Nein!

Nachdem die Menschen nun einmal dem Herrgott ins Handwerk gepfuscht haben – und sehr stolz darauf sind – müssen sie auch die Verantwortung für die Folgen übernehmen – oder sie müssen dem Kardinal Wyszynski folgen, der gesagt haben soll: »Es ist ja noch soviel Platz im Himmel.«[21]

»Wer aus religiösen oder sonstigen Gründen gegen eine aktive Bevölkerungsplanung – sprich Geburtenregelung – ist, weil er sie als Eingriff in die heiligen Bereiche der Natur betrachtet, der muß logischerweise für die Wiedereinführung der Malaria, Cholera, der Pocken usw. sein, denn die Senkung der Sterbeziffern war in erster Linie eine Folge des erfolgreichen Kampfes der Wissenschaft gegen die Infektionskrankheiten – also ein Eingriff in die Natur. Wenn wir nicht einen Rückfall in den Urzustand zulassen wollen, dann müssen wir der starken Senkung der Sterberaten eine ebenso starke Senkung der Geburtenziffern als Korrektiv entgegensetzen. Und das kann nur durch aktive Bevölkerungsplanung geschehen.«[22]

Sieg der Gewissenlosen?

Der ausweglosen Problematik liegt wiederum die »Tragik der Allmende« zugrunde. Wer selbst mehr Kinder hat, vergrößert seinen Konsumanteil auf Kosten der anderen oder zumindest seinen Anspruch. Sieht man die Welt als Einheit an, dann ist dies ein internationales Problem. Es gilt dann auch im Verhältnis zwischen den Völkern. Ein Volk kann durch Zuwachs seinen Anspruch erhöhen und über das Gewicht seiner Bevölkerung auch die Macht verstärken.[23]

Wenn die Staatsführung eines auf dem Existenzminimum lebenden Volkes die Nerven aufbringt und das eigene Volk dies so hinnimmt, dann kann sie die Kopfzahl alle zwanzig Jahre verdoppeln. (Indien hat 1974 den Beweis dafür geliefert, daß ein Land, in dem Millionen Menschen verhungern, trotzdem Milliarden aufwenden kann, um

Atommacht zu werden.) Eine Verdoppelung in zwanzig Jahren ergibt bei 10 Millionen Anfangsbestand in achtzig Jahren (nach einem Menschenleben!) eine Bevölkerung von 160 Millionen (!) und nach 100 Jahren 320 Millionen.

Bei »gerechter Verteilung« der Weltvorräte würde dieses Volk in 100 Jahren 32mal soviel (!) an Nahrungsmitteln, Rohstoffen und Energien – und warum nicht auch an Land fordern. Wenn ein Nachbarvolk von ebenfalls zehn Mill. Einwohnern heute und auch in 100 Jahren immer noch 10 Mill. Einwohner zählte, müßte das dann »gerechterweise« $^{31}/_{33} = 94\%$ seines Bestandes an Nahrungsmitteln, Rohstoffen, Energien an dieses Nachbarland abgeben?

Das sieht wie absoluter Wahnsinn aus, entspricht aber der Realität. Solche Entwicklungen gibt es. Die Türkei hatte von 1950 bis 1970 eine Zunahme von über 3% jährlich (Erhöhung von 20 auf 36 Millionen). Bulgarien behielt in diesem Zeitraum eine gleichbleibende Bevölkerung von rund 8 Millionen.

Angenommen, wir hätten eine Weltregierung, wie sollte diese solche Fälle regeln? Wenn sie sich an die Beschlüsse der UNO hielte, dann dürfte sie nicht einmal an das Gewissen appellieren. Das Problem entsteht aber, gleichgültig ob auf Landes- oder Familienebene, aus einem gewissenlosen Verhalten. Galton Darwin, der Enkel von Charles Darwin, hat sogar die Schlußfolgerung gezogen, daß die freiwillige Einschränkung der Geburten bei den Gewissenhaften zur »Ausrottung des Gewissens« führen müsse.[24] Da gewissenlose Eltern ihren Kindern auch kein Gewissen anerziehen werden, trifft dies für Vererbung wie Erziehung gleichermaßen zu. Daraus folgert Garett Hardin, daß wir der Versuchung widerstehen müssen, an das Gewissen zu appellieren. Er fordert aber: »Um andere wertvollere Freiheiten zu erhalten und zu pflegen, müssen wir auf die Freiheit der Vermehrung verzichten.«[25] Viele Völker werden aber gar nicht begreifen, was das für Freiheiten sein sollen, deren Erhaltung wertvoll ist: Beryl Crowe faßt die drei Forderungen, die Garett Hardin aufstellte, wie folgt zusammen:

»1. daß ein ›Bewertungskriterium‹ und ein ›Maßsystem‹ bestehe oder entwickelt werden könne, mittels dessen das Unmeßbare im wirklichen Leben ›kommensurabel‹ gemacht werden könne;

2. daß mit Hilfe eines solchen Bewertungskriteriums eine ›gegenseitige Übereinkunft über Zwangsmaßnahmen‹ getroffen werden und daß die Anwendung solcher Zwangsmaßnahmen zur Lösung der Probleme in der modernen Gesellschaft beitragen könne;

3. daß das durch das Bewertungs-Kriterium unterstützte und zur

Zwangsanwendung ermächtigte Verwaltungssystem die Allmende vor weiterer Zerstörung schützen könne und werde.«[26]

Crowe sagt dazu: »Ich dagegen halte diese Behauptungen für so fragwürdig im Zusammenhang unserer Gesellschaft, daß nach meiner Meinung die Tragik in vollem Umfang weiterbesteht. Unter den herrschenden Bedingungen ist die genannte Gruppe der technisch unlösbaren Probleme auch politisch unlösbar; wir haben es also mit einer ausgewachsenen Tragödie zu tun, deren ›Wesen . . . nicht das Unglück ist. Es liegt in dem erbarmungslosen Wirken der Dinge.‹ – Das erbarmungslose Wirken der Dinge in unserer Gesellschaft besteht in der Zersetzung von drei gesellschaftlichen Mythen, die die Grundlage der Behauptungen Hardins bilden. Ihre Zersetzung vollzieht sich mit solcher Geschwindigkeit, daß es kaum möglich sein wird, sie wiederzubeleben oder neu zu formulieren, ehe die Bevölkerungsbombe explodiert und ehe die Erde in Verschmutzung oder Atomabfällen ertrinkt.«[27]

Die Haupteinwände sind folgende: 1. Die Werte reichen nicht über einen Nationalstaat hinaus, und selbst innerhalb eines Staates sind sie heute bereits umstritten. 2. Der Staat besitzt nicht mehr das Monopol der Zwangsgewalt, unter anderem weil keine gemeinsame Wertordnung mehr besteht. (Die oben geschilderten Völker praktizierten ihre Bevölkerungskontrolle früher aufgrund einer gemeinsamen Wertordnung, die einen gesellschaftlich allgemein anerkannten Zwang zur Folge hatte.) Heute dagegen scheint der Zwang ebenso untauglich zu sein wie die Freiwilligkeit.

Ganz entschieden aber ist die Sache noch nicht. Bis vor kurzem haben alle Mächte auf dieser Erde für die Herrschaft der Unwahrheit gesorgt – daß es nur des ungeahnten Fortschritts bedürfe, um unzähligen Milliarden ein Leben aus dem Füllhorn zu ermöglichen. Ja, daß man diese Milliarden sogar brauche, um das Paradies auf diesem Planeten einzurichten.

Darum muß wohl erst der Druck der wachsenden Bevölkerungsmassen unerträglich werden, bevor den Menschen wieder die Augen für die Realitäten aufgehen. Bis dahin wird aber die Lawine schon so übermächtig ins Rollen gekommen sein, daß sie nicht mehr gestoppt werden kann. »Je stärker der Druck großer und zunehmender Bevölkerungen auf die verfügbaren Rohstoffe und Lebensmittel ist, desto unsicherer die wirtschaftliche Lage der diese harte Prüfung erduldenden Gesellschaft.« An diese Feststellung knüpft Aldous Huxley den Schluß, daß autoritäre Philosophien und totalitäre Regierungssysteme aufkommen werden; denn ungelöst »wird dieses Problem alle unsere anderen Probleme unlösbar machen. Schlimmer noch, es wird Zustände schaffen, bei denen die Freiheit des Individuums und die sozialen Schicklichkeiten der demokratischen Lebensweise unmöglich, ja fast undenkbar sein werden.«[28]

Die Ausgangslage der Völker dieser Erde ist so unterschiedlich, so himmelweit voneinander verschieden, daß ein gemeinsames Vorgehen unmöglich ist. Dies beginnt mit der ganz unterschiedlichen Bevölkerungsentwicklung in den Industrie- und Entwicklungsländern, die für einige Jahrzehnte trotz aller Anstrengungen nicht auf einen Nenner gebracht werden kann. Der Wohlstand führt zwar zur Geburtenbeschränkung. Darum erscheint dieser vielen als das Mittel zur Verminderung der Geburten, auch in den Entwicklungsländern. Und auch das dürftige Ergebnis von Bukarest läuft auf diese Empfehlung hinaus. Eine solche Umkehr benötigt jedoch 70 Jahre, ehe sie wirksam werden kann.[29]

Die Möglichkeit, alle Länder auf das zivilisatorische Niveau der Industrieländer zu heben, um dann die dortige Einstellung zum Kind zu bekommen, ist nicht mehr realisierbar. (Der Bevölkerungswissenschaftler Gerhard Mackenroth hält es überhaupt für fraglich, ob in den Entwicklungsländern selbst bei zunehmendem Wohlstand die europäische Tendenz eintreten würde.[30]) Dieser Weg wäre auch nur zu einer Zeit gangbar gewesen, als die Entwicklungsländer noch unter 500 Mill. Einwohner hatten, also um 1800, als Europa selbst noch nicht »entwickelt« war. Heute, nachdem fast 3 Milliarden Menschen dazugekommen sind, reichen die Vorräte der Erde für eine solche Lösung (Geburtenarmut durch Wohlstand) nicht mehr aus.[31] Übrigens würde nicht einmal das funktionieren. Denn auch viele Industrieländer nehmen im Durchschnitt immer noch um fast ein Prozent jährlich zu, was eine Verdoppelung in 70 Jahren ergibt.

Einige europäische Völker, die in der glücklichen Lage sind, daß sich ihre Bevölkerung stabilisiert, haben einen Weg von sagenhafter Dummheit gefunden, diesen Vorteil wieder aus der Hand zu geben: Sie betrachten sich jetzt als Einwanderungsländer für den gesamten Erdball. Was Wunder, wenn die kommunistischen Staaten die Bevölkerungsvermehrung auch der vierten Welt fordern, solange es solche phantastischen Möglichkeiten gibt. Denn die fremden Volksgruppen werden der beste Nährboden für Bewegungen sein, um die soziale Ordnung der Aufnahmeländer von innen her zu zerstören. In den Ausreiseländern hingegen bringt diese Entwicklung keine Erleichte-

185

rung. Ihr Bevölkerungswachstum ist so groß, daß sie immer wieder vor den gleichen Problemen stehen.

Der Ausweg, den die Industriestaaten gefunden zu haben glaubten, bestand im Schaffen neuer Arbeitsplätze mit hoher Produktivität. Das gleiche Rezept wurde in die Entwicklungsländer exportiert. Nach wenigen Jahren merkte man, daß auf diese Weise dort die Arbeitslosigkeit nicht ab-, sondern weiter zunahm. Denn man hatte mit hohem Kapitaleinsatz wenige Arbeitsplätze geschaffen, statt mit geringem viele. Außerdem zerstörte man das soziale Gefüge dieser Länder, indem man ihnen das Springen über Jahrtausende hinweg beibringen wollte.

Wir müssen leider zu dem Schluß kommen, daß das Übervölkerungsproblem weder durch Freiwilligkeit noch durch menschlichen Zwang lösbar ist. Dies ist eine um so tragischere Erkenntnis, als hier bei einer Wende zur Vernunft die Chance zu einer vollständigen Stabilisierung des Planeten vorhanden gewesen wäre – »gewesen wäre«, weil sie gerade in diesen Jahren vertan wird. Es scheint nach allem, was bekannt ist, ein Naturgesetz zu sein, daß sich eine Art so lange vermehrt, bis sie an die Grenzen der Umwelt stößt und dann durch die Natur rücksichtslos dezimiert wird. Die freiwillige Beschränkung scheint auch beim Menschen die Ausnahme zu sein.

6. Mehrproduktion – bis zum Endsieg?

*Man muß den Übermut löschen mehr als
eine Feuersbrunst.*

Heraklit

Es begann mit einer Begriffsverwirrung

Hier wenden wir uns dem zu, was in der Welt als »wirtschaftliches
Wachstum« bekannt ist. Wir vermögen diesen Begriff nicht zu verwenden, denn er ist ganz und gar falsch. »Wachstum« ist ein Begriff der
organischen Welt. Pflanzen, Tiere und Menschen wachsen. Alle Lebewesen wachsen nach einem ihnen innewohnenden und vererbten Plan.
Warum sie das tun, ist das tiefste Geheimnis der Welt. Hier findet ein
verborgener und gezielter Steuerungsvorgang der Natur statt, dem
noch kein Mensch auf die Spur gekommen ist. Wenn jemand dieses
Geheimnis entschleiern könnte, dann hätte er vielleicht Gott gefunden. Die Menschen haben noch nicht den geringsten Zipfel dieses
Geheimnisses entdeckt. Wir wissen nur: Der Tod beendet das Wachstum und ermöglicht wieder neues Wachstum.
Überall, wo Leben ist, findet Wachstum statt; auch beim erwachsenen
Menschen erneuern sich die Zellen ständig durch das Wachsen neuer.
Sobald das Wachstum aufhört, tritt der Tod ein. Der Tod bildet das
Gegengewicht zum Wachstum. Er allein hält die Welt im Gleichgewicht, wie es im natürlichen Regelkreis geschieht. Es ist völlig unvorstellbar, wie das gehen sollte, wenn es in der Natur immerfort nur
Wachstum gäbe. Die Erde wäre sehr bald von wenigen Arten total
bedeckt, von riesigen Bäumen zum Beispiel, die nicht mehr wachsen
könnten, weil sie aneinander stießen. Die Natur müßte schließlich in
einem gleichförmigen Endzustand erstarren. Nur der Tod ermöglicht
neues Wachstum. Darum muß überall dort, wo Wachstum stattfindet,
auch Sterben stattfinden.
Was der Mensch fabriziert, ist noch in keinem einzigen Falle gewach-

Die Fußnoten befinden sich am Ende des Buches, S. 358–360.

sen, es ist »gemacht«. Deshalb stirbt es auch nicht. Die industriellen Produkte, die vom Menschen ersonnen wurden, sind aus Material »hergestellt«. Will jemand behaupten, daß ein Automobil »wächst«? Nein! Wieso »wächst« dann aber die gesamte Autoproduktion, wenn 1971 in der Bundesrepublik Deutschland 163 000 Autos mehr hergestellt werden als im Jahr 1970? Da das einzelne Stück nicht wächst, kann auch die Gesamt-Produktion niemals »wachsen«. (Beim »Null-Wachstum« wären 1971 eigenartigerweise 3 529 000 neue Autos auf die Straßen gekommen!)

Wenn man vom »Wirtschaftswachstum« spricht, ruft man – gewollt oder ungewollt – den Eindruck hervor, als wäre dieser Vorgang etwas Natürliches. Das stimmt aber ganz und gar nicht. Der Mensch »macht« hier vielmehr etwas, was der Steuerung der Natur nicht unterliegt. Da es seiner Planung und Steuerung unterliegt, kann er es ebensogut lassen. Die Natur ist hier völlig machtlos. Aber: der Mensch ist wiederum über die Natur machtlos.

Was die Menschen hier außerhalb der Natur aufgebaut haben, definierten wir als den künstlichen Produktionskreis. Wäre dieser Bestandteil der Natur, dann würde es auch in diesem Bereich Tod und Verwesung geben – und alles wäre geregelt.

Dieser Ansicht war übrigens Oswald Spengler. Er war überzeugt, daß die menschlichen Kulturen den Wachstumsgesetzen der Natur unterliegen, folglich mußte er sie auch ganz konsequent dem Gesetz des Sterbens unterwerfen. Wir brauchen uns nicht damit auseinanderzusetzen, ob Oswald Spengler recht hatte oder nicht. Wir argumentieren, daß es gerade das Merkmal der gegenwärtigen Kultur ist, daß der Mensch mit seinen Werken etwas geschaffen hat, was nicht nur außerhalb jeder Natur ist, sondern bei seiner ständigen Vergrößerung diese Natur schließlich zerstören muß – und damit auch den Menschen selbst, weil er Teil der Natur ist. Dieser Prozeß ist kein organischer wie bei Spengler, sondern ein vom Menschen gegen die Natur und letztlich gegen sich selbst in Gang gesetzter. Alle katastrophalen Folgen werden die Folgen eines Menschenwerks sein.

Die Menschen müssen den Selbstbetrug aufgeben, auf ihre höchst unvollkommenen und völlig undurchdachten Unternehmungen den Begriff »Wachstum« anzuwenden. Es handelt sich vielmehr um eine Steigerung der Produktion oder um Mehrproduktion. Diese Mehrproduktion kann der Mensch durchaus lassen, dann läuft eben die Produktion in der bisherigen Höhe weiter; es findet dann lediglich keine »Produktions-Steigerung« oder keine »Mehr-Produktion« statt. Es ist noch niemand auf den Gedanken gekommen, in einem solchen Fall dauernd von Null-Steigerung oder von Null-Mehrproduktion zu sprechen. Nur über den völlig unstatthaften Gebrauch des Wortes »Wachstum« ist der idiotische Begriff vom »Null-Wachstum« in die Sprache eingeführt worden. (Es ändert nichts an dem Unsinn, daß er aus dem Amerikanischen kommt!)

Wenn es wirklich Wachstum wäre, was in der industriellen Wirtschaft vor sich geht, dann dürfte man natürlich kein »Null-Wachstum« dulden; denn dies wäre gleichbedeutend mit Tod. Warum verwendet man den unsinnigen Begriff vom Null-Wachstum? Teils aus Gedankenlosigkeit, teils weil interessierte Kreise die damit verbundene Vorstellung, dies sei etwas ganz und gar Unmögliches und dem Tode Gleichsetzbares (wie ja Null = nichts ist) sehr gern in die Köpfe der Menschen träufeln. Dieser Schwindel mit Begriffen mündet in einen gigantischen Selbstbetrug, der geeignet ist, die Erde zu einer Wüste zu machen.

Um der begrifflichen Redlichkeit willen sprechen wir also weder von Wachstum noch von Nullwachstum und auch nicht von Negativ-Wachstum. Auch dieser absurde Begriff ist die Folge des falschen Ansatzes: Kann jemand eine Pflanze nachweisen, die sich zum Samenkorn, oder ein Tier, das sich zum Ei zurückentwickelt hat? Wir sprechen in diesem Kapitel von »Produktion«, bei der es der Mensch in der Hand hat, sie zu steigern, sie zu vermindern, aber eben auch: sie auf einem gleichen Niveau zu halten, solange der Materialvorrat reicht; er kann aber eine Produktion auch ganz einstellen. Beim Wachstum hat er diese Freiheit nicht; er muß warten, bis die Ernte reif ist, und er muß sogar selbst geduldig (etwa 16 Jahre) warten, bis er erwachsen ist.[1]

Weil der Mensch auf die Naturgesetze und in dieser Beziehung auch auf sich selbst keinen Einfluß hat, kann er dort Gott sei Dank den Unfug der Zeitverkürzung nicht veranstalten. Das kann er nur dort, wo die Produktion mit lebloser Materie arbeitet.

Wachstum ist ein Begriff aus der organischen Welt und hat in der menschlichen Wirtschaft – soweit sie sich nicht mit Pflanzen und Tieren beschäftigt – nichts zu suchen. In der Industrie wird es nie Wachstum geben, auch kein »organisches Wachstum« – was ohnehin eine Tautologie ist wie »lebendiges Leben« oder »natürliche Natur«. Wachstum ist immer organisch, und da die industrielle Produktion nicht organisch ist, wächst sie eben nicht.

Sowenig, wie es der Medizin gelingt, Krebszellen in gesunde Zellen umzuwandeln, wird es gelingen, aus industrieller Produktion »organisches Wachstum« zu machen. Darum sind in der an sich verdienstvollen Untersuchung von Mesarović und Pestel »Menschheit am Wendepunkt« die Lösungsvorschläge leider nahezu wertlos. Denn sie wollen die heutige menschliche Wirtschaft des künstlichen Produktionskreises auf eine Grundlage stellen, die nur als Irrtum in menschlichen Gehirnen existiert: das »organische Wachstum«. Selbst ihr Vergleich der jetzigen Wirtschaft mit dem Krebs stimmt nicht; denn auch der Krebs wächst nicht immerzu, auch er stirbt ab wie alles Organische.

Die Steigerungsraten

Die Produktion ist in den letzten Jahrzehnten schon beinahe gleichgültig geworden, die Steigerung allein ist interessant. Diese Entwicklung ist aber sehr jung. Erst nach dem II. Weltkrieg ist die Güterproduktion in die Steilkurve hinaufgerast. Und »eigentlich erst seit dem letzten Weltkrieg befassen sich die Leute bewußt und systematisch mit Methoden, eine hohe Wachstumsrate zu erzielen«.[2] (In Zitaten müssen wir leider den falschen Begriff »Wachstum« so stehen lassen; aber der Leser wird merken: alle Autoren meinen »Produktion«.) Der zusätzliche Auftrieb kam einmal von der Rüstungsindustrie, die ihre frei gewordenen Kapazitäten auf andere Produktionen umstellte, und zum anderen aus dem Wunsch vieler Menschen, nach all den Entbehrungen endlich einmal die Güter der Erde zu genießen. Letzteres war besonders in den geschlagenen Ländern Deutschland und Japan der Fall. Auch ehemalige Kolonialvölker bekamen nun ihre Selbständigkeit mit der Hoffnung und dem Versprechen, künftig ebenfalls an dem ungeahnten Fortschritt teilnehmen zu können. Die Kolonialherren hatten früher Wünsche nach einem besseren Leben erweckt, und diese Länder »haben sich mit einem Glauben, der den ihrer Lehrer übertrifft, zu den Religionen der Industrie und des Wohlstands bekehren lassen«.[3]
Für die weltweiten wirtschaftlichen Steigerungsraten vermag wohl am besten die Entwicklung des Welthandels eine Vorstellung darüber zu vermitteln, was vor sich ging. Hier die Entwicklung der jährlichen Exporte und Importe aller Länder in Milliarden $ seit 1800:

Jahr	in Mrd. $	Jährliche Steigerungsrate
1800	1	
		2,8%
1850	4	
		3,3%
1900	20	
		4,0%
1950	135	
		6,4%
1960	250	
		8,6%
1970	570	
		10,0%
1973	760	

Quelle: Braunbek, 115. 1970–1973: Stat. Bundesamt Wiesbaden.

Die absolute Zunahme, die von 1800 bis 1900, also in einhundert Jahren, erreicht wurde (20 Mrd. $), ist in der Dekade von 1950 bis 1960 in jeweils 2 Jahren und in der von 1960 bis 1970 in jeweils nur 8 Monaten erreicht worden. Mengenmäßig hat sich der Weltseehandel von 1965 bis 1974 verdoppelt: von 1,638 Mrd. Tonnen auf 3,270 Mrd. Tonnen.[4]

Die Zuwachsraten des Bruttoinlandsprodukts entwickelten sich in den wichtigsten Ländern der westlichen Welt in der Zeit von 1950 bis 1973 wie folgt (jährliche Steigerung in Prozent):

	1950–1960	1960–1970	1970–1973
Japan	–	11,1	–
BR Deutschland	7,9[a]	5,5	3,9
Österreich	6,4[b]	4,7	6,1
Italien	–	5,6	3,7
Spanien	–	7,5	7,1
Schweiz	4,4	4,5[c]	–
Niederlande	4,7	5,4	4,2
Frankreich	4,8	5,8	–
Norwegen	3,3[d]	5,0	4,6
Schweden	3,4	3,9[e]	–
Dänemark	3,3	4,9	4,3
Belgien	–	5,0	–
Großbritannien	2,8	2,6	–
USA	3,2	4,2	5,0
Kanada	4,0	5,4	6,0

Quelle: Berechnung der Zuwachsraten nach Werten des Statistischen Bundesamtes (Stand Febr. 1975)
a) ohne Saarland und Berlin   b) 1954–1960   c) 1959–1969   d) 1951–1960
e) 1961–1971.

Um zu ermessen, was derartige Zuwachsraten (jährlich zwischen 2,6 und 7,9% – Japan sogar 11,1%) bedeuten, muß man eine weitere Tabelle aus Werner Braunbeks Buch »Die unheimliche Wachstums-Formel« hinzuziehen.[5] Er hat darin errechnet, auf das Wievielfache sich das Bruttosozialprodukt in 100 Jahren erhöht, wenn der prozentuale Zuwachs gleichbleibt.

Eine jährliche Zuwachsrate
von   1% bedeutet in 100 Jahren
die Steigerung auf das 2,7 fache,

von	2% auf das	7,2	fache,
von	3% auf das	19	fache,
von	5% auf das	130	fache,
von	7% auf das	870	fache,
von	10% auf das	13 800	fache.

Wenn wir nun hier einige wichtige Steigerungsraten einsetzen – wie Erdöl 6%, Eisen/Stahl 5–5,5%, Aluminium 7% und Kunststoffe 10% – dann ist leicht zu erkennen, daß in 100 Jahren die Produktion mehrere 100mal so groß werden müßte.

Das Bruttosozialprodukt der Welt stieg 1958–1967 jährlich um 7,3%. Damit würde es in 100 Jahren auf das rund 1000fache ansteigen. Nur ein Irrer kann angesichts dieser Zahlen bestreiten, daß wir in einer Ausnahmesituation leben, die nicht lange anhalten kann. Statt aber sofort eine Pause der Besinnung eintreten zu lassen, bemühen wir uns nach besten Kräften, die Geschwindigkeit der Produktions-Steigerung noch ständig weiter zu erhöhen. Warum?

Ein Rausch ist über die Menschheit gekommen, dem Goldgräberfieber der amerikanischen Kolonisationszeit vergleichbar. Und dieser Rausch wird immer wieder genährt durch Erfolge, die in der Tat grenzenlos erscheinen. Haben es nicht die letzten hundert Jahre erwiesen? Alles wird immer größer, besser, sicherer und bequemer! Darauf wird heute jedes Kind fixiert und jeder Erwachsene programmiert. Die Wirtschaftler und Politiker bekräftigen fortwährend, in welch einem Aufstieg man sich befinde – und man hört es ja so gerne! Dagegen kann sich nur jeder unbeliebt machen, der am »Götzen Wachstum« auch nur rührt.[6] »Alle von der westlichen Zivilisation beeinflußten Gesellschaften sind zur Zeit dem Evangelium vom Wachstum ergeben – der Doktrin vom rasenden Derwisch, die da lehrt: produziere mehr, auf daß du mehr verbrauchen kannst, auf daß du noch mehr produzieren kannst.«[7] Die wirtschaftliche Aktivität hat alle übrigen Interessen und Beschäftigungen der Menschen überwuchert.

Die Wirtschaft hat sich dabei der Technik bedient, die sich gern unterwarf, um ihre vielfältigen Möglichkeiten realisieren zu können. Der Wirtschaft wurde aber damit zu einer alles beherrschenden Machtstellung verholfen, die auch zur Unterordnung der Politik unter die Wirtschaft führte. Der beste Beweis dafür, daß auch die Politik zur Magd der Wirtschaft wurde, ist die Tatsache, daß sich die Mehrproduktion unter jedem politischen System ohne große Unterschiede entwickeln konnte. David Landes sagt in der Schlußbetrachtung seines umfangreichen Werkes: »Überdies vermag auch eine Politik, die sich für autoritäre Maßnahmen entschieden hat, eine Volkswirtschaft nicht von den ehernen Wachstumsgesetzen auszunehmen. Diese lauten, daß man niemals etwas für nichts erhält und daß man daher zunächst sparen muß, um später genießen zu können; ferner, daß sich das Wachstum am schnellsten vollzieht, wenn die Ressourcen dem Bereich mit den höchsten Ertragsaussichten zugewiesen werden. Das erste dieser Gesetze ist unumstößlich, sofern eine Volkswirtschaft nicht Geschenke oder Kredite von dritten Ländern erhält; und das Sparen ist für Wirtschaftssysteme, die das Wachstum rasch vorwärtstreiben wollen, noch schmerzhafter als für jene, die auf freiwillige Abstinenz ihrer Mitglieder vertrauen. Alle Leiden, die die englischen und kontinentaleuropäischen Arbeiterklassen in den ersten Jahrzehnten der Industrialisierung dieser Länder erdulden mußten, sind gering im Verhältnis zu den Entbehrungen, der Unsicherheit und den Todesopfern, die den Proletariern und den Bauern Sowjetrußlands und des kommunistischen China im Namen einer ›singenden Zukunft‹ auferlegt wurden.«[8]

Die Omnipotenz der Wirtschaft führte sogar dazu, daß zunehmend nur noch solche wissenschaftlichen Ergebnisse und politischen Theorien gefragt wurden, die wirtschaftlich verwertbares Material lieferten. Karl Marx war der erste folgenreiche Denker, der die gesamte Geschichte unter wirtschaftliche Gesetzmäßigkeiten stellte. Aber es war nicht seine Lehre allein, die in der Sowjetunion ein total vom Wirtschaftsdenken beherrschtes System hervorbrachte; machtpolitische Zielsetzungen kamen hinzu.

Der Vorrang der Wirtschaft hatte sich in der Praxis schon früher in den Vereinigten Staaten entwickelt. Von dorther und von England aus unterwarf sich das wirtschaftliche Denken im Zusammenhang mit der Industrialisierung Europas (endgültig nach dem II. Weltkrieg) die ganze Welt. (Die letzten Reste primitiver Völker können hier außer Betracht bleiben.) Da die Wirtschaft heute alle Lebensbereiche beherrscht – direkt oder indirekt (mit Hilfe des Geldes) –, ist es höchst verhängnisvoll, daß es keine mit der Ökologie übereinstimmende Wirtschaftstheorie gibt. Alle Kräfte, auch die politischen, haben sich der einen Macht auf Gedeih und Verderb ausgeliefert, die nicht einmal ein Selbstverständnis zu entwickeln vermochte – geschweige, daß sie eine Grundlage für die Weltentwicklung hätte liefern können, wozu eine alles beherrschende Macht verpflichtet gewesen wäre.

Der Zahlenkult

Unter den Antrieben zur Produktion ist der Wettstreit der Zahlen nicht der geringste. Die Zahl ist zwar eine inhaltsleere Größe, aber gerade das ist ihr Vorteil: auf Zahlen kann man sich noch am ehesten einigen. Mit der Zahl glaubte man sogar, einen untrüglichen Maßstab für alle Vorgänge auf dieser Erde gefunden zu haben. Das Größere schien immer besser als das Kleinere, das Schnellere besser als das Langsamere, das Teure besser als das Billige. Größen kann man mathematisch und damit »objektiv« ermitteln, sie können nicht angezweifelt werden. Zumindest rechnen hat ja nun jedes Kind in der Schule gelernt, notfalls hat der Umgang mit Geld nachgeholfen.
Jedes Land, jede Stadt, jede Menschengruppe will im Wettstreit der Größen irgendwie »an der Spitze liegen«. Man verglich schon früher die Bevölkerungszahlen – was heute makaber geworden ist. Man möchte aber nach wie vor die größte Stadt, das höchste Gebäude, die längste Brücke usw. haben. Der einzelne möchte das schnellste Auto, das größte Haus, sein Land das schnellste Schiff, das größte und schnellste Flugzeug. Tanker werden gebaut mit 100 000, 200 000, 500 000, ja solche mit einer Million Bruttoregistertonnen sind geplant. Der längste Tunnel, die höchste Seilbahn, die tiefste Bohrung – das alles sind heute bereits Werturteile. Die Rakete mit der höchsten Schubkraft und die größte Wasserstoffbombe sind überzeugende Machtfaktoren.
Selbstverständlich muß jede Bilanz, jede Statistik höhere Zahlen ausweisen als die des Vorjahres. Das Ganze wird dann zusammengefaßt im Bruttosozialprodukt, was natürlich von Jahr zu Jahr einige Prozent steigen muß. In der Sowjetunion ist es nicht die Geld-,

sondern die Materialbilanz, die in Tonnen und Metern sowie in Prozenten den Erfolg des Planes nachweist.[9]

Auch der Sport ist beileibe kein Spiel mehr. Der Wert einer Olympiade wird daran gemessen, wie viele olympische Rekorde und wie viele Weltrekorde gebrochen wurden. Die Jagd nach größerer Weite und Höhe, nach schwereren Gewichten und kürzeren Zeiten ist zum absoluten Selbstzweck geworden.

Kein Lebensbereich schafft aber so viele Möglichkeiten, neue Rekorde aufzustellen, wie die industrielle Technik. Reinhard Demoll sieht die Ursache, welche die explosive Entwicklung der gesamten Naturwissenschaft und damit auch der Technik seit etwa 1800 zur Folge hatte, in der schlichten »Erkenntnis von der Bedeutung des Metermaßes und der Waage. Erst als der Mensch begriffen hatte, daß man die Kräfte der Natur nur beherrschen könne, soweit man sie zu wägen und zu messen im Stande sei, ja, als er sogar den elektrischen Strom in Quantitäten zu zerlegen vermochte, erst jetzt konnte die triumphale Entwicklung einsetzen.«[10] »Die Welt geht restlos auf in der Zahl – das war die große faszinierende Idee des vorigen Jahrhunderts, eine Idee, die einen ungeheuren Impuls gab und dennoch falsch war.«[11]

Seitdem wird alles gezählt, gemessen, gewogen und gestoppt. Und der Generalnenner, auf den sich alles bringen läßt, ist der Preis. Was keinen Preis hat, läßt sich nicht abschätzen, einordnen, vergleichen – welchen Wert hat es dann eigentlich? Muß es nicht wertlos sein? Jeder will Preise wissen, um vergleichen und »kalkulieren« zu können.

Darum werden in einer geradezu schamlosen Weise auch dort Preise gemacht, wo man sich früher scheute. Das treffendste Beispiel: Man sprach in den letzten Jahrhunderten darum nicht von Prostitution, weil man das richtige Gefühl hatte, daß im Bereich der Liebe die Umrechnung in Geld ein höchst unangemessenes Verhalten sei. Heute ist die »käufliche Liebe« ein Thema für jede Illustrierte wie für Tausende von Filmen und so fort. Weil man es ganz in Ordnung findet, daß für diesen persönlichsten Bereich des Menschen die Umrechnung in harte Währung ebenfalls Platz greift.[12] Es wäre doch wohl gelacht, wenn es irgend etwas auf dieser Welt geben sollte, was sich nicht in Mark und Pfennige umrechnen ließe!

Vieles spricht dafür, daß die meisten Menschen darunter leiden, daß dies so ist. Ihre stille Sehnsucht geht – vielfach unbewußt – nach Dingen oder Erlebnissen, wo jede Währung außer Kraft gesetzt ist. Absurde Schlußfolgerung: Sie würden sehr viel Geld dafür geben, wenn sie damit etwas erwerben könnten, was nicht käuflich ist. Mit dieser Zahlbereitschaft reißen sie aber immer noch weitere Bereiche in die Käuflichkeit hinein, so daß kaum noch Werte übrigbleiben, die kein Preisschild tragen.

Nachdem man nun in den letzten Jahren einzusehen beginnt, daß man nur die Quantitäten gefördert hat, wobei die Qualität auf der Strecke blieb, entdeckte man den Begriff »Lebensqualität«. Und was sah man als die erste Aufgabe an? Diesen Begriff zu quantifizieren!

Diese Absurdität ist die ganz logische Folge des geschilderten Sachverhalts, daß unsere Zeit mit Werten, die sich nicht messen und nicht in Geld umrechnen lassen, absolut nichts anzufangen weiß. Schumacher sagt: »Es ist nun ohne weiteres ersichtlich, daß man nur das kalkulieren kann, was vorher auf die eine oder andere Weise quantifiziert worden ist. Mit Qualitäten kann man nicht rechnen. Da aber alles, was wirklich existiert, sozusagen aus Quantität und Qualität besteht, muß die Qualität aus der Kalkulation wegfallen, es sei denn, es gelänge, die Qualität irgendwie in Quantität zu verwandeln.«[13] Schumacher stellt die Frage: »Wann ist es erlaubt, Qualitäten zu quantifizieren? Und wann . . . nicht . . .?«[14] Man kann wohl annehmen, daß jeder Mensch, der »mit beiden Beinen auf der Erde steht«, wie es so schön heißt, heute antworten wird: das ist immer erlaubt. Und Schumacher stellt damit übereinstimmend fest: »Die herrschende Weltanschauung hält Quantifizierung für etwas unbedingt Gutes und Fortschrittliches.«[14] Daraus ergibt sich zwangsläufig die Zerstörung aller höheren Werte durch Kalkulation. Bei der Liebe ist die Zerstörung ja auch nahezu vollständig gelungen. Man bemüht sich darum schon im Schulunterricht bei zehnjährigen Kindern.

Unsere Absicht ist aber an dieser Stelle nicht, die Folgen des Zählens und Messens für die höheren Werte darzustellen, sondern für den technisch-wirtschaftlichen Bereich. Unsere Frage lautet: Wohin führt das technisch und wirtschaftlich kalkulierte Verhalten des Menschen, das die Zahl verabsolutiert? Zunächst zu einem Materialismus von der gewöhnlichsten Art, später zum Zusammenbruch des ganzen Systems!

Zur Jagd nach Rekorden eignet sich am besten, was man fälschlicherweise »wirtschaftliches Wachstum« nennt. Hier ließen sich noch immer die imposantesten Steigerungen erzielen. Im Sport sind es nur noch Zentimeter und hundertstel Sekunden, in der Wirtschaft sind es immer mehrere Prozent oder Millionen und Milliarden von Dollar, Mark, Franken, Pfund usw. Und diese setzen sich zusammen aus Hunderten und Tausenden von Erfolgsmeldungen. Jede Firma steigert den Ausstoß, jede Bürokratie verbraucht mehr Papier. Die Welt entwickelte sich in Richtung der Dinge, die am Fließband in großer Stückzahl hergestellt werden konnten; denn die sind billig: »Die Masse muß es bringen!« Alles, was nicht am Fließband und auf dem Wege der Automation hergestellt werden kann, ist nicht konkurrenzfähig.

»Das große Interesse am Wachstum der Wirtschaft hat zu einer Index-Manie geführt. Statistische Schwierigkeiten machen es bekanntlich unmöglich, einen Index des Bruttosozialprodukts zu erstellen, der Veränderungen in unserem materiellen Wohlbefinden genau wiedergibt. Und doch ist irgendeine Art Index notwendig, um den Menschen zu zeigen, was sie sonst vielleicht nicht zu erkennen vermögen. Aber sobald ein Index, mit all seinen Unzulänglichkeiten, aufgestellt ist, gewinnt er eine eigene Bedeutung. Um politische Kampagnen mit dem Schlachtruf ›Wir hatten es noch nie so gut‹ führen zu können, ergreifen manche Regierungen Maßnahmen, die eher geeignet sind, die Indexzahlen als das Wohl der Bevölkerung zu erhöhen. Ebenso beobachtet die Opposition sorgsam die Bewegungen des Index, um Angriffspunkte zur Kritik an einer unfähigen Wirtschaftspolitik zu entdecken. Die Politiker handeln nicht aus Böswilligkeit so. Ihr Verhalten spiegelt nur den Wunsch der Bevölkerung nach raschem Wirtschaftswachstum und läßt die Meinung erkennen, der Index bezeichne das Fortschrittstempo.«[15] Regierungschefs treten dann vor die Wähler und die Parlamente und verkünden: Uns ist es noch nie so gut gegangen! In solchen Zeiten politische Verantwortung zu tragen, ist eine Lust – die allerdings schnell vergehen kann, wenn ein Nachbarland größere Zahlen vorweist.

»Man hat uns beigebracht, Wachstum bedeute Glück, sei ein Allheilmittel für alle Leiden und der Grundstein der Hoffnung. ›Nächstes Jahr wird unsere Familie reicher, unsere Firma größer, unser Land mächtiger sein.‹«[16] Der Trend zur großen Zahl faßte im Denken des Menschen Wurzel.[17] Von der menschlichen Wirtschaft wird allen Ernstes erwartet, daß sie sich so ausdehne wie nach jetziger Lehre das Universum. Um eine Berechtigung für diesen Glauben zu haben, müßte unser Planet ebenfalls expandieren. Daß dies nicht der Fall ist, weiß jedes Kind. Trotzdem beherrscht der Wahn der wachsenden Zahl die Menschen in beinahe allen Teilen dieser Erde.

Vielleicht ist auch das Kapital unter anderem gerade darum zu so hohem Ansehen gekommen, weil es sich so wunderbar zählen, vermehren und vergleichen läßt. Wer zwei Millionen besitzt, ist unbestreitbar doppelt so reich wie derjenige, der nur eine besitzt. Geld und

Kapital sind auf diese Weise zu herrschenden Faktoren unserer Zeit geworden, so daß man andere darüber ganz vergessen hat. Über Theorien des Geldes und der Märkte, über das freie Spiel der Kräfte und über die Planung wurden Zehntausende von Büchern und noch mehr Aufsätze geschrieben; aber über die Grundlagen all dieser Tätigkeiten haben sich nur Wenige Gedanken gemacht – und die wurden nicht beachtet. Darum werfen wir einen Blick auf die heute herrschenden Theorien.

Das Kapital

Bei der Entwicklung des künstlichen Produktionskreises spielte das Kapital eine sehr wichtige Rolle. Sobald es den Menschen gelang, einen Überschuß zu erwirtschaften, hatten sie ein freies Potential in der Hand, das sie erneut einsetzen konnten, um damit weitere, noch größere Überschüsse zu erwirtschaften. Aldous Huxley: »Kapital ist, was übrigbleibt, nachdem die primären Bedürfnisse einer Bevölkerung befriedigt worden sind.«[18] Dabei gab es zwei Antriebskräfte: das Profitstreben in der freien Wirtschaft und das Machtstreben in der Planwirtschaft. Nur rücksichtsloses Vorgehen konnte in diesem erbarmungslosen Konkurrenzkampf Erfolg haben – zunächst das rücksichtslose Vorgehen gegen Menschen, dann ein zunehmend rücksichtsloseres Vorgehen gegen die Erde. Uns ist es nun beschieden, im Zeitalter des totalen Erfolges zu leben. »Die Theorie des reinen Profits wurde von Adam Smith erfunden und von David Ricardo, einem erfolgreichen Börsenmakler des 19. Jahrhunderts, in ihre klarste Form gefaßt. Sie war nie wahr, wird aber immer noch den Studenten fast wie eine Religion gelehrt.«[19]

Eine moralische Kritik am Profitstreben ist insofern wenig angebracht, als der Profit jeweils erneut als Kapital investiert wird und damit die Menge der Güter fortwährend steigert, die ja alle gern haben wollen. Das Profitstreben schafft auch stets neue Anreize für Technik und Wissenschaft, nach neuen Mitteln und Wegen zu suchen, um weitere Produkte mittels neuer Rohstoffkombinationen auf den Markt zu bringen. Hier ist die freie Marktwirtschaft überlegen. Sie befriedigt in viel schnellerem Tempo Bedürfnisse und schafft wieder neue. Und es bleibt nicht bei den natürlichen Bedürfnissen, »das künstliche System schafft künstliche Bedürfnisse«.[20] Die Wünsche der Verbraucher und die Interessen der Produzenten treiben die Entwicklung gemeinsam voran. Schon Hegel sagt: »Es wird ein Bedürfnis daher nicht sowohl von denen, welche es auf unmittelbare Weise haben, als vielmehr durch solche hervorgebracht, welche durch sein Entstehen einen Gewinn suchen.«[21]

Genau wie die Arbeit immer neue Betätigungsfelder sucht, so auch das Kapital. Dieses findet die besten Profitmöglichkeiten gerade in den Teilen der Natur, die nichts oder wenig kosten. Das sind die beschriebenen alten Schätze der Erde, Energien und Rohstoffe (E + R), und das sind die Umweltgüter Luft, Wasser und Boden und zunehmend auch die Weltmeere. Auch Natur und Landschaft sind bis heute dem Kapital ziemlich ungeschützt ausgeliefert. Denn die Land- und Forstwirtschaft kann noch längst nicht die Erträge bringen, die andere wirtschaftliche Betätigungen erreichen, obgleich in ihr nun ebenfalls industrielle Methoden angewandt werden. Sie wird es nie können, denn sie bleibt an die Zeit, das Sonnenjahr, gebunden.

Im natürlichen Kreislauf war die Kapitalvermehrung unbedeutend. Bis über das Mittelalter hinweg wurde dann das Kapital nur durch Handel vermehrt.[22] Die Möglichkeit seiner dauerhaften Anlage war vorwiegend auf den Landerwerb beschränkt. Erst im 19. Jahrhundert ergaben sich mit der Ausbeutung der Erde durch technische Einrichtungen mit anschließender Güterproduktion vervielfachte Anlage- und Vermehrungsmöglichkeiten für das Kapital.[23] Der Mehrwert, auf dem Karl Marx seine ganze Theorie aufbaute, wurde weniger durch die Arbeit als durch die Erschließung von Rohstoffvorkommen erzielt, zu deren Ausbeutung vorher Kenntnisse und technische Mittel, vor allem aber Energien, gefehlt hatten.

Die gefährlichste Illusion, welche die Wirtschaftswissenschaft gezüchtet hat, ist nun die, daß alles machbar sei, wenn nur das Kapital dafür reicht. Diese Auffassung wirkt auch noch in den vielgenannten Untersuchungen von Forrester und Meadows für den Club of Rome nach. Dort wird das Kapital in die Computerläufe so eingesetzt, als sei es eine reale Größe. In einem der Modellabläufe wird zum Beispiel das ganze vorhandene Kapital in die Landwirtschaft gelenkt. Mit Verlaub: Wie soll das praktisch aussehen? Sicherlich nicht so, daß man zu verbessernde landwirtschaftliche Flächen mit Geldscheinen, Wechseln oder Pfandbriefen bedeckt. Es kann nur so funktionieren, daß man dafür Düngemittel, Traktoren, Landmaschinen usw. kauft. Also ist die Grundbedingung der ganzen Operation auch hier, daß genügend zusätzliche Rohstoffe vorhanden sind. (Da die Welt Arbeitskräfte genug hat, ist es in nächster Zeit allein eine Frage der Rohstoffe, ob die

199

Böden höhere Erträge bringen.) Wenn keine Rohstoffe oder keine Arbeitskräfte zur Verfügung stehen, dann ist das Kapital völlig wertlos. Das Kapital ist nichts anderes als ein Mittel zur Energieübertragung, womit es allerdings möglich wird, freie Kräfte nach Wahl hierhin oder dorthin zu lenken. Aber wo nichts ist, da kann auch nichts übertragen werden. Die Funktion des Kapitals ist von Schumpeter richtig erkannt worden. Das Kapital eröffnet als »selbständiges Agens«[24] die Möglichkeit, Vorgänge in Bewegung zu setzen; aber nur dort, wo die sonstigen Voraussetzungen vorhanden sind. Mit der Entwicklung der Technik wuchs die Fülle der Anlagemöglichkeiten exponentiell und damit auch der Anreiz zur Kapitalbildung.

Die Ökonomie hat dem Kapital fälschlicherweise eine primäre Funktion zugewiesen, während ihm nur die eines Mittlers zukommt. Die Brauchbarkeit des konventionellen Geldkapitals ist von der Existenz des »biologischen Kapitals« (des Ökosystems) ganz und gar abhängig.[25] Darum ist das Kapital in unserem Wirtschaftssystem ein – allerdings ausgezeichnetes – Hilfsmittel. Weil es nur ein Hilfsmittel ist, hat es in der Formel der Gesamtwirtschaft nichts zu suchen. Es ist richtiger, dort nicht das »Kapital«, sondern die dinglichen Faktoren R + E einzusetzen. Grundlage der Wirtschaft ist der Kreislauf der Stoffe und nicht der des Geldes! Das sollte die Ökonomie nun endlich anerkennen.[26]

Kapital spielt insofern eine bedeutende Rolle, als es das jeweils überschüssige Ergebnis von früheren Ausbeutungen der Erde ist, das weitere Ausbeutungen ermöglicht. Die Hoffnung auf künftige Erfolge wird um so größer, je besser das Ergebnis der bisherigen Ausbeute war. Und dieses ist wahrhaftig immer größer geworden!

Das Anwachsen des Kapitals ist auch »das Ergebnis der Anstrengungen der Unternehmungen, ihre Ertragskraft durch Erweiterung der Produktion und durch Verbesserung der Produktionsmethoden und Produkte zu erhöhen«.[27] Insofern trägt auch eine verbesserte Arbeitsorganisation und vermehrtes Wissen dazu bei, einen höheren Gewinn und damit neues Kapital zu erwirtschaften. Dieses neue Kapital erlaubt dann wiederum die Verbesserung der Arbeitsmethoden mittels Maschinen und damit eine Ausweitung der Produktion mit höherem Energie- und Rohstoffverbrauch. Hans Binswanger sagt dazu: »In der Marktwirtschaft steht jeder Betrieb unter ständigem Konkurrenzdruck, d. h. vor der Notwendigkeit, seine Durchschnittskosten zu senken, um konkurrenzfähig zu bleiben. Dies ist insbesondere bei steigenden Löhnen nur möglich, wenn der Betrieb vermehrt investiert und bessere und deshalb auch teurere Maschinen anschafft, d. h. die Arbeit durch Kapital ersetzt. Da dies eine Erhöhung der Fixkosten bzw. Abschreibungen bedeutet, rentieren die Investitionen nur, wenn deren Kosten auf eine große Ausstoßmenge umgelegt werden können.«[28] (Außerdem haben wir gesehen, daß Strom, Gas, Wasser, Rohstoffe für den Unternehmer um so billiger zu haben sind, je größere Mengen er davon verbraucht.) Binswanger fährt fort: »Wenn also eine Durchschnittskostensenkung zustande kommen soll, muß die Ausstoßmenge erhöht werden. Zu diesem Zweck wird mit Hilfe von Marketing, Reklame usw. versucht, die Absatzmenge zu vergrößern bzw. Bedürfnis nach neuen Produkten zu wecken, die noch nicht dem Zwang zur Kostensenkung unterstellt worden sind. In jedem Falle bedeutet dies eine ständige Vermehrung des mengenmäßigen Umsatzes und damit auch – und das ist der springende Punkt – einen steigenden Verbrauch an natürlichen Ressourcen . . . und an kollektiven Umweltgütern durch die Abfallbelastung.«[28]

Die Vermehrung des Kapitals ist hauptsächlich durch gesteigerte Ausbeutung der Erdvorräte möglich, und das vermehrte Kapital findet keine ertragreichere Verwendung als in einer wiederum gesteigerten Ausbeutung der Erde. »Die durch die Umsatzsteigerung ermöglichte Gewinn- und Lohnerhöhung führt zu weiterer Kapitalisierung, d. h. zu weiterer Substitution von Arbeit durch Kapital und dadurch wieder zu weiterer Umsatzsteigerung und Umweltschädigung. Insofern kann man also von einem ›Multiplikator der Umweltschädigung‹ sprechen.« In der Marktwirtschaft ist damit »ein sich selbst verstärkender Prozeß der Expansion eingebaut«, der »zur Vernichtung unserer Lebensgrundlagen führt«.[29]

In der Praxis bedeutet dies, daß ein beträchtlicher Teil der Industrie sich mit dem Bauen neuer Industrieanlagen beschäftigt, die sogenannte »Investitionsgüterindustrie«. Ihr Anteil betrug in der Bundesrepublik Deutschland zu Anfang der siebziger Jahre 10%. Der Anteil der Arbeitskräfte, die dort beschäftigt sind, liegt aber wahrscheinlich höher, da hier selten eine Massenfertigung am Fließband möglich ist. Ein weiteres kommt hinzu. Es ist in den letzten Jahrzehnten immer risikoloser geworden, Kapital zu investieren. Und zwar aus drei weiteren Gründen:

1. Infolge der Geldentwertung erzielt in einer expandierenden Wirtschaft immer derjenige die Vorteile aus der Entwertung, der Geld anlegt. 2. Durch die immer stärkere Aufsplitterung der Kapitalanteile auf viele Personen wird das Risiko aufgeteilt; selbst Arbeitnehmer und

ihre Organisationen werden Kapitaleigner und sind damit genau wie die Kapitalisten am Gewinn interessiert. 3. Indem der Staat praktisch die Arbeitsplätze garantieren muß, sieht er sich – sobald ein größerer Betrieb in Schwierigkeiten kommt – genötigt, diesen zu retten, um »die Arbeitsplätze zu erhalten«.

Damit können Unternehmen nicht nur auf Hilfe hoffen, sie halten sogar mit der Drohung, Arbeitsplätze könnten verlorengehen, ein weiteres Machtmittel in der Hand[30], das längst – auch gegen den Umweltschutz – ausgiebig eingesetzt wird.

Die Frage, inwieweit man überhaupt noch von »Marktwirtschaft« sprechen kann, sobald der Staat die Arbeitsplätze garantieren muß, sollte einmal untersucht werden. F. A. Hayek meint zu diesem Problem ganz eindeutig, »daß die Freiheit des Individuums unvereinbar ist mit dem alles beherrschenden Vorrang eines einzigen Zweckes, dem sich die ganze Gesellschaft völlig und dauernd unterordnen muß. ... Daß im Frieden kein Alleinzweck das absolute Übergewicht haben darf, gilt auch von dem einen Ziel, das heute anerkanntermaßen an erster Stelle steht, nämlich von der Beseitigung der Arbeitslosigkeit. Selbstverständlich müssen sich unsere größten Anstrengungen auf dieses Ziel richten; aber selbst das will nicht besagen, daß wir uns von solch einem Ziel ausschließlich beherrschen lassen sollten, daß es, wie die gedankenlose Phrase lautet, ›um jeden Preis‹ erreicht werden muß.«[31] Der Preis, den die deutsche Bundesregierung im Jahre 1975 dafür zahlt, beträgt rund 10 Mrd. Mark. (Das Unheil, das damit angerichtet werden könnte, wird erst nach mehreren Jahren sichtbar werden. Auf keinen Fall ist überlegt worden, ob die angekurbelten Arbeiten Nutzen oder Schaden stiften werden.) Hayek fährt fort: »Tatsächlich kann gerade auf diesem Gebiet der verführerische Charakter verschwommener, aber beliebter Schlagwörter wie ›Vollbeschäftigung‹ zu äußerst kurzsichtigen Maßnahmen führen, und gerade hier wird wahrscheinlich die ›Arbeitsbeschaffung um jeden Preis‹, die verrannte Idealisten in kategorischer und unverantwortlicher Weise fordern, wohl das größte Unheil anrichten.«[32]

Das »Unheil«, mit dem wir uns in diesem Buch befassen, ist nicht das von Hayek gemeinte kurzfristige, das die Marktwirtschaft auch in ihren Fundamenten angreift. Doch bleiben wir kurz dabei: Die Marktwirtschaft kann auch aus diesen Gründen sehr bald zu bestehen aufhören – nicht nur wegen der »Arbeitsplatzgarantie«. Jedermann weiß heute, daß zum Aufbau einer modernen Produktion mehrere 100 Millionen, oft Milliarden Mark nötig sind. Ein Kernkraftwerk allein kostet heute rund 1 bis 2 Mrd. DM. Ein einziger Arbeitsplatz kostete schon 1969 in der Energiewirtschaft 318 284 DM, im Bergbau 74 363 DM und im gesamten verarbeitenden Gewerbe durchschnittlich 27 237 DM.[33]

Wenn eine Anlage heute beschlossen wird, dann dauert es allein etwa fünf Jahre, bis sie steht; sie muß dann aber mindestens zehn Jahre laufen, um sich zu rentieren. Das heißt, daß bereits heute beschlossen wird, was die Bürger in den Jahren von 1980 bis 1990 kaufen werden – und nicht von denen, die dann kaufen werden! Eine Marktsensibilität ist im Zeitalter der heutigen Großtechnik überhaupt nicht mehr möglich, da zwischen Ursache und Wirkung eine Zeit von durchschnittlich zehn Jahren liegt. Nach zehn oder auch schon nach fünf Jahren wird aber der Markt längst wieder andere Impulse aussenden. – Dieses Dilemma ist mit marktwirtschaftlichen Mitteln gar nicht überbrückbar.

Einmal aufgenommene Produktionen dürfen doch nicht zum Stillstand kommen, weil ja sonst die ungeheuren darin investierten Kapitalmengen nutzlos brachliegen würden und die Arbeitsplätze verlorengingen. Also muß mit allen Mitteln dafür gesorgt werden, daß der Markt die Produktion abnimmt, ob er sie will oder nicht. Wo die Werbung nicht mehr hilft, müssen staatliche Mittel her: Steuervergünstigungen, verbilligte Kredite, Sonderabschreibungen.

Es ist aufgrund dieser Lage – die durch die modernen Großtechnologien in den USA seit dem I. Weltkrieg, in Europa seit dem II. Weltkrieg allgemein eingetreten ist – kein Wunder, daß die Großunternehmen gar nicht mehr selbst entscheiden wollen. Der Staat soll ihnen die Verantwortung wenigstens insoweit abnehmen, daß sie sich mindestens später auf ihn berufen können. Dies ist eine gute Ausgangsbasis, um den Staat später um Hilfe anzugehen, wenn die Sache schiefgegangen ist.

Mit großer Genugtuung berufen sich heute die Elektrizitätsunternehmen der Bundesrepublik Deutschland auf das Energieprogramm der Bundesregierung, das ihnen bis 1985 einen Mehrabsatz von 46% Elektrizität verheißt. Nicht nur, daß sie dies als Rückenstärkung benutzen, um die Gegnerschaft gegen die Kernkraftwerke zu brechen – sie werden später, wenn die Entwicklung anders verläuft, sich ebenfalls auf den Staat verlassen.

Wie vereinbart sich eigentlich ein solches »Programm« mit der freien Marktwirtschaft? Wer kann, wenn der Markt bestimmend ist, eigentlich wissen, wieviel Energie in 10 bis 15 Jahren gebraucht werden wird? Und wie verfährt eine Regierung bei der Aufstellung solcher Programme? Wie trifft z. B. die deutsche Bundesregierung die Entscheidungen für das Energieprogramm, da sie gar keinen für solche Fragen sachverständigen Personalkörper hat? Sie läßt sich die Unterlagen dafür von der betreffenden Industrie liefern!

Warum gibt sie nicht ehrlicherweise zu, daß dieses Problem ihren Horizont übersteigt und es doch eigentlich Sache des freien Marktes sein sollte zu entscheiden, was im Jahre 1985 gebraucht werden wird? Weil sie eine unheimliche Angst vor der Opposition und der Presse hat, die ihr ja dann Unfähigkeit, verantwortungslose Untätigkeit in Lebensfragen der Nation usw. vorwerfen würde. Also muß sie etwas tun, ganz gleich was – und da verlautbart sie am besten, was alle gern hören werden: 1985 wird allen Haushalten die doppelte Menge Strom zur Verfügung stehen. (Gott sei Dank fragt niemand: Wofür eigentlich und zu welchem Preis?)

Aber das war nur eine Abschweifung in die taktische Lage. Wir betrachten hier das endgültige Unheil der Ausplünderung des Planeten durch Arbeit, die in der Marktwirtschaft ebenso flott voranschreitet wie in der Planwirtschaft. Beide arbeiten mit Kapital, das infolge der Ausbeutung ständig zunimmt.

Die Komplizenschaft von Kapital und Arbeit und Staat

Damit ist genau der Punkt erreicht, wo die Übereinstimmung der Interessen von Kapital und Arbeit offen zutage liegt. Eine einzigartige Machtzusammenballung wirschaftlicher Interessen findet heute statt, indem Unternehmer und Gewerkschaften praktisch die gleichen Ziele verfolgen.[34] Wenn nun die Arbeitnehmer – wie das besonders in Deutschland der Fall ist – mitbestimmen, dann erhöht das die Macht der geballten Wirtschaftsinteressen in einer noch gar nicht voll ermeßbaren Weise. Die Gewerkschaften fordern nicht nur den höchstmöglichen Lohn, sondern auch dessen immer häufigere Steigerung. Sie fordern außerdem immer mehr Arbeitsplätze und »sichere Arbeitsplätze«. Somit sind ihre Ziele mit den Unternehmern durchaus identisch. Immer mehr »rationalisierte Arbeitsplätze« erfordern immer höhere Kapitaleinsätze, bedeuten höhere Produktion und führen damit zu immer größerem Verbrauch der Erdvorräte.

Die Ausbeutung anderer Menschen hat in weiten Teilen der Welt nur darum aufgehört, weil man sich auf die Ausbeutung der Erde geeinigt hat. Es geht den Ökonomen »um ein Spiel gegen die Natur, bei dem die Spieler um so mehr gewinnen, je besser sie die Güter unter sich aufteilen«.[35] Da diejenigen, welche die Rohstoffe der Erde ausbeuten und verarbeiten, die größten Gewinner sind (ganz gleich, ob sie als Privatunternehmer, als Aktiengesellschaft oder als Staat auftreten), haben sie es in der Hand, sich über alle anderen hinwegzusetzen. Sie können darauf pochen, daß sie in ihren Industriebetrieben den größten Teil des Sozialprodukts erwirtschaften und daß sie damit den Lebensstandard der ganzen Bevölkerung bestimmen. Sie stellen die meisten und bestbezahlten Arbeitsplätze. Und da Arbeitsplätze sakrosankt sind, ist es eine Sünde, das Urteil solcher Betriebe überhaupt in Zweifel zu ziehen. Sie bringen dem Staat außerdem die Steuern, und das ist noch überzeugender für diesen als alle anderen Argumente. Schließlich können sie auf den sichtbaren Machtzuwachs all der Länder verweisen, die von der Industrie vorangetrieben worden sind: nur die Nationen spielen noch im Konzert der Mächte mit, die auch eine hohe wirtschaftliche Potenz haben.

Von den Gewinnen der Unternehmen leben also nicht nur diese selbst und ihre Arbeitnehmer. Davon leben die Aktionäre und – nicht zuletzt – der Staat. Ihm bringt die vergrößerte Wirtschaft mehr Steuern. Darum ist niemand stärker an Produktionssteigerungen interessiert als der Staat; denn er wird in die angenehme Lage versetzt, immer wieder einen Zugewinn verteilen zu können. Und Hände, die etwas von ihm haben wollen, gibt es wahrhaftig genug. »Unser ganzes Sozialsystem ist auf eine unaufhörliche Steigerung der Bedürfnisse hin angelegt und auch auf eine solche Steigerung angewiesen.«[36]

Also ist der Staat selbst ein Komplize der Ausbeuter der Erde – der dritte im Bunde. Er ist somit auch daran interessiert, daß jeder Unternehmer – ob groß oder klein – Gewinne macht. Gewinn bedeutet weiteres verfügbares Kapital, das nach Anlage sucht. Diese Anlage wird aber immer dort erfolgen, wo der größte Gewinn winkt. Das ist eben da, wo weitere Rohstoffe ausgebeutet werden können. Der Staat ist auch daran interessiert, daß jeder Arbeitnehmer gut verdient. Das bedeutet Wählerstimmen, und der höhere Konsum bringt wiederum weitere Nachfrage und somit erhöhte Produktion – und noch mehr Steuern.

Die Interessen der Arbeitgeber und der Arbeitnehmer werden überdies von mächtigen Organisationen vertreten. »Im demokratischen Staat sind jene Gruppen die relevantesten, die die Ansprüche ihrer Mitglieder auf den zunehmenden Reichtum der Gesellschaft zum

205

Programm erheben, beziehungsweise die Interessen ihrer Anhänger gegen derartige Ansprüche von anderer Seite verteidigen. Die öffentlichen Auseinandersetzungen drehen sich meist um den Anteil der verschiedenen Gruppierungen am Wachstum des Nationaleinkommens, nebenbei kommen dann auch technische Probleme des Fortschritts zur Sprache.«[37] Aber wer vertritt denn nun die »Interessen« der natürlichen Umwelt? Bisher niemand![38] Darum ist es selbstverständlich, daß sie schonungslos geplündert wird. Wer soll und kann für ihre inzwischen lebenswichtig gewordene Erhaltung sorgen? Der Staat? Dieser wird hoffnungslos von den Interessen der Arbeitnehmer und der Arbeitgeber und anderer Gruppen hin und her gezerrt und ständig unter Druck gesetzt. Was lag näher, als daß er deren Komplize wurde und den wachsenden Appetit auf Kosten der Faktoren befriedigt, die stumm sind, nämlich der Umwelt und der Stoffe.

Der Gegensatz zwischen Kapitaleignern und Arbeitnehmern war schon immer ein Streit um die Anteile am immer größer werdenden Kuchen. Nur dessen dauernde Vermehrung ermöglicht immerzu erneute Verteilungen. Dadurch, daß man den Arbeitern jetzt Anteile am Produktionsvermögen gibt, interessiert man sie zweifach an der Ausbeutung der Erde: durch ihren Arbeitslohn und durch den Profitanteil. Warum sträuben sich eigentlich die Unternehmer, die Arbeitnehmer durch Mitbestimmung immer weiter zu korrumpieren?

Das Parlament ist den Interessenorganisationen der Arbeitnehmer und der Unternehmer ebenfalls ausgesetzt. Darüber hinaus entsenden diese Organisationen längst eine große Zahl von eigenen Abgeordneten in die Parlamente. Inzwischen ist es die zeitaufwendigste Aufgabe der Parlamentarier geworden, das Vorhandene immer so zu verteilen, daß die größtmögliche Zahl bei guter Laune gehalten wird. Dazu reicht aber das Vorhandene längst nicht mehr aus; darum wird auch schon das noch nicht Vorhandene verteilt. Da wir ja seit längerer Zeit Produktionssteigerungen hatten, lag darin bisher kein ernsthaftes Risiko – es sei denn, das der Inflation.

In der Währungspolitik wird noch einmal die gleiche Manipulation mit der Zeit vorgenommen, wie wir sie schon in bezug auf die »Bodenschätze« und auf das »Wissen« beschrieben haben: Es erfolgt ein Vorgriff auf die Zukunft! Die Währungspolitik wird so betrieben, daß erst einmal Berechtigungsscheine verteilt werden auf Güter, die man noch gar nicht produziert hat. Denn um nichts anderes handelt es sich bei den zuviel in Umlauf gesetzten Zahlungsmitteln. Doch einen Vorteil hat das Geld: es läßt sich nicht betrügen – es wehrt sich mit

206

Inflation. Die Inflation ist der erste Indikator, daß etwas nicht mehr stimmt. Das bereits auf Verdacht (über das Geld) Verteilte ist immer später und später zu haben, bis es schließlich überhaupt nicht mehr zu bekommen sein wird.

Das mit Geld gegebene Versprechen auf Güter übt einen Zwang zur Produktionssteigerung aus. Das ist somit die Grundlage des ganzen Wirtschaftssystems. Hans Binswanger folgert, nachdem er die Planwirtschaft behandelt hat: »In Wirklichkeit ist aber auch in der Marktwirtschaft der Staat primär auf Umweltschädigung eingestellt, und zwar aus fiskalischen Gründen: er ist letztlich der Urheber der Geldvermehrung und der Inflation, ohne welche die forcierte Expansion und Umweltschädigung gar nicht möglich wäre. Seine Raumplanung geht vor allem von den Interessen der Gemeinden aus, die dem gleichen Wachstumszwang unterliegen wie die Privatwirtschaft; und das im wesentlichen staatlich organisierte Bildungs- und Forschungswesen ist praktisch ausschließlich auf das Ziel ausgerichtet, Arbeit durch Kapital zu ersetzen und so das Mehrproduktionsziel der Wirtschaft zu unterstützen.«[39]

In der Bundesrepublik Deutschland wurde das wirtschaftliche »Wachstum« sogar gesetzlich verankert. Der Deutsche Bundestag hat am 10. Mai 1967 mit Zustimmung aller Parteien ein »Gesetz zur Förderung der Stabilität und des Wachstums der Wirtschaft« beschlossen. Als Ziel des Gesetzes wird im § 1 festgestellt: »Bund und Länder haben bei ihren wirtschafts- und finanzpolitischen Maßnahmen die Erfordernisse des gesamtwirtschaftlichen Gleichgewichts zu beachten. Die Maßnahmen sind so zu treffen, daß sie im Rahmen der marktwirtschaftlichen Ordnung gleichzeitig zur Stabilität des Preisniveaus, zu einem hohen Beschäftigungsstand und außenwirtschaftlichem Gleichgewicht bei stetigem und angemessenem Wirtschaftswachstum beitragen.« Damit hat man etwas gesetzlich »verankert«, was es in der irdischen Welt überhaupt nicht geben kann. Es kann niemals Stabilität geben, wo man gleichzeitig die ständige Steigerung, d. h. Mehrproduktion anstrebt. Wenn man an keine anderen Grenzen stoßen würde – auch das ist jetzt schon der Fall –, so doch an die unseres Planeten.

Wir haben dargelegt, daß es Wachstum nur in der Natur gibt, wo durch das Gegengewicht des Todes die Stabilität gewährleistet ist. Bei der menschlichen Produktion aber, die hier gemeint ist, hätte man sich zunächst einmal danach erkundigen sollen, womit die Produktion gespeist wird. Wenn man das weiß – bisher wußte man es offenbar nicht – dann kann man feststellen, ob die Zufuhren unerschöpflich sind und selbst dann bleiben werden, wenn man immer mehr haben will. Nach Annahme dieses Gesetzes hatte die Bundesrepublik Deutschland von 1968 bis 1973 jährliche Steigerungen des Bruttosozialprodukts von 5%. Das bedeutet nach der Hochrechnung am Anfang dieses Kapitels in 100 Jahren eine Steigerung auf das 130fache (!) Da kann man nichts weiter tun, als ernstlich die Frage prüfen, ob wir in einem Irrenhaus leben!

»Parteien der Rechten und Parteien der Linken (ich verwende diese Begriffe, damit das, was ich sage, auf jedes westliche Land anwendbar ist, und überlasse es dem Leser, Konservative, Sozialisten oder jede beliebige Variante einzusetzen, an die er eben gewöhnt ist) stimmen in einem Punkt überein: Der materielle Reichtum ist der Zweck der Übung. Selbst Marxisten und Maoisten sind sich mit Konservativen und Republikanern darin einig, daß sie das Bruttosozialprodukt so schnell wie möglich steigern wollen.«[40] So sagt es der Engländer Gordon R. Taylor. Es ist in diesem Zusammenhang gleichgültig, wie viele andere Staaten solche oder ähnliche Gesetze haben wie die Bundesrepublik Deutschland; sie handeln mehr oder weniger alle so. Alle halten witzigerweise nur endloses »Wachstum« für Stabilität.

Der Erfolg der Parteien und Regierungen hing bisher beinahe ausschließlich davon ab, wieweit ihnen die Erhöhung des Bruttosozialproduktes gelang. Die magischen Steigerungsprozente schlugen sich in Prozenten der Wahlergebnisse nieder. Natürlich mußten sie auch die »Vollbeschäftigung« garantieren, wenngleich die Völker da schon unterschiedlich verwöhnt waren. Wie erreichten sie beides zugleich? Genau mit den Mitteln, die Hans Binswanger beschrieben hat: mit gesteigerter Ausbeutung der Erde. Und um die Lust an der Kapitalanlage, besonders den Kauf von Aktien, aufrechtzuerhalten, muß das Vertrauen in weiteres »Wachstum« ungebrochen bleiben. Aktien sind »Wachstumspapiere«, wenn sie andauernd fallen, ist niemand mehr geneigt, sein Geld zu riskieren.[41]

Also wird keine Regierung im Stande sein, die Güter der Erde zu schonen; denn sie wird an die nächste Wahl und nicht an die des Jahres 2010 denken. Höchst fatal wird die Sache allerdings dann, wenn schon im Jahre 1973 störrische Erdölbesitzer die ausgefallene Idee haben, ihrerseits an das Jahr 2010 zu denken. Dann stimmt freilich die Welt nicht mehr! Damals boten die Regierungen der Industrieländer das Bild eines Hühnerhofes, in den der Fuchs eingebrochen ist. Inzwischen hat der Fuchs sich übersättigt in den Wald zurückgezogen – und schon glaubt kein Huhn mehr, daß es ihn wirklich gibt.

Aber die Völker sind unsicher geworden, der fröhliche Optimismus ist verflogen. Die alten Rezepte verfangen offenbar nicht mehr so richtig. Die Stunde der Wahrheit ist angebrochen! Die Tatsachen brechen mit aller Gewalt über Systeme herein, die weder auf die kommenden Aufgaben vorbereitet sind, noch ihre gefährliche Lage erkannt haben.

Barry Commoner schildert ihre bisherige Arbeitsweise: »Was in unserem Leben wirklich und – im Gegensatz zu der nachvollziehbaren Logik der Ökologie – chaotisch und schwer zu handhaben ist, ist die scheinbar hoffnungslose Trägheit des ökonomischen und politischen Systems; seine phantastische Behendigkeit, sich um die Grundprobleme herumzuwinden, die die Logik offenbart; das selbstsüchtige Manövrieren derer, die an der Macht sind, und ihre Bereitschaft – oft unwissentlich, manchmal aber auch zynisch –, sich selbst der Umweltzerrüttung als eines Mittels zur Erlangung noch größerer politischer Machtfülle zu bedienen; die Hoffnungslosigkeit des einzelnen Staatsbürgers, der sich mit dieser Macht und ihren Ausflüchten konfrontiert sieht; die Verwirrung, die wir alle empfinden, wenn wir einen Ausweg aus dem Umweltdilemma suchen. Um eine Verbindung zwischen der Logik der Ökologie und der Realität herzustellen, müssen wir sie zu den gesellschaftlichen, politischen und wirtschaftlichen Kräften in Beziehung setzen, die sowohl unseren Alltag als auch den Gang der Geschichte bestimmen.«[42]

Immer mehr hervorragende Geister erkennen allerdings das Problem und versuchen, aus der neuen Lage ein anderes Weltbild zu entwikkeln. So hat der 1974 verstorbene Staatsrechtler Ernst Forsthoff 1972 in einem Vortrag die neue Aufgabenstellung definiert: »Die Situation, um die es hier geht, ist von Grund auf anders. Hier haben wir auf der einen Seite die technische Realisation, eine geschichtsmächtige Potenz, von Menschen getragen und von mächtigen organisierten Interessen gefördert, auf der anderen Seite kein organisiertes Interesse, keine religiöse, weltanschauliche oder sonstwie formierte soziale Gruppe, sondern das schlichte Interesse von jedermann. Diese Gegenüberstellung bezeichnet eine aufkommende Konfliktlage; . . . Diese Konfliktlage ruft nach dem Staat. Denn wer wäre sonst berufen, als Beschützer der Interessen von jedermann und damit als Hüter des Gemeinwohls im schlichtesten Sinne des Wortes in die Schranken zu treten, als er? Es fehlt nicht an Stimmen, die den Staat als Opfer der gesellschaftlichen Mächte bereits totgesagt haben. Das ist eine Meinung, die ihren Wahrheitsbeweis noch nicht erbracht hat. Die Zukunft muß lehren, ob wir der Macht der organisierten Interessen wehrlos ausgeliefert sind. Sollte es so sein, so wären die Konsequenzen unübersehbar.«[43]

Forsthoff entwickelt seine Forderung als Antwort auf die »technische Realisation«, die seit über 100 Jahren die Welt beherrscht. Den ganzen Umfang der Bedrohung hat aber auch er nicht berücksichtigt. Da er sich nur mit dem Umweltschutz im engeren Sinne befaßte, durfte er noch ziemlich hoffnungsvoll sein. Er sah jedoch schon realistisch, daß wir den organisierten Interessen bereits soweit ausgeliefert sein könnten, daß eine Wende unmöglich ist. Der Staat müßte erst seine Handlungsfreiheit zurückgewinnen. Dies kann er nur, wenn er sich aus den Verflechtungen mit den Interessengruppen zu lösen vermag. Erst dann wird er seine Politik nicht mehr auf den Tag abstellen müssen, sondern auf die Zukunft richten können.

Mehrproduktion als Machtentfaltung

Wie steht es nun mit der sozialistischen Wirtschaft des Ostens? Wie behandelt diese die Erde ihrer Völker? Die Antwort ist kurz: genauso!

Aber hier stand doch nun wirklich gleich am Anfang eine große Theorie. Diese beansprucht sogar, nicht nur die Wirtschaft, sondern die ganze Geschichte in ihrem zwingenden Ablauf erkannt zu haben. Leider war diese Theorie im entscheidenden Punkt genauso falsch wie die westliche.

Karl Marx beschreibt in seiner Mehrwerttheorie, daß Kapital und Arbeit in den Warenwert eingehen und sagt: »Das Kapital besteht aus Rohstoffen, Arbeitsinstrumenten und Lebensmitteln aller Art, die verwendet werden, um neue Rohstoffe, neue Arbeitsinstrumente und neue Lebensmittel zu erzeugen. Alle diese Bestandteile sind Geschöpfe der Arbeit, aufgehäufte Arbeit.«[44] Gerade das sind sie eben nicht! Ohne die Erde und ihre Bestände gäbe es weder Rohstoffe noch könnten Lebensmittel wachsen. Aber Marx darf nicht anerkennen, daß diese Güter einen Eigenwert haben, weil dann seine Theorie nicht mehr stimmen würde, daß diese Güter Ergebnisse der Arbeit seien. Hans Binswanger weist auf Karl Marx' Aussage im 1. Band des Kapitals hin[45], daß »jeder Fortschritt der kapitalistischen Agrikultur ... nicht nur ein Fortschritt (ist) in der Kunst, den Arbeiter,

210

sondern zugleich in der Kunst, den Boden zu berauben, jeder Fortschritt in der Steigerung seiner Fruchtbarkeit für eine gegebene Zeitfrist (ist) zugleich ein Fortschritt im Ruin der dauernden Quellen dieser Fruchtbarkeit ... Die kapitalistische Produktion entwickelt daher nur die Technik und Kombination des gesellschaftlichen Produktionsprozesses, indem sie zugleich die Springquellen allen Reichtums untergräbt: die Erde und den Arbeiter.«[46] Dieser wichtige Gedanke bleibt aber bei Marx ebenso ohne Folgen wie gelegentliche ähnliche Überlegungen westlicher Theoretiker.

Karl Marx will eben den gesamten Mehrwert der geleisteten Arbeit gutschreiben. Den Betrug der Kapitalisten erblickt er darin, daß sie das nicht tun. Natürlich wäre es möglich gewesen, diesen Mehrwert sofort an die Arbeiter oder an die ganze Bevölkerung zu verteilen, anstatt Kapital zu bilden. Dann wäre aber die Erschließung immer weiterer Rohstoffquellen und der Aufbau neuer Industrien nicht möglich gewesen. Die Kapitalisten im Westen haben sich im eigenen Interesse und im Interesse der Nachkommen (auch der Arbeiter) – so wie man deren Interesse bis heute verstand – für die immer erneute Kapitalanlage und damit für die Produktionssteigerung größten Umfanges entschieden. Und die Kommunisten in der Sowjetunion taten später genau dasselbe. Sie ließen die lebenden Arbeiter zugunsten zukünftiger Arbeiter schuften. Dies mußten sie in einem noch viel stärkeren Maß tun, als Rußland einen enormen Rückstand aufzuholen hatte. Durch diese Gewaltkur ist die Sowjetunion – auch ohne Profitmotiv – zu den industrialisierten Ländern vorgestoßen.

Hier wie dort gelang es im Laufe der Geschichte, die Ausbeutung der menschlichen Arbeitskraft zunehmend durch die Ausbeutung der Erde zu ersetzen. Die Voraussetzung dafür war aber der Reichtum der Erde – und nicht der Besitz von Kapital. Das Kapital haben sich auch die sowjetischen Machthaber aus der Erde geholt. B. de Jouvenel meint, daß eine Revolution dazu nicht notwendig gewesen wäre. Zumindest decken sich die Erscheinungen beider Gesellschaften (USA und SU) »in auffallender Weise: ihr Hauptinteresse besteht trotz enormer Widersprüche ideologischer Art in der Steigerung der Produktivität«.[47]

In ihren Anfängen erhob die sozialistische Literatur die Forderung nach Gleichheit und sozialer Brüderlichkeit und verband damit die »klassische Haltung der Mäßigung der Bedürfnisse«[48], wie Bertrand de Jouvenel darlegt; wogegen sie die industrielle Expansion mit Mißtrauen verfolgte. Aber die Maschinen faszinierten bald auch das revolutionäre Rußland, da sich in ihnen die Herrschaft des Menschen über die Natur manifestierte. Das Gefühl dieser Herrschaft haben die sowjetischen Führer aus dem Westen übernommen, »um aus ihm ein Prinzip zu machen; dabei haben sie all das ausdrücklich formuliert, was andernorts unausgesprochen schon wirksam war«.[49] Carl Amery stellt es farbig dar: »Der Held ist der Mehrarbeiter, der Recke der Realitäts-veränderung im Sinne der Produktionssteigerung . . . Hier wird das Pathos generiert, auf das es noch in allen Sozialismen ankam: der homo oeconomicus des Adam Smith wird ja vom Sozialismus keines-wegs geleugnet. Wenn überhaupt, soll er durch die Ökonomie, durch die Ordnung der Volks- und Weltwirtschaft überwunden werden. Unzählige Orden, Bulletins, Fünf- und Mehrjahrespläne, Romane und Filme, das ganze Arsenal der Traktor- und Fabrik-Propaganda, der Erzeugungsschlachten zwischen Elbe und Amur dient doch wohl dazu, zu beweisen, daß erst mit dem Sozialismus die Ausbeutung der Erde so richtig in Schwung kommen wird; oder was soll es sonst beweisen? Worin unterscheidet sich aber dieses Pathos von der Fetischisierung der Ware, die man dem kapitalistischen Westen vorwirft – jedenfalls in der Auswirkung auf das Selbstverständnis des Menschen in dieser Welt?«[50]

Auch für den Umweltschutz war dort bisher kein Raum. Der Produk-tionserfolg hatte den Vorrang – »über Sieger wird nicht zu Gericht gesessen« stellte das Regierungsblatt Iswestija in einem Leitartikel zum Problem des industriellen Umweltschutzes fest.[51]

Der Ökologe Gerhard Helmut Schwabe meint wie viele andere, daß die Entwicklungstendenz des kapitalistischen wie des sozialistisch-kol-lektiven Systems »vorerst auf Verdichtung der Selbstbedrohung ge-richtet« ist; denn auch hier wird das »Wohl der Menschheit« als Auftrag zum materiellen Fortschritt verstanden, der mit missionari-schem Eifer betrieben wird.[52]

Für den Osten wie für den Westen trifft Hans Freyers Feststellung zu: »Was das Bewußtsein seiner weltgeschichtlichen Bedeutung betrifft, hat das industrielle Zeitalter niemals unter übergroßer Bescheidenheit gelitten. Es hat das Unternehmen, das in ihm begann, nicht als die bloße Umbildung einer Sozialordnung in eine andere, sondern als den Durchbruch zu einer schlechthin neuen, wohl gar zur endgültigen Lebensform der Menschheit betrachtet. In einigen seiner Ideologien ist der Übergang zur Industriekultur zu einer Weltwende aufgedonnert und mit Worten beschrieben worden, die aus dem Sprachschatz reli-giöser Eschatologien stammten, und selbst Theorien, die mit dem

Anspruch auf Wissenschaftlichkeit auftraten, waren in dieser Hinsicht kaum zurückhaltender.«[53]

Das Sendungsbewußtsein des Kommunismus und seine bedrohte Lage während der ersten Jahrzehnte der Sowjetunion hatten ungeheure Anstrengungen auf Verstärkung der Macht zur Folge. Die Industrialisierung und die radikale Ausbeutung der Natur stehen im Dienste der Machtentfaltung des Staates. Man kann allerdings auch mit Bertrand de Jouvenel die Macht als eine »Lektion des Abendlandes« begreifen und mit ihm schließen, »daß der Westen seine eigene Lehre noch am schlechtesten praktiziert hat: die Sowjetunion beherrscht sie besser . . . Die industrielle Revolution im Westen hat die hinderlichen Traditionen allmählich überwunden. Hier war der ökonomische Fortschritt eine Art Hindernislauf – in Rußland dagegen räumte man alle Hindernisse rücksichtslos aus dem Weg.«[54]

Die Sowjetunion hat sich als Staat völlig mit der Technik identifiziert. Folgerichtig gab es in der sowjetischen Regierung schon seit je Ministerien für die verschiedenen Bereiche der Technik und der Wirtschaft. Lenin sagte: »Erst dann, wenn das Land elektrifiziert ist, wenn die Industrie, die Landwirtschaft und das Verkehrswesen eine moderne, großindustrielle Grundlage erhalten, erst dann werden wir endgültig gesiegt haben.«[55]

Dieser wie viele andere Aussprüche, aber noch mehr die Fakten beweisen, daß Technik und Wirtschaft als Hauptelemente der Macht des sowjetischen Systems gesehen werden müssen. Wilhelm Fucks glaubt für alle Länder nachweisen zu können, daß ihre Macht ein Produkt aus Stahl- und Energieproduktion sowie der Bevölkerungsgröße ist (›Formeln zur Macht‹, 1965).

Rußland hatte im I. Weltkrieg besonders drastisch erfahren, daß die Grundlage der militärischen Stärke nicht mehr die reine Menschenzahl war. Früher hatte man in Europa noch Krieg führen können, indem man Menschen besoldete. Im 20. Jahrhundert muß man dazu eine gewaltige Industrie haben, die dann jederzeit in eine Rüstungsindustrie umgewandelt werden kann. Im Zuge dieser Wandlung hatte Deutschland schon im vorangehenden 19. Jahrhundert die Vormacht auf dem europäischen Kontinent gewonnen, die Vereinigten Staaten aber den I. und den II. Weltkrieg entschieden.

Was die Vereinigten Staaten so nebenher erledigen konnten, dazu bedurfte es in der Sowjetunion einer gewaltigen Kraftanstrengung aller Völker. Der Erfolg führte zur Gleichrangigkeit mit den USA auf militärischem Gebiet bis hin zum atomaren Patt. Dafür mußte aber ein sehr hoher Preis entrichtet werden: die Arbeitskräfte, Rohstoffe und Energien der Sowjetunion wurden zu einem viel höheren Anteil von den Rüstungsindustrien verbraucht, als das im Westen jemals der Fall war, wo der materielle Wohlstand außer in Kriegszeiten stets den Vorrang hatte.

Da die Rüstungen immer dem höchsten Stand der Technik entsprechen müssen, liegt in ihnen eine weitere Ursache des weltweiten Aufbaus der Industrie. Aber nicht nur das. Die Forcierung der Kriegstechnik hat gewaltige Neuerungen mit sich gebracht, die dann auch sehr schnell im zivilen Bereich eingesetzt wurden. Die spektakulärsten sind Kernenergie, Radarwellen und Raketentechnik. Insofern ist der Krieg tatsächlich der »Vater«, wenn nicht aller, so doch vieler Dinge. In diesen Fällen allerdings nicht zum Heile der Menschen; denn einigen unter ihnen wurde mit dem Atom die Macht in die Hand gegeben, über Nacht die ökologische Vernichtung des Planeten auslösen zu können. An diese Drohung hat sich die Menschheit inzwischen bereits gewöhnt. Sie hat ja auch gar keine Zeit, weiter darüber nachzudenken, da sie so ungeheuer intensiv an der mittelfristigen Vernichtung der Erde arbeitet. Da diese aber weniger spektakulär, vielmehr schleichend daherkommt, wird sie auch gefährlicher, vor allem unausweichlicher als die atomare Vernichtung werden. Denn sie bleibt nicht nur weitgehend unbemerkt, sie läuft auch dann weiter, wenn keine Entschlüsse gefaßt werden. Die Entwicklung der Welt wird heute viel stärker von den vielen Dingen bestimmt, die unentschieden bleiben, als von den wenigen, die echt entschieden werden. Zur Auslösung eines Atomkrieges ist immerhin der Entschluß einiger – wie wir hoffen – verantwortungsvoller Staatsmänner nötig.

In unserem Zusammenhang interessiert der Druck zur Produktionssteigerung, der von dem Machtstreben der Staaten, insbesondere der Großmächte, ausgeht. Denn auch für die Rüstung werden enorme Vorräte der Erde verbraucht. Dennoch ist festzustellen, daß Naturvölker und auch die Staaten der Antike und des Mittelalters einen größeren Anteil ihrer Wirtschaftskraft für ihre Bewaffnung aufgewendet haben als die Neuzeit. Der relative Anteil der Rüstungsausgaben am Sozialprodukt geht in der Welt sogar seit 1952 langsam zurück.[56] Aber angesichts der absoluten Mengen an Rohstoffen und Energien, die von den Mächtigen heute der Erde entnommen werden, sind allerdings die früheren Einsätze für die Rüstung lächerlich gering gewesen – nicht anders als bei der Produktion friedlicher Güter.

214

Der Ost-West-Gegensatz

Der Ursprung des großen Gegensatzes zwischen Ost und West ist ein wirtschaftstheoretischer. Es geht (ideologisch) darum, wer sich schneller dem Ziel des allgemeinen Überflusses zu nähern vermag. Der »Wettkampf der Systeme« ist, soweit es sich um einen friedlichen Wettstreit handelt, ein Wettkampf um die vollendetste Ausbeutung der Erde. Das Ziel des Westens ist dabei der Profit, der natürlich auch die Macht erhöht; das des Ostens die Macht, die auch persönliche Profite bringt. »Jedenfalls ist die sozialistische wie die kapitalistische Wirtschaftstheorie ohne Berücksichtigung der begrenzten Kapazität des biologischen Kapitals, wie es das Ökosystem nun einmal darstellt, entwickelt worden. Infolgedessen hat auch noch keines der beiden Systeme eine Methode entwickelt, seine Wirtschaftsstruktur den ökologischen Erfordernissen anzupassen. Keines der beiden Systeme ist ausreichend auf die Konfrontation mit der Umweltkrise vorbereitet . . .«[57] Wie sollte das auch anders sein. Beide Systeme haben die gleiche Wurzel: den Fortschrittsglauben des 19. Jahrhunderts.

Der im 18. Jahrhundert ursprünglich geistig verstandene Gehalt des Fortschrittsglaubens hatte im 19. Jh. einen neuen Inhalt bekommen. »Fortschritt hieß nun: Fortschritt der Industrie und der ihr gemäßen Lebensform, und was entgegenstand, wurde zum Exponenten des Rückschritts oder zum Relikt der alten Zeit . . .«[58] Das ist die Art Fortschritt, wie ihn die Unternehmer und die Gewerkschaften gleichermaßen auf ihr Banner geschrieben haben. Und die heutigen Parteien, die – so gut wie alle – Wirtschaftsparteien sind, wollen auf jeden Fall bei den Kriegsgewinnlern sein in diesem ach so erfolgreichen Krieg gegen die Erde. Sie wollen auch profitieren, indem sie jeden »Fortschritt« als ihr Verdienst hinstellen, und sie überbieten sich tagtäglich in Ankündigungen noch größerer Fortschritte. Ja, sie sind wie die Spürhunde unterwegs, um etwas zu finden, was eine andere Partei noch nicht gewittert hat. Laut schreiend verkünden sie dann das Versäumnis an »Fortschritt«. Dabei ist es beinahe belanglos, ob sie sich näher an die Unternehmer oder näher an die Arbeitnehmer halten. Die Stoßrichtung ist immer die gleiche: »Mehr Wachstum – materielles Wachstum! Wohlstand für alle!«

Unter »Fortschritt« versteht man heute fast nur den materiellen – und den der Wissenschaft natürlich; aber diesen nur, soweit man von ihm weiteren materiellen Fortschritt erhofft. Eigenartigerweise verkündet man seit über 100 Jahren den Materialismus. Und dennoch hat man

215

kurioserweise bis heute noch nicht begriffen, daß Materialismus vor allem eines nötig hat: Materie und immer wieder Materie! Der Materialismus einer exponentiell wachsenden Menschheit braucht soviel Materie, wie sie dieser Planet auf Dauer überhaupt nicht, ja nicht einmal für Jahrhunderte ausreichend, liefern kann! Eigenartige Materialisten sind das! Sie sind eben keine Realisten, sondern Glaubensfanatiker, Anhänger des dümmsten, aber auch des gefährlichsten Glaubens, den die Menschheit bisher hervorgebracht hat.

Das ist im Westen nicht anders als im Osten. Seit der Materialismus nach amerikanischem Vorbild in Europa endgültig eingeführt wurde, ist er auch hier zu einer Ersatzreligion aufgestiegen, der nun sogar große Teile der christlichen Pastorenschaft willig Gefolgschaft leisten. Die Werte dagegen, die der Westen zu verteidigen vorgibt, liegen völlig mißachtet auf den Abfallhalden der Geschichte herum.

Da weder die alte Religion, weder der geistige Freiheitsraum oder die kulturellen Werte im Westen noch hoch veranschlagt werden, bleibt als Vergleichsmaßstab mit dem Osten nur der »Lebensstandard«. Und der steigt in kommunistisch regierten Ländern auch. Darum ist die Differenz zwar noch groß, aber eben nur relativ. Wo können da noch Widerstandskräfte mobilisiert werden, zumal sich auch im Westen das Gefühl verbreitet, daß der Materialismus in ein Stadium kommt, wo es ohne Planung nicht mehr gehen wird?

Warum konnte der schon mit soviel theoretischen Fehlern behaftete Marxismus in den letzten Jahren wieder einen solch erstaunlichen Auftrieb erhalten? Weil der an geistiger Schwindsucht leidende Westen ihm nichts anderes entgegenzusetzen vermochte als den stupiden Beweis, daß er mehr Güter produzieren könne. Was im nordatlantischen Bereich nach dem II. Weltkrieg vor sich ging, war der – zunächst wahrscheinlich gar nicht beabsichtigte – Versuch, den Materialismus durch noch mehr Materialismus zu widerlegen.

Zum eigentlichen Hauptgegenstand des Streites entwickelte sich somit nach dem II. Weltkrieg die Frage: Wer frißt die Erde schneller kahl? Um den Sieg in diesem Wettstreit kämpfen die beiden gewaltigsten Machtzusammenballungen, welche die Erde je hervorgebracht hat. Doch beide sind hohl an Sinn. Ihre einzige Sinnbestimmung liegt nur noch darin, Sieger in einem Wettstreit zu bleiben, der sich jetzt als ein Wettlauf zum Abgrund herausstellt. Dieser Abgrund wird nicht gesehen, weil der Materialismus beider Seiten unfähig ist, die nutzbare Materie als einmaliges Ergebnis der Zeiten zu erkennen.

In der westlichen Wirtschaft fehlte bisher jede zeitliche Komponente.

Im Osten gibt es Pläne, Fünfjahres- und Perspektivpläne. Aber auch diese orientieren sich nicht an der Zukunft, sondern die Zukunft soll nach dem Plan verlaufen, der aufgrund heutiger – nicht künftiger – Forderungen aufgestellt wird. Planmäßig ist vor allem die Steigerung.[59] Anscheinend hat auch die kommunistische Partei das Gefühl, daß dies ihr hauptsächlicher Berechtigungsnachweis ist. Der Konkurrenzkampf zwischen Ost und West liefert also noch zusätzliche Antriebsmotive für die industrielle Mehrproduktion, nicht nur im Bereich der Rüstung.

Die heutige Auseinandersetzung zwischen Ost und West wird aber in einer zukünftigen Geschichtsschreibung (falls es die noch geben wird) etwa den gleichen Rang einnehmen wie der Dreißigjährige Krieg in unseren Augen. Wie dieser eine Auseinandersetzung um den »rechten Glauben« innerhalb des Christentums war, so ist der jetzige Kampf eine Auseinandersetzung unter den Fortschrittsgläubigen über den schnellsten Weg des »Fortschritts«.

Dieser Krieg ist ab 1917 mit einem solchen Fanatismus ausgetragen worden, wie er nur zwischen den Anhängern einer Religion ausgetragen werden kann, wenn beide Parteien für sich in Anspruch nehmen, allein im Besitz der rechten Lehre zu sein. Ein weiterer Glaubenskrieg unter ideologischen Brüdern findet in diesen Jahren zwischen der Sowjetunion und China statt.

Der materielle Fortschrittsglaube unserer Zeit verdummt die Völker in weit gefährlicherer Weise, als dies jemals eine Religion zustande brachte, die ja nach Aussage der Verfechter der einen Fortschrittspartei »Opium für das Volk« gewesen sein soll. Alexander Rüstow schreibt in der schon genannten Arbeit: »Diese entfesselte Begeisterung für den technischen Fortschritt, und zwar für den Fortschritt rein als solchen, abgesehen von jeder Zweckmäßigkeit und jeder Nützlichkeit, nimmt so geradezu den Charakter einer dämonisch unseligen Erlösungsreligion an, des unheimlich-ziellosen Kreuzzuges einer rekordwütigen Höchstleistungsbegeisterung um jeden Preis. Und wie jede Theologie, so fordert paradoxer- und gespenstischerweise auch diese gottlose Religion des entfesselten Rationalismus zuletzt das sacrificium intellectus: Jede Frage nach dem Sinn des Ganzen, jeder Zweifel, ob Aufwand und Opfer auch lohnen, ist schon Sünde wider den Geist und unverzeihliche Glaubensschwäche. Religiöser Wahnsinn wird zur Pflicht. Es gibt nur noch eine Parole: Vorwärts! Vorwärts!«[60]

Der totale Sieg endet in der totalen Selbstvernichtung

Die Religion des Fortschritts hat allerdings den transzendenten Heils-
lehren eines »voraus«: sie wird ihre totale Pleite noch auf dieser Erde
erleben – und das in ziemlich kurzer Frist. Diese Hoffnung können alle
die haben, die noch einigermaßen bei Vernunft geblieben sind, oder
diejenigen, die sie jetzt langsam wiedererlangen. Denn das wird jetzt
jedem klar, der nicht völlig mit Blindheit geschlagen ist: Unsere
modernen Wirtschaftsformen stehen nicht darum am Ende ihrer Möglichkeiten, weil sie erfolglos waren, oder weil sie zu wenig Erfolg
hatten – sondern gerade wegen ihrer grandiosen Erfolge.

Es steht außer allem Zweifel, daß die freie Wirtschaft und in geringerem Maße auch die Planwirtschaft großen Teilen der Menschheit zu
einem materiellen Lebensstandard verholfen hat, der früher unglaublich erschien. Das Leistungsprinzip hat gerade dort, wo es ein höheres
Maß an Freiheit ließ, zu einem Wettstreit der Ideen, der angewandten
Wissenschaften und Techniken, der vorteilhaftesten Kapitaleinsätze
und der Arbeitsleistungen geführt. Den Erfolg zeigen die immer steiler
in die Höhe schießenden Kurven der Produktion, an der alle Beteiligten mehr oder minder profitierten. Diejenigen hatten dabei den größten Vorteil, die den höchsten Anteil an Rohstoffen und Energien mit
der geringsten Rücksicht auf die Umwelt verarbeiteten.

Der Erfolg ist so groß, daß heute von manchem Rohstoff in einem Jahr
schon $1/20$ des gesamten bekannten Weltvorrats verarbeitet wird, während wenige hundert Jahre zuvor nur ein verschwindend kleiner
Bruchteil des Vorrats angegriffen wurde. In unserer Produktionsfor-
mel betrug damals vielleicht $\frac{R}{Z} = \frac{1}{1\,000\,000}$ oder noch weniger. Aber
selbst der jetzige Verbrauch genügt den heutigen Regierungen, Partei-
en, Unternehmern, Gewerkschaften noch nicht. Sie versprechen, den
Verbrauch auf $1/15$, ja auf $1/10$ pro Jahr zu erhöhen, und sie betonen die
absolute Notwendigkeit einer solchen Politik. Und die meisten Menschen glauben ihnen auch – noch.

Sämtliche Prinzipien, nach denen wir heute handeln, sind zu einer Zeit
entwickelt worden, als die Menschheit mit der Vorstellung von einer
unendlichen Erde lebte, die noch dazu schwach besiedelt war. Es
waren die Zeiten, zu denen sich der Mensch gegenüber den Naturkräf-
ten klein und hilflos fühlte und seine eigenen Machtmittel, mit den
heutigen verglichen, geradezu armselig waren. Aber: »Ideen, die wir in
den Tagen der Armut entwickelt haben, sind jedoch in einer Wohl-
standsgesellschaft ein schlechter Führer.«[61]

Adam Smith ging davon aus, daß jede private Verfolgung der eigenen Interessen sich zum gemeinsamen Wohl des Ganzen entwickeln würde. Da wir uns heute aber im rasenden Tempo den Grenzen nähern, die der Erdball der menschlichen Expansion setzt, muß sich die Summe der vielen privaten Entscheidungen, wie die der Regierungen, destruktiv auswirken. Die Produktion, die heute jemand zu seinem Nutzen aufnimmt, vermindert die zur Verfügung stehenden Rohstoffe für andere Güter, die vielleicht weit lebenswichtiger sind. Hier führt das freie Spiel der Kräfte zwar zum höchstmöglichen Nutzen in der Gegenwart, aber mit der Folge unausweichlichen Mangels in der Zukunft. Am Ende steht nicht das größtmögliche Glück für die größtmögliche Zahl, sondern das schnellstmögliche Nichts für die größtmögliche Zahl.

Die erschreckende Erkenntnis unserer Tage heißt: Je gewaltiger die Erfolge in den Himmel wachsen, desto furchtbarer wird die Katastrophe sein!

Im Sturmlauf des Fortschritts hatte der Mensch geglaubt, die Natur ohne Gegenleistung plündern zu können. Er hat sich aber nur selbst betrogen, weil er Schulden auf dem Konto »Zukunft« anhäufte. Diese Schuldforderung wird niemals bezahlt werden können! Wir haben nachgewiesen, daß unsere heutige Lebensweise auf Kosten der Zukunft geht – unser Reichtum ist deren Armut. Wenn Pierre Bertaux meint, es sei unsere Aufgabe, »die Zukunft zu kolonialisieren«, weil der Raum verbraucht ist, dann ist dies ein weiterer verheerender Irrtum; denn die Zukunft wird bereits lange von uns mitverbraucht.[62]

Die kommende Armut, verteilt auf eine wachsende Zahl von Menschen, wird zu noch größerer Armut führen. Und der Mangel wird um so katastrophalere Ausmaße annehmen, je weiter der Verbrauch heute gesteigert wird.

Es ist sicher kein Zufall gewesen, daß die Europäer, als sie in Nordamerika einen menschenleeren Kontinent entdeckten, der fast so groß war wie das bekannte Eurasien, gerade dort eine Kultur der absoluten Verschwendung aufbauten. Diese ist inzwischen als die ineffektivste Kulturform erkannt worden, die die Menschheit je hervorgebracht hat. Deren Methoden übernommen zu haben, ist der schlimmste Fehler, den Europa je gemacht hat. Nach dem II. Weltkrieg pilgerten die Unternehmer und Manager nach drüben, um sich dort die Fertigkeiten anzueignen, wie man mit noch mehr Verschwendung noch mehr Geld machen kann. Die Japaner wurden beneidet, weil sie offensichtlich das Gelernte noch radikaler in die Tat umsetzten.

Der totale Krieg der Menschen gegen die Erde befindet sich im Endstadium. Der totale Sieg ist errungen. Es gibt längst keine Macht mehr auf der Erde, die den Menschen noch erfolgreichen Widerstand entgegensetzen könnte. Das bestehende System funktioniert glänzend – leider zerstört es seine eigene Grundlage. Damit ist es ein »programmierter Selbstmord«, wie Gordon R. Taylor es nennt. Und Barry Commoner stellt fest: »Das gegenwärtige Produktionssystem ist selbstzerstörerisch; der gegenwärtige Kurs, den die menschliche Zivilisation steuert, selbstmörderisch.«[63]

Diese Entwicklung war nur möglich, weil der Mensch die Natur als Gegner betrachtete, lediglich zur Ausbeutung geeignet. »Der moderne Mensch empfindet sich nicht als Teil der Natur, sondern als eine ihr fremde Kraft, deren Vorausbestimmung es ist, die Natur zu beherrschen und zu erobern. Er spricht sogar von einem Kampf mit der Natur und vergißt dabei, daß er zu den Verlierern gehören würde, wenn er die Schlacht gewänne. Bis vor nicht allzu langer Zeit hat der Mensch in diesem Ringen soweit die Oberhand gewonnen, daß er sich im Besitz unbeschränkter Machtvollkommenheit wähnen konnte, aber doch nicht so, daß die Möglichkeit eines totalen Sieges in Reichweite gerückt war. Heute aber sind wir soweit, und manche Zeitgenossen – mögen sie auch einstweilen eine kleine Minderheit darstellen – beginnen zu begreifen, was das für das Fortbestehen der Menschheit bedeutet.«[64]

Die Wachstumsfanatiker, die seit dem II. Weltkrieg die Welt in Ost und West beherrschen, haben die Völker in keinen geringeren Rausch versetzt als Hitler seinerzeit das deutsche Volk. Er versprach das Tausendjährige Reich in Macht und Wohlstand. Für ihn gab es keine anderen Grenzen als die Kraft seines eigenen Wollens. Nach zwölf Jahren war er an den Grenzen der Mitwelt gescheitert. Der heutige wirtschaftliche Rausch begann etwa um 1900, nach dem Ende des I. Weltkrieges hatte er Rußland erfaßt und nach dem II. Weltkrieg den Rest der Welt. Anfangs gab es nur Siegesmeldungen, mit Fanfaren, Tag für Tag, die Zahlen wurden immer größer. Heute beginnt bei einigen der Zweifel, ob denn immer noch mehr ungestraft erobert werden kann. Nach etwa 120 Jahren (von 1900 ab gerechnet) wird die ganze Welt dort angekommen sein, wo Hitler 1945 endete – es sei denn, die Menschen, die jetzt die Feinde der Erde sind, schließen schnell Frieden mit ihr.

Jede Periode enthält nach Hegels Wort schon den Keim zu ihrem Gegensatz in sich. Dieser Gegensatz ist längst nicht mehr der zwischen östlichem Kommunismus und westlichem Kapitalismus; denn beide sind am Ende.[65] Sie werden beide durch ein neues Prinzip abgelöst werden – die Frage ist nur, ob dies unter dem Zwang der Naturgesetze (durch Katastrophen) geschieht oder aufgrund menschlicher Einsicht.

Teil III Die Planetarische Wende

1. Das Denken von den Grenzen her

*Es wird eine umfassende Bewegung ent-
stehen, und die Massen werden begreifen,
daß die Welt begrenzt ist.*

Sicco Mansholt

Der Raumschiff-Schock

Was die Menschheit in diesen Jahren erfährt, wird bei ihr den größten
Schock hervorrufen, der ihr in der gesamten bisherigen Geschichte
widerfahren ist. Nicht mehr der Mensch bestimmt den Fortgang der
Geschichte, wie er bisher glaubte, sondern die Grenzen dieses Plane-
ten Erde legen alle Bedingungen fest für das, was hier noch möglich ist.
»Zum ersten Mal in ihrer millionenjährigen Geschichte stehen die
Menschen in ihrer Gesamtheit vor einer Gefahr auf Leben oder
Tod.«[1]
Wir haben kein entsprechendes Ereignis zum Vergleich, es sei denn
die Kopernikanische Wende. Die Analogie zu diesem Einschnitt besteht jedoch nur formal. Die Entdeckung, daß sich die Erde um die
Sonne drehte, hatte zwar erkenntnistheoretische Bedeutung und war
für die Astronomie bahnbrechend. Aber für das Leben des einzelnen
wie für die Gesamtheit der Menschen blieb es völlig unwichtig, ob die
Erde nun um die Sonne wandert oder umgekehrt. Es gibt viele
Millionen Menschen, die wissen es heute noch nicht oder glauben es
einfach nicht, daß die Erde um die Sonne kreist, ohne daß dies für
ihren Alltag einen Unterschied ergäbe. Die Ereignisse auf der Welt
liefen weiter wie eh und je. Auch jetzt konnte noch der Grundsatz
gelten: Der Mensch ist das Maß aller Dinge! Der Mensch sah nach wie
vor nur sich selber und um sich nur das, was für ihn verwertbar war.
Die Welt schien auch weiter unendliche Möglichkeiten bereitzuhalten.
Schließlich wurden erst seit Kopernikus verschiedene Grenzen des
Raumes und der Zeit überwunden, das Menschenleben verlängert und
eine Fülle technischer Möglichkeiten eröffnet. »Die zur Überwindung

Die Fußnoten befinden sich am Ende des Buches, S. 360–361.

der natürlichen Widerstände gegen die Wachstumsprozesse eingesetzten technischen Mittel haben sich als so erfolgreich erwiesen, daß sich das Prinzip des Kampfes gegen Grenzen geradezu zu einem Kulturidol entwickelt hat und die Menschen nicht erlernten, Grenzen zu erkennen und mit ihnen zu leben. Diese Haltung wurde durch die offensichtlich überwältigende Größe der Erde und ihrer Rohstoffvorräte und die relative Winzigkeit der Menschen und ihrer Unternehmungen psychologisch verstärkt.«[2] Um so mehr kommt das jähe Begreifen der Grenzen einem Sturz aus dem Himmel der Illusionen auf den harten Boden der Tatsachen gleich. Das anthropozentrische Weltbild bricht in Stücke. Der Fixpunkt ist nun ein dem Menschen entgegengesetzter.

Die jetzige totale Wendung bedeutet, daß der Mensch nicht mehr von seinem Standpunkt aus handeln kann, sondern von den Grenzen unserer Erde ausgehend denken und handeln muß. Wir nennen diese radikale Umkehr die

Planetarische Wende.

Das bisherige Denken ging von den Wünschen und Bedürfnissen des Menschen aus. Er fragte sich:

Was will ich noch alles?

Das neue Denken muß von den Grenzen dieses Planeten ausgehen und führt zu dem Ergebnis:

Was könnte der Mensch vielleicht noch?

Es steht nicht im menschlichen Belieben, diese Umkehr anzunehmen oder abzulehnen. Sie wird jedem aufgezwungen. Die Planetarische Wende bleibt keine Theorie, sondern hat ganz konkrete Folgen für das Leben eines jeden: für die Versorgung mit allen lebenswichtigen Gütern, für die Gesundheit und für die Länge seines Daseins. Wenn auch die Ursachenkette nicht immer zu übersehen ist, die Folgen wird dennoch jeder am eigenen Leibe spüren und erleiden, auch derjenige, welcher die Planetarische Wende nie begreifen wird. Ja, sie wird schließlich über das Fortbestehen der Menschheit überhaupt entscheiden.

Die Erkenntnis der Endlichkeit dieses Planeten, die zugleich ein Begreifen der Ohnmacht und Hilflosigkeit des Menschen ist, muß – total erfaßt – ein tiefes Erschrecken auslösen. Etwa so, wenn die Bürger einer mittelalterlichen Stadt des Morgens erwachten und erkannten, daß sie vom Feind eingeschlossen waren – ohne jede Aussicht auf Entsatz, wenngleich die gut besetzten Mauern noch unbegrenzte Zeit standhalten würden.

Was taten sie? Sie stellten die Bestände all ihrer Vorräte fest. Sie rechneten aus, wie lange sie damit normalerweise reichen würden und sie errechneten, wieviel länger sie bei allersparsamstem Verbrauch reichen könnten – und dafür entschieden sie sich.

Gewiß sind die Vorräte des Erdballs nicht so leicht zu ermitteln wie die einer mittelalterlichen Stadt. Wir haben in diesem Buch eine grobe Bilanz versucht, die von vielen noch angezweifelt werden mag. Doch ein Streit darum beträfe lediglich kleine Fristen; das lohnt nicht. Wenn sich einiges als günstiger erweisen sollte, dann ändert das wenig: letztlich ist unsere Lage aussichtslos. Der Planet kann niemals mit Entsatz rechnen, ja er kann nicht einmal – wie die Stadt – kapitulieren und auf die Gnade des Feindes hoffen.

In unserem technischen Zeitalter liegt der Vergleich mit dem Raumschiff nahe. Als erster hat ihn wohl der damalige Botschafter der USA, Adlai Stevenson, in seiner letzten Rede vor der UNO gebraucht: »Wir alle reisen zusammen, sind Passagiere eines kleinen Raumschiffs, abhängig von seinen verletzlichen Vorräten an Luft und Boden; unsere Sicherheit ist seiner Sicherheit und seinem Frieden anvertraut; vor der Vernichtung sind wir lediglich durch die Sorgfalt, die Arbeit und, so meine ich, die Liebe geschützt, die wir unserem zerbrechlichen Fahrzeug schenken.«[3]

René Dubos knüpft daran die Überlegung: »Es wird nicht mehr lange dauern, dann sind alle Teile der Erdkugel kolonisiert und die Lieferung vieler Naturprodukte wird einen kritischen Stand erreichen. Sorgfältiges Haushalten, nicht Ausbeutung, wird dann der Schlüssel zum Überleben sein. Die Entwicklung von Stationen im Weltraum oder auf dem Meeresboden kann die Grenzen des menschlichen Lebens höchst unbedeutend verschieben. Der Mensch entstand auf der Erde, entwickelte sich unter ihrem Einfluß, wurde durch sie geformt und ist biologisch für immer an sie gebunden.«[4]

Nicolaus Sombart kommt zu dem gleichen Schluß: »Der Schritt von der hypothetisch-spekulativen zur effektiven Globalität war auch der Schritt aus der Welt der unbegrenzten Möglichkeiten in die endliche Welt – jenen ›monde fini‹, den Valéry, vielleicht als erster, mit Entsetzen signalisierte. Es gehört dazu, zu der neuen raumzeitlichen Struktur der Situation, das Gefühl, daß sie irreversibel und ohne Alternative ist. Ergriffen von dem ›Prozeß‹, können wir weder verhar-

227

ren noch zurück. Wir können aber auch nicht woanders hin. Wir sind auf Gedeih und Verderb an diesen winzigen Stern gekettet und müssen mit dieser unabänderlichen Tatsache fertig werden. Es gibt keine Ausweichmöglichkeiten, sondern nur den Willen, das Beste aus dieser fatalen Lage zu machen. – Planetarisierung heißt, daß die Menschheit total über ihren Planeten verfügt, gleichzeitig aber auch, daß sie ihm total anheimgegeben ist.«[5]

Die Erkenntnis, daß die Erde ein Raumschiff ist, hat zur Folge, daß man mit dem auskommen muß, was an Bord ist. Dieses Bild umreißt hinfort den Spielraum aller menschlichen Aktivitäten und damit das Maß an materieller Freiheit, das noch möglich ist. Die Wünsche des Menschen sind nichtig, wenn sie sich nicht innerhalb dieses Rahmens des noch Verfügbaren bewegen.

Aber alle Grundsätze, die sich die Menschen zurechtgezimmert haben, beruhen noch auf der Vorstellung der endlosen Welt, des »monde infini«. Diese Grundsätze finden wir in den Religionen, in den deklamatorischen Artikeln der Staatsverfassungen und neuerdings in den verschiedenen Menschenrechtserklärungen der UNO.

Heute hat sich nicht nur der Erkenntnisstand, heute haben sich die Realitäten geändert. Karl Marx hatte den Philosophen vorgeworfen, daß sie sich nur bemüht hätten, die Welt verschieden zu interpretieren, daß es aber darauf ankäme, sie zu verändern.[6] Inzwischen hat der Mensch die Welt tatsächlich verändert – und zwar so gründlich, daß ihm zu verändern nicht mehr viel übrigbleibt. Nach dem I. Weltkrieg sprach man von einer »Umwertung aller Werte«. Damals waren es nur die Werte, die verlorengegangen waren. Heute geht die Lebensgrundlage verloren. Darum ist eine radikale Bestandsaufnahme der übriggebliebenen Möglichkeiten die einzig wirklich dringende Aufgabe unserer Zeit. Dazu ist ein Beitrag zu leisten.

Es war klarzustellen, daß auf Dauer nur verbraucht werden kann, was jährlich wächst oder sich sonst irgendwie erneuert. Das, was fälschlicherweise »Wachstum« genannt wird, gründet sich aber auf die Art von Raubbau, die nur ein einziges Mal möglich ist. Die Verantwortung, welche die jetzige Generation trägt, ist ungeheuer. Dabei ist die Problematik bis heute längst noch nicht im vollen Umfang aufgedeckt. Es spricht für das Beharrungsvermögen, aber nicht gerade für die Intelligenz der Menschen, daß sie erst neuerdings zu begreifen anfangen, daß die Erde endlich ist.

Die Menschen streiten sich gegenwärtig noch darum, ob die Grenzen schon sichtbar sind oder nicht – und wer sie wegen seiner Kurzsichtigkeit nicht erkennen kann, folgert haarscharf, daß sie nicht vorhanden sind. Um es gleich zu sagen: Der größte Teil der Menschen, der hinten im Gedränge steht, wird sie niemals sehen. Der Inder, der von Tag zu Tag nur um sein nacktes Leben ringt, sieht zwar seinen Tod vor sich, aber nicht die Grenzen der Menschheit. (Soweit sein Tod ihn nicht schreckt, würden ihn allerdings auch die Grenzen nicht schrecken.) Aber wir, die wir die großen Pläne machen, wir sollten die Grenzen sehen, oder sind wir schon erblindet?

Bald wird es nicht mehr tragisch, sondern nur noch komisch erscheinen, wenn Menschen erklären, daß sie dieses und jenes haben »müssen«. Noch argumentieren sie gern, es sei »nicht menschenwürdig«, dieses und jenes entbehren zu sollen. Aber was ist das denn, »menschenwürdig«? Viele Bewohner Ostasiens betrachten ihr Leben als menschenwürdig, wenn sie täglich wenigstens eine Schale Reis haben. Für den Mitteleuropäer ist es sicherlich nur »menschenwürdig«, täglich mehrmals das zu essen, worauf er gerade Appetit hat, eine gut ausgestattete und geheizte Wohnung mit Fernseh- und anderen Geräten sowie ein Auto zu besitzen und jährlich mindestens eine Urlaubsreise zu unternehmen. Lebte demnach sein Großvater, der eine ganze Menge dieser Dinge noch nicht einmal erahnt, geschweige gesehen hatte, menschenunwürdig?

Man erkennt sehr schnell: die Menschenwürde kann niemals eine Frage des materiellen Besitzstandes sein. Der Anspruch auf Würde ist ein moralischer, der von dem Mitmenschen eine solche Behandlung erwartet, die jedem sein eigenes Dasein läßt. Dies ist auch der historische Ursprung des Wortes. Erst unsere materialistische Zeit, die alles in Geld umrechnet, hat daraus einen Anspruch auf »Lebensstandard« gemacht.

Wem gegenüber wollen die Menschen denn eigentlich einen materiellen »Anspruch« auf einen bestimmten Lebensstandard, auf eine Versorgung mit näher bezeichneten Gütern geltend machen? Wenn es die entsprechenden Natur- oder Rohstoffe auf der Erde nicht mehr gibt, dann ist der Anspruch genausoviel wert, wie es eine auf Deutsche Reichsmark lautende Banknote nach der Währungsreform von 1947 war. Wo nichts ist, hat selbst der Kaiser das Recht verloren, lautet eine alte Volksweisheit. Heute leben wir in einer Inflation der Ansprüche, die selbst die des Geldes übertrifft. Diesen Ansprüchen sehen sich heute die Regierungen aller Staaten gegenüber. Um an der Macht zu bleiben, versichern sie schleunigst, daß alle Ansprüche sehr berechtigt seien und auch erfüllt werden würden – und noch andere dazu!

Es gibt inzwischen ganze Kataloge von Ansprüchen. Allein die UNO verspricht: 1. Das Recht auf Kinder; 2. das Recht auf Arbeit und freie Wahl des Arbeitsplatzes; 3. freie Wahl des Wohnortes. Die deutsche Bundesregierung will noch einen »Anspruch auf gesunde Umwelt« in das Grundgesetz der Bundesrepublik Deutschland aufnehmen. Wieder so ein geduldiges Papier, das ohne Deckung ausgestellt wird! Um eine Basis dafür zu schaffen, müßte zunächst einmal die »Pflicht eines jeden Bürgers, die Umwelt zu erhalten« grundgesetzlich verankert werden! Aber mit einer Pflicht könnte man ja Wähler verschrecken; mit einem Recht dagegen wird man ihnen eitel Freude bereiten. Man muß die Befürchtung hegen, daß zwei Ideen, die größte Menschenmassen zur Gefolgschaft begeistert haben – nämlich die Lehre Christi und die des Dr. Marx – nur darum so erfolgreich waren, weil sie höchst freigebig im Verteilen von Ansprüchen waren: den Anspruch auf das Himmelreich verhießen die einen, den Anspruch auf ein friedliches Erdendasein im Überfluß versprachen die anderen.

Alle diese Ansprüche sind aus der Vorstellung einer Welt ohne Grenzen entstanden. Wer heute noch der Steigerung der Ansprüche das Wort redet, der arbeitet nicht nur auf eine Katastrophe, sondern auf die größtmögliche Katastrophe hin. Ihn kann man nur als blinden Fanatiker bezeichnen, dessen Fanatismus, wie jeder Fanatismus, zum Tode führt. Seine Ratschläge laufen im Grunde darauf hinaus, daß wir uns wie Tierpopulationen verhalten sollen. Wenn eine Tierpopulation günstige Lebensbedingungen vorfindet, dann vermehrt sie sich hemmungslos und frißt bedenkenlos bis zu dem Punkt, wo die Gegenkräfte sie überwältigen und weit unter den Normalzustand dezimieren.[7]

Der Mensch ist physisch genauso wie andere Lebewesen konstituiert, und dennoch hat er für sich einen besonderen Status beansprucht und geglaubt, daß ihm dieser auch eingeräumt sei. Als ein Geschöpf dieser Erde jedoch bleibt er wie alle anderen irdischen Lebewesen den Gesetzen dieser Erde und damit den Grenzen des Planeten unterworfen. Die Frage stellt sich daher ganz hart: wie lange kann man die Befriedigung solcher Ansprüche sichern, die man sich selbst genehmigt hat? Wie lange man sie sichern will, das ist letztlich eine Frage der Verantwortlichkeit gegenüber den folgenden Generationen und somit eine Sache des Gewissens – oder der Gewissenlosigkeit. Die Menschen könnten sich für die freiwillige Anpassung entscheiden oder sie wenigstens versuchen.

Das Generationsgewissen

Wieweit reicht das menschliche Gewissen?

Die meisten Menschen denken nur an den heutigen Tag. In Meadows' »Grenzen des Wachstums« wird der Zentralpunkt jeder menschlichen Sorge in ein Koordinatensystem eingetragen[8], das wir hier, leicht verändert, übernehmen:

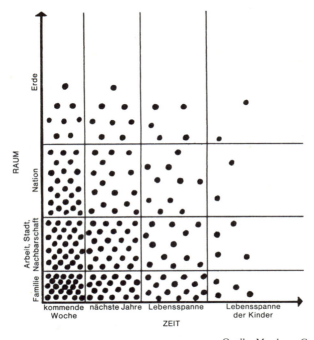

Quelle: Meadows, Grenzen, 13.

»Die Sorgen der meisten Menschen konzentrieren sich in der linken unteren Ecke; dieser Teil der Menschheit hat ein schweres Leben; er hat sich fast ausschließlich darum zu bemühen, sich und seine Familie über den nächsten Tag zu bringen. Andere wieder können über den Tag hinaus denken und handeln. Sie empfinden nicht nur eigene, sondern auch Lasten der Gemeinschaft, mit der sie sich identifizieren. Ihre Handlungsziele erstrecken sich über Monate und Jahre. – Die räumlichen und zeitlichen Gesichtspunkte, nach denen ein Mensch handelt, sind abhängig von der Dringlichkeit der Probleme, mit denen er sich konfrontiert sieht, von seiner persönlichen Erfahrung und von seiner Bildung. Die meisten Menschen haben ihre Probleme in einem ihnen naheliegenden Bereich gemeistert, ehe sie sich entfernteren Fragen zuwenden. Je größer der mit einem Problem verknüpfte räumliche und zeitliche Bereich ist, um so weniger Menschen befassen sich mit der Lösung eines solchen Problems.«[9]

Der einzige konkrete Ansatz, der Erfolg verspricht, liegt daher in der Sorge um die Zukunft der eigenen Kinder, die ja mit der Sorge um das eigene Alter verknüpft ist. Von daher besteht Hoffnung.[10] So gesehen lautet die Frage: was geht mehr gegen die Natur des Menschen, etwas von seinem heutigen Besitzstand aufzugeben oder die Kinder dem Chaos zu überlassen? Bisher hat noch kein politisches System und keine wie immer geartete Bewegung zugegeben, daß sie gegen die Interessen der Nachkommen handelt. Im Gegenteil, noch jede Bewegung hat bisher behauptet, für eine bessere Zukunft, für ein sorgenfreieres Dasein insbesondere der Kinder zu arbeiten, selbst wenn es eine Lüge war. Auch jetzt geben die Verantwortlichen keineswegs zu, daß sie auf Kosten der Zukunft handeln; sie haben sogar die Stirn zu behaupten, den künftigen Generationen werde es noch besser gehen.

Es kommt also darauf an, die bewußten und die unbewußten Lügen zu entlarven. Wie ungeheuer schwierig das sein wird, darüber machen wir uns keine Illusionen. In unserer zersplitterten Welt mit der aufgesplitterten Gedankenwelt in den Köpfen der Menschen hat es nichts so schwer wie die Wahrheit. Und hier kommt eine völlig neue Wahrheit, für die noch keine am eigenen Leibe erfahrenen Erlebnisse vorliegen. Noch ist sie »nur« der Erkenntnis entsprungen; allerdings läßt sie sich auch rechnerisch darstellen (sogar ohne Computer – allein durch Kopfrechnen). Das ist wieder ein Vorteil dieser Wahrheit. Sie hat aber auch den weiteren ungeheuren Nachteil, daß es noch nie eine so unangenehme Wahrheit für alle gegeben hat. Sie kommt als Forderung auf uns zu, ohne etwas zu versprechen. Sie zerstört alle bisherigen Verkündigungen und stellt uns in eine beispiellose Entscheidungssituation. »Zum ersten Mal, seit der Mensch überhaupt existiert, wird er herausgefordert, sich gegen das vom wirtschaftlichen und technologischen Standpunkt aus Machbare zu entscheiden und sich dafür einzusetzen, was seine Moral und seine Verantwortung für alle kommenden Generationen von ihm verlangen.«[11]

Die Entscheidung, die heute noch gegen die große Mehrheit getroffen werden müßte, lautet: »Wir müssen heute bereits die Möglichkeit einer gezielten Senkung des Lebensstandards in den hochentwickelten Industriegesellschaften ins Auge fassen, um damit die plötzliche Katastrophe, welche die Quittung für unseren bisherigen Raubbau an der Zukunft wäre, zu verhindern.«[12] Wenn auch, wie Klaus Müller fortfährt, der Kollaps schon vor dem Ende des Jahrhunderts droht, so stößt jedes Staatswesen doch so lange auf Unverständnis, wie die unmittelbare Erfahrung der lebensgefährlichen Situation noch nicht handgreiflich zu spüren ist. Michael Lohmann fragt entsprechend: »Und wer wollte annehmen, daß eine so abstrakte Idee wie die Verhinderung einer weiter entfernten größeren Katastrophe durch eine nahe große Katastrophe je die nötige Zahl von Anhängern fände?«[13]

Hier tritt der schwache Punkt unserer menschlichen Systeme zutage, der »unzureichende Zeithorizont«, von dem Emil Küng spricht: »Die Kritik der späteren Generation kümmert denjenigen wenig, der nur in der Gegenwart lebt und der zu seinen eigenen Lebzeiten möglichst viel verdienen und genießen möchte. Es bedarf infolgedessen einer Instanz, welche die Interessen der kommenden Geschlechter wahrt. Der Marktmechanismus ist dazu außerstande; nur die öffentliche Hand vermag diese Aufgabe zu erfüllen – falls ihr eigenes Denken und Handeln genügend zukunftsgerichtet ist.«[14]

Kann ein Staat künftige Erfordernisse zur Grundlage seines heutigen Handelns machen? Und kann er das je seinen Bürgern begreiflich machen?

Die Interessengruppe, um die es hier geht, ist im parlamentarischen Staat überhaupt nicht vertreten: die »Ungeborenen«. Selbst können sie ihre Interessen nicht vertreten. Wer tut es an ihrer Stelle? Die Regierung wäre dazu verpflichtet, auch die Parteien, die Tag und Nacht von der »Zukunft« sprechen. Die Parteien insbesondere, die das »ungeborene Leben« schützen wollen; denn wenn sie verhindern möchten, daß dieses im Mutterleib getötet wird, dann werden sie es doch wohl schützen müssen, wenn es geboren ist. Doch: »Ohne eine drastische Verschlechterung unseres eigenen Standards zugunsten unserer Kinder und Enkel ist eine Lösung nicht vorstellbar.«[15]

Schon für den Umweltschutz allein gilt, was Bruno Frey feststellt: »Es bestehen (dynamische) externe Effekte zwischen den Generationen, denn der in einer bestimmten Periode lebenden Bevölkerung kommt nur ein Teil des Nutzens aus der Umweltpolitik zugute. Die hieraus resultierende Tendenz einer zu starken Schädigung der Umwelt zu

Lasten künftiger Generationen muß durch den Staat ausgeglichen werden, wenn er sich auch als deren Vertreter versteht.«[16] Dies gilt um so mehr für den Rohstoff- und Energieverbrauch, hier kommt bei einer neuen Politik der heute lebenden Bevölkerung überhaupt nichts »zugute«, auch nicht teilweise; im Gegenteil, hier muß ihr etwas weggenommen werden![17]

Wenngleich wir es als die Aufgabe des Staates erkannt haben, für die Zukunft zu sorgen, müssen wir doch fragen, ob er sie jemals erfüllen kann. Beweisen konnte er es bisher nicht, denn eine Aufgabe dieser Art und solchen Ausmaßes war ihm niemals gestellt. Heute ist sie nicht nur gestellt, sie fordert auch sofortige Inangriffnahme. Die Hauptschwierigkeit liegt darin, daß die »unmittelbare sinnliche Erfahrung der globalen Gefahr« gerade in den Gesellschaften fehlt, »von denen die ernsthafteste Gefahr für den Fortbestand der Spezies Mensch ausgeht. Gerade die Gesellschaften mit der größten Ausbeutungsintensität (ob sie nun rechts oder links vom Eisernen Vorhang liegen) können sich einer Prosperität nie erlebten Ausmaßes erfreuen.«[18]

Eine Regierung, die vorausschauend handeln wollte, würde vermutlich nicht lange im Amt bleiben. Darum muß dafür gesorgt werden, daß »zwischen den Einsichten der öffentlichen Meinung und den systemnotwendigen Erfordernissen des Überlebens der Gesamtgesellschaft auf unserem Erdball keine zu große Lücke entsteht«.[19] Die schweigende Mehrheit will aber in allen Nationen die Wahrheit gar nicht wissen, weil die Konsequenzen höchst unangenehm wären.[20] Darum folgert Klaus Müller: »Unter den gegenwärtigen Umständen kann Politik nur darin bestehen, entweder selbst die Augen vor den zentralen Problemen und ihrem Ausmaß zu verschließen oder aber die Augen zu öffnen und dann sehenden Blicks dem Bürger nicht die Wahrheit zu sagen.«[21]

Die Menschen ändern ihre Einstellung nur unter dem Druck der Ereignisse. Ein Beispiel: Was wäre wohl geschehen, wenn die deutsche Bundesregierung Ende 1973 ein Gesetz vorgelegt hätte, wonach das Steueraufkommen für 1974 um 20 Milliarden DM erhöht werden müßte? Sie wäre für wahnsinnig erklärt worden und hätte keinen Tag länger im Amt bleiben können. Genau diesen Betrag von 20 Milliarden DM zahlten aber die Bewohner der Bundesrepublik Deutschland 1974 mehr für Erdöl und Erdölerzeugnisse – fast ohne zu murren.

Eine höhere Gewalt kann bewirken, was die Vernunft nicht bewirken kann. Diese Gewalt wirkt aber dann sofort und rücksichtslos, ohne daß eine Ausweichmöglichkeit bleibt. Die vorausschauende Vernunft müßte eine solche Mächtigkeit entwickeln, daß sie sich in wirksame Handlungen umsetzen ließe. Aus politischer Erfahrung ist allerdings zu sagen, daß die Vernunft leider ein schwacher Bundesgenosse ist. Trotzdem werden einige es wagen, an die Verantwortung und an die Vernunft zu appellieren. Wie könnten ihre Vorschläge aussehen?

Das Ende des »freien« Marktes

Wenn versucht werden soll, die Sicherung der Lebensmöglichkeiten wenigstens der nächsten Generationen in unser heutiges Handeln einzubeziehen, wie müßte dieses dann beschaffen sein?

In der Marktwirtschaft regeln Angebot und Nachfrage den Preis. Voraussetzung jedes Marktes ist aber, daß ein immer wieder neues Angebot und eine stets erneute Nachfrage vorhanden sind. Fällt eine der beiden Seiten weg, dann gibt es keinen Markt mehr. Nun braucht man sich um die Nachfrage wahrlich keine Sorgen zu machen, wenn die Erdbevölkerung um Milliarden zunimmt. Aber die unaufhörliche Erneuerung des Angebots ist nur bei dem Teil (mit gewissen Schwankungen) sicher, den die Natur (ohne künstliche Nachhilfe) jährlich liefert. Der Vorrat der einmaligen Bodenschätze wird dagegen immer geringer.

Auf welche Weise könnte der Verbrauch der erschöpflichen Bodenschätze stark verringert oder zunächst wenigstens der Mehrverbrauch abgestellt werden? Kann der Marktpreis schon regulierend wirksam werden, wenn die Knappheit erst Jahre später zu erwarten ist? Der Preis müßte dann den Verbrauch schon zu einem sehr frühen Zeitpunkt so stark reduzieren, daß immer und immer noch etwas von dem begrenzt vorhandenen Rohstoff übrigbliebe – schon rein mathematisch ein unlösbares Problem.

Der Preismechanismus kann hier jedoch überhaupt nicht funktionieren – aus mehreren Gründen.

1. Zunächst einmal haben die Rohstoffe gar keinen Preis, wie in dem Abschnitt »Die einmaligen Bodenschätze sind umsonst« festgestellt wurde; darum kann er auch nicht steigen. Ein solcher Preis könnte aber geschaffen werden.

2. Marktpreise reagieren darauf, ob ein betreffender Stoff im Augenblick einmal knapper, einmal reichlicher angeboten oder nachgefragt wird. Ein Marktpreis entsteht jedoch nie im Hinblick darauf, wie knapp oder reichlich eine Ware in einigen Jahren sein wird.

(Ursprünglich lag dem Marktpreis eine gute oder schlechte Ernte zugrunde.) Es gibt keine denkbare Theorie dafür, wie sich für ein Verbrauchsgut, das es später einmal nicht mehr geben wird, ein Marktpreis bilden könnte. Eine, wenn auch entfernte Analogie besteht zu den in Einzelexemplaren vorhandenen Originalkunstwerken. Ein Herrenbildnis von Frans Hals wechselte im Jahre 1969 für zwölf Millionen DM den Besitzer, um ein Beispiel zu nennen. Bedenkt man, daß es sich um ein Bild handelt, von dem eine Farbfotografie nur Pfennige kostet, kann man die Höhe des Preises als nahezu unendlich bezeichnen. Zudem muß berücksichtigt werden, daß es sich dabei weder um ein lebenswichtiges noch um ein Verbrauchsgut handelt. Eine weitere Folgerung wäre die: Wenn nun ein Besitzer einen solchen Frans Hals besitzt und diesen gar nicht verkaufen will, dann gibt es für dieses Bild weder einen Markt noch einen Preis. Diese Situation wird bei immer knapper werdenden Rohstoffen eintreten: sie kommen nicht mehr auf den Markt, die derzeitigen Besitzer behalten sie selbst.

3. Selbst wo ein Preis willkürlich festgesetzt werden könnte, weil keine Konkurrenz vorhanden ist, da würde ihn der Besitzer so festsetzen, wie das seinen heutigen Interessen entspräche. Was im Interesse künftiger Generationen liegen könnte, wird er in seine Überlegungen nie einbeziehen. Denn: »Die Vorsorge für die Zukunft tritt . . . in keiner Weise in den Kalkulationshorizont des Besitzers ein.«[22] Der Einwand, er könnte doch an seine eigenen Nachkommen denken, ist nicht stichhaltig, denn für diese kann er mit dem Verkaufserlös auch anderweitig sorgen. Nur gegenwärtige Eigeninteressen sind auf dem Markt wirksam – und Adam Smith wie alle seine Nachfolger behaupten ja auch, daß dies das einzig Richtige sei.

Auf die Preise werden wir also nicht warten können. Wenn sich die Knappheit der Gesamtvorräte erst über den Marktpreis ankündigt, dann sind die letzten Jahre eines Rohstoffes angebrochen. Dann wird auch ein nach unendlich tendierender Preis keine Wende mehr bringen. Der Verbrauch hat dann eine Geschwindigkeit erreicht, bei der alle Bremsversuche aussichtslos bleiben. Ein Rohstoff, der bei gleichbleibendem Verbrauch ein ganzes Jahrtausend reichen würde, ist bei jährlichen Steigerungsraten von nur drei Prozent schon in 117 Jahren aufgebraucht. Wir haben jedoch im letzten Jahrzehnt den Verbrauch der Rohstoffe um 6% jährlich gesteigert. Dies führt dazu, daß die gleiche Menge nicht in 1000, sondern in 71 Jahren erschöpft ist. Beim

Erdölverbrauch betrugen die Steigerungsraten der letzten Jahre (bis 1973) sogar 7–8%.

Von den Kräften des Marktes ist aufgrund der ihnen innewohnenden Gesetzmäßigkeiten nicht zu erwarten, daß dort Zukunftsüberlegungen jemals eine Rolle spielen werden.[23] Das heißt, daß die Probleme einer planetarischen Wirtschaft mit marktwirtschaftlichen Mitteln nicht mehr zu lösen sind. Hier müssen politische Instanzen die Verantwortung und die Entscheidung übernehmen. Darum ist es kein Wunder, daß es zunächst weitblickende Regierungen waren, die beschlossen, ihren Reichtum an Erdöl langsamer auszubeuten, damit die folgenden Generationen ihrer Völker auch noch eine Lebensgrundlage hätten. Aber die Drosselung der Ölförderung über den Preis erwies sich nicht als besonders wirksam; denn die Abnehmer waren sofort bereit, auch den vierfachen Preis zu bezahlen – und der Verbrauch blieb etwa auf gleicher Höhe (allerdings unterblieb die Steigerung). Im übrigen geht in Europa alles fröhlich weiter – wie zuvor!

Dieses erste Großexperiment einer Bewertung der Rohstoffe hatte noch zwei aufschlußreiche Nebenerscheinungen. 1. Der größte Teil der Weltöffentlichkeit glaubt den Erdölländern nicht, daß sie ihre Förderung senken, sondern lediglich, daß sie höhere Preise erzwingen wollten. (So gering ist bisher noch das Bewußtsein von der Begrenztheit unserer Rohstoff- und Energievorräte.) 2. Offensichtlich fällt es den Erdölländern nun selbst schwer, ihre Fördermengen einzuschränken, wo sie doch jetzt so verlockend hohe Preise dafür erhalten.

Dieser Vorgang zeigt, daß eine Steuerung über den Preis nur begrenzt wirksam ist. Eine Verteuerung kann sogar ein Anreiz zur verstärkten Ausbeutung der Rohstoffvorkommen sein, da nun das Geschäft für die beteiligten Unternehmen weitaus lukrativer wird! Darüber hat Roger Naill in bezug auf die Versorgung der USA mit Erdgas interessante Untersuchungsergebnisse vorgelegt.[24] Wie kann aber eine Instanz, die den zukünftigen Generationen verpflichtet ist, das Problem lösen und den Verbrauch anderweitig steuern? Bisher haben die Regierungen die Ausbeutung mit allen Mitteln gefördert. Jetzt müssen sie das Gegenteil tun! Sie müssen Mittel finden, den Verbrauch zu drosseln.

Eine Möglichkeit wäre die Erhebung einer steuerähnlichen Abgabe auf die abgebauten Grundstoffmengen. Diese könnten auch zur Finanzierung des Staatshaushalts verwendet werden. Der Staat hat ja früher auch die Grundsteuer von den Landwirten erhoben und seine Aufgaben weitgehend damit finanziert. Dies erschien sogar sehr gerecht, denn der Landwirt hatte für die Steuer das Recht auf jährliche Ernten, deren Ertrag er durch eigene Arbeit verbessern konnte. Die Grundsteuer sank in den Industrieländern inzwischen zur Bedeutungslosigkeit herab, weil die Landwirtschaft gewaltig ins Hintertreffen geriet und die Steuern zu Recht immer mehr von der übrigen Wirtschaft erhoben wurden. Hier erfolgte aber keine Besteuerung der Grundstoffe, was etwa der Grundsteuer entsprochen hätte, sondern des Umsatzes und der erzielten Betriebsgewinne sowie der Arbeitsentgelte. Der Anteil der Grundsteuer an den Gesamtsteuereinnahmen war im 19. Jahrhundert der entscheidende, er betrug im Deutschen Reich 1913 immer noch 10,8%, 1953 in der Bundesrepublik Deutschland 3,5% und 1973 1,47%, aber davon entfallen nur 0,18% auf landwirtschaftlich genutzte Grundstücke – also fast Null.

Angenommen, die Staaten würden ihre Einnahmen vorwiegend aus dem Verkauf von Rohstoffen beziehen, dann könnte dies natürlich erst recht dazu führen, daß sie deren Abbau vorantrieben, um ihre Einnahmen zu erhöhen. Dann wäre gerade der gegenteilige Effekt erzielt. Positiv wäre allerdings dabei, daß auf diese Weise jedem Staat klar würde, welche Reichtümer er wirklich beherbergt, und wie sich diese durch den Abbau vermindern. Was heute nur statistische Zahlen sind, wären dann immerhin finanzielle Richtwerte. Ferner würde die dringend notwendige Wiederverwendung (Recycling) des Altmaterials lohnend werden.

Rohstoffarme Länder hätten allerdings Schwierigkeiten, ihr Staatswesen mit den Abbaugebühren zu unterhalten. Zusätzlich hätten sie für importierte Rohstoffe einen bedeutend höheren Preis zu zahlen. Aber auch das wäre immerhin ein realistisches Kennzeichen für die prekäre Lage oder die Armut, in der sie sich in Wirklichkeit jetzt schon befinden.

Die rohstoffreichen Länder dagegen würden plötzlich über große Einnahmen verfügen, manche mehr, als sie zur Unterhaltung ihres Staatsapparats brauchten. Dann würde auch dieses neugeschöpfte Kapital Anlagemöglichkeiten suchen – mit den gleichen Folgen: einer verstärkten Ausbeutung der Erde. Dies ist die Situation, in der die Erdölländer sich bereits heute befinden.

An ihrem Beispiel werden bereits die Probleme sichtbar, die dabei entstehen. Was wird aus dem Geld, das hier aufgrund der Preisfestsetzung geschöpft wird? Diese Geldmittel müssen wieder investiert werden, was zwangsläufig zur Erhöhung der Ausbeutung der Erde an anderen Stellen führen muß. Die arabischen Erdölstaaten werden bis 1980 überschüssige Gelder in Höhe von 650 Mrd. $ und bis 1985 in

Höhe von 1200 Mrd. $ zur Verfügung haben.[25] Sie müssen damit neue Industrien aufbauen oder bereits vorhandene aufkaufen, was auf das gleiche hinausläuft; denn dann bauen eben die bisherigen Eigentümer mit dem erhaltenen Geld neue Industrien auf.

Man sieht, selbst eine hohe finanzielle Belastung der Grundstoffe führt nicht zu dem Ziel, die Bodenschätze möglichst lange zu bewahren. Denn es sammeln sich große Beträge an, die ihrerseits nun ungewollt neue Ausbeutungswellen in Gang setzen. Dies ergibt sich auch aus dem festgestellten Sachverhalt, daß die Grundstoffe »Importe« sind, die von der Wirtschaft aus einem metaökonomischen Bereich einge-führt werden. Ihre echte Bezahlung müßte daher in einer Art Tribut-pflicht an den Schöpfer bestehen, damit die Kaufsummen nicht wieder in den Wirtschaftskreislauf zurückfließen. Da nun kein Schöpfer per-sönlich greifbar ist, der das Geld in Empfang nehmen kann, könnte man sich damit helfen, daß man diese Summen vernichtet! Dies wäre sicher ein höchst lehrreicher Vorgang: um den Betrag des jährlich vernichteten Geldes wäre der Erdball in der Tat ärmer geworden, da dem eine Verringerung an Bodenschätzen entspräche. Abgesehen davon, daß auf diese Weise eines Tages kein Geld mehr in der Welt wäre – in unserer Wirtschaftsordnung hätte diese Vernichtung zur Folge, daß die restlichen umlaufenden Zahlungsmittel ständig im Wert entsprechend steigen würden. Damit würde die eigentliche Absicht ebenfalls zunichte gemacht; allerdings auch wieder eine positive Ne-benwirkung erzielt: ein jeder wüßte, im nächsten Jahr bekomme ich mehr für mein Geld. Dies würde das Gegenteil des heutigen Verhal-tens hervorrufen; statt das Geld möglichst schnell auszugeben, weil es an Wert sinkt, würde es zurückgehalten, weil es im Wert steigt.

Warum es zu einer solchen Regelung nicht kommen kann, liegt auf der Hand. Die Besitzer der Bodenschätze werden sagen: Diese gehören nicht dem Himmel, sondern uns! Oder auch: Es war eine der großen Weisheiten Allahs, daß er uns seinerzeit dieses Land gegeben hat. Jahrtausendelang war es nur Wüste; Allah aber wußte, daß darunter kostbares Öl lag, was uns reicher machen wird als die ganze übrige Welt. Sollen wir Wüstensöhne nun auf die Geschenke des großen Allah verzichten, während die Europäer jahrhundertelang alle ihre Vorteile genutzt haben?

Wir kommen zu dem Ergebnis, daß sich mit einmaligen Bodenschät-zen eben kein dauerhaftes Wirtschaftssystem auf diesem Planeten errichten läßt. Alle finanzpolitischen Lösungen haben folgende positi-ven Wirkungen:

1. Durch die Verteuerung der Grundstoffe wird erstmals die Tatsache deutlich, daß hier einmalige Werte vernichtet werden.
2. Die Verteuerung bremst den Verbrauch.
3. Die Wiederverwendung aller Abfallstoffe wird lohnend.

Damit wird zwar Zeit gewonnen, aber das Problem nicht gelöst. Wenn sich ein Volk seine Zukunft auch nur auf bestimmte Zeit sichern will, dann hilft nur die rigorose Einteilung durch Rationierung. Hier gilt das gleiche wie zu Kriegszeiten: Je früher man mit der Rationierung anfängt, um so länger reichen die Vorräte; je später man beginnt, um so kleiner werden die Rationen sein. Um dafür eine verläßliche Basis zu haben, müßte natürlich auch die Bevölkerung konstant gehalten werden können oder noch besser: vermindert werden. Die dabei schon aufgetauchten Schwierigkeiten der Vorausplanung gelten zum großen Teil auch für die Drosselung des Verbrauchs der Grundstoffe. Doch könnte deren technische Durchsetzung sehr viel leichter zu verwirklichen und unter Kontrolle zu halten sein. Hier hat natürlich eine Planwirtschaft von vornherein mehr Instrumente, die Grundstoffe ganz knapp zu kontingentieren.

Aber selbst mit dem Gelingen der Maßnahmen wäre eine Verlängerung der Vorräte um Jahrzehnte, vielleicht um einige Jahrhunderte, nie aber um Jahrtausende zu erreichen. Damit wäre in einer gar nicht fernen Zukunft die Erschöpfung des künstlichen Kreislaufs dennoch unvermeidlich. Dies ist auch gar nicht anders denkbar, wenn in die Wirtschaft etwas von außerhalb, gleichsam aus einem metaökonomischen Bereich, eingeführt wird, womit sich daher nicht dauerhaft kalkulieren läßt. Hier handelt es sich eben um etwas völlig anderes als um Naturproduktionen. Deren Ergebnis kann bezahlt werden, denn sie erfolgt im nächsten Jahr aufs neue. Ihr Markt ist unerschöpflich, weil immer neuer Nachschub kommt. Die Grundstoffe dagegen versiegen – und damit ist die Marktwirtschaft genauso beendet wie die Planwirtschaft. Die Theoretiker können sich dann noch lange darüber streiten, welche die bessere war.

Das Problem ist noch unlösbar; doch ist es jetzt immerhin als Problem erkannt. Darum werden wahrscheinlich beide Wirtschaftsformen, die freie und die geplante, nicht mehr wie gehabt weiterwirtschaften. Sie werden die Entwicklung nach Möglichkeit zu steuern suchen. Die Araber sind die ersten, die den Versuch machen, wenn man nicht gewisse Erscheinungen in der kommunistischen Welt selbst als solche Versuche ansieht. Doch selbst solche Versuche haben einen totalen Wandel der menschlichen Wirtschaftsgesinnung zur Voraussetzung.

Da das Ziel darin besteht, auch künftigen Generationen noch Rohstoffe zu erhalten, kommt dem Faktor Zeit die entscheidende Rolle bei jeder Bewertung zu. Für welche Zeit soll der Vorrat reichen? Eigentlich für immer! Dann darf der Bestand überhaupt nicht angegriffen werden. Wenn man sich dazu entschlösse, wäre die Frage der Bewertung erledigt; der Vorrat ist dann nämlich wieder wirtschaftlich wertlos. Eine Frist müßte darum gesetzt werden; aber soll diese nun 100, 1000 oder 100 000 Jahre betragen? Das sind 3, 30 oder 3000 Generationen. Der Menschheit – oder einem Volk – kann es sicher nicht gleichgültig sein, ob ein lebenswichtiger Rohstoff den heute geborenen Kindern noch zur Verfügung steht oder nicht. Er sollte demnach schon 70 Jahre reichen. Was tut aber bereits die zweite Generation? Wollen wir diese mittellos auf der Erde zurücklassen? Die Vorräte müssen also »solange wie irgend möglich« reichen; aber was heißt das – und was dann? Wir haben keine solide Grundlage, wir tasten im Ungewissen.

Aus diesen Überlegungen ergibt sich zusammengefaßt eines deutlich: Nur bei einer ganz verantwortungslosen Haltung der gerade Lebenden kann ein Grundstoff als »freies Gut« betrachtet werden, das »umsonst« zur Verfügung steht. Und dennoch verhält sich die Menschheit genau so! Sie verhält sich in der Praxis so, indem sie die Schätze von Jahrmillionen in wenigen Jahren verfeuert. Und sie verhält sich in der Wirtschaftstheorie so, indem sie vorhandene, aber noch nicht abgebaute Rohstoffe so veranschlagte, als hätten sie keinen Wert.

Die Nichtbewertung der Rohstoffe und der fossilen Energievorräte hat zu dem bisherigen Überangebot und damit zu sorglosem Verbrauch geführt. Um so schneller wird dieses Überangebot in den nächsten Jahren in ein Unterangebot umschlagen. Beim Erdöl war das 1973 bereits der Fall. Und damit ist das erste weltgeschichtliche Ereignis der Planetarischen Wende bereits eingetreten. Dieses war peinlich für alle Ökonomen, die das aufgrund ihrer falschen Theorien nicht voraussahen und nun auch noch nicht begreifen können. Es ist aber auch peinlich für die Politiker der Industriestaaten, die den Ökonomen darin vertraut hatten, daß nur Kapital, Arbeit und Wissen zum Wirtschaften nötig seien. Dafür müssen sie nun als Bittsteller in Sachen Rohstoffe durch die Welt reisen, ohne daß sie dabei viel Aussicht auf Erfolg hätten. Die Abhängigkeitsverhältnisse kehren sich um.

Heute erfolgt eine große Umschichtung in der Welt: zwischen den güterproduzierenden und den rohstoffbesitzenden Völkern. Die letzteren werden jetzt immer reicher und die ersteren immer ärmer.

Waren bisher die Besitzer der Produktionsstätten auch Besitzer oder Mitbesitzer der Lagerstätten, so werden in Zukunft die Besitzer der Lagerstätten Besitzer oder Mitbesitzer der Produktionsstätten sein.

Nun könnten sich die Industrieländer durch Gesetze davor schützen, daß ihre Industrie in die Hände der Rohstofflieferanten übergeht. Dann täten sie das, was der Ostblock schon immer tut: sich abschließen. Die Voraussetzungen für eine solche Politik sind aber, daß man sich erstens mit einem geringeren Lebensstandard begnügt und/oder zweitens eine eigene Rohstoffbasis hat. Wer zum ersten nicht bereit ist und das zweite nicht hat, der wird künftig für die Rohstofflieferanten schuften und ihnen auch gestatten müssen, für ihre Rohstofferlöse Produktionsstätten einzukaufen. Die Länder, die sich weigern, bekommen einfach keine Rohstoffe mehr. Es werden immer genug Völker da sein, die den Rohstofflieferanten die Hand lecken, wahrscheinlich alle Industrievölker, da sie ja auf ihren Lebensstandard nicht verzichten wollen. Der logische Schluß lautet: Hoher Lebensstandard bei fehlender eigener Grundstoffbasis macht unfrei.

Die Europäer werden bald wehmütig an die Zeiten zurückdenken, als sie sich noch aus ihren Kolonien einfach holen konnten, was sie brauchten. Das heißt, soviel haben sie gar nicht geholt. Einmal brauchten sie damals längst nicht die Mengen und zum anderen hatten sie ja seinerzeit noch im eigenen Land Bodenschätze, die sie viel billiger und bequemer ausbeuten konnten. Deren Abbau konnte ihnen gar nicht schnell genug gehen; er wurde vom Staat sogar subventioniert. Darum sind sie nun leider verbraucht. Wohl dem, der noch etwas übrigbehalten hat!

Aber auch die Länder, die heute noch große Bodenschätze besitzen, werden damit nur begrenzte Zeit reichen, dann sind sie genauso am Ende.

Wie war es aber möglich, daß unser Planet in eine solch hoffnungslose Lage geraten konnte?

2. Der Irrationalismus unserer Zivilisation

> *Die moderne Kultur ist in ihrer gegenwärtigen Entwicklungsphase eine Kultur ohne Weisheit, ohne Vernunft. Das ist eine Neuerung unter den Weltkulturen, und eine Neuerung, die nicht dauern wird.*
>
> *Carl Friedrich v. Weizsäcker*

Die erdrückende Lawine des Wissens

Die Lawine, die heute über die Welt rollt, ist nicht nur eine der Produktionen, sondern auch der Informationen (die selbst wieder in Druckereien produziert werden, welche ihrerseits auf Papier- und Maschinenfabriken angewiesen sind). Der Papierverbrauch beträgt in den USA 120 Kilo je Person und Jahr, woran der Ausstoß an Computerpapier allein mit 20 Kilo beteiligt ist. Der Bürger hat außerdem noch das zu verkraften, was über Rundfunk, Fernsehen und in Vorträgen auf ihn einwirkt. Die Informationslawine wird zum Informationschaos. Dies ist auch im Bereich der wissenschaftlichen Information der Fall.

»Im Jahre 1665 erschien die erste wissenschaftliche Zeitschrift der Welt. Im Jahre 1865 betrug die Zahl der wissenschaftlichen Blätter 1000 und heute 100 000.«[1] Friedrich Dittmar meint, daß »nicht einmal der Spezialist auf irgendeinem noch so kleinen Gebiet heute noch in der Lage ist, mehr als fünf Prozent seiner speziellen Fachliteratur zu lesen«.[1] Die Beschleunigung der Informationslawine ist so groß wie die der Produktion. Seit 1700 kommt es alle fünfzehn Jahre und heute alle zehn Jahre zu einer Verdoppelung.[2] Dies trifft für die Fachliteratur ziemlich genau zu und bedeutet, daß in der Welt täglich 500 Fachaufsätze mehr erscheinen als jeweils ein Jahr zuvor. Die chemische Fachliteratur verdoppelt sich alle acht Jahre, die für die Elektronik alle fünf Jahre und die für die Weltraumforschung sogar alle drei Jahre.[3]

Die Fußnoten befinden sich am Ende des Buches, S. 361–363.

Die Gesamtzahl der wissenschaftlichen Veröffentlichungen aller Art liegt bei etwa vier Millionen pro Jahr.[4]

Dies bedeutet für ein Fach, z. B. die Biologie, daß 20 000 Zeitschriften in der Welt erscheinen, und der Biologe Bendley Glass schätzt, daß es um die Jahrtausendwende 120 000 mit sechs Millionen Artikeln sein werden. Er selbst sagt, daß er die Hälfte seiner Tage im Jahr braucht, um wenigstens 2000 Artikel davon zu lesen.[5] Dies könnte aber immerhin zu der Schlußfolgerung führen, daß es gerade mit der Biologie bestens bestellt sei. Doch ganz im Gegenteil! Der Biologe Barry Commoner führt aus, daß mit dem II. Weltkrieg zwar die biologische Forschung in den USA einen beispiellosen Aufschwung genommen habe, daß wir aber dennoch erstaunlich wenig von den tiefgreifenden biologischen Umweltveränderungen wissen. Die biologische Forschung werde heute von der Überzeugung geleitet, »daß der fruchtbarste Weg zu einem Verständnis des Lebens darin bestünde, einen spezifischen Vorgang auf molekularer Ebene zu entdecken, der dann mit ›dem Mechanismus‹ eines bestimmten biologischen Prozesses gleichgesetzt werden kann. Die komplexe Biologie des Erdbodens oder das empfindliche Gleichgewicht des Stickstoffzyklus in einem Gewässer – Phänomene, die nicht auf einfache molekulare Mechanismen zu reduzieren sind – werden heute oft als uninteressante Forschungsobjekte irgendeiner altertümlichen Zunft angesehen.«[6]

Commoner nennt dieses Vorgehen der Forschung »Reduktionismus« und sagt: »Der Reduktionismus tendiert dazu, die wissenschaftlichen Disziplinen voneinander zu isolieren und alle zusammen von der wirklichen Welt. . . . Daß die Kommunikation zwischen derart spezialisierten Grundlagenwissenschaften versagt, ist ein wichtiger Grund dafür, daß wir solche Schwierigkeiten haben, unsere Umweltprobleme zu verstehen.«[7]

Der Wirtschaftswissenschaftler Walter Eucken meinte, daß der Mensch schon seit Jahrzehnten an eine aufspaltende Geschichtsbetrachtung gewöhnt gewesen sei. Die Spaltung »in Politische, Wirtschafts-, Geistes-, Rechts-, Religions-, Kunsthistorie hat verhängnisvoll gewirkt. So verlernten wir, geschichtliche Ereignisse in ihrem universalgeschichtlichen Zusammenhang zu sehen«.[8] Inzwischen sind nicht nur weitere Sparten der Geschichte hinzugekommen, die einzelnen Historiker spezialisierten sich auf gewisse Länder und dort in der Regel noch auf bestimmte Epochen.

Die Teilung, die mit der großen Zweiteilung in Natur- und Gesellschaftswissenschaften begonnen hatte, so daß daraus »zwei isolierte wissenschaftliche Gruppierungen« wurden, setzt sich ständig weiter fort. Schon auf Grund dieser ersten Teilung in zwei Lager »können die Naturwissenschaften gewisse Probleme als technisch nicht lösbar bezeichnen und sie in die Niederungen der Politik verweisen, während die Gesellschaftswissenschaften die Suche nach Lösungen für Probleme, die mit den vorhandenen politischen Mitteln nicht zu lösen sind, auf die Zukunft verschieben, von der sie neue technische Methoden für ein Angehen dieser Probleme erwarten. Beide Wissenschaftsbereiche können auf diese Weise der Verantwortung ausweichen und ihren jeweiligen Mythos der Kompetenz und Relevanz aufrechterhalten . . .«[9]

Die Berge des bereits gesammelten Wissens und das punktuelle Bohren in die Tiefe haben zur Folge, daß sich die Wissenschaftler immer weiter spezialisieren, um ein kleines Gebiet vollkommen zu beherrschen. Denn mit der Zunahme des Wissens nehmen nicht etwa die Fragen ab, sondern jedes gelöste Problem wirft mindestens zwei neue Fragen auf. Darum spaltet sich auch »alle fünfzehn bis zwanzig Jahre ein Wissensgebiet in zwei, wie bei der Zellteilung«.[10]

Das Problem präzisiert Heinz Haber mit folgenden Worten: »Um zum Lauf der Dinge während des kritischen Jahrhunderts, das uns zwischen heute und dem Jahr 2075 ins Haus steht, etwas Bündiges sagen zu wollen, müßte man Fachmann auf so vielen Gebieten sein, daß ein einzelner so etwas nicht meistern kann. Was gehört denn da alles dazu: Politik, die Wirtschaftswissenschaften, Geologie und Physik, Technik und Industrie, Transportwesen und Metallurgie, Landwirtschaft und Biologie, Ozeanographie und Klimatologie, Weltraumfahrt und Völkerpsychologie.«[10a]

Die technische Realisation

Die Entwicklung in den Wissenschaften entspricht ganz der Arbeitsteilung in der industriellen Produktion, die auch zu einer immer stärkeren Aufsplitterung und damit Einengung des einzelnen Aufgabenbereiches geführt hat. Die Arbeitsteilung ist der charakteristische Zug jeder Industriegesellschaft.[11]

Die industrielle Entwicklung war das Werk von einzelnen, die meistens sogar Autodidakten waren, keine Wissenschaftler. Bertrand de Jouvenel stellt fest, daß die Autodidakten unter den Erfindern erst in jüngster Zeit abgenommen haben, ohne daß ihr Anteil völlig unbedeu-

245

tend geworden wäre.[12] Die Entwicklungen spielten sich zunächst in Fabriken und Werkstätten ab. »Die Universität hielt sich fast ausnahmslos aus diesem Abenteuer heraus. – Bis zum II. Weltkrieg blieb die Forschung eine rein intellektuelle Angelegenheit. Ein Luxus, den sich die Gesellschaft leistete. Der Wissenschaftler hatte manche Züge mit dem Künstler gemein. Er trieb Forschungen, die nicht auf einen Gewinn gerichtet waren, auf Kosten eines öffentlichen oder privaten Mäzens. Trotz einiger Ausnahmen von dieser Regel war eine Verbindung zwischen Wissenschaft und Technik nicht erkennbar.«[13]

Bertrand de Jouvenel sagt weiter, »daß die technologische Revolution nicht aus der Wissenschaft geboren wurde, sondern daß die Wissenschaft nur zum Instrument jener geworden ist«.[14] So änderte sich das Verhältnis in den letzten Jahrzehnten grundlegend. Jetzt werden Wissenschaftler wie Techniker daran interessiert, ihre Ergebnisse in die Tat umzusetzen. Dies ist schließlich die Krönung ihrer Arbeit. Darum werden sie immer gute Gründe dafür anzuführen wissen, warum gerade ihr Projekt von größter Wichtigkeit sei. Die Technik entfaltet ihre eigene Finalität, die Projekte drängen auf ihre Realisierung.[15]

Die Spezialisierung der Wissenschaftler und Techniker gebiert auf Tausenden von Einzelgebieten Unmengen von Ergebnissen, die alle isoliert entstehen. Sie sind oft nicht einmal mit einem bestimmten Ziel ersonnen worden; aber damit sind vielerlei Potenzen auf verschiedensten Gebieten entstanden, die für freibleibende Zwecke bereitstehen. Der Mensch stellt nicht nur Werkzeuge her wie früher, sondern entwickelt Potenzen: Dampfmaschinen, Elektrizität, Dynamit, Motoren aller Art, Röntgen- und Laserstrahlen. Die Frage stellt sich: »Was kann ich damit alles machen, das heißt was kann ich nun alles wollen?«[16]

Es wäre nicht möglich gewesen, die vielen Neuentwicklungen auch herzustellen und auf den Markt zu bringen, wenn, ja – wenn nicht damit auch Geld zu verdienen gewesen wäre. Der Kapitalgeber trifft aber damit auch die Entscheidung darüber, was produziert werden soll. Für ihn sind rein wirtschaftliche Überlegungen maßgebend. Er wird das herstellen, was den größten Gewinn verspricht und wofür er Abnehmer zu finden hofft. Es sind also isolierte Gesichtspunkte, wie auch der Käufer isolierte Gesichtspunkte zur Grundlage seiner Entscheidung macht. Das Risiko aber, keine Käufer zu finden, war in den letzten Jahrzehnten gering, wie wir in dem Kapitel über die Arbeit sahen.

Ohne die Kapitalgeber wäre die technische Realisation nicht in Gang

246

gekommen. »Die Akkumulation von Kapitalien in der bürgerlichen Gesellschaft geht der Verwendung von Maschinen vorauf: Sie macht die Maschine aus einer technischen Möglichkeit zu einer geschichtlichen Realität.«[17] Das Kapital übernahm schließlich auch die Rolle eines Bindegliedes zwischen Wissenschaft und Technik – aber erst in den letzten Jahrzehnten. Es ermöglichte sowohl Wissenschaftlern wie Technikern, das Ersonnene in Aktion zu sehen, zu verbessern, neue Entwicklungen daran zu knüpfen. Die Wissenschaft verdankt, nach Dubos, »ihr großes Prestige eher der technologischen Anwendung als ihrem begrifflichen Inhalt«.[18] »In der Tat genießen die Wissenschaftler heute ein enormes Ansehen; doch geht dieses Prestige weniger auf die allgemeine Verehrung des Wissens in der Gesellschaft zurück als auf die von der Wissenschaft erwarteten Resultate, die man als Instrumente zur Bewältigung praktischer Probleme schätzt.«[19]

Die Technik verbindet sich mit jeder Macht, die ihr die Realisierung ermöglicht. So paktiert sie im Westen mit dem Privatkapital, im Osten mit dem Staat. Wobei im Westen der Staat keineswegs abseits steht. Hier kommt es vielmehr zu einem Dreiecksverhältnis zwischen Kapital, Wissenschaft und Technik und dem Staat.

Karl Jaspers geht von der »Neutralität der Technik« aus, die zunächst »an sich weder gut noch böse«[20] ist. Doch ist dies lediglich der Ausgangspunkt. Die sich selbst überlassene Entwicklung bleibt nicht neutral. Sie bekommt nicht nur ein zunehmendes Eigengewicht, ihre Folgewirkungen gehen in Bereiche, wo man das gar nicht vermutet hat. Wenn es in den »Grenzen des Wachstums«[21] heißt: Technik erfordert »keine Änderung menschlicher Werte oder moralischer Vorstellungen«, dann ist das dem Wortlaut nach richtig; die Technik »erfordert« diese Änderungen zwar nicht, aber sie hat automatisch die Änderung menschlicher Werte und moralischer Vorstellungen zur Folge. Dies wurde im Laufe der Entwicklung praktisch bewiesen.

Darum kommt Freyer zu dem Schluß: »Die ältere Kulturphilosophie, besonders die deutsche, hat sich das Problem der Technik im allgemeinen zu leicht gemacht. Sie ging von der These aus, die Technik sei ihrem Sinne nach ein wertneutrales Mittelsystem, das von sich aus überhaupt keine Ziele oder Entscheidungen setzen könne und jedenfalls nicht dazu befugt sei (das ist natürlich an sich ganz richtig). Daran schloß sich dann meist der Gedanke, den Georg Simmel unter das Stichwort ›Die Dialektik des Mittels‹ gebracht hat: mit einer gewissen Notwendigkeit absorbiere der Mittelapparat einen immer größeren Teil der seelischen Kräfte; die Gefahr sei, daß er davon zuviel absorbiert; dann werde er zum Selbstzweck, er wachse sich gleichsam zu seinem selbständigen Wesen aus; schließlich halte der Mensch mit aller Anstrengung die Maschine in Gang, wisse aber gar nicht mehr, wozu sie läuft, und so werde der Sklave Mittel zum Herrn seines Herrn.«[22] In diesem Stadium befinden wir uns heute. »Um so mehr scheint es an der Zeit, die Bilanz des technischen Fortschritts zu ziehen, bezogen nicht auf die Technik, sondern auf den Menschen.«[23]

Das, was für die Technik gilt, trifft auch für die Wissenschaft zu: »Die Wissenschaftler werden niemals müde zu betonen, daß die Ergebnisse ihrer Forschung ›neutral‹ sind: ob sie die Menschheit fördern oder zerstören, hängt davon ab, wie sie angewendet werden. . . . Sogar die Wirtschaftswissenschaftler bestehen auf ihrer Neutralität. ›Über die Werthaftigkeit oder Unwertigkeit eines Zieles an sich zu befinden, ist niemals Sache der Wissenschaft‹.«[24]

Infolge der beschriebenen Verschmelzung von Wissenschaft und Technik wird nun »jede Entdeckung kurzfristig in technische Produktion umgesetzt; nichts hemmt das ungezügelte Spiel mit der Macht des Gedankens über die Kräfte der Natur; aber die Auswirkungen dieses Tuns werden weder bedacht noch kontrolliert, weil keine der Spezialwissenschaften dafür zuständig ist. Die folgenreichsten Auswirkungen der modernen Wissenschaft sind nicht die vorausberechneten und geplanten Effekte, sondern die unvorhergesehenen Nebenwirkungen. Das irrationale Produkt dieser Nebenwirkungen ist die Zivilisation, in der wir leben.«[25]

Klaus Müller spricht von einer »Lawine der miteinander gekoppelten Versäumnisse«[26], womit er den gleichen Vorgang umschreiben will. Die meisten Entscheidungen sind in den letzten Jahrhunderten dadurch gefallen, indem nichts entschieden wurde. Denn die Folge der Nichtentscheidung war nicht etwa, daß nichts getan wurde, sondern daß jeder Spezialist in seinem Bereich völlig freie Hand bekam, das zu tun, was er aus seiner Sicht für richtig hielt. Er brauchte keine Rücksicht auf Übergeordnetes oder Benachbartes zu nehmen. Isoliertes, schrittweises Vorgehen kennzeichnet die Entwicklung der Neuzeit.

Nebenwirkungen und Versäumnisse sind das Produkt einer Spezialisierung der Wissenschaften – Georg Picht spricht auch von »Balkanisierung der Wissenschaft«[27] – wobei jede einzelne ihre isolierten Ergebnisse in isolierte Aktionen leitet. Dies konnte nur geschehen, weil alle Welt gierig auf Ergebnisse wartete, weil man den Erfindern die Projekte immer schneller aus den Händen riß – und in den letzten

248

Jahren die Wissenschaft sogar antrieb, kurzfristig Ergebnisse zu liefern. »Leider entwickelte der moderne Mensch neue technische Kräfte, bevor er weise mit ihnen umzugehen wußte. Nur allzu häufig wird die Wissenschaft heute für technische Bereiche benutzt, die nichts mit menschlichen Bedürfnissen zu tun haben und lediglich darauf hinzielen, neue künstliche Wünsche zu erzeugen.« Aber, so sagt Dubos, »die Einführung einer neuen Technologie ohne Beachtung aller möglichen Auswirkungen kann zu einer Zeitbombe werden, die jederzeit, von einem Monat bis zu einer Generation in der Zukunft, der Gesellschaft ins Gesicht explodieren kann«.[28]

Man überließ den Spezialisten aus Wissenschaft und Technik das Feld zum Teil notgedrungen, zum Teil aber auch in der Überzeugung, daß hier »das nicht zu tötende Glaubensbedürfnis der Menschen in lockenden Bildern einer Zukunftswirtschaft . . . Ersatz für die zerschlagene Hoffnung des Himmelreiches« finden könne.[29]

Die Berufung auf den wissenschaftlichen Spezialisten ist völlig unstatthaft; denn die Wissenschaft »ist im strengen Sinne des Wortes nicht verantwortungsfähig«.[30] Es ist ein untauglicher Versuch, hier Verantwortlichkeiten schaffen zu wollen. »Wissenschaft schafft sich ihre eigene Qualifikation. Aber diese erstreckt sich nur auf das Fachgebiet einer Disziplin. Die Frage der Einbettung des Fachgebietes in die Welt des Menschen ist nicht eo ipso Sache dieser Disziplin. Es gibt sicher überhaupt keine Disziplin, die eine solche Einbettung ins Auge faßte . . . Wissenschaft gleicht einem Feuer, das in einem Dickicht entzündet wurde. Niemand kümmert sich darum, ob der Wald abbrennt. Denn der Wald liegt nicht in der Helle wissenschaftlicher Rationalität.«[31] Dieses Vorgehen war so lange ungefährlich, wie die spezifischen wissenschaftlichen Ergebnisse nicht in die Tat umgesetzt wurden. Heute werden aber jährlich, täglich, stündlich ungeheure Mengen von neuen Fakten geschaffen, für die man bestenfalls nachträglich Alibis sucht – nach dem Wort von Karl Jaspers: »Ich erkenne, was ich machen kann dadurch, daß ich es tue.«[32] Die Folge ist: »Wir eilen unbekümmert in den Abgrund, nachdem wir etwas vor uns hingestellt haben, das uns hindert, ihn zu sehen.«[33]

In der Wirtschaft kommt es zum freien Spiel der Kräfte, die von Wissenschaft und Technik bedient werden. Und die entfesselte Konkurrenz führt zwangsläufig zu einer hektischen Nachfrage nach allem Neuen. Auch Bertrand de Jouvenel warnt vor einer Hoffnung auf die Wissenschaft: »Die Wissenschaftler sind die Lieferanten der Erkenntnis, ohne jedoch die Richtung ihrer Anwendung zu bestimmen. Natür-

249

lich läßt sich bei der Anwendung von Wissen kein einheitlicher Wille feststellen: vielmehr findet ein außerordentlich verworrener Prozeß statt, an dem viele Instanzen beteiligt sind.«[34]

Weil sie längst überfordert waren, haben alle Instanzen abgedankt. Die Entwicklung lief aber von selbst immer weiter; sie hatte inzwischen längst ein Eigengewicht erlangt, das sie auf der einmal eingeschlagenen Bahn vorantrieb. Da keine allgemein anerkannten Zielsetzungen vorhanden waren, wurden die Mittel zum Zweck. Alle Nachdenklichen wissen, daß dies nicht mehr gutgehen kann. Alvin Toffler sagt, »wir können nicht zulassen, daß Entscheidungen von welterschütternder Bedeutung leichtfertig, unbedacht, planlos gefällt werden. Den Dingen ihren Lauf lassen heißt, kollektiven Selbstmord begehen.«[35]

Der Normalbürger in seinem naiven Vertrauen geht natürlich davon aus, alles laufe bestens überlegt, vorausbedacht und von höchsten Instanzen kontrolliert ab. Wir können ihn in diesem Punkt völlig »beruhigen«: da ist nirgendwo irgend jemand, der das Ganze in der Hand hätte; ja, da ist sogar kaum jemand, der es auch nur überblickte. Der Bürger wird nun fragen, wozu haben wir denn eine Regierung? Ist es nicht deren Aufgabe zu prüfen, auszuwählen, die Folgen zu bedenken? Dazu ist zu sagen, daß sich zunächst gerade die führenden Staaten der westlichen Welt viel darauf zugute hielten, daß sich bei ihnen die Wirtschaft von selber regele. Theoretisch halten sie noch heute weitgehend an dieser Ansicht fest, obwohl es kein einziges Land mehr gibt, wo die Wirtschaft noch sich selbst überlassen wäre. Die Regierungen waren einfach gezwungen, das immer komplizierter werdende Gewirr der Industriegesellschaft unter gewisse Regeln zu stellen. Die Weltwirtschaftskrise zwischen den beiden Weltkriegen gab dafür starke Anstöße, die in der Folgezeit durch die Ansprüche der Menschen auf soziale Sicherheit gewaltig verstärkt wurden.

Aber was da bewirkt werden konnte, waren jeweils nachträgliche Korrekturen, die angebracht wurden, um die schlimmsten Unzuträglichkeiten zu mildern. An den vollendeten Tatsachen änderte dies nie etwas. Daran wollte man auch gar nichts ändern; denn noch erschienen sie ganz angenehm.

Ein neues Moment kam nach dem II. Weltkrieg dazu: Die unwahrscheinlichen Erfolge der industriellen Produktion verleiteten die Regierungen wohl in allen Fällen dazu, sich mit den Siegern auf ein Podest zu stellen, um den Beifall miteinzuheimsen. Auch wenn man sich mit fremden Federn schmückte – nichts eignete sich so glänzend für die Wahlkämpfe wie die Bilder des »Wirtschaftswunders« und die immer größer werdenden Zahlen auf allen Gebieten. Die Wirtschaft, vor allem die Großindustrie, teilte nur zu gern die Lorbeeren mit den Regierungen, konnte sie ihnen doch damit am deutlichsten demonstrieren, worauf sie angewiesen, ja von wem sie schon völlig abhängig waren.

Und die Regierungen begriffen sehr schnell, welche Werte sich hier ansammelten und daß diese sich für steuerliche Abschöpfungen geradezu anboten. Die für den Staat eintretenden Folgen waren höchst angenehm. Aber gerade diese erfreuliche Teilhaberschaft hinderte die Staaten andererseits daran, einmal Überlegungen darüber anzustellen, was denn hier eigentlich vor sich ging.

Es blieb auch gar keine Zeit, darüber nachzudenken; denn das Tempo der technischen Realisation hatte zunächst zu sozialen Notständen geführt. Diesen mußte staatlich begegnet werden. Dies geschah mit der sozialen Realisation, die dann zum Sozialstaat geführt hat. Je perfekter aber der Sozialstaat organisiert ist, um so mehr ist er auf die Produktivität der Wirtschaft angewiesen. Darum muß seine Regierung zwangsläufig für die Prosperität der Wirtschaft sorgen. Dies tun inzwischen die Anhänger der Marktwirtschaft genauso intensiv wie die Anhänger der Planwirtschaft. Der weitaus größte Teil der politischen Auseinandersetzungen, zum Beispiel in der Bundesrepublik Deutschland, geht darum, ob denn die Regierung die richtige Wirtschaftspolitik treibe. Den Regierungen wird längt die Verantwortung für die Wirtschaftspolitik auch dann aufgebürdet, wenn dies gar nicht in die Theorie der regierenden Partei paßt. Die Regierungen fügten sich diesem Wandel – gern, solange alles gut ging; sie werden sich noch mehr fügen müssen, wenn es schlecht geht. Vor dieser Epoche stehen wir jetzt.

Dieser epochale Wandel trifft durchweg auf Staatsführungen, die nicht im geringsten mit den echten wirtschaftlichen Grundgesetzen vertraut sind. Wie sollten sie auch, da nicht einmal die Wirtschaftswissenschaftler solche besitzen?! Der demokratische Staat ist bestenfalls auf Interessenausgleich vorbereitet, nun aber kommen völlig neue Aufgaben auf ihn zu.

Anzahl und Schwierigkeitsgrade der Probleme nehmen in der Industriegesellschaft ständig zu. »Nimmt die Veränderung zu, dann . . . stellen sich pro Zeiteinheit (Jahr oder Legislaturperiode) mehr neue Probleme, dann steigt mit der Zeit der Druck, welcher von den nach Entscheidung verlangenden Fragen auf die Verantwortlichen ausgeübt

251

wird. In einem derartigen Fall ist es scheinbar natürlich und sogar vernünftig, die Fragen in der Reihenfolge ihrer Dringlichkeit vorzunehmen. Eine Praxis, deren Irrtum in den Ergebnissen sichtbar wird. Wenn jedes Problem erst auf die Tagesordnung gesetzt wird, wenn es sich als ›brennend‹ nicht länger hinausschieben läßt, dann sind die Dinge inzwischen soweit gediehen, daß – wie man beim Schachspiel sagt – ›Zugzwang‹ herrscht. Es gibt keine mögliche Wahl mehr zwischen verschiedenen Handlungen mit dem Zweck, eine noch flexible Situation zu beherrschen, keine determinierenden Handlungen mehr, sondern nur noch einen im voraus determinierten Gegenzug, um sich aus einer Lage zu befreien, die nur noch einen Ausweg offen läßt. Die Verantwortlichen des Augenblicks gehorchen der Notwendigkeit und rechtfertigen sich nachträglich damit, daß sie nicht die Wahl gehabt hätten, sich anders zu entscheiden. Richtig ist, daß sie die Wahl nicht mehr hatten, und das ist etwas ganz anderes. Wenn sie auch hinsichtlich der tatsächlich unumgänglichen Entscheidung von Tadel freizusprechen sind, in bezug darauf, daß sie die Dinge bis zu diesem Punkt ihren Lauf nehmen ließen, der ihnen jede Entscheidungsfreiheit nahm, sind sie es nicht. Der Beweis der Unvorsichtigkeit ist es, daß man unter die Herrschaft der Notwendigkeit gerät, und um das zu vermeiden, muß man die sich erst bildenden Situationen zur Kenntnis nehmen, solange sie noch formbar sind, ehe sie gebieterisch zwingende Form angenommen haben. Anders ausgedrückt, ohne prävisionelle Aktivität gibt es keine Entscheidungsfreiheit.«[36]

Damit ist zum »Sachzwang« der (zeitliche) »Zugzwang« gekommen. Die Politiker können, selbst wenn sie den besten Willen hätten, nichts anderes mehr tun, als das »abzusegnen«, was irgendwelche Spezialisten auf einem Gebiet – vielleicht schon vor langer Zeit, unter ganz anderen Voraussetzungen – in die Wege geleitet hatten. Die Beamten waren ihrerseits nicht zu beurteilen imstande, was Spezialisten auf immer neuen Gebieten veranstalteten, und sie sind es heute noch viel weniger. Genausowenig sind es die Politiker in den Gemeinde- und Stadträten oder die Abgeordneten in den Parlamenten bis hin zum Bundestag. Sie müssen sich notgedrungen in jedem Einzelfall auf das Urteil von Fachleuten verlassen – und das sind die Interessenten selber oder deren Beauftragte. Darum verwenden die Politiker in ihrer Hilflosigkeit gern den Begriff »Sachzwang«, der in der Mehrzahl noch beliebter wurde: sie sehen sich nun überall von »Sachzwängen« umgeben.

Die Probleme und die Projekte werden aber immer größer, so daß der

Staat auch im Westen um finanzielle Beteiligung bei Neuentwicklungen gar nicht umhinkann – und sei es wegen der internationalen Konkurrenz. So stehen die Regierungen und die Parlamente vor einer Menge »besonders vordringlicher« Projekte. Dabei sind sie völlig unfähig, alle im Zusammenhang zu sehen; denn jedes Projekt hat normalerweise ein Ministerium zum Fürsprecher. Und wer soll all die Einzelheiten beurteilen? Sollte es doch jemand versuchen, wird er sofort in einigen Punkten der Unkenntnis bezichtigt. Bemüht sich eine Regierung, Schwerpunkte zu setzen und dafür anderes zurückzuweisen, dann geht mit ziemlicher Sicherheit ein Aufschrei durch die Öffentlichkeit: wie verständnislos sich diese Regierung gegenüber einem so »berechtigten Anliegen« verhalte. Und gewiß tauchen in der Presse all die guten Argumente wieder auf, die sich auch tatsächlich für das eine Projekt vorbringen lassen – wenn, ja wenn man es eben isoliert betrachtet.

Was tut infolgedessen fast jede Regierung dieser Erde, insbesondere aber die demokratische? Sie gibt jedem etwas, damit möglichst alle den Mund halten. Wer dann noch schimpft, hat es schwer in der Öffentlichkeit (denn er bekommt ja etwas), und ihm kann man daraufhin leicht drohen, daß er in Zukunft nichts mehr bekommen werde, wenn er sich so »undankbar« verhalte. Also bleibt alles beim alten Schlendrian.

Wo sollen auch die armen Beamten, Politiker und schließlich die Richter die übergeordneten Maßstäbe hernehmen, um die technischwirtschaftlichen Vorhaben beurteilen zu können? Schulen und Universitäten sehen sich schon lange nur noch in der Lage, Spezialisten auszubilden. Wenn Karl Steinbuch die lobenswerte Unterscheidung zwischen Spezialisten und Generalisten vornimmt, dann kann er doch nicht sagen, wo die Generalisten eigentlich herkommen sollen. Er gibt auch zu, »daß unsere akademische Tradition beinahe ausschließlich Spezialisten produzierte, für die Randprobleme kein Verständnis entwickelte und sich so ein beängstigender Mangel an Generalisten ergab. Die Generalisation, die in den philosophischen Fakultäten betrieben wird, geht meist auf Kosten der Realitätsnähe. Man hält es vielfach für unmöglich, das Sachwissen mehrerer Fakultäten rational zusammenzufassen, und überläßt übergeordnete Probleme den spontanen Aktionen von Amateuren.«[37]

Generalisten sind Einzelgänger, die sich aufgrund ihrer Anlagen dazu entwickelt haben, oder solche, die ihr Spezialistendasein nicht befriedigte. Generalist zu sein, ist aber kein Beruf, der eine bestimmte

Laufbahn ermöglichen würde, ja man wird fast niemanden finden, der bereit wäre, Generalisten zu beschäftigen. Selbst die Zeitungen beschäftigen heute Spezialisten, und die Politiker entwickeln sich zu solchen, wenn sie es nicht von vornherein waren.

Max Nicholson folgert: »Man wird die menschliche Entwicklung nur dann mit der natürlichen Umwelt im erforderlichen großen Maßstab in Einklang bringen können, wenn die verantwortlichen Politiker, Verwalter, Manager, Techniker usw. auf eine neue Art ausgebildet werden, so daß sie lernen, die Probleme als Ganzes und in ihren großen Zusammenhängen zu sehen. Nach gegenwärtigen Unterrichtsmethoden lernen sie die Umwelt nur bruchstückweise, in isolierten Aspekten kennen.«[38]

Die Folge ist, daß die Politik ebenso »balkanisiert« ist wie die Wissenschaft. In allen Bereichen werden Anforderungen gestellt, die menschliches Vermögen übertreffen. »Was eigentlich vom heutigen Menschen gefordert wäre, ist ein solches Übermaß an planvollem, verantwortlichem Handeln, wie es ein endliches Wesen, das er ist, gar nicht leisten kann. Unter ethischem Aspekt ist es daher unsere Endlichkeit, die in die Krise gelangt ist: Wir haben in einem dreihundert Jahre währenden, weithin blinden Anlauf eine Welt entworfen und gestaltet, deren verantwortliche Steuerung ein Maß an Überblick und Voraussicht erfordert, welches mit der aktualen Endlichkeit unseres Wissens und Könnens kollidiert.«[39] Aber die Ausdrücke »entworfen« und »gestaltet«, die Klaus Müller verwendet, stimmen schon nicht; es wurde gerade nichts entworfen und nichts gestaltet, vielmehr entfesselt und freigesetzt.

Es war bisher noch nie jemand da, der Gesamtverantwortung tragen konnte, aber auch selten jemand, der Gesamtverantwortung tragen wollte. Die Berufung auf die »Spezialisten« wurde zum beliebtesten Spiel der heutigen Zeit, die Verantwortung loszuwerden. In dieser Lage, in der ohnehin niemand mehr »durchsteigt«, kommt dann eine Theorie, wie die von Adam Smith, wie gerufen, wonach eine »unsichtbare Hand« schon alles regle.[40]

Wenn das Ganze, was nie gewachsen ist, und für das es eingestandenermaßen auch niemals eine Konzeption gab, zusammenbrechen wird, dann wird es unzählige Teilverantwortliche oder besser Kleinstverantwortliche (in Deutschland nannte man sie Mitläufer) geben, aber niemanden, der die Gesamtverantwortung trägt; darum wird es auch sehr leicht sein, die Verantwortung immer weiter und hin und her zu schieben. Es könnte aber schließlich der Fall eintreten, daß das Volk absolut jemanden zu hängen wünscht. Dann haben die Politiker die größte Chance, zu dieser Ehre zu kommen – schon darum, weil man sie kennt; denn wer kennt schon den eigentlich Verantwortlichen bei der Firma Nova Chemie & Co. KG auf Aktien? Aber so ganz ungerecht wird das auch gar nicht einmal sein. Die Politiker tragen nun einmal die Verantwortung für »das Ganze« – und sie waren ja auch bisher immer schnell zur Stelle, wenn es einen Fortschritt zu feiern galt und die Verdienste derer zu loben waren, die solch großartiges Werk durch ihren »unermüdlichen Einsatz überhaupt erst ermöglicht« hatten.

Die Völker sind in den letzten Jahrzehnten, soweit es das konkrete Leben der Bürger betrifft, nicht mehr von Ideen, Religionen oder kulturellen Werten beherrscht gewesen und schon gar nicht von klaren Zielen. Beherrschend waren die angeblich konkreten Zwänge der Wirtschaft. Der Bürger merkt nur noch die Folgen, und diesen paßt er sich an, denn sie kommen allmählich. Ja, es gilt als Zeichen der Modernität und der Fortschrittlichkeit, sich anzupassen. Bisher scheint ja auch alles wunderbar gelaufen zu sein. Und die Planer im Osten haben es auch nicht besser machen können; wie sollten sie auch, es sind ja ebenfalls durchweg Spezialisten.

Unendliche Möglichkeiten in einer endlichen Welt?

Den technisch entwickelten Ländern der Erde eröffneten sich inzwischen eine solch riesige Zahl technischer Möglichkeiten, daß es allein von der Menge her längst nicht mehr möglich ist, alle zu realisieren. Dies ist schon ein mathematisches Problem geworden: die Menge der einsetzbaren Mittel, die wir in diesem Fall unter dem Begriff Kapital zusammenfassen können, kann gar nicht so schnell zunehmen wie das Angebot an Neuerungen. Dafür bietet allein die heutige Medizin eine Unmenge von Beispielen. Dennoch erhält man die Illusion fleißig aufrecht, als könnte alles, was möglich ist, auch wirklich werden.

Die sich zwangsweise vergrößernde Differenz zwischen Möglichem und Wirklichem ist übrigens eine Quelle wachsender Unzufriedenheit. Die perfektionierte Nachrichtentechnik der Massenmedien bringt tagtäglich Meldungen von tatsächlichen oder angeblichen neuen Möglichkeiten, die dann jeder auch nutzen möchte. Da sie dennoch für lange Zeit noch nicht zur Verfügung stehen, vielleicht niemals zu haben sein werden, wird jeweils nur eine Erwartung geweckt, die dann unerfüllt bleibt, aber zu einer politischen Forderung wird. Da die Möglichkeiten ständig zunehmen, wird der Abstand zur Erfüllung und damit die Unzufriedenheit immer größer, niemals kleiner.

Nichts ist heute leichter, als phantastische Zukunftsbücher zu schreiben. Eine ganze Reihe von Autoren, die sich »Futurologen« nennen, betreiben dieses Geschäft ausgiebig. Sie brauchen nur die extremsten Möglichkeiten auf einigen Gebieten auszumalen, und schon ist eine Welt voller Wunder fertig. Wolfgang Schmidbauer sagt sehr richtig: Diese Futurologen sagen die Zukunft voraus, »indem sie jene Einzelbereiche der Gegenwart, die sie besonders interessieren, zu gigantischen Dimensionen aufblasen«.[41]

Klaus Müller spricht von einer »Anhäufung aller nur denkbaren Möglichkeiten«, wie sie zum Beispiel von Herman Kahn praktiziert wird. Die Propheten gehen von der für sie selbstverständlichen Voraussetzung aus, »daß alles, was sein kann, auch sein soll und also schließlich auch sein wird«.[42] Nicht einmal Widerspruch bekommen diese Utopisten; denn jeder Spezialist wird für seinen isolierten Fachbereich bestätigen, daß »dies geht«.

Dennoch ist es Wahnsinn, weil nicht alles, was geht, zugleich und überall gehen kann. Es geht nicht einmal das eine oder das andere. Schon jetzt kann nur noch jeweils eines von vielen Angeboten der Wissenschaft und Technik realisiert werden. »Wir schicken uns an, unwiderruflich die Erfahrung zu machen, daß der Traum von den unbegrenzten Möglichkeiten ein Wahn war. Die technische Welt ist eine Welt der grausam begrenzten Möglichkeiten.«[43] Mit der exponentiell wachsenden Zahl der Möglichkeiten nimmt der Anteil derer, die verwirklicht werden können, unwiderruflich ständig ab – nicht zu. Dies ist ein Gesetz, das prinzipiell bereits vor aller Rohstoff- und Energieverknappung und vor der Umweltverderbnis gegolten hat. Doch diese begrenzenden Faktoren werden das Problem gewaltig verschärfen und zu einem unlösbaren machen; denn ihre Grenzen gelten absolut.

Auf die Frage: was wollen wir? gab es bisher nur die einfache Antwort: Alles! Da heute um so weniger verwirklicht werden kann, je größer die Zahl der Möglichkeiten geworden ist und weiter wird, lautet jetzt die entscheidende Frage, wohin soll die Entwicklung eigentlich gehen? Die jetzt getroffene Auswahl bestimmt doch all das Weitere, was in der Folge geschehen kann.

Bisher war es ein wesentlicher Bestandteil des Fortschrittsglaubens, daß alles, was man machen könne, gut sei und daß man es darum auch machen müsse. Alexander Rüstow formulierte es so: »So fest war man im 19. Jahrhundert und noch bis weit ins 20. hinein von der unantastbaren Absolutheit und der unbedingten Heilsamkeit des technischen Fortschritts überzeugt, daß man auf den Gedanken einer Kontrolle, auf die Frage, wozu denn das gut sei, was denn dabei herauskomme, ob nicht vielleicht eine Auswahl notwendig wäre, gar nicht kam. . . . Der technische Fortschritt wurde als ein Gut an sich, als etwas Unbedingtes, Unbezweifelbares, Begeisterndes, Herrliches, Erhebendes uneingeschränkt und unkontrolliert bejaht.«[44]

Der Fortschritt der Technik wurde mit dem Fortschritt des Menschen gleichgesetzt. Ja, genau besehen gab es überhaupt keinen anderen Fortschritt mehr als den von der Technik erzeugten. »Der technische Geist wird . . . aus der Führung vorgegebener Zielsetzungen entlassen.«[45] Er war nie unter dieser Führung. Das Ganze ist »ohne Wissen um die Folgen zustande gekommen«.[46]

Die technische Realisation hat weder ein Ziel noch dient sie der Befriedigung elementarer Bedürfnisse. Ernst Forsthoff sagte: »Der technische Prozeß produziert sich selbst, und das um keines anderen Zweckes als um seiner selbst willen. Sein Motor ist, wie schon Hans Freyer feststellte, der dem Menschen innewohnende Drang, das, was als machbar erkannt ist, auch zu machen. Eben weil die Technik keinen außer ihr selbst liegenden Zweck hat, ist sie beliebig instrumentierbar. Sie kann dem Profitstreben einzelner ebenso dienstbar sein wie der Hervorbringung eines breit gestreuten, allgemeinen Wohlstands – und auch beiden zugleich – wie auch den Zwecken der politischen Macht.«[47]

Der heute erreichte Zustand unserer Zivilisation ist alles andere als ein großer Wurf. Er konnte das auch gar nicht werden, da schon die Grundlagen nicht stimmten. Aber auch die einzelnen Teile stehen beziehungslos im Raum. »Mit anderen Worten: Die Technik wucherte bisher aufs Geratewohl, nur durch Zufälle und Profit-Erwägungen bedingt. Mit den kontrollierten und geplanten Experimenten, die zu den technischen Anwendungen führten, hat diese Technik-Entwicklung nichts gemein.« Und der amerikanische Professor Philip Siekevitz führt in einer 1970 gehaltenen Rede aus, »daß diese Forschung und diese technische Entwicklung unerbittlich miteinander verknüpft sind und daß wir Forscher trotzdem nur wenig von der Welt um uns herum verstehen. Deshalb halte ich es für geradezu selbstmörderisch, zu glauben, mit noch raffinierterer Technik . . . die Fehler der vergangenen Technik wiedergutmachen zu können.« Er schließt mit den Worten: ». . . und selbst wenn wir es nicht glauben, erwecken wir den

Anschein, als seien wir unserer Sache sicher. Und die Welt nimmt unsere vorläufigen Ergebnisse und macht sie zu Tatsachen.«[48]

Der Zweifel verstärkt sich heute überall, gerade bei Technikern und selbst bei Wirtschaftswissenschaftlern. So sagt der Amerikaner Galbraith: »Man ist heute immer mehr der Meinung, daß an einem entsprechenden Tempo des technischen Fortschritts alle Nutznießer sterben werden.«[49] Und der Schweizer Ingenieur Ernst Basler wirft die Frage auf: »Wird der hochzivilisierte Mensch, dem der Eroberungstrieb zur zweiten Natur geworden ist, nun auch die Vernunft aufbringen, seine angenommenen Gewohnheiten abzulegen, und einsehen, daß man in Zukunft auch im technisch-wirtschaftlichen Bereich immer weniger all das tun darf, was man tun könnte?«[50]

Wenn so weiter gewirtschaftet wird wie bisher, dann werden die Naturgesetze die Arbeit besorgen und die Menschen durch eine Kette von Katastrophen zur Anpassung zwingen. »Zusammenbruchsanpassung« nennt das Bruno Fritsch.[51] Klaus Müller beginnt sein Buch, »Die präparierte Zeit«, mit den Worten: »Noch nie war die Zukunft so ungewiß wie heute; mehr noch: sie ist tödlich bedroht. Die Menschheit steht am Abgrund ihrer bisherigen Geschichte. . . . Der Abgrund – das ist die Gesamtheit der zerstörerischen Wirkungen einer unaufgeklärt zur Herrschaft gelangten wissenschaftlich-technischen Welt auf die Bewohner dieser Erde – auf uns alle. Schon heute trägt für den, der sehen kann, das Leben auf dieser Erde die Züge eines Wettlaufs zwischen diesen – oft lautlosen – Wirkungen und der Aufklärung über ihre unausbleiblichen zukunftsbedrohenden Folgen. Dieser Wettlauf wird in den kommenden Jahren die Form eines Notstandes annehmen, der Versuch seiner Bewältigung die Form eines permanenten Ausnahmezustands.«[52]

Der unkontrollierte Spaltungsprozeß

Hätte es eine Gesamtsicht, eine Zielsetzung gegeben, dann wäre es zu dem heutigen Weltzustand gar nicht gekommen. Wie entstand aber unsere Zivilisation? In der Weise eines Würfelspiels! So ist in den westlichen Ländern und in Japan etwas entstanden, was keine Macht der Welt mehr verantworten kann.

Es ist bereits ein großer Mangel, wenn am Anfang einer zivilisatorischen Entwicklung die Koordination und die Richtung fehlt. »Sobald sich die Gesellschaft aber auf den Weg zum Superindustrialismus begibt, wird diese hemmungslose Laissez-faire-Politik vollkommen unzureichend und hat gefährliche Folgen.«[53] Und im Zeitalter des Superindustrialismus, wie Alvin Toffler es nennt, befinden wir uns, weiß Gott. Der Amerikaner John Platt faßt zusammen: »Im letzten Jahrhundert erhöhte sich die Geschwindigkeit der Kommunikation um den Faktor 10^7, die Reisegeschwindigkeit um 10^2, die Geschwindigkeit der Nachrichtenverarbeitung um 10^6, die Zunahme des Energieverbrauchs um 10^3, die Kraft unserer Waffen um 10^6, unsere Fähigkeit, Krankheiten in Schach zu halten, um etwa 10^2 und die Geschwindigkeit, mit der sich die Bevölkerung vermehrt, um den Faktor 10^3, verglichen mit dem Zustand vor einigen tausend Jahren. – Ist da zu bezweifeln, daß die menschlichen Beziehungen in der ganzen Welt bis in ihre Grundlagen in Mitleidenschaft gezogen werden? Innerhalb der letzten 25 Jahre betrat die westliche Welt das Zeitalter der Düsenflugzeuge, Raketen und Satelliten, der Kernenergie und des Atomschreckens.«[54]

Die beinahe unfaßbare Erhöhung aller Geschwindigkeiten der Veränderung hat unbedachte Auswirkungen auf die Menschen, wie Alvin Toffler in seinem Buch, »Der Zukunftsschock«, nachgewiesen hat.[55] Ralph Lapp sagt: »Wir sitzen in einem Zug, der immer schneller wird und auf einem Gleis dahinrast, auf dem es eine unbekannte Zahl von Weichen gibt, die zu unbekannten Zielen führen.«[56] Die Zahl der möglichen Weichenstellungen nimmt laufend zu und damit die Anzahl der möglichen Fehlentscheidungen und der unvermeidlichen Konsequenzen. »Wir haben gelernt, die mächtigsten Technologien zu entwickeln – wir haben uns nicht bemüht, etwas über die Konsequenzen der Technologien zu lernen. Heute drohen diese Konsequenzen, uns zu vernichten.«[57] Dies ist die Schlußfolgerung Tofflers, die sich daraus ergibt, daß es auf dem Gebiet der Technologie niemals eine übergeordnete Planung oder verantwortliche Leitung gab noch gibt. Dies nennt Toffler eine »erschreckende Wahrheit«.[58] Aber es geht nicht nur um die unkontrollierte Technologie: »Wenn nur die Technologie ungesteuert dahinraste, wären unsere Probleme schon ernst genug. Fatalerweise sind jedoch zahlreiche andere gesellschaftliche Entwicklungen unseren Händen entglitten, machen wilde Sprünge und widerstehen allen Bemühungen, sie wieder in den Griff zu bekommen.«[59]

Hat die Entwicklung also bereits ein so fortgeschrittenes Stadium erreicht, daß jeder Versuch, das Ganze zu steuern oder auch nur in der Richtung ein wenig zu verändern, aussichtslos bleibt? Es ist ja nicht nur die Technologie und damit die Wirtschaft, die unkontrolliert dahinrast, die gesamte gesellschaftliche Entwicklung ist davon ebenfalls betroffen. Und das nicht nur in einigen Ländern: »Die durch eine soziale Kontrolle der Technologie entstehenden Probleme sind unter dem Kapitalismus, Sozialismus oder Kommunismus so ziemlich dieselben. Unabhängig von der politischen Philosophie müssen neue Formeln der sozialen Planung gefunden werden, damit die Technologie wichtigen menschlichen Bedürfnissen dient, anstatt daß sie um ihrer selbst willen weiterwächst oder als Werkzeug für wirtschaftliche und nationale Expansion benutzt wird.«[60] Zu dieser Feststellung kommt René Dubos. Und Karl Steinbuch: »Die Kontrolle des technischen Fortschritts ist marktwirtschaftlich nicht möglich: Die Marktwirtschaft setzt zwar enorme persönliche Initiativen frei und beschleunigt damit den technischen Fortschritt. Sie macht ihn aber gleichzeitig hemmungslos: Wo die Marktwirtschaft ohne Kontrolle verläuft, entwickelt sie sich in Richtungen, die gesamtgesellschaftlich oft bedenklich sind.«[61] Später aber meint Steinbuch in seiner »Kurskorrektur« hoffnungsvoll: »Wir sind auf dem Wege von der naiven Marktwirtschaft über die aufgeklärte Marktwirtschaft zu einer aufgeklärten Politik, die nicht vorwiegend durch Wirtschaft bestimmt ist, wo vielmehr Wirtschaft, technischer Fortschritt und die anderen Formen des Verhaltens ihrem eigentlichen Zweck untergeordnet werden, nämlich menschliches Leben zu ermöglichen.« Um aber sogleich fortzufahren: »Die Kontrolle des technischen Fortschritts und der Wirtschaft setzt Klarheit über die Ziele voraus: Vorläufig besteht aber wenig Klarheit darüber, wohin das Fortschreiten führen soll.«[62] In der Tat: Nichts wird so schwer zu erreichen sein wie eine Einigung über die anzustrebenden Ziele. Darum ist es sehr wahrscheinlich, daß wir, wie Forrester fürchtet, »von einem sozialen und ökonomischen System, das wir selber geschaffen haben, aber nicht beherrschen können« überwältigt werden.[63] Nun fallen allerdings in der Planetarischen Wende die meisten Ziele als nicht mehr realisierbar fort. Wenn die harten Notwendigkeiten begriffen werden, dann könnten die übriggebliebenen Ziele eingegrenzt werden. Allerdings: »Die Steuerung der öffentlichen Angelegenheiten setzt politische Apparaturen voraus.« Sie sind bisher nicht vorhanden. »Deshalb greift das Instrumentarium der Politik in die realen Verhältnisse nicht mehr ein. Ist man in irrationalen Strukturen gefesselt, so bleibt für die vernunftgemäße Verwaltung von Macht nur ein geringer Spielraum. Es gilt also, die Strukturen selbst zu verändern, und dadurch allererst die Möglichkeit für eine sachgemäße Politik zu eröffnen. . . . Das erscheint selbst angesichts der drohenden Katastrophe als ein utopisches Ziel. Es erfordert außerdem Zeit, die wir nicht haben, denn wir befinden uns in einem mörderischen Wettlauf mit irreversiblen physikalischen Prozessen. Deshalb muß auch im Rahmen unserer gegenwärtigen verfassungsrechtlichen Möglichkeiten und unserer gegenwärtigen Verwaltungsstrukturen jede Anstrengung unternommen werden, um das zu leisten, was geleistet werden kann. Aber ein solches Handeln hat nur einen provisorischen Charakter. Im Gefüge der heutigen politischen Formationen kann die fortschreitende Zerstörung unserer Biosphäre vielleicht für eine kurze Zeit verlangsamt, aber gewiß nicht aufgehalten werden. Das ökologische System menschlichen Lebens in der technischen Welt bedarf einer langfristigen Planung, die von allen unseren Aufgaben die dringlichste ist.«[64] Soweit Georg Picht.

Man müßte sich demnach zunächst auf die Institutionen einigen, dann auf die anzustrebenden Ziele – und das alles unter dem Zeitdruck, unter dem wir bereits stehen!

Wir halten fest, daß keinerlei Ansätze der Steuerung vorhanden sind. Woher hätten sie auch kommen sollen, da die Entwicklung bisher nach der Maxime verlief: Alles ist gut! Die Welt konnte bisher nur darum ohne Planung auskommen und der Lauf der Dinge nur deshalb Einzelentscheidungen überlassen bleiben, weil man jede Entscheidung, etwas zu tun – gleich was es war – für fortschrittlich und richtig hielt. Sobald dies nicht mehr gilt, kann man auch die Entscheidung nicht mehr dem jeweiligen Belieben überlassen.

In den Demokratien ist schon darum keine zur Entscheidung befugte Instanz vorhanden, weil man aus Angst vor der Machtkonzentration die Verantwortung auf unzählige Gremien verteilt hat. Auch die Regierung ist nur eine unter vielen Instanzen. Der Staat ist mit anderen Mächten so verstrickt, daß er keine Unabhängigkeit besitzt. Und der Entscheidungsprozeß ist so langwierig, daß er stets hinter der Entwicklung herläuft. Auf den einzelnen Sektoren ist das partikuläre Denken vorherrschend, so daß Klaus Müller meint, »ein solches System ist daher künftig überlebensunfähig, weil in ihm ein katastrophaler partikularer Irrationalismus waltet«.[65] Die von Klaus Müller und anderen vorgeschlagene Mitwirkung des Bürgers an den Entscheidungsprozessen wird aber darum nicht weiterführen, weil dieser sich erst recht nicht den umfassenden Überblick verschaffen kann. Experten haben immer die Möglichkeit, die Ergebnisse ihres Sondergebietes als die große Errungenschaft darzustellen, deren Anwendung phantastische Segnungen verbreiten werde. Und das Urteilsvermögen des

Zuhörers reicht nicht aus, die schwachen Stellen und die Pferdefüße und all die Folgen zu erkennen. Zumal Interessenvertreter ihre Angelegenheit immer geschickt vortragen, denn sie verdienen daran, oder der Verdienende ist leicht imstande, sie gut zu honorieren. So steht alles unter dem Antriebsdruck partikularer Eigeninteressen und keineswegs im Dienst des Gemeinwohls der Menschheit.

Daß Wissenschaft wie Technik dem Menschen diene, ist das beliebte Thema aller Festreden. Auf der Tagung des Vereins Deutscher Ingenieure wurde zum Beispiel 1970 erklärt: »Aber die Wirtschaft ist nicht Selbstzweck, sondern nur ein Werkzeug der menschlichen Existenz.« Dennoch mußte zugegeben werden, daß der technische Fortschritt »vorläufig« beinahe ausschließlich von wirtschaftlichen Überlegungen bestimmt wird.[66] Das ist aber nicht nur gegenwärtig und vorübergehend so, sondern seit Beginn des Zeitalters der Technik vor 200 Jahren.

Mahnende Worte gibt es schon seit dem I. Weltkrieg.[67] Wie wenig diese vermochten, beweist die weitere Entwicklung. Der Ingenieur Fritz Kesselring hatte 1947 in einem Vortrag ausgeführt: »Das technische Geschehen breitete sich aus wie eine Epidemie, ergriff die Menschen, ob sie sich dagegen sträubten oder nicht, und veränderte ihr Dasein von Grund auf. Wohl glaubten am Anfang und lange Zeit danach insbesondere die großen Erfinder, daß das von ihnen Geschaffene dem Wohle der Menschen diene. Heute aber wissen wir, daß die Technik zu unserem Schicksal geworden ist, und aus diesem Wissen heraus stellen wir immer wieder und immer dringlicher die Frage: Müssen wir Menschen diesen Sturm einfach über uns ergehen lassen, als etwas uns Auferlegtes und Unabwendbares, oder gibt es vielleicht doch noch eine Möglichkeit, die unendlichen Kräfte der Technik sinnvoll walten zu lassen ... Denn was nützt schließlich Lernen und Schaffen, alle Begeisterung und Mühsal, wenn dies alles uns nur immer weiter hinausführt aus der großen Harmonie der Natur, wenn es nur Degeneration, Untergang, Verderben und Tod nach sich zieht und unser Leben arm macht.«[68]

Was 1947 schon nicht möglich war, ist heute noch weniger möglich, denn mit der exponentiellen Entwicklung, die seitdem stattfand, sind auch die Kontrollschwierigkeiten exponentiell gewachsen. Wir kommen zu der ernüchternden Feststellung, daß zu der Zeit, wo eine Steuerung und Planung der menschlichen Entwicklung immer notwendiger wird, die Möglichkeit zu ihrer Verwirklichung beinahe auf Null gesunken ist. Man hätte wohl das Leben sich selbst überlassen dürfen,

262

aber nicht die wirtschaftliche Produktion. Um deren Willkür zu begründen, mußte man unterstellen, daß es sich um einen ganz natürlichen Vorgang handele. So nannte man das Ganze einfach »Wachstum«. Die technische Realisation der letzten 200 Jahre setzte aber gerade jedes natürliche Steuerungssystem außer Kraft und hat bis heute kein neues an seine Stelle gesetzt. Ja, man weiß noch nicht einmal, ob ein solches jemals möglich sein wird.

Wenn wir das Motto dieses Kapitels von Carl-Friedrich v. Weizsäcker wieder aufgreifen, dann lautet seine Fortsetzung: »Die Entwicklung der Willens- und Verstandeswelt ist kein Unheil, sondern – religiös ausgedrückt – eine Gottesgabe. Es ist möglich, die Werke des Verstandes in meditativer Gelassenheit zu betrachten, und auszuwählen, wo sie weitergeführt und wo sie beschnitten werden sollen. Der Weg dazu ist der Menschheit seit Jahrtausenden bekannt; heute wird er lebensnotwendig – oder wir werden heute auf neue Weise sehen lernen, daß er immer lebensnotwendig war.«[69] Wer betrachtet aber heute die Werke des Verstandes in meditativer Gelassenheit? Wer wählt aus? Wer beschneidet? Wir vermögen niemanden zu erkennen, der das tut, nicht einmal jemanden, der es tun könnte! Wäre das je der Fall gewesen, dann hätte es zu diesem fortgeschrittenen Stadium unserer heutigen »Kultur ohne Weisheit, ohne Vernunft« nicht kommen können. Daß es zu unzähligen unkontrollierten Kettenreaktionen und Spaltungsprozessen kam, ist die Ursache dafür, daß wir heute am Abgrund stehen.

Wir leben bereits in einer Welt, der nicht nur die Weisheit und die Vernunft fehlt, sondern sogar der Boden unter den Füßen.

Die tödliche Anfälligkeit der Industriestaaten

Die Welt hallt wider von dem Geschrei über die menschliche Not in den Entwicklungsländern. Kaum jemand macht sich klar, daß nicht diese, sondern die Industrieländer sich am schnellsten auf den Abgrund zubewegen. Wir haben dargestellt, daß ihre äußere Abhängigkeit in vielen Fällen total ist. Sie gefallen sich noch in der Rolle eines Weihnachtsmannes für die Welt, sind aber selbst einem weit gefährlicheren Zusammenbruch nahe. Im Falle einer Krise werden gerade die jetzigen Errungenschaften zum allergrößten Verhängnis werden.

Die Industriestaaten sind so empfindlich strukturiert, wie es die allerkomplizierteste Maschine nicht schlimmer sein kann. Die menschlichen Ballungszentren, die Millionen beherbergen, sind in ihrer Spezialisierung und Arbeitsteilung so vollständig vom Funktionieren aller ihrer Glieder abhängig wie der menschliche Körper vom Funktionieren aller seiner Organe. Die Störung auch nur eines Teilbereiches – und eine solche ist um so wahrscheinlicher, je komplizierter das System ist – zieht kurzfristig das ganze System in Mitleidenschaft. Der Ausfall der Stromversorgung würde schon innerhalb einer Sekunde nicht nur die gesamte Wirtschaft lahmlegen, er hätte auch eine umwälzende Auswirkung auf das Leben aller Bürger. Denn nicht nur die Industrie steht dann still, das gesamte Nachrichtennetz fällt ebenso aus wie die automatisch gesteuerte Heizung und die Wasserzufuhr. Nicht nur die einzelnen technischen Einrichtungen haben eine Schlüsselfunktion, sondern auch die Gruppen von Menschen, die sie bedienen. Diese besitzen eine Schalthebelgewalt, die lebensbedrohlich ist.

In den Städten wird die nichtwissende Hilflosigkeit der Menschenmassen infolge fehlender Ausweichmöglichkeiten in den Raum ins Unfaßbare gesteigert. Die einzelne Familie ist tagtäglich auf Gedeih und Verderb auf das Funktionieren der zivilisatorischen Maschinerie angewiesen und kann selbst nur noch das vollbringen, worauf ihre Mitglieder spezialisiert sind. Aber spezialisierte Fähigkeiten sind zu Zeiten des Zusammenbruchs völlig wertlos.

Frühere Generationen lernten von Vater und Mutter noch alles, was man im Leben wissen muß. Die Kinder von heute lernen nur noch in der Schule. Sie lernen viel, aber nichts von dem, was die Grundlage des Lebens ausmacht und was sie zum Überleben brauchen werden, sobald sie einmal auf sich allein gestellt sein sollten. Sie erlernen höchst spezialisierte Berufe und dazu bestenfalls, wie man im Verkehr möglichst am Leben bleibt. Sie wissen jedoch nichts davon, wie man sät, erntet, Tiere hält, mit einfachen Mitteln kocht, sich ein Dach über dem Kopf errichtet, Krankheiten ohne Arzt behandelt . . .

Vor 50 Jahren gab es noch Handwerker, die mit einfachen Mitteln lebensnotwendige Güter herstellten: Färber, Seiler, Wagner, Spengler, Korbmacher, Küfer, Schmiede, Brunnenbauer; »heute kämpfen die letzten Zimmerleute, Schreiner, Buchbinder, Schuhmacher auf verlorenen Posten um ihre Existenz«.[70]

Weil die Menschen über das elementare Leben nichts mehr wissen, wurde es überhaupt erst möglich, daß sie sich in eine solch absurde Situation steuern ließen, ohne jemals alarmiert zu sein. Und das, obwohl Mitteleuropa zwei Kriege mit allen bitteren Erfahrungen durchgemacht hat.

Der »moderne Mensch« ist ein auf Spezialbereiche reduziertes Wesen. Wenn seine künstliche Welt zusammenbricht, dann wird er völlig ratlos dastehen. Und selbst wenn er sich zu helfen wüßte, wird er es doch nicht können, weil keine Werkzeuge, sondern nur noch automatische Geräte da sind, die alle vom Stromanschluß und von vielen anderen Voraussetzungen abhängen. Er wird auch keine Nahrung vorfinden, denn diese kommt täglich über Straßen und Schienen, wenn nicht sogar aus fernen Ländern. Er wird nicht einmal Trinkwasser haben, denn in den Ländern der Bundesrepublik Deutschland gibt es Gesetze, die das Zuschütten der privaten Brunnen erzwungen haben. Der Städter kann seine Industrieerzeugnisse nicht verzehren – und selbst der Landwirt hat heute auf seinem Hof Schweine, aber kein Mehl; oder er hat Kartoffeln, aber keine Milch.

Auch die Dörfer sind inzwischen – auf sich allein angewiesen – nicht mehr lebensfähig. Wenn »heute in einem Schwarzwalddorf die Stromversorgung ausfällt, so bleiben nicht nur alle Maschinen in Industrie, Handwerk und Haushalt, vielfach auch in der Landwirtschaft, stehen, sondern es erlöschen auch alle Ölheizungen, die für ihr Funktionieren auf elektrischen Strom angewiesen sind. Das gleiche Dorf war noch vor 50 Jahren durch seine Mühlen, sein Brennholz, sein Zugvieh und durch seine Landwirtschaft . . . weitgehend autark«.[71]

In der medizinischen Versorgung ist die gesamte Bevölkerung völlig vom Arzt und dieser wieder von den Medikamenten abhängig. Früher gab es eine in den Familien weitergegebene Kenntnis von Hausmitteln gegen Krankheiten. Diese Tradition ist völlig erloschen mit dem Ergebnis, daß bei einem Ausfall der medizinischen Versorgung heute selbst die Landbevölkerung völlig hilflos dasteht.

Je »fortgeschrittener« eine Zivilisation ist, um so krisenanfälliger ist sie. »Die Industriegesellschaft schafft . . . Interdependenzen, die entweder alles gelingen oder alles zusammenbrechen lassen.«[72] Max Nicholson urteilt: »Unsere westliche Kultur verdient auf diesem Gebiet ein besonders schlechtes Führungszeugnis; sie ist die katastrophal unfallanfälligste, die es je auf Erden gegeben hat.«[73]

René Dubos stellt fest: »Als biologische Spezies hatte der Mensch Erfolg, weil er Anpassungsfähigkeit besitzt. Er kann jagen oder Landwirtschaft betreiben, Fleischesser oder Vegetarier sein, in den Bergen oder am Meer wohnen, Einzelgänger oder Mitglied einer Gruppe sein, in einer Demokratie oder einem totalitären Staat leben. Andererseits beweist die Geschichte, daß Gesellschaften, die erfolgreich waren, weil sie sich außerordentlich spezialisiert hatten, schnell zusammenbrachen, wenn sich die Verhältnisse änderten. Eine hochspezialisierte Gesellschaft vermag sich ebenso wie ein hochgradiger Spezialist kaum anzupassen.«[74] Der Mensch ist inzwischen das »Opfer seiner eigenen Schöpfung« (Oswald Spengler) geworden, ein äußerst beschränktes Lebewesen. Darum wird jeder Zusammenbruch der hochentwickelten Infrastrukturen in den Industrieländern furchtbare Auswirkungen haben. »Die Weltlage wäre daher um vieles hoffnungsvoller, lebten wir auf einem fiktiven Globus, wo es nur Staaten auf dem Niveau heutiger Entwicklungsländer gäbe.«[72] Die Chance der Völker, Krisen zu überstehen, ist um so größer, je geringer der Entwicklungsstand ist, den sie erreicht haben. Klaus Müller sieht sehr richtig: »Es ist nicht allzu schwierig, als Gesellschaft (nicht als Individuum) auf einem relativ niedrigen Niveau zu überleben, wo die statistische Unabhängigkeit zwischen den verschiedenen Einflüssen noch relativ groß ist.«[72]

Die heutige Verzweifelung der armen Völker ist darum in Wahrheit ihre große Hoffnung für die Zukunft. Und es ist unklug, die noch im natürlichen Regelkreis lebenden Völker mit der Industrialisierung zu »beglücken«; denn die Völker ohne hochentwickelte Industrien werden die Krisen und Katastrophen leichter überstehen.[75] Toffler meint sogar, daß wir »Enklaven der Vergangenheit« schaffen müssen, »Orte, an denen Veränderungen, Neuartigkeit und Vielfalt bewußt zurückgeschraubt werden«; denn so erhöhen wir die Wahrscheinlichkeit, »daß jemand für einen Neubeginn übrigbleibt, wenn eine massive Katastrophe eintritt«.[76]

Auf jeden Fall kann man den – heute materiell benachteiligten – Bauern in den Industrieländern nur raten, durchzuhalten; sie werden die Letzten sein, die in Gefahr geraten, umzukommen. Sie werden sich nur dort Bedrängnissen ausgesetzt sehen, wo die Menschen der Ballungszentren aus Hunger plündernd über Land ziehen.

Enzensberger stellt sich die Frage, »wie sich im Fall einer ökologischen Katastrophe die Überlebenschancen der verschieden strukturierten Gesellschaften ausnehmen, die es heute auf der Erde gibt. Aufs Ganze gesehen liegt die Vermutung nahe, daß die Letzten die Ersten sein werden: große Nationen von relativ geringem industriellen Entwicklungsgrad. ... Am anfälligsten für Öko-Katastrophen sind dagegen die überentwickelten Industrieländer des ›Westens‹. Nicht nur, weil in Japan, in Westeuropa und in den USA die irreversiblen Anteile an der Zerstörung der Umwelt zweifellos am höchsten liegen, sondern auch, weil die theoretischen Möglichkeiten einer Tendenzumkehr dort auf systematische Schranken stoßen, die nur durch eine vollständige Umwälzung beseitigt werden können.«[77] Richtiger würde es vielleicht lauten: Die Letzten werden auch dann wieder die Letzten sein, die übrigbleiben, wenn es ums Überleben geht! Vor allem, wenn sie das Glück haben, daß die großen Maschinerien an ihnen vorbeirollen, und wenn nicht irgendwelche Bodenschätze die Begierde der Mächtigen auf sie lenken.

Es gibt Anzeichen, daß einige Führer armer Völker diesen Vorteil schon erkannt haben: »Viele Länder – und dazu gehört nicht nur Zaïre – verwahren sich gegen die Relikte europäischer Zivilisation und Dekadenz«[78], obwohl die Nachrichten aus diesen Ländern nicht ohne Zwiespältigkeit sind.

Der Präsident von Zaïre, General Mobutu Sese Seko, führte auf dem Parteitag in N'Sele 1972 unter anderem folgendes aus[79]: »Denn das Erbe, das unsere Vorfahren uns hinterlassen haben, ist die natürliche Schönheit unseres Landes. Es sind unsere Ströme, unsere Flüsse, unsere Wälder, unsere Berge, unsere Tiere, unsere Seen, unsere Vulkane und unsere Ebenen. Mit einem Wort: Die Natur ist der untrennbare und wirkliche Bestandteil unseres besonderen Wesens. – Deshalb weigern wir uns, blind dem Weg der ›entwickelten‹ Länder zu folgen, welche die Produktion um jeden Preis wollen. Die Rohproduktion macht oft wirklich roh im geistigen Sinne. . . . Wir glauben nicht, daß der Friede und das Glück abhängen von der Zahl der Autos in der Garage, den Fernsehantennen auf dem Dach oder vom Lärmvolumen in den Ohren, welches spitzfindige Techniker ›noch erträglich‹ nennen. . . . Was nützt es, unzählige Fabriken zu besitzen, wenn deren Schornsteine Tag und Nacht Gift über uns ausschütten? So wären wir zwar reich, liefen aber mit einer Gasmaske auf der Nase herum und würden von der Last unseres eigenen Reichtums erdrückt. Wir möchten keine dieser verderbenden Industrien besitzen, die durch ihre Abfälle die Fische unserer Flüsse töten und den Menschen der Freude an der Fischerei berauben oder auch einfach des Vergnügens an trinkbarem Wasser. – Wir kennen sehr wohl den Gegeneinwand, daß dort, wo die Vergiftung wütet, auch – wie Blumen auf dem Komposthaufen – die Industrie zum Bekämpfen der Vergiftung wächst. Aber da das Gift ein Gegengift verlangt, sehen wir Bürger von Zaïre nicht ein, daß es Vergnügen bereiten soll, das Gift zu fördern, nur um dann ein Gegengift herzustellen. – Warum sollen wir nicht von vornherein die Wohltaten des natürlichen Lebens vorziehen, wenn wir erfahren, daß die Denker der industriellen Gesellschaften selbst ins Auge fassen, das Streben nach dem höchstmöglichen Bruttosozialprodukt aufzugeben, und zwar zugunsten des wirklichen nationalen Wohles. – Wir werden sie also kaum in Erstaunen versetzen, wenn wir unsere Bestrebungen bekräftigen, Zaïre, unser schönes Land, zu einem Naturparadies zu machen. ... Denn wir wollen, daß es in Zaïre für die Menschen noch dann eine Zuflucht zur unberührten Natur gibt, wenn die Wissenschaftler die Welt der natürlichen Lebewesen zu einem technischen Kunstprodukt verändert haben! Wir schützen unsere Gewässer und im besonderen den Fluß Zaïre, weil auch das nachträgliche Entgiften eines völlig vergifteten Flusses ihm seine Reinheit und Jungfräulichkeit nicht wiedergibt. ... Wir Bürger von Zaïre nehmen für uns in Anspruch, aus allen diesen Möglichkeiten den Weg zu wählen, der uns am vernünftigsten erscheint, aber indem wir ihn unseren eigenen kulturellen Werten unterwerfen. In diesem Sinne werden wir fortfahren, und zwar so lange, als man uns nicht beweist, daß diese zwei großen Systeme (das kapitalistische und das sozialistische), die vorgeben, das gesamte Dasein regeln zu können, sicher keinen falschen Weg eingeschlagen haben. – Deswegen müssen wir unser Gesellschaftsmodell, das nur unseren Bestrebungen gerecht wird, selbst schaffen. – Es ist klar, daß auch wir das wirtschaftliche Wachstum suchen. Aber wir verstehen auch, es menschlich zu machen und an unsere Denkart anzupassen. Wir wollen es mit einem Empfinden für die Natur ausstatten, ohne daß der wirtschaftliche Fortschritt früher oder später den Verfall des Menschen nach sich zieht. – Jene, die sich in der Industrialisierung befinden, sind ständig in Gefahr, zu verarmen und sich nach vielen Richtungen zu verirren. Vielleicht wird morgen der Reichtum eines Volkes an seinen Bestrebungen für die Erhaltung der Natur, seiner Umwelt, gemessen. Mit einem Wort: daran, ob es ihm gelang, seine eigene Seele zu erhalten.«

Diese Haltung entspricht einer Begebenheit, die der damalige Bundesminister für wirtschaftliche Zusammenarbeit, Erhard Eppler, auf der Tagung des Politischen Clubs der Evangelischen Akademie Tutzing 1973 schilderte. Der Präsident Kaunda von Sambia hatte vor Epplers Besuch dessen Oberhausener Rede[80] gelesen und erklärte ihm, daß der Maßstab des Lebensstandards die Entwicklungsländer zwangsläufig entmutigt habe. Vorher gab es keine Chance, auf dem Gebiet des Bruttosozialprodukts und des Lebensstandards die Industrieländer einzuholen; jetzt aber gebe der Maßstab der Lebensqualität den Entwicklungsländern ihre Selbstachtung zurück. Danach könnten sie sehr wohl mit den Industrieländern konkurrieren, deren Schwierigkeiten zeigten, daß sie sich in eine Sackgasse verrannt hätten.

Die Entwicklungsländer sind gut beraten, wenn sie vom »Fortschritt« höchst maßvollen Gebrauch machen – sie haben diese Chance noch; während die Industrieländer in einen Teufelskreis geraten sind, aus dem sie kaum wieder herauskommen. Die Entwicklungsländer werden ihre Rohstoffe künftig recht sparsam verwenden und zögernd herausgeben. Insofern wird die Verknappung in den Industrieländern zwar immer schlimmer, aber sie werden zu einer Sparsamkeit gezwungen, zu der sie durch Vernunftsgründe wahrscheinlich nie gebracht werden könnten. Rohstoffreiche Entwicklungsländer haben somit noch eine Zukunft – hochentwickelte Industrieländer ohne Rohstoffe haben keine mehr; es sei denn, sie holen sich die Rohstoffe mit Gewalt. Wer in unseren Breitengraden die weitere Produktionssteigerung für unbedingt nötig hält, der sollte sich auch im klaren darüber sein, daß er künftig die Rohstoffe dazu nur noch mit Gewaltanwendung wird holen können. Dann sollte er aber zunächst klären, ob er auch wirklich die Macht dazu hat. Es müßten dann nämlich die Länder wieder besetzt und zu Kolonien gemacht werden, die zum größten Teil erst nach dem II. Weltkrieg geräumt worden sind. Forrester wirft allerdings die Frage auf: »Werden die Industrienationen tatenlos zusehen, wie ihre Wirtschaft zusammenbricht, während es in anderen Weltteilen noch immer Vorräte gibt? Könnte nicht eine neue Serie internationaler Konflikte unter dem Druck der sich verknappenden Rohstoffe entstehen?«[81] Dies gilt aber erst für den Fall des drohenden Zusammenbruchs der Wirtschaft, wovon Anfang 1975 der amerikanische Präsident und sein Außenminister sprachen. Doch für wie viele Jahre würde eine solche »Beschaffungsaktion« bei dem gegenwärtigen Verbrauchstempo weiterhelfen?

Die Völker, welche heute mit Einsatz von potenzierter Arbeitskraft in internationaler Verflechtung die Erde ausbeuten, würden einige Jahre später eben doch wieder in die gleiche Krisensituation geraten und müßten dann dennoch zugrunde gehen. Überleben werden am ehesten die Teile der Menschheit, die nach wie vor mit einem Bruchteil irdischer Güter auskommen, die sie direkt der Natur entnehmen, mit der sie noch vertraut sind.

Eine Mittelstellung nehmen die Staaten des Ostblocks ein, wo sich – regional äußerst unterschiedlich – eine Kombination beider Lebensweisen erhalten hat. Darum werden auch die kommunistischen Völker in der Sowjetunion und in China Katastrophen besser durchstehen; gerade weil dort der »Fortschritt« bisher nicht so groß war. Je geringer der wirtschaftliche Erfolg der östlichen Welt im Hinblick auf die private Güterversorgung ist, um so größer wird ihre Überlebenschance sein. Die Bevölkerung kennt noch das einfache Leben, und weite Teile blieben Selbstversorger. Sie behielten auch eine viel größere Fähigkeit zu Entbehrungen, denen die vom Wohlstand verwöhnten Völker völlig hilflos ausgesetzt sein werden. Die Letztgenannten sind auch an keine Disziplin gewöhnt und werden schon darum gegenüber den kommandierten Massen des Ostens ins Hintertreffen geraten. Es ist sehr wahrscheinlich, daß die Mentalität der Völker der Sowjetunion und der Chinesen genau den Erfordernissen einer reglementierten Gesellschaft entspricht. Sie sind es gewohnt, sich in ein geplantes Leben einzuordnen und sich führen zu lassen.

In der auf das Geratewohl durch Spezialisten vorangetriebenen Entwicklung zur großstädtischen Zivilisation fern jedes verläßlichen Nährbodens liegt das größte Verhängnis unserer Zeit. Es gibt kein menschliches Wesen, das die Verantwortung für ein gutes Ende dieses unbedachten Experiments übernehmen könnte. Während einzelne ahnen, in welch ausweglosen Teufelskreis man hier bereits geraten ist, arbeiten alle anderen daran, sich die tödliche Falle noch perfekter zu konstruieren. Und sie halten sich für sehr klug und ihre Tätigkeit für höchst verdienstvoll.

Bisher herrscht lediglich bei einem Teil der Wissenschaftler Alarmzustand. Von diesen wenigen sagt Heinz Haber: »Es ist keineswegs so, daß die Wissenschaftler blind in das Chaos rennen. Viele machen sich Gedanken darüber und sinnen auf rechtzeitige Abhilfe. Lediglich die große Öffentlichkeit lebt noch im Traumzustand einer immer besser werdenden Zukunft, die sich beherrschen und durch stetes Wachstum unserer Produktion immer reicher gestalten ließe.«[82] Die Völker arbeiten aber mit Fanatismus an der weiteren Zerstörung der Lebensgrundlagen. Sie sehen noch nicht, »daß der Menschheit nicht von ihren Fehlleistungen, sondern von ihren Erfolgen die größte Gefahr droht«.[83]

3. Der allzu mühselige Weg zum Gleichgewicht

Nur wer Pessimist genug ist, die ganze Größe der Gefahr zu erkennen, hat überhaupt die Möglichkeit, an ihrer Abwendung mitzuwirken.

Wilhelm Röpke

Unsere heutige Grenzsituation

Die im vorigen Kapitel dargestellte Entwicklung in den Industrieländern ist den Staatsführungen völlig entglitten; richtiger, sie haben die moderne Weltentwicklung nie in der Hand gehabt. Jetzt, da sie aus ihrem Trancezustand unsanft erwachen, müssen sie erkennen, daß die Macht in die Hände ihrer Lieferanten überzugehen begann, während sie noch fröhlich in den Tag hinein lebten. Jeden Tag kann ihnen nun eine Preiserhöhung oder gar die Kündigung irgendwelcher Lieferungen ins Haus flattern. Die alten Staaten Europas, ebenso Japan und um sie herum ein weltweiter Gürtel von Nachahmern leben selbstgefällig in einer Welt, die keine solide Grundlage hat. Die Ideologie des privaten Wohlstandes, in England entstanden und in Nordamerika zur Vollendung entwickelt, wo die natürlichen Reichtümer eines Kontinents dies ermöglicht hatten, war überall begeistert übernommen worden. Für die vielen Länder, denen von vornherein die ausreichende Rohstoffbasis fehlte, war die eingeführte Ideologie von Anfang an keine Medizin, sondern Gift.

Die Bundesrepublik Deutschland kann hier als Beispiel für eine Reihe anderer europäischer Industrieländer stehen, die inzwischen alle in einer Traumlandschaft leben. Die Regierungen verkünden Programme, die nur noch den Stempel des Lächerlichen tragen. Parteien arrangieren Aufführungen in den Parlamenten und auf Parteitagen, die schon einen karnevalistischen Anstrich haben. Gewerkschaften fordern höhere Reallöhne und setzen sie durch, obwohl ihre Firmen nur noch für die Halde produzieren. So entstehen Autohalden, Woh-

Die Fußnoten befinden sich am Ende des Bandes, S. 363–365.

nungshalden, Tankerhalden – Kraftwerkshalden werden als nächste dazukommen; Schnellstraßen werden für ein Verkehrsaufkommen gebaut, das nicht mehr eintreten wird. Dabei erhöhen sich die Preise ständig. Was das noch mit Marktwirtschaft zu tun hat – in der ja Angebot und Nachfrage den Preis regeln müßten – niemand weiß es.[1]

Die westlichen Demokratien sind zwar seit Ende 1973 unsicher und ängstlich; doch in welcher Lebensgefahr sie sich befinden, haben sie bis heute nicht begriffen. Es gibt kaum jemanden unter denen, die Regierungsverantwortung tragen, der den Ernst der Lage erkennt. In Europa hat sich bisher nur Sicco Mansholt in seinem Buch »Die Krise« eindeutig geäußert: »Ich sehe die vor uns liegenden Probleme von so tief einschneidender Art, daß ich beinahe nicht mehr wage, von ›einlenken‹ zu reden. Es wird fundamentale Veränderungen in unserem Zusammenleben geben müssen. Allgemein werden die Schwierigkeiten noch als eine Art Krisenerscheinung angesehen. Man ist nicht bereit, diese als fundamentale Strukturänderungen im Weltbild zu sehen. Daher wird Flickwerk geliefert, ist die Untersuchung noch nicht recht in Gang gekommen. Aber wir haben nicht viel Zeit zu verlieren. Wenn einmal die großen Unterschiede Anlaß zu Spannungen in der Welt geben wegen der Grundstoffe, dann sind vielleicht Kriege und Katastrophen unvermeidlich. Das könnte sogar zu einer zu großen Katastrophe führen: dem Ende der Menschheit. Im Augenblick versucht man, durch kleine Änderungen in der Führung die Schwierigkeiten zu überwinden oder zu verdecken.«[2] Auf die Frage: »Welche Politiker sind sich dieser Gefahren bewußt?« antwortete Mansholt: »Es gibt kaum welche. Meiner Meinung nach sind die Leute, die die Klippen des Wachstums sehen – gleich, ob ich sie kenne oder nur ihre Schriften gelesen habe – sämtlich ohne Einfluß.«[3]

Und diejenigen, die die totale Wende ahnen, erkennen sie nicht im vollen Ausmaß. Sie unterliegen laufend der gleichen Täuschung, wie das bei der exponentiellen Steigerung der Fall war.[4] Genauso wie wir in der Vergangenheit falsch nach oben extrapolierten (vgl. Seite 61), werden wir dies nun nach unten tun (s. nebenstehende Abbildung).

Die rapide Verminderung wird aber ganz andere Wirkungen auslösen als die rapide Steigerung. Damals war die Freude allgemein, daß es immer mehr wurde, und man neidete es nur denen, die noch mehr hatten. In Zukunft wird die Unzufriedenheit allgemein sein, weil jeder weniger bekommen wird, und die Mißgunst wird ungeahnte Ausmaße annehmen. Die Patentvorschläge und Ideen, um dem Dilemma zu

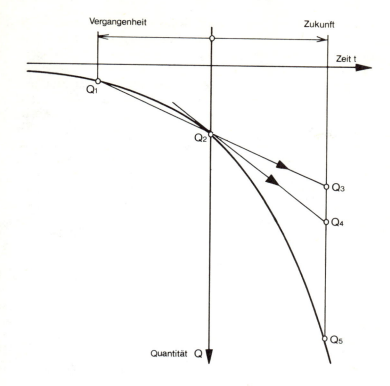

begegnen, werden sich gegenseitig überbieten, aber durch immer neue Hiobsbotschaften überholt werden.

Alle »Fehler«, die bisher (angeblich oder wirklich) gemacht wurden, hatten lediglich eine langsamere Steigerung des Bruttosozialprodukts zur Folge. Alle Fehler, die nach der eingetretenen Planetarischen Wende unterlaufen, werden einen noch schnelleren Verfall der Wirtschaft zur Folge haben.[5] Klaus Müller hat zweifellos recht, wenn er sagt: »Forresters Voraussetzungen sind aller Wahrscheinlichkeit nach viel zu optimistisch, weil sie den Zusammenhang wechselseitiger Zuspitzung ganz verschiedener Katastrophen abblenden.«[6] Wenn es dann noch eine Vielzahl von Zielsetzungen gibt, die weder zeitlich noch regional aufeinander abgestimmt sind, dann entsteht ein Geflecht von Zusammenbrüchen.

Die erste Voraussetzung des Wandels ist, daß der unerhörte Schwindel auffliegt, mittels dessen die Völker bis heute irregeleitet werden. Es ist der Schwindel, der sich aus den kläglichen Wirtschaftstheorien ergab, für dessen propagandistische Aufrechterhaltung heute Unsummen ausgegeben werden. Die gesamte Werbeindustrie, die über einen reichen Erfahrungsschatz in der Vernebelung der Köpfe verfügt und die sich selbst von nichts anderem ernährt als durch ihren Schmarotzeranteil bei der Ausbeutung der Erde, wird einen (für sie auch wieder lukrativen) Werbefeldzug gegen die neuen Weltanalysen aufziehen. Das Vorgehen gegen den Club of Rome und seine Studien bot einen Vorgeschmack darauf. Ausgerechnet die Kreise in der Welt, die Jahr für Jahr Milliardengewinne mit ihren Geschäften einstreichen, scheuten sich nicht, den Wissenschaftlern, von denen noch kein einziger damit reich geworden ist, vorzuwerfen, sie trieben Geschäfte, das »Geschäft mit der Angst«. Natürlich kann ihnen selbst nicht daran gelegen sein, daß irgend jemand den Menschen den Ernst der Lage schildert; sie möchten ihre auf den heutigen Tag bezogenen Geschäfte in aller Welt unbehelligt weiter betreiben.

Gegen solche geballten Interessen der Mächtigen in aller Welt hat nur eine mitreißende Idee eine Chance, die wenigstens so stark ist wie die humanistische in den letzten oder die christliche in den ersten Jahrhunderten unserer Zeitrechnung. Beide haben die Achtung vor dem menschlichen Leben auf ihr Banner geschrieben und in alle Welt getragen – jedoch nicht die Achtung vor dem Leben in all seinen Erscheinungsformen in der Natur. Dies war der welthistorische Irrtum der Menschheit, der zum heutigen Selbstmordprogramm geführt hat. Darum muß der Grundsatz der Gleichberechtigung menschlichen Lebens jetzt auf das Leben überhaupt erweitert werden – gleich in welcher Form es existiert (soweit es nicht menschliches Leben direkt bedroht). Der Mensch ist auf diesem Planeten nur zu retten, wenn er nicht nur sein Leben, sondern alles Lebendige zum Gegenstand höchster Ehrfurcht erhebt.

Gerhard Helmut Schwabe sagt dazu: »Nur wenn die Erde in der ganzen Fülle ihres Lebens als unersetzliche Heimat des Menschen geachtet wird, kann er überleben.«[7] Die entscheidende Frage ist, ob diese Idee noch in die Köpfe der materialistisch irregeleiteten Menschen Eingang finden kann. Denn sie beherrschen heute die Welt in Ost und West, nicht die traurigen Reste jener Stämme, denen die Rechte der Natur von jeher selbstverständlich geblieben sind. Es ist ein Lernprozeß nötig, an dem alle Bildungseinrichtungen mitwirken müßten. Bis eine solche neue Haltung jedoch Allgemeingut geworden ist, werden Jahrzehnte vergehen, wenn nicht sogar Generationen.

Die Frage, die jedoch sofort beantwortet werden muß, lautet: Wie müssen wir uns verhalten, damit die freie Entscheidung noch einige Jahre offengehalten werden kann? Wie können wir noch eine Atempause gewinnen, bevor der »Punkt ohne Rückkehr«, the point of no return, wie die Amerikaner sagen, überschritten ist? Der inzwischen verstorbene Generalsekretär der UNO, U Thant, hat 1969 erklärt, daß nach seinen Informationen noch ein Jahrzehnt zur Verfügung stehe, »den menschlichen Lebensraum zu verbessern, die Bevölkerungsexplosion niedrig zu halten und den notwendigen Impuls zur Entwicklung zu geben«; danach aber würden »die erwähnten Probleme derartige Ausmaße erreicht haben, daß ihre Bewältigung menschliche Fähigkeiten übersteigt«.[8] Seitdem sind schon sechs Jahre des möglichen Handelns (nicht des Erkenntnisprozesses) nutzlos verstrichen.

Inzwischen greifen seit 1973 die Realitäten ein, und sie setzen einen ungeheuer wirksamen Nachhilfeunterricht in Gang. Was der Vernunft unerreichbar gewesen wäre, auch wenn sie mit Engelszungen gepredigt hätte, ist nun eingetreten: die »Mehrproduktion« ist in fast allen Industrieländern zu einem Halt gekommen. Das furchtbarste Geschick, das uns Menschen bestimmt sein könnte, wäre nun, wenn der weitere Anstieg der Produktion wieder einsetzte, weil dann der anschließende Sturz in die Totalkatastrophe um so tiefer ausfallen müßte. Unser gnädigstes Geschick kann allein darin bestehen, die Katastrophen klein zu halten und regional zu begrenzen. Ganz zu vermeiden sind sie aufgrund der jahrzehntelangen Unvernunft nicht mehr.

Was tun aber die Regierungen der westlichen Industrieländer? Sie unternehmen ganz irre Versuche, die Mehrproduktion wieder in Gang zu setzen. Sie holen die bekannten Rezepte der wirtschaftspolitischen Scharlatane wieder hervor und hoffen inbrünstig, daß diese wenigstens noch einmal wirken werden – und sei es nur, um über die nächsten Wahlen zu kommen. Das ist in Amerika nicht anders als in Europa oder Japan.

Unabdingbare Voraussetzung aller möglichen Lösungen, und sei es nur solcher, die das Schlimmste verhüten, ist und bleibt aber zunächst der Stopp des bisherigen Wahnsinns – insbesondere der weltweiten gegen die Natur verübten Schandtaten der letzten dreißig Jahre. Die Folgen treten heute ein: in den Entwicklungsländern in Form von immer größeren Hungersnöten, in den Industrieländern zunächst in Form von Arbeitslosigkeit.

Die Arbeitslosigkeit

Nur infolge der rücksichtslosen Ausbeutung der Erde war es möglich, immer neue Arbeitsplätze zu schaffen. Dennoch konnten längst nicht alle Menschen in Arbeit gebracht werden. Das Problem ist technisch unlösbar, zumal es bis heute das höchste Idol des Fortschritts geblieben ist, Arbeitsplätze einzusparen.

Die Arbeitslosigkeit konnte nur in den Spitzenländern der wirtschaftlichen Expansion fast beseitigt werden; aber auch dort keineswegs zu jeder Zeit. Nur zu Zeiten hoher Produktionssteigerungen wurde die Vollbeschäftigung erreicht. In der Dritten Welt war das Problem schon jetzt nicht zu bewältigen. In Lateinamerika ist die Zahl der Arbeitslosen von 2,9 Mill. 1950 auf 8,8 Mill. 1965 gestiegen. In Indien kommen jährlich rund 7 Mill. neue Arbeitslose hinzu. Theo Löbsack berichtet, daß der indische Wirtschaftswissenschaftler Amartya Sen davon ausgeht, daß es allein in der indischen Landwirtschaft 42,4 Mill. Arbeitslose gibt.[9] Im übrigen Süd-Ost-Asien schätzt Bruno Fritsch die Zahl der Arbeitslosen auf 15% der Arbeitsfähigen.[10] Der bisherige Beschäftigungsgrad, der besonders in den Industrieländern sehr hoch ist, konnte nur durch ständige Produktionssteigerungen aufrechterhalten werden. Das hieß insbesondere, daß die Investitionsgüterindustrie einen großen Umfang hatte. Sobald das fälschlich so genannte »wirtschaftliche Wachstum« eingestellt wird, fällt der Teil der Investitionsgüterindustrie weg, der sich auf Neu-Investitionen für Anlagen bezieht, die nicht dem Ersatz alter Anlagen dienen. In der Bundesrepublik Deutschland waren das 1973 11% des Bruttosozialprodukts. Wenn in diesem Bereich der Wirtschaft auch 11% der Arbeitskräfte tätig sein sollten (genaue Zahlen darüber sind nicht zu bekommen), dann heißt das, daß bei einem Stopp der Mehrproduktion ca. 3 Mill. Arbeitskräfte arbeitslos werden.

Insofern ist die ständige Produktionssteigerung systembedingt. Sobald sie nicht mehr möglich ist, gibt es eine Wirtschaftskrise. Die Sackgasse wird dann offenkundig. Das erste Ereignis dieser Art trat in Deutschland 1967 ein. Die Investitionen gerieten ins Stocken. Man hatte in kurzer Frist 672 000 Arbeitslose. Die Ursache war ganz natürlich; denn der Nachholbedarf an Wohnungen war nahezu gesättigt, der an Autos und vielen anderen Dingen auch. Die Landwirtschaft war bereits so mechanisiert, daß sie schon bis 1967 2,7 Mill. Arbeitskräfte abgegeben hatte. Die Beschäftigungslage der Bundesrepublik Deutschland hatte seit dem II. Weltkrieg gegenüber anderen Ländern den ganz besonderen Vorteil aufzuweisen, daß nämlich durch die Kriegszerstörungen ein großer Nachholbedarf vorhanden war. Die Vollbeschäftigung der Nachkriegsjahre war zum großen Teil eine Folge der alliierten Bombardements des II. Weltkriegs. Jedem Politiker und insbesondere Wirtschaftspolitiker hätte bei einigem Nachdenken klarwerden können, daß der Wiederaufbau schließlich auslaufen würde – aber nichts dergleichen. In Deutschland stürzte darüber erstmalig nach dem Krieg eine Regierung, und es gab wegen der »lange schwelenden Krise« eine große Koalition. Diese sah ihre Hauptaufgabe darin, die Wirtschaft mit Gewalt anzuheizen, und hat das auch mit großem Erfolg getan, und die neue Koalition hat nach 1969 diese Politik fortgeführt. Die Ergebnisse waren so phantastisch, daß man nicht nur die Deutschen alle in Arbeit brachte, sondern noch 2,6 Mill. Ausländer dazu. (1,6 Mill. zusätzlich, da auch 1967 bereits 1 Mill. Gastarbeiter beschäftigt waren.)

Die Folge: Nach sieben Jahren hatte man gegen 300 000 leerstehende Wohnungen, 6 680 000 Kraftfahrzeuge mehr auf den Straßen, so daß auch hier keine große Nachfrage mehr zu erwarten war und bei vielen anderen Gütern ebensowenig. Das ganz natürliche Ergebnis war ein Rückgang der Aufträge und damit Arbeitslosigkeit. Diesmal nicht mehr 672 000, sondern weit über 1 Million. Glücklicherweise hatte man aber diesmal einen Sündenbock für alle Schwierigkeiten: die Erdölländer.

Was tut man nun, während diese Zeilen geschrieben werden? Man startet ein neues Programm zum Anheizen der Konjunktur und der Beschäftigung, obwohl noch über 2 Mill. Gastarbeiter in Deutschland arbeiten. Wenn dieses Programm seine Ziele nochmals erreichen sollte (was sehr zu bezweifeln ist), dann würde um 1980 die nächste Krise kommen. Und die sähe etwa so aus: über 1 Mill. leerstehende Wohnungen (einschl. der Zweitwohnungen); Kraftfahrzeuge, die nicht gefahren werden, weil ihr Betrieb zu teuer ist; Kraftwerke, die nicht erst in Betrieb genommen werden, weil der Strom nicht benötigt wird.

Alles in allem führt das dann zu einer Arbeitslosenziffer zwischen 3 und 5 Millionen. Dabei sind die Unwägbarkeiten der deutschen Exporte noch nicht berücksichtigt. Man muß nämlich bedenken, daß im Jahre 1974 der Export der Bundesrepublik Deutschland einen ganz außergewöhnlichen Höchststand erreicht hatte. Dieser wird sich kaum auf die Dauer halten lassen; er muß vielmehr zurückgehen – was inzwischen im ersten Halbjahr 1975 drastisch eingetreten ist. Denn der

Export geht zu dreiviertel in die Industrieländer, die sich ebenfalls schon in einer Wirtschaftskrise befinden. Daß in den Industrieländern eine riesige Anzahl von Arbeitskräften freigesetzt werden wird – gleichgültig, welche Wirtschaftspolitik betrieben werden sollte – ist eine der sichersten Voraussagen, die für die nächsten Jahrzehnte gemacht werden kann. Die jetzigen künstlichen Konjunkturspritzen sind Dopingbehandlungen vergleichbar, die nach kurzem Rausch die Lebensfähigkeit der Volkswirtschaften um so gründlicher zerstören werden. Dazu kommt der weitere Fehler, daß alle heutige Wirtschaftsförderung noch in die alte Richtung läuft: Es werden energie- und rohstoffintensive, aber arbeitsarme Produktionen errichtet, während längst arbeitsintensive, aber energie- und rohstoffsparende Produktionen das einzig Vernünftige wären. Viele Industrieländer arbeiten jedoch an einer phantastischen Ausweitung ihrer Energiekapazitäten, ohne überhaupt zu wissen, wofür diese Energie eingesetzt werden soll. Da die Grundstoffe in Zukunft immer teurer bezahlt werden müssen, soweit sie überhaupt noch zu bekommen sein werden, wird der verteuerte Konsum Verzichte gravierenden Ausmaßes erzwingen.[11]

Eine bewußte Verminderung des Konsums und der Ausbeutung der Erde wird zwar auch Arbeitskräfte freisetzen. Doch könnte diese Freisetzung jetzt noch als geordnete Umsetzung im Zuge einer langfristigen Planung erfolgen; später wird sie dagegen auf katastrophale Weise erzwungen werden.

Die Entscheidung, die wir heute zu treffen haben, ist also die, ob wir die unabwendbaren Ereignisse passiv über uns hereinbrechen lassen, oder uns darauf vorbereiten, so gut das geht. »Noch hätten wir einen Bremsweg und eine Umlenkungsstrecke von zwei bis drei Jahrzehnten zur Verfügung.«[12]

Die »Neu-Definition der menschlichen Arbeit«[13] ist nach der Lösung der Überbevölkerung die zweitwichtigste Aufgabe der heutigen Welt. Solange das nicht erkannt ist, werden die anderen Probleme (Grundstofferschöpfung, Umweltverderbnis, Naturzerstörung) ungelöst bleiben und den Planeten in die Katastrophen führen. Solange die Menschheit noch an den Fetisch »Arbeitsplatz« und daran glaubt, daß man ihn nur »zu schaffen« brauche, ist ihre Lage aussichtslos; denn das ist ein Aberglaube. Die Wirtschaftswissenschaft hat ihn erzeugt, weil sie vergaß, daß zum Produzieren auch Grundstoffe vorhanden sein müssen. Der Glaube an diesen Fetisch ist ein tödlicher Glaube; erst recht, wenn die Zahl der Menschen, die Arbeitsplätze suchen, immer größer wird. Auf dem Raum der Bundesrepublik Deutschland leben heute[14] 58 Millionen deutsche Einwohner, in Japan sind es 110 Mill. Menschen. In der Weltwirtschaftskrise der 30er Jahre lebten auf dem Gebiet der heutigen Bundesrepublik Deutschland 41 Mill. Menschen, in Japan 65 Millionen.

Darum wird das Ausmaß der kommenden Arbeitslosigkeit das der Weltwirtschaftskrise von 1930 bis 1932 eher übertreffen als kleiner sein. Max Himmelheber schreibt dazu: »Die Forderung, möglichst viele Menschen produktiv wertschaffend, d. h. bedarfsdeckend, einzusetzen, bestand auch 1932, doch wurde damals zunächst kein Weg gefunden, den Millionen von Arbeitslosen eine bezahlte Tätigkeit zu verschaffen. In die gleiche Situation wird die Welt . . . wieder kommen. Es wird an Geld fehlen, die Arbeitslosen einer wertschaffenden Tätigkeit zuzuführen, da sie ja innerhalb der geschrumpften Wirtschaft nicht mehr gebraucht werden.«[15] Das viel Schlimmere wird aber in Zukunft sein, daß es nicht nur an Geld fehlen wird, sondern an den Grundstoffen, die für jede Produktion nötig sind. Die Lage wird daher von Grund auf anders sein. Damals war es eine wirtschaftsinterne Krise, morgen ist es die unabwendbare Krise der planetarischen Vorräte.[16]

Die Älteren unter uns erinnern sich noch, wie damals das Arbeitslosenproblem in Deutschland gelöst wurde. Durch einen Arbeitsdienst, dessen Mitglieder in Massenunterkünften bei Bereitstellung von höchst einfacher Nahrung und Kleidung für 25 Pfennig pro Tag (!) Straßenbauten, Entwässerungsprojekte und Forstarbeiten durchführten. Mit äußerst geringem Aufwand konnte man bei einem Projekt 100 oder 200 Männer »in Arbeit und Brot bringen«, wie es damals hieß; heute würde die gleiche Arbeit in der gleichen Zeit von fünf Männern mit Maschinen ausgeführt werden können. An diesem Vergleich wird die ganze Größe des Dilemmas sichtbar. Mit einem derart geringen finanziellen Aufwand wie damals erscheint gegenwärtig in Mitteleuropa die Beschäftigung von Menschen undenkbar. Und überdies wird die Zahl derer, die untergebracht werden müssen, viel größer sein als vor 45 Jahren.[17] Nicht nur wegen der gestiegenen Einwohnerzahl, sondern noch aus einem anderen Grund. In Deutschland lebten damals 14,4% der Menschen von der Landwirtschaft, heute aber nur noch 7,6%. Das heißt, daß der Anteil derjenigen, die eine eigene Lebensgrundlage haben, sich inzwischen noch einmal halbiert hat.

Somit wird das Problem der Arbeitslosigkeit gerade für die Industrievölker schier unlösbar werden, sobald das vorhandene Menschenpotential – vom Zuwachs gar nicht zu reden – nicht mehr über die gewohnten Mengen von Rohstoffen zur Verarbeitung verfügt.

Die obersten Grundsätze der Wirtschaft müssen in Zukunft sein: Herstellung und Pflege langlebiger Güter, vollständige Wiederverwendung, Energieeinsparung, geringste Umweltbelastung. Entsprechende Vorschläge sind detailliert erarbeitet worden, so in Deutschland von Frederic Vester und seiner Studiengruppe für Biologie und Umwelt.

Bei entschlossener Einhaltung dieser Grundsätze wird wenigstens eine gewisse Entlastung der Arbeitslosigkeit infolge neuer arbeitsintensiver Aufgaben auf folgenden Sektoren eintreten:

1. Wiederverwendung (Einsammeln, Sortieren, Aufbereiten).
2. Reparatur und Wiederinstandsetzung von Gebrauchsgütern.
3. Umweltschutz und Landschaftspflege.

Heute ist man noch der irrigen Ansicht, daß der Umweltschutz die Arbeitsplätze gefährde. In wenigen Jahren wird man froh sein, daß sich innerhalb des Umweltschutzes sinnvolle Tätigkeiten anbieten, in denen Arbeitslose untergebracht werden können. Aber alle diese Bereiche werden nur einen Teil der freigewordenen Kräfte aufnehmen. Man wird nicht verhindern können, daß noch ein Heer von Menschen übrig sein wird, die Arbeit suchen. Die Nichtarbeit müßte darum so attraktiv gemacht werden, daß viele sich für das Nichtarbeiten entschieden. Aber das alles könnte nur auf einem niedrigen Einkommensniveau der Beschäftigten wie der Nichtbeschäftigten geschehen. Denn, wenn vier arbeitende Familienväter sich mit einem arbeitslosen den Verdienst zu teilen genötigt sehen, dann werden sie alle mit weniger zurechtkommen müssen, ganz gleich, wie sie sich das Ergebnis teilen.

Die Arbeitslosigkeit kann nur dann entscheidend verringert werden, wenn die Zahl der Menschen abnimmt oder wenn die Arbeitsproduktivität des einzelnen abnimmt. Soweit das erste nicht ausreicht, muß auch das zweite Verfahren angewandt werden; denn auf die Dauer kann kein Volk mit einem hohen Prozentsatz von Arbeitslosen leben.

Die erste Möglichkeit der Lösung besteht also in einem Verzicht auf Geburten. Um die Zahl der Arbeitsuchenden zu vermindern, müssen die Geburtenjahrgänge kontinuierlich schwächer werden. Dies geht nur dann auf Kosten der Rentenbezieher, solange diese von der (ohnehin unhaltbaren) Annahme ausgingen, daß die arbeitenden Jahrgänge zahlenmäßig immer größer sein würden als ihre eigenen. Dies ist

280

in den meisten Industrieländern ohnehin schon nicht mehr der Fall. Eine weitere Verminderung der Kinderzahl je Jahrgang wird darum nicht auf Kosten der Renten zu gehen brauchen; denn der Aufwand für das Aufziehen eines Kindes ist höher als für einen Rentner, da dieses mindestens 16 Jahre nur Verbraucher ist, der Rentner dagegen im Durchschnitt nur die Hälfte dieser Zeit.

In den Industrieländern bringen also schwache Geburtenjahrgänge zunächst eine finanzielle Entlastung der Wirtschaft, allerdings auch eine Erhöhung der Arbeitslosigkeit in der Übergangszeit; denn je weniger Kinder vorhanden sind, um so geringer ist ihr Konsumanteil und ihr Bedarf an Lehrern, Kindergärtnerinnen usw. Darum ist auch hier die kontinuierliche Umsteuerung von so großer Bedeutung, weil sonst das wirtschaftliche Gleichgewicht zu plötzlich belastet wird.

Auf dem Gebiet der Bevölkerungspolitik sind in den Industrieländern am ehesten Erfolge zu erwarten, weil die privaten Entscheidungen ohnehin schon in diese Richtung laufen. Darum erscheint hier der Abbau des Leistungsvolumens durch Bevölkerungsschwund leichter erreichbar als der durch persönlichen Verzicht auf Verbrauch. Bei der Lösung der Bevölkerungsprobleme auf nationaler Basis wird sich jedoch das weltweite Ungleichgewicht der Bevölkerungsmassen noch viel weiter verschieben; denn die weniger entwickelten Völker wachsen gewaltig. Eine weltweite Einsicht bei allen Völkern bis herunter in die einzelne Familie erscheint noch ganz ausgeschlossen.

Verzicht statt Leistung?

Ganz unvereinbar mit den künftigen Wirtschaftsprinzipien ist die heutige Bewertung der Arbeitsleistung. Unsere gesamte Gesellschaft ist auf die Art von Leistung aufgebaut, die als Ware verkäuflich ist. Wer dabei mehr leistet, verdient mehr. Das hat andererseits zur Folge, daß derjenige, der viel leistet, auch viel verbraucht. Er verbraucht Natur, Rohstoffe und Energien, indem er seine Leistung vollbringt – und für seine Entlohnung »kann er sich viel leisten«, wobei er wiederum Natur, Rohstoffe und Energie verbraucht. Das soll jetzt zum großen Teil unerwünscht sein!

Wenn die Menschen nun weniger leisten und sich auch weniger leisten können, womit sollen sie dann ihre Zeit ausfüllen? Karl Steinbuch meint, daß menschliches Leben ohne kreative Produktion unerträglich sei, wenngleich er schon in Sorge ist, daß »die gegenwärtige kreative

Explosion durch keine Organisation menschlichen Zusammenlebens mehr kontrolliert werden kann«.[18] Diese Schwierigkeit ließe sich noch am leichtesten überwinden, wenn man geistige, künstlerische, sportliche Leistungen förderte. Aber womit? Durch gesellschaftliche Anerkennung, Achtung, Ruhm und Ehre, also gerade die Werte, die in Verruf gekommen sind, weil der nackte Materialismus die Herrschaft angetreten hat. Frühere Gesellschaften zeichneten ihre verdienten Mitbürger mit immateriellen Werten und mit dem Privileg aus, nicht mit der Hand arbeiten zu brauchen. Doch damals war das Anspruchsniveau selbst dieser privilegierten Glieder der Gesellschaft gering. Heute ist das Anspruchsniveau aller Glieder hoch. Weniger zu arbeiten ist sicher attraktiv, bescheidener zu leben aber ganz und gar nicht.

Ob es hier wieder zu einer Wende kommen kann? Emil Küng führte 1972 in seinem Vortrag »Probleme des Übergangs von der Wachstumswirtschaft zur Gleichgewichtswirtschaft« aus: »Die Wendung von der Konsumgesellschaft zur Kulturgesellschaft und Dienstleistungsgesellschaft, die sich aufdrängt, macht es notwendig, daß die Aufwandskonkurrenz mit Hilfe materieller Reichtumskennzeichen allmählich der Vergangenheit angehört. Der ›Konsumprotz‹ sollte sich mit seinem aufwendigen Verhalten nicht mehr Fremdachtung verschaffen können, sondern im Gegenteil der Verachtung anheimfallen. Für die Gewinnung von Sozialprestige müßten immaterielle Güter von der genannten Art besser geeignet sein als materielle. Die Nachfrage hätte sich vermehrt den wenig ›rohstoffintensiven‹ Dingen und den außerökonomischen Werten zuzuwenden, handle es sich nun um Naturgenuß oder Familienleben, um Meditation oder Kontemplation, um Spiel oder Sport, um Musik oder Literatur.«[19] Die herrschenden Gesellschaftssysteme sind heute auf (materieller) Leistung und Belohnung aufgebaut. Im neuen Gesellschaftssystem müßte das Gegenteil, der materielle Verzicht, an der Spitze der Werte stehen. Dies ist ein Wert, der wahrscheinlich nur auf religiösem Fundament mächtig werden kann.

Unter den bedeutenden Religionen gibt es nur eine, die den Verzicht unter die höchsten Werte reiht, und das ist der Buddhismus. Der Buddhismus ist aber westlicher Lebensweise sehr fremd. »Während der Materialist hauptsächlich an Gütern interessiert ist, geht das Streben des Buddhisten hauptsächlich auf Befreiung. Aber der Buddhismus ist«, wie Schumacher darstellt, »›der Weg der Mitte‹ und deshalb keineswegs dem körperlichen Wohl feindlich gesinnt. Nicht Wohlstand steht der Befreiung im Wege, sondern Verhaftung an den

Wohlstand; nicht die Freude an erfreulichen Dingen ist auszumerzen, sondern die Begierde danach. Das Grundmotiv der buddhistischen Wirtschaftslehre ist demgemäß Einfachheit und Gewaltlosigkeit. Vom Standpunkt eines jeden Wirtschaftlers muß der buddhistische Lebensstil Staunen erregen: seine Vernünftigkeit ist derart, daß erstaunlich geringe Mittel zu außerordentlich befriedigenden Ergebnissen führen. – Für den modernen Wirtschaftsmann ist das natürlich sehr schwer zu verstehen, ist er doch gewohnt, den Lebensstandard an der Höhe des Jahresverbrauchs zu messen, in der festen Annahme, daß ein Mensch, der mehr verbraucht, besser dran sei als einer, der weniger verbraucht.«[20] Diese Haltung hätte auch bedeutende Folgen für die Weltwirtschaft: »Vom buddhistischen Standpunkt aus ist demnach die rationellste Wirtschaftsweise diejenige, die einheimische Rohstoffe für den eigenen Verbrauch verarbeitet; wohingegen Abhängigkeit von Importen aus fernen Ländern und die daraus folgende Notwendigkeit, für ferne unbekannte Völker zu produzieren, als höchst unökonomisch zu gelten hat und nur in Ausnahmefällen und in kleinem Umfang gerechtfertigt werden kann.«[21]

Auch Arnold Toynbee erwartet die Herrschaft der Buddhisten, schon weil kein Raum mehr übrig sein wird als »unstofflicher«, »geistiger Raum«: »Als einzig mögliche Art, seine Muße zu nutzen, bleibt übrig, sich nach innen zu wenden – und dann wird der Mensch sich selbst gegenüberstehen und der höchsten geistigen Wirklichkeit dieses geheimnisvollen Universums, in das jeder von uns hineingeboren ist. Ich benutze den Ausdruck ›höchste geistige Wirklichkeit‹, nicht ›Gott‹, weil der Begriff ›Gott‹ dem Buddhismus nicht entspricht. Und die Buddhisten werden die immer weiter wachsende Mehrzahl der Menschen ausmachen.«[22] Toynbee irrt allerdings darin, daß kein Raum mehr da sein wird; denn es werden immer nur soviel Menschen leben, wie die Erde zu ernähren vermag. Darum ist es auch unvorstellbar, daß die Buddhisten durch ihre wachsende Zahl die Erde erobern werden. Wenn der Buddhismus gegen alle Wahrscheinlichkeit die Erde erobern sollte, dann durch seine Idee. So sieht es auch Reinhard Demoll, ohne den Buddhismus zu nennen: »Ausschlaggebend ist, daß er (der Mensch) einsieht, daß seine Gesinnung sich ändern muß, so daß nicht mehr Herrscher- und Besitzwille bei den Planungen führend sein dürfen, sondern ein Respektieren der Eigengesetzlichkeit der Natur, ein Hinhorchen, um zu erkennen, wie man ihre Harmonie fördert statt zerstört; mit einem Wort: Retten kann uns nur die Erfüllung der Menschen mit Ehrfurcht vor der göttlichen Natur.«[23]

Der Buddhismus liefert den Beweis, daß eine Ethik des Verzichts wahrscheinlich nur auf dem Fundament der Religion möglich ist. Aber sind nicht gerade Kulturen mit einer solchen Haltung zerstört worden, zerstört durch die Gewalttätigkeit der Abendländer? Der heutige Mensch der Weltzivilisation wird freiwillig kaum bereit sein, Opfer und Verzichte auf sich zu nehmen. Ein möglicher Wandel seiner Gesinnung würde auch mehrere Generationen beanspruchen, eine Zeit, die nicht mehr zur Verfügung steht.

Es gibt in der heutigen Weltzivilisation keine Tendenzen, den eigenen Wirkungsbereich einzuschränken, sondern nur die, ihn zu erweitern. Die europäische Einstellung zur Welt ist eine erobernde, unterwerfende, um nicht zu sagen gewalttätige. In einer gewalttätigen Welt können die Gewaltlosen nicht siegen. Im Kampf zwischen geistig gelenkter Materie (bis hin zu Atombomben) und bloßem Geist muß der Geist verlieren.

Die besonders aktiven Bevölkerungsteile Europas sind ausgewandert und haben Kolonien gegründet. Vorzugsweise in Nordamerika haben sie – abseits der Weltgeschichte – einen gigantischen Ausbeutungskrieg gegen die Erde und ihre Urbewohner geführt, die ihnen das Land nicht streitig zu machen vermochten; wohingegen sich die Europäer noch gegenseitig um Ländereien und Ressourcen bekriegten. Viele Völker hatten immer schon überschüssige Kräfte, die sich in kriegerischen Unternehmungen entluden. Besonders die europäische Geschichte ist voll davon. Erst in den letzten beiden Jahrhunderten nahm die Zahl der Kriege ab. Allerdings gab es in einer schon ziemlich dicht besiedelten Welt zwei gigantische Weltkriege mit vielen Millionen von Toten. Aber selbst während dieser Kriegsjahre nahm die Weltbevölkerung nicht ab, sondern beträchtlich zu. Am Ende des II. Weltkrieges mit seinen 55 Mill. Toten lebten 200 Mill. Menschen mehr auf der Erde als zu seinem Beginn! Wir müssen feststellen, daß es zwischen 1813 und 1870, zwei Generationen lang, keinen großen Krieg gab. Dann gab es einen 43jährigen Frieden bis 1914, und seit 1945 haben wir bereits einen 30jährigen »Frieden«. In der Welt hat es zwar fast ständig Kriege gegeben, aber gerade für die Industrieländer trifft die Feststellung von den langen Friedenszeiten zu.

Wie kam es dazu? Weil sich der aktive Teil ihrer Bürger – und auf den kommt es an – mit dem Aufbau der Industrie beschäftigte. Hier waren für Führungskräfte gleich große Aufgaben vorhanden, wie sie bei der Kommandierung ganzer Armeen gegeben sind. Das Management großer Konzerne bot Einsatzmöglichkeiten jeder Art. Die aktiven

Kräfte der Industrievölker brauchten ihre überschüssigen Potenzen nicht mehr gegen andere Völker abzuleiten, sie hatten im Krieg gegen die Erde eine Fülle von Möglichkeiten, um sich auszutoben. Und gerade nach dem II. Weltkrieg fanden sie unaufhörlich neue Kriegsziele. Wo früher die Fähnchen der Truppenteile auf der Landkarte gesetzt wurden, da werden jetzt die Produktionskurven abgesteckt.

Eine solche Entwicklung hat der französische Philosoph Auguste Comte schon 1820 gesehen: »Diese Lust am Herrschen, die sicherlich unzerstörbar im Menschen ist, wurde inzwischen zu einem großen Teil durch den Fortschritt der Kultur beseitigt; wenigstens sind ihre Nachteile allmählich verschwunden. In der Tat hat die Einwirkung des Menschen auf die Natur die Richtung dieses Gefühls verändert, indem sie es auf Sachen lenkt; der Wunsch, Menschen zu befehligen, hat sich nach und nach in den Wunsch verwandelt, die Natur nach unserem Belieben zu gestalten. Seit dieser Wandlung hat das Bedürfnis nach Herrschaft, das allen Menschen angeboren ist, aufgehört, schädlich zu sein; zumindest kann man die Zeit vorhersehen, in der es nicht mehr schädlich, sondern nützlich wirkt.«[24] Das ist die gleiche Wendung, die Goethe im II. Teil seines »Faust« antizipiert.

Was Comte nicht voraussehen konnte, war die Tatsache, daß es eines Tages auch in der Natur nichts mehr zu erobern geben würde. Was dann? Riesige Arbeitsarmeen sind heute mit den modernsten Waffen gegen die Natur ausgerüstet, und ihre Generäle wollen sie dirigieren. Von diesen höchst militanten Kadern der Aktivisten in Ost und West wird grimmiger Widerstand geleistet werden, wenn man ihnen rechtzeitig einen Teil der Waffen nehmen und ihr Operationsfeld beschränken will. Denn auf diesem Kriegsschauplatz glauben sie immer noch, Siege erringen zu können.

Auch Adolf Jöhr ist der Ansicht, daß das »Wirtschaftswachstum« nicht die Folge eines Regierungsbeschlusses darstellt (im Osten auch das) und auch nicht die Folge einer »Wachstumsphilosophie« ist, »sondern zur Hauptsache das Ergebnis der Anstrengungen der Unternehmungen, ihre Ertragskraft durch Erweiterung der Produktion und durch Verbesserung der Produktionsmethoden und Produkte zu erhöhen. ... Selbst wenn es aber möglich wäre, das Wachstum zu stoppen, hätte dies schwere Konsequenzen. Auf kürzere Frist wäre eine größere Arbeitslosigkeit vor allem in den Zweigen der Investitionsgüterindustrie zu erwarten. ... Und schließlich würde durch die Sistierung aller Anstrengungen, welche auf das Wachstum gerichtet sind, den Menschen, und zwar gerade den begabteren und aktiveren Menschen, eine wichtige Aufgabe weggenommen, was besondere Gefahren erzeugt, solange nicht eine andere ebenso wichtige und faszinierende Aufgabe, z. B. im Bereich der Freizeitbeschäftigung, an ihre Stelle tritt.«[25] Eine Verzichthaltung des Menschen ist wahrscheinlich schon mit den Naturgesetzen nicht in Übereinstimmung zu bringen. Andere Lebewesen gehen auch an die Grenze ihrer Leistungsfähigkeit, sie sind aber nicht im Stande, diese zu überschreiten. Der Mensch vermochte seine natürliche Grenze soweit zu durchbrechen, daß er nun an die Außengrenze des Planeten Erde stößt. Außer den Buddhisten haben sich nur Splittergruppen der menschlichen Gattung die Fähigkeit zur Askese erworben. Diese mag ein möglicher Weg und eine Hoffnung sein. Die allgemeine Umkehr der Menschen erscheint zur Zeit undenkbar. Doch wissen wir heute nicht, welche Tendenzen die Not noch gebiert.

Die Voraussetzung, sowohl für den Bevölkerungsrückgang wie für den Leistungsrückgang, wäre eine vollständige Änderung der »Einstellung zur Umwelt – ja zum Leben selbst: Eine Einstellung, die sich stützt auf ein ganz neues Bewußtsein der Zerbrechlichkeit unseres Planeten in seiner lebenserhaltenden Funktion.«[26] Dazu kann es rund um den Planeten niemals kommen. Der amerikanische Sozialwissenschaftler Robert Heilbroner, der diese Feststellung trifft, glaubt nicht daran, »daß unsere Generation die technischen Schwierigkeiten überwinden wird, wodurch die unbeschränkte Lebensfähigkeit unseres Planeten garantiert würde, und sie wird sicher nicht die sozialen Probleme bewältigen, die unlösbar mit dem Überleben der Menschheit verknüpft sind. Aber indem wir erstaunt erkennen, daß ein drängendes Umweltproblem existiert, können wir den Boden bereiten für entscheidendere Aktionen kommender Generationen.«[27]

In einigen Generationen – nein! schon in einer Generation – wird die Weltbevölkerung so angewachsen und die Erschöpfung der Rohstoffe so weit fortgeschritten sein, daß es gar keinen Steuerungsspielraum mehr gibt. Dann werden längst die Naturgesetze in ihrer Automatik den Gang der Ereignisse bestimmen. Thesen, wie sie Heilbroner vertritt, hätten nur dann eine Chance, wenn ein kurzfristiger Stopp der Zunahmeraten erzielt werden könnte. Die Frage aber, wie dieser Stopp zu erreichen wäre, enthält nicht weniger Schwierigkeiten wie jede langfristige Lösung auch. Gerade darum bietet die gegenwärtige Konjunkturpause eine einmalige Chance für eine neue Politik.

Schumacher appelliert an den einzelnen und stellt fest, »daß es die erste und wichtigste Aufgabe jedes einzelnen ist, sich selbst auszusortieren, das ›EINS aber ist not‹ innerlichst zu begreifen und zu akzeptieren. ... Im persönlichen Bereich steht es einem jeden frei, auf bescheidene und stille Weise sich einen neuen Lebensstil zu erarbeiten, der die Absurditäten des modernen ›Rat race‹ vermeidet und den erkannten biologischen und metaphysischen Wahrheiten die Treue hält.«[28] Zweifellos kann sich der einzelne in dieser Weise »abhängen«, er kann darin auch das wahre Glück finden – nur sind die Probleme seines Landes und erst recht die globalen Probleme damit nicht gelöst. Somit ist auch das private Glück dieses einzelnen nicht gesichert. Seine freie Entscheidung allein ändert den Lauf der Geschichte nicht. Carl Amery spricht von einer »neuen Askese«: »Sie wird Existenzformen einzuüben haben, die dem gemeinsamen Überleben von Menschheit und Biosphäre nicht widersprechen. Wie schwierig und gleichzeitig realistisch solche Einübung sein muß, ist ebenfalls klar. Sie betrifft keineswegs nur den einzelnen, sondern fordert von allen, die sich der Dringlichkeit unserer Lage nicht verschließen, eine Solidarität der Haltung und der Aktion. Sie wird in allen (vor allem den sogenannten ›zivilisierten‹) Kulturkreisen auf äußerste Ablehnung stoßen. Sie wird den machtvollen Interessen fast aller Maßgebenden auf der ganzen Welt einen neuen way of life entgegenzusetzen haben; eine Kultverweigerung, die um nichts ungefährlicher ist als die Kultverweigerung der Juden und der Urchristen im spätrömischen Imperium. – Damit sollte die politische Relevanz unserer gemeinsamen Anstrengung hinlänglich klar sein.«[29] Der Gegensatz zwischen den genannten religiösen Bewegungen und der heutigen Weltlage liegt auf der Hand: Zu einer gemeinsamen Aktion kann es heute nicht kommen, weil es keinen gemeinsamen Glauben gibt.[30] Aber selbst ein gemeinsamer Glaube würde noch nicht genügen – wir brauchten eine Instanz zur Reglementierung. Werden sich die Menschen einer solchen Instanz freiwillig unterwerfen, ohne selbst schon in die Notlage gekommen zu sein? Damit ist das Problem der Freiheit aufgeworfen.

Die Freiheit, die noch bleibt

Natürlich stellt sich schon jetzt ständig die Frage: Welches Maß an Freiheit haben wir überhaupt noch? Die Freiheit zum Untergang allemal. Wenn wir aber dieser Zwangsläufigkeit entgehen wollen, bleiben nur die wenigen Wege innerhalb der Grenzen dieses Planeten. Vor allem die maß- und verantwortungslos genützte wirtschaftliche Freiheit stößt auf diese Grenzen. Der sowjetische Kommunismus hat ebenfalls ein viel zu hohes Zerstörungspotential, als daß er – ohne weiteres »Wachstum«, wie das Wolfgang Harich in seinem Buch ›Kommunismus ohne Wachstum?‹ (1975) empfiehlt – die Lösung bringen könnte.

Volle wirtschaftliche Freiheit wäre nur unter der Grundvoraussetzung denkbar, daß das Weltall eine endlose Fläche wäre. Aber wir bewohnen nur eine kleine Kugel unter den unendlich vielen, und von dieser steht uns nur die dünne Oberfläche zur Verfügung. Diese ist heute vom massenhaft auftretenden Menschen total in Besitz genommen. Und diese Menschenmassen bewegen und vernichten riesige Materialmassen von der nur begrenzt nutzbaren Materie. Alle Massen, die ins Riesenhafte anwachsen, vermindern die Freiheit – ganz gleich, ob es sich um Massen von Menschen oder um Massen von Gütern handelt. In letzter Zeit nahmen beide exponentiell zu.

Nicht der Staat ist es gewesen, der den Menschen eine Freiheit nach der anderen genommen hat, sondern unsere technische Welt. Der Zwang ist im letzten Jahrhundert auf dem Wege des Fortschritts immer durchgreifender und vielgestaltiger geworden. Ernst Forsthoff sprach von der »Negation der individuellen Freiheit, soweit es die technischen Belange erfordern«, selbst in den USA.[31] Der amerikanische Philosoph George Santayana sagte: »Obgleich Amerika immer überzeugt gewesen ist, das Land der Freiheit par excellence zu sein . . . so gibt es doch kein zweites, in dem Menschen unter einem mehr überwältigenden Zwang leben.«[32] Der Staat mußte diesen technischwirtschaftlichen Entwicklungen – oft widerwillig – Rechnung tragen. (Darum ist es tragikomisch, wenn die heutigen »Freiheitskämpfer« meist die Staatsform ändern wollen.)

Dafür, daß er nicht mehr Not und Mangel leidet, mußte jeder einzelne immer mehr von seiner Freiheit hingeben. Viele halten das für einen durchaus angemessenen Preis. Denn dafür leben sie gegen des Lebens Wechselfälle ziemlich gesichert – so glauben sie wenigstens. Dafür haben sie sich aber einem eisernen Reglement zu beugen. Der Tagesablauf wird von der Uhr diktiert und in Verkehrsregeln eingezwängt, die jeden viel intensiver lenken als die früheren strengen Konventionen der Gesellschaft. Dies muß ein jeder durchhalten, bis er 65 ist – und dann stirbt er normalerweise, weil er gar nicht weiß, was er mit seiner Zeit anfangen soll; denn sein Leben lang wurde ihm gesagt, was er zu tun habe, er wurde nie gefragt, was er tun wollte. Inzwischen hat er das Wollen verlernt und auch nicht mehr die physische Kraft dazu. Da man nun nichts mehr von ihm will, spürt er, daß er überzählig ist.

Die Freiheiten mußten auf dem Wege zum materiellen Wohlstand und zur sozialen Sicherheit aufgegeben werden! Keine Zeit aber sprach soviel von Freiheit und von Befreiung wie die heutige, während das Maß an Freiheit für jeden einzelnen ständig abnimmt. Das weltweite Getöse, das seit Jahrzehnten um das Wort »Freiheit« veranstaltet wird, ist der beste Beweis dafür, daß die Entwicklung längst in die andere Richtung läuft. (Die Menschen reden immer vorzugsweise von dem, was sie nicht haben.) »Vielleicht ist der Grund, warum wir heute so viel über die Wichtigkeit der menschlichen Person, über die Würde und die Potentiale des Menschen sprechen, eben der, daß sie unaufhörlich verringert werden.«[33]

Und jetzt geht auch diese angeblich segensreichste Freiheit, die wirtschaftliche, dem Menschen verloren. Nach François de Closets gehört dies zur Gesetzmäßigkeit des Fortschritts: »die Technik vergrößert die Möglichkeiten des Menschen, seine Umwelt zu verseuchen, also zwingt die Technik zu weiterer Reglementierung. Das alte liberale Ideal wird sich mit dieser Tatsache abzufinden haben. Die Gemeinschaft wird nach und nach Boden, Luft, Wasser, Fauna und Flora in ihre Obhut nehmen müssen.«[34] Er fährt dann fort: »Eine immer größere Zahl von Tätigkeiten wird schlicht und einfach verboten werden. Gewisse landwirtschaftliche Anbaumethoden, gewisse nicht klärfähige Erzeugnisse werden scharf überwacht werden. Das Wasser wird nicht mehr umsonst benutzt werden dürfen, weil jedermann weiß, daß die zur Verfügung stehende Menge in den kommenden Jahren nicht für jeden beliebigen zusätzlichen Bedarf ausreichen wird, zumal dann, wenn man es weiterhin so vergeudet wie jetzt. Über das Wasser wird also ›abgerechnet‹ werden, auch über das Wasser der Flüsse und Seen, nicht nur über das Trinkwasser. Nicht zuletzt aber wird jede Verunreinigung bezahlt werden müssen.«[35]

Ungeachtet dessen sieht sich die zivilisierte Menschheit von zwei materialistischen Theorien umworben, die beide gleich unhaltbar sind. Beide verkünden die Freiheit des Menschen und beide schmeicheln damit seiner Eigenliebe, da der Mensch nichts so gern hört, als daß er frei sei und noch freier sein werde. Um diese Freiheit zu erreichen, wollten beide dem Menschen einen immer größeren Anteil von Materie zur Verfügung stellen. Und gerade das erweist sich jetzt als eine unheimliche Absurdität.

Wollen wir die Lebensbedingungen auch nur der nächsten Generation auf dem Erdball erhalten, dann sind wir heute weniger frei denn jemals. Dann ist heute eine freie Wirtschaft, die alle Entscheidungen ins Belieben einzelner Menschen oder Gruppen stellt, nicht mehr möglich. Denn diese einzelnen denken ja mit Recht nur an ihre gegenwärtigen Interessen, nicht an die künftigen. Die Staaten dachten bisher auch nicht an die künftigen Interessen. Aber ihnen wird diese Aufgabe nun zu Recht auferlegt.

Jetzt muß die Zukunft geplant werden. Und es ist weit und breit niemand sichtbar, der das tun könnte, außer dem Staat. Wenn er es aber tut, dann muß er jetzt tatsächlich viele Freiheiten entschlossen aufheben, um das Chaos zu verhüten. Infolgedessen werden weitere Freiheiten nicht deshalb verlorengehen, weil alle immer besser leben wollen, sondern weil sie überleben wollen. Selbst Marxisten müssen, wenn sie das Denken noch nicht verlernt haben, zugeben: »Das Reich der Freiheit aber ist, wenn die Gleichungen der Ökologie aufgehen, ferner gerückt denn je.«[36] Im Kampf ums Überleben werden die Menschen auch zu allem bereit sein. Wenn erst in der Nachbarschaft die Zusammenbrüche einander überstürzen, dann wird tatsächlich die Vision Dostojewskis zur Tatsache werden, die er im fünften Buch der »Brüder Karamasoff« beschreibt. Der Großinquisitor erklärt in seiner großen Rede an den wieder erschienenen Christus das Verhalten der Menschen: »Und sie werden uns finden und werden aufschreien zu uns: ›Sättiget ihr uns! die uns das Feuer vom Himmel versprachen, die haben es uns nicht gebracht!‹ und dann werden schon wir ihren Turm zu Ende bauen. Denn der wird für sie bauen, der ihren Hunger stillt. Und nur wir werden ihren Hunger stillen in deinem Namen, und wir werden lügen, daß es in deinem Namen geschieht. Und niemals, niemals werden sie satt sein ohne uns! Keine Wissenschaft wird ihnen jemals Brot geben, solange sie Freiheit genießen. Sie werden aber schließlich selber ihre Freiheit uns zu Füßen legen und zu uns sprechen: ›Knechtet uns nur, aber gebt uns zu essen!‹ Und dann haben sie endlich begriffen, daß Freiheit für alle und reichliches Brot für jeden einzelnen unvereinbare Dinge sind. Denn niemals, niemals werden sie verstehen, untereinander zu teilen.«[37]

Die Raumschiff-Wirtschaft

Die Vorbereitung auf eine stabile Raumschiff-Wirtschaft erfordert die gleiche Intensität wie die Vorbereitung auf einen großen Krieg. Dies ergibt sich schon daraus, daß es in diesem Krieg nicht nur um begrenzte Kriegsziele geht, sondern um das Überleben ganzer Völker.

Absolute Priorität bei dieser Vorbereitung hat:

1. Die Versorgung mit Nahrung
2. Die Versorgung mit Kleidung
3. Die Versorgung mit Heizung (in klimatisch ungünstigen Regionen)
4. Die Aufrechterhaltung des notwendigen Verkehrs

Diese Ziele werden nur durch Verzichte erreichbar sein: Verzicht auf Kinder, Verzicht auf Rohstoffe, Verzicht auf Energieverbrauch. Theo Löbsack kommt zu dem Schluß: »Nur dann hätten wir noch eine Chance, wenn wir geradezu asketische Einschränkungen in fast allen Bereichen des Lebens auf uns zu nehmen bereit und fähig wären. Dazu gehörte massiver Konsumverzicht, Beschränkung der Kinderzahl, der Industrialisierung, der Umweltverschmutzung, der Kapitalinvestitionen, sogar der Nahrungsmittelerzeugung mit dem Ziel, weltweit den Übergang vom gefährlichen Wachstum in einen Gleichgewichtszustand zu erzwingen.«[38]

Dies ist ein so radikaler Wandel, daß er den meisten Menschen heute noch als völlig unzumutbar erscheinen wird. Denn sie sollen ja nicht auf kommende unbekannte Dinge verzichten, sondern auf solche, die sie bereits haben oder zumindest kennen. Die Unkenntnis über all das Machbare, den Stand der natürlichen Unschuld, hat der Mensch in den letzten 200 Jahren verloren, als er in Europa den zweiten Sündenfall beging und sich die Umwelt technisch unterwarf. Viele Menschen rund um die Erde haben inzwischen einen Blick in das »gelobte Land« getan und werden es dennoch nie betreten. Die Lehre, daß dort seine Bestimmung, ja seine Erlösung liege, hat der abendländische Mensch inzwischen über die ganze Welt verbreitet. Und »diese Welt, die niemals zuvor bereit gewesen war, auch nur ein einziges der universalen Glaubensbekenntnisse, die ihr zu ihrer Erlösung angeboten wurden, allgemein zu akzeptieren, findet offenbar nichts dabei, die Religion der Wissenschaft und der Technologie ohne Vorbehalte anzunehmen. . . . Die Ursache dieses Optimismus ist die Annahme, daß die menschliche Wissens- und Handlungsfähigkeit unbegrenzt sei. Wir haben es hier mit der uralten Ketzerei und Selbstvergötzung des Menschen zu tun. . . . Es ist die Hybris, die in der westlichen Gedankenwelt und Mythologie ein immer wiederkehrendes Motiv darstellt und bis zum Sündenfall im Paradies und den griechischen Sagen von Prometheus und Dädalus zurückreicht.«[39] Mit diesen Sätzen schließt David Landes sein umfangreiches Werk, »Das Projekt Prometheus«.

Damit ist die heutige Welt nicht mehr die alte. Jeder einzelne glaubt, daß alle Errungenschaften zu einem selbstverständlichen Besitzstand gehören – und ihm ist gerade in den letzten Jahren noch viel, viel mehr versprochen worden. Ihm wird es nicht in den Kopf gehen, »weshalb eine Verbesserung des materiellen Lebensstandards, die vor 10 Jahren möglich war, heute nicht mehr möglich sein soll.«[40] Carl Amery meint dazu: »Die Suche nach dem Millennium in dieser Welt war nur allzu erfolgreich: der Kleine Mann (wo immer er zu finden ist) hat sich voller Unschuld den aktiven Kräften der Weltzerstörung angeschlossen. Er fährt Auto und legt Wert auf klopffreies Benzin; er profitiert von der Ausbeutung der Dritten Welt; er verwendet ökologisch katastrophale Insektizide auf seinen Äckern; er mißt sein eigenes wirtschaftliches Schicksal am Tempo der Expansion, an der er teilnimmt. Mit anderen Worten: die Ursachen der Katastrophe gehören – wenigstens in unseren Breiten – schon zu seinem Besitzstand, und er wird, genau wie der Bauer des 16. und der Wilderer des 18. Jahrhunderts, mit Leidenschaft . . . auf alle obrigkeitlichen Versuche reagieren, diesen seinen Besitzstand zu schmälern.«[41]

Und die »zurückgebliebenen« Völker wittern einen ganz bösen Trick, der in der Absicht ersonnen sein könnte, ihnen das vorzuenthalten, was andere schon haben, damit diese es allein behalten. Dennoch wird den einzelnen Armen in einem Entwicklungsland die Botschaft des Verzichts, falls sie ihn überhaupt erreicht, längst nicht so hart treffen wie den »Armen« in unserem Land, vom Reichen ganz zu schweigen. »Aber noch macht sich niemand klar, von welchem Ausmaß Eingriffe in die Außen- und Innenpolitik, die Wirtschaft und das Privatleben erforderlich sind, falls ein Versuch zur Abwehr oder wenigstens steuernden Beherrschung der bereits im Gang befindlichen Katastrophe noch Aussicht auf Erfolg haben soll. . . . Selbst wenn es gelänge, durch Umweltschutzmaßnahmen und Verhinderung eines dritten Weltkrieges alle in Gang gesetzten krisenhaften Exponentialvorgänge über Nacht zu stoppen, das heißt nicht weiter ansteigen zu lassen, so würde dies die Katastrophe lediglich verzögern, aber nicht verhindern.«[42]

Die industrialisierten Länder sind es gerade, die zuerst in eine ausweglose Lage geraten werden. Der künstliche Produktionskreis bildet heute die Lebensgrundlage für fast 2 Milliarden Menschen. Hat er damit nicht bereits eine Dimension erreicht, die sich jeder Steuerung entzieht? Höchstwahrscheinlich. Aber wenn er zusammenbricht, treten Katastrophen ein, gegen die Dantes Inferno ein harmloses Theaterstück wäre. Darum lohnt sich jede noch so hoffnungslose Überlegung, wie der Zusammenbruch, wenn schon nicht vermieden, so doch wenigstens gemildert werden könnte.

Welche Mindestanforderungen müßten erfüllt werden, damit die Chance einer Lösung von einiger Dauer eröffnet werden könnte? Wie könnte die schwierige Phase der Umstellung durchgestanden werden? Je früher und entschlossener sie eingeleitet wird, um so größer wird der Teil der zivilisatorischen Errungenschaften sein, der in einen Gleichgewichtszustand hinübergerettet werden kann.

Zunächst muß man sich völlig frei machen von dem, was heute ist. Unsere einmalige und bisher lächerlich kurze Periode der Menschheitsgeschichte hat keinerlei Beweiskraft. Wer sich darauf berufen will – mit der Redensart, die Menschen hätten ja noch immer Auswege gefunden –, beweist nur seinen Mangel an Urteilsvermögen. Ganz ausgepichte Dummköpfe schleudern dann die Redensart in die irritierte Menge: »Zurück auf die Bäume!« Ihnen kann man nur entgegenschleudern, was ihr Tun bedeutet: »Vorwärts in die Massengräber!« Sie haben so geringe Geschichtskenntnisse, daß sie nicht wissen, daß über Jahrtausende der Menschheitsgeschichte völlig stabile Kulturen bestanden haben.[43] In einigen Landstrichen existieren sie heute noch. In sehr vielen würden sie noch existieren, wenn sie nicht durch die industriellen Eroberer vernichtet worden wären.

Diese stabilen menschlichen Lebensformen sind nicht nur bekannt, sondern auch historisch erprobt. Unerprobt ist nur die heutige Zivilisation, denn sie besteht noch nicht einmal 100 Jahre, in ihren extremen Wucherungen noch keine 30 Jahre. Aber der arrogante Mensch unserer Tage weiß nichts von den Jahrtausenden vor ihm – er sieht nur sich und macht dann gleich einen Sprung – bis zu den Affen.

Was kann aber bewahrt werden? Das, was wenig kostet – wenig nicht im bisherigen, finanz-ökonomischen, sondern im ökologischen Sinne. Die Maxime der größtmöglichen Produktion zu den geringsten finanziellen Kosten ist nicht mehr gültig. An ihre Stelle tritt der Grundsatz: Nur lebensnotwendige Produktion zu geringsten ökologischen Kosten. Oberste Leitlinien sind dabei:

1. Vollständige Wiederverwendung (Recycling) ohne Rücksicht auf die Kosten
2. Weitestgehende Energieeinsparung
3. Weitestgehende Rohstoffschonung
4. Ökologie geht vor Ökonomie

Ein entsprechender Vorschlag wurde vom Verfasser am 16. Dezember 1970 im Deutschen Bundestag vorgetragen. »Die ökologische Kalkulation vor Beginn jeder Produktion muß in Zukunft so aussehen:

1. Sind die Bodenschätze so reichlich, daß ihre Verwendung für diesen Zweck zu verantworten ist?
2. Welche umweltschädigenden Wirkungen entstehen
   a) bei Ausbeutung der Bodenschätze,
   b) im Laufe der Verarbeitung,
   c) bei den Transporten auf Straßen, Luft- und Wasserwegen,
   d) bei Anwendung und Verbrauch?
3. Wie läßt sich das Produkt, sobald es unbrauchbar geworden ist, ökologisch schadlos beseitigen und zu welchem Preis, oder läßt es sich wieder verarbeiten?«[44]

Der Schweizer Ingenieur und Betriebswissenschaftler Müller-Wenk trug 1973 das Konzept einer »ökologischen Buchhaltung« vor.[45] Zu dieser sollen alle Unternehmen verpflichtet werden, die schon zur Führung kaufmännischer Bücher verpflichtet sind. Diese Buchhaltung würde folgende Kontenklassen aufweisen:

Belastungen

Materialverbrauch
feste Abfälle
gas- und staubförmige Abfälle ⎬ im eigenen Unternehmen
Abwasser
Energieverbrauch

feste Abfälle   bei durchschnittlicher Verwendung
gas- und staubförmige Abfälle   und Beseitigung der durch das
Abwasser   Unternehmen erzeugten und für
Energieverbrauch   Haushalte bestimmten Fertigprodukte

Entlastungen

Kontingent (das ist die zugeteilte
    Materialmenge)
Material-Weiterlieferungen

Müller-Wenk hat den Energieverbrauch hinzugenommen; dennoch sind auch in seiner Aufstellung noch nicht alle Arten von Umweltbelastungen enthalten. Er läßt den Lärm, die Bodennutzung, die Störung biologischer Systeme und die Wirkungen von Strahlen mit Absicht aus. Dagegen hat er die Wärmebelastung später hinzugenommen.[46] Sein

Vorschlag beinhaltet demnach die Kontingentierung des Umweltverbrauchs (N + E + R), die Produktionssteigerungen nur dann erlaubt, wenn der zusätzliche Verbrauch durch Verringerung der Gesamtbelastung ausgeglichen wird.

Noch weiter geht Max Himmelheber in seinem bedeutenden Aufsatz »Rückschritt zum Überleben« in der Zeitschrift »Scheidewege«. Sein erster »Leitsatz für den Überlebensplan« lautet: »Alle Industrieerzeugnisse sind so zu entwerfen, daß die bei ihrer Herstellung entstehenden Abfälle und die Erzeugnisse selbst, nach Verbrauch, in natürliche oder wirtschaftliche Kreisläufe zurückgeführt oder als umweltneutrale Inertmaterialien abgelagert werden können. Auf Stoffe und Verfahren, die diesen Forderungen nicht genügen, muß verzichtet werden. Die Entnahme nicht nachwachsender Rohstoffe aus der Natur ist auf das äußerst mögliche Mindestmaß zu beschränken.«[47] Der erfolgreiche Ingenieur ist der Meinung, daß der Untergang nicht aufzuhalten sein wird, wenn wir den Überlebensplan nicht in den achtziger Jahren haben, zu dessen Aufstellung allein mindestens ein Jahrzehnt erforderlich ist.

Alvin Toffler fordert bei allem Fortschrittsoptimismus seines Werkes die genaue Prüfung aller technischen Neuerungen, »bevor wie sie auf die Gesellschaft loslassen«. Das heißt für ihn: »Ob es um eine neue Art der Energie, einen neuen Werkstoff oder eine neue Industriechemikalie geht, in jedem Fall müssen wir herausfinden, ob und wie das empfindliche ökologische Gleichgewicht, von dem unser Überleben abhängt, dadurch verändert wird. Außerdem müssen wir die räumlichen und zeitlichen Auswirkungen vorausberechnen. . . . Wenn sich ergibt, daß eine neue Technologie voraussichtlich ernsten Schaden verursachen wird, müssen wir auch bereit sein, sie zu stoppen. Die Sache ist letztlich ganz einfach: Wir können nicht zulassen, daß die Technologie in der Gesellschaft Amok läuft.«[48] Die entscheidende Frage lautet: »Erleichtert eine vorgeschlagene Neuerung es uns, Tempo und Richtung des weiteren Fortschritts zu kontrollieren? Oder hat sie die Tendenz, eine Vielzahl von Prozessen zu beschleunigen, über die wir keine Kontrolle haben?«[49] Auch Tofflers Vorschlag läuft auf die Schaffung eines »Umweltfilters« hinaus und zugleich auf ein System gefahrloser und gesellschaftlich wünschenswerter staatlicher Förderungsmaßnahmen.[50] Toffler begründet seine Vorschläge noch nicht einmal mit der Rohstoff- und Energieerschöpfung, sondern mit der Umweltverderbnis und mit dem »Zukunftsschock«. Um diesen zu verhindern, muß die Technologie gebändigt werden; aber auch Toffler erkennt: »Die politischen Richtlinien für die Überwachung der Technologie werden in der Zukunft erbitterte Konflikte auslösen.«[51]

Da die Rohstoffe und die Umweltfaktoren mit einem außerordentlich hohen Wert zu bemessen sind, kann man es nicht mehr der freien Entscheidung des einzelnen überlassen, ob oder in welchem Umfang er sie in Anspruch nimmt und oft vergeudet. Denn er wird mit Hilfe der Werbung durchaus Käufer finden, die in der Regel von den Nachteilen einer solchen Produktion fast nichts erfahren.

Wenn heute eine Produktion aufgenommen wird, dann geschieht das immer noch unter dem Gesichtspunkt, ob man damit an anderer Leute Geld kommen kann. Da die Leute noch genügend Geld haben, sind sie bereit, es auch für unwichtige Dinge auszugeben, zumal das Geld immer wertloser wird.

Es muß eine Gewichtung und Zuteilung der Grundstoffe versucht werden. Genau dies ist in den Planwirtschaften seit jeher der Fall, die darum nicht zu Unrecht als Mangelwirtschaften bezeichnet worden sind. Bei ihnen braucht daher nur die ferne Utopie der Fülle aufgegeben zu werden, um auf den Boden der Realität zurückzukehren. Die massenhaften Menschenzusammenballungen, die sich eng im Raume stoßen, können nicht mehr nach den Grundsätzen des individuellen Beliebens beim Einsatz des Kapitals und damit des Verbrauchs von Rohstoffen, Energien und der Natur verfahren.

Wir versuchen eine Zusammenstellung der Dinge und Einrichtungen, deren dauernde Erhaltung vordringlich angestrebt werden sollte. Daß sie alle erhalten werden können, ist damit nicht behauptet; das hängt unter anderem davon ab, wie schnell die Wende erfolgt.

● Von besonderer Wichtigkeit sind die Errungenschaften des heutigen Landbaus – mit Düngung und Züchtung von Arten. Allerdings werden die unorganischen Übertreibungen der industrialisierten Landwirtschaft – die bedenkenlose Anwendung von Chemikalien, die Massentierhaltungen mit unverwertbaren Abfallbergen – nicht zu halten sein. Die Landwirtschaft wird sich wieder dem natürlichen Kreislauf anpassen müssen. Der unrationelle Großmaschineneinsatz wird sich zurückentwickeln, denn menschliche Arbeitskraft wird sehr billig sein.

● Die mit Schwachstrom betriebenen Einrichtungen, besonders die der Nachrichtentechnik, benötigen keinen allzu großen Aufwand an Grundstoffen. Das sind: elektrisches Licht, Telefon und Telegraph, Funk und Fernsehen, Computertechnik. Auch Fotografie und Druckerei sind (mit Einschränkung des Papierverbrauchs) noch nicht übermäßig aufwendig, auch automatische Webstühle nicht. Die Nähmaschine im Haushalt wird sicher zu neuen Ehren kommen.

● Unter den Verkehrsmitteln ist das Fahrrad dasjenige, welches bei weitem den geringsten Aufwand erfordert. Als Fernverkehrsmittel kann die Eisenbahn mit einem relativ niedrigen Energie- und Materialaufwand betrieben werden. Sie wird auch wieder voll ausgelastet sein, sobald der Autoverkehr unerschwinglich wird. Denn Erdöl wird eines Tages nur noch für unersetzbare Transportleistungen zur Verfügung stehen, die zur Aufrechterhaltung der Wirtschaft nötig sind.

● Die moderne Medizin gehört zu den vordringlichen Gebieten, wobei sich allerdings die aufwendigen technischen Methoden nicht ausweiten lassen.[52]

● Es bleibt der gesamte Bereich des Bildungswesens und der Wissenschaften. Auch gegen die naturwissenschaftlich-technische Forschung ist nichts einzuwenden, wenn sie nicht in der Verwirklichung ihrer Ergebnisse das Ziel sieht; denn nur streng ausgewählte Projekte können in Zukunft noch verwirklicht werden.[53]

● Selbstverständlich bleibt auch alle religiöse und künstlerische Betätigung unbegrenzt.

● Die persönlichen Dienstleistungen sind in ihrem Umfang völlig unschädlich, soweit sie keine umfangreichen Maschinerien, Rohstoff- und Energiemengen erfordern. Ein hohes Einkommen wird aber mit Dienstleistungen nicht zu erzielen sein.

● Schrumpfen wird dagegen die Luxusgüterindustrie. In erster Linie die Mode-, Kitsch- und Plunderindustrie. Die Süddeutsche Zeitung stellte am 26. Juli 1972 aufgrund eines Gesprächs mit dem Vorsitzenden des Deutschen Gewerkschaftsbundes, Heinz O. Vetter, fest: ein Drittel der heutigen Industrieprodukte ist überflüssig, ein weiteres Drittel untauglich. Als der Redakteur am 4. September 1974 dem Bundeswirtschaftsminister Hans Friderichs mitteilte: »Kein einziger Leser hat damals widersprochen, im Gegenteil, wir haben viel Zustimmung bekommen«, erhielt er die bemerkenswert offene Antwort: »Keine Frage ist, daß, wenn man den Bedarf auf das reduzieren würde, was unbedingt lebensnotwendig ist, dies für die Wirtschaft eines hochindustrialisierten Staates verheerende Wirkungen haben würde.«[53a]

● Schrumpfen wird auch der Luft-, See- und Landverkehr – der Massentourismus, der in den letzten Jahren entstand.[54]

297

Dieses sicher noch sehr unvollständige Szenarium läuft auf einen Lebensstandard hinaus, wie er etwa zwischen den beiden Weltkriegen in Mitteleuropa herrschte. Der Verzicht gegenüber dem heutigen Standard liegt in der Rückkehr von einem hohen zu einem entsprechend niedrigeren Einkommensniveau bei allen Tätigkeiten. Dies wird sich schon zwangsläufig ergeben; denn das Angebot an menschlicher Arbeitskraft wird groß, die Nachfrage gering sein. Darum hängt der Erfolg auch ganz entscheidend von der Bevölkerungsentwicklung ab. Je geringer die Besiedelungsdichte ist, um so besser sind die Chancen, einen etwas höheren Lebensstandard aufrechtzuerhalten. Je schneller der Übergang gelingt, um so besser wird das Niveau sein, das gehalten werden kann.

Doch der Übergang in dieses – für den Menschen existenziell keineswegs unzumutbare – Szenarium wird niemals von selbst erfolgen. Die sich selbst überlassene Entwicklung wird in die Katastrophen münden. Wo ist jedoch die Instanz, die genügend Einsicht, ausreichende Macht und den Auftrag hat, eine auf die Dauer stabile Gleichgewichtswirtschaft zu errichten?

Weltregierung?

Um die weltweite Umkehr zu gewährleisten, müßte eine Weltregierung geschaffen werden. Adolf Jöhr begründet die Notwendigkeit einer Weltregierung: »Andere Probleme dagegen können nur durch gemeinsame Aktionen auf Weltebene gelöst werden, so etwa das Problem der Verschmutzung der Weltmeere und der höheren Luftschichten, des gefährlichen Einflusses von Schädlingsbekämpfungsmitteln, vor allem aber die Aufgabe einer progressiv zunehmenden Begrenzung des Rohstoffabbaues. Auch die Eindämmung des Bevölkerungswachtums fiele den nach Expansion strebenden Staaten leichter, wenn sie nicht befürchten müßten, von der rascher wachsenden Bevölkerung des Nachbarlandes überflügelt zu werden. Es würde nun aber nicht genügen, wenn sich alle Staaten auf entsprechende Maßnahmen des Umweltschutzes einigen würden. Die vereinbarten Maßnahmen wären nur dann wirksam, wenn sie von einer internationalen Behörde, welche bei Zuwiderhandlungen Sanktionen verhängen könnte, laufend kontrolliert würden.«[55]

Die Weltregierung wäre in der Tat nur dann wirksam, wenn sie mit allen Machtmitteln ausgestattet wäre, die den Vereinten Nationen fehlen. Die UNO hatte bei ihrer Gründung nur ein erklärtes Ziel: Kriege zu verhindern. Und nicht einmal das gelang ihr. Geschafft hat sie nur: die Ergebnisse lautstark verurteilter Unrechtshandlungen schließlich so zu überwachen, daß der geschaffene Unrechtszustand erhalten blieb, damit wenigstens weitere Scherereien für einige Zeit vermieden wurden. Das wertvollste Ergebnis, was die UNO bisher erbracht hat, sind die Sammlungen von statistischen Daten aus aller Welt.

Nicht einmal der Europäischen Wirtschaftsgemeinschaft ist es bisher gelungen, eine gemeinsame Politik zu betreiben. Alle übernationalen Gemeinschaftsinstanzen stellen nur die Summe der Unzulänglichkeiten aller ihrer Mitglieder dar.

Wenn eine Weltregierung die Probleme dieser Erde lösen wollte, dann müßte das in der Tat zu der »verwalteten Welt« führen, von der Max Horkheimer spricht. Klaus Müller drückt das so aus: »Wir werden um des Überlebens willen in der nahen Zukunft dieser Weltzeit in einen Engpaß technisch-wissenschaftlicher Lebensorganisation auf allen Sektoren unserer Wirklichkeit eintreten, wie ihn die Geschichte der Menschheit bisher nicht gekannt hat.«[56]

Eine globale Instanz müßte tatsächlich, um Erfolg zu haben, die gesamte Verteilung von Rohstoff- und Energiequellen und besonders von Nahrungsmitteln auch gegen den Willen der einzelnen Länder regeln können. Ja, sie müßte auch die erlaubte Kinderzahl für jedes Volk festsetzen und Verstöße ahnden. Doch wie könnte sie das bewerkstelligen, und woher sollte sie die Maßstäbe nehmen?

Von einer Weltregierung würde jedes Volk zu Recht Gerechtigkeit erwarten. Woher sollten aber die Kriterien bezogen werden, was gerecht sein soll? Es ist auch höchst verdächtig, wenn gerade diejenigen für eine Weltregierung eintreten, die für ihr eigenes Land weiteres »Wachstum« für unverzichtbar halten. Wenn ihre »Stabilität« darin besteht, daß sie Jahr für Jahr mehr Rohstoffe verbrauchen wollen, dann können die Länder, die solche liefern, auch behaupten, ihre Art von »Stabilität« sei es eben, daß ihre Bevölkerung Jahr für Jahr um Hunderttausende oder Millionen wachse.

Nicht nur Bruno Fritsch hat Zweifel, ob es zu einer Solidarisierung kommen wird; wenn »eine weltweite Umverteilung nicht nur der bereits bestehenden materiellen Ressourcen, sondern auch eine Angleichung des technisch-industriellen Aktivitätsniveaus zwischen den Nationen (also z. B. Wachstumsverzichte der reichen Industriestaaten) erfordert, dann wird man die Hoffnung auf diesen Solidarisierungseffekt nicht allzu hoch ansetzen dürfen, denn jeder Staat und jede Gruppe wird die unvermeidlichen Kosten dieser Anpassung von sich auf andere abwälzen wollen. Viel wahrscheinlicher erscheint deshalb eine Verschärfung des ohnehin schon bestehenden Konkurrenzzwanges und eine Verstärkung der Herrschaftsstrukturen im internationalen System.«[57]

Die reichen Völker werden es mit einem gewissen Recht als ihr Verdienst ansehen, daß sie es so weit gebracht haben. Ihre Regierungen werden niemals im Stande sein, ihren Bürgern etwas wegzunehmen, um es anderen Völkern zu geben. Die armen Völker werden aber stets dafür plädieren, daß jeder Mensch gleichviel haben solle (eine Lösung, die noch kein einziges Mal innerhalb auch nur eines Staates verwirklicht werden konnte und nie werden wird). Damit ist die Diskussion schon zu Ende! Bis zu den übrigen unlösbaren Problemen, wie der unterschiedlichen Vermehrung und den daraus entstehenden Verteilungsproblemen, die sich auf Dauer und immer wieder neu stellen, wäre man noch gar nicht vorgedrungen.

Bis zur letzten Konsequenz hat Garett Hardin das Problem durchdacht: »Von Tag zu Tag werden wir (das heißt die Amerikaner) zu einer kleineren Minderheit. Wir vermehren uns nur zu einem Prozent jährlich; die übrige Welt vermehrt sich doppelt so schnell. Um das Jahr 2000 wird jeder 24. Mensch ein Amerikaner sein; in hundert Jahren nur noch jeder 46. . . . Wenn die Erde ein einziges großes Gemeindeland ist, auf dem alle Nahrung gleichmäßig aufgeteilt wird, dann sind wir verloren. – Diejenigen, die sich schneller vermehren, werden allmählich den Platz der übrigen einnehmen . . . Ohne Geburtenkontrolle läßt eine Politik, die nach dem Prinzip ›pro Mund eine Mahlzeit‹ verfährt, schließlich eine ganz und gar erbärmliche Welt entstehen.«[58]

Es gibt in der Tat nur zwei Möglichkeiten: Entweder, es wird immer wieder geteilt, dann handeln alle die folgerichtig, die sich rücksichtslos vermehren; denn ihr Anteil wird immer größer und damit ihre Macht, oder jedes Volk wird auf seinen Raum beschränkt und muß sehen, wie es zurechtkommt. Im ersten Fall führt das zur weltweiten Hungerkatastrophe, im zweiten zu nationalen Katastrophen. Wenn das betreffende Volk die Macht hat, dann wird es natürlich seine Lebensbasis mit Gewalt erweitern.

Hier kann zu Recht der Einwand erhoben werden: Früher hat sich das doch auch geregelt, wieso ist das heute ein Problem? Die Antwort ist einfach: Weil heute der Planet voll ist! Früher gab es immer noch Möglichkeiten, in leere Räume vorzustoßen oder irgendwohin auszuwandern. Aber noch schwerwiegender ist die Tatsache, daß gerade zu der Zeit, als der Planet sich überall zu füllen begann, die Korrektur des Todes ausgeschaltet wurde.

Wenn heute die entwickelten Völker mit den Entwicklungsländern entsprechend ihrer wachsenden Bevölkerung immer teilen würden, dann bliebe zuletzt für sie selbst nichts mehr übrig. Damit können die Entwicklungsländer nicht rechnen. Denn das wäre der Weg zur Eroberung der Welt durch Menschenproduktion, wie umgekehrt die Industrieländer die Welt durch Güterproduktion erobert hatten.[59]

Wo Leben ist, erfolgen auch Veränderungen. Wenn ein Volk sich verdoppelt, während das andere konstant bleibt, kann, wenn keine freien Lebensräume mehr vorhanden sind, keine Weltregierung und kein Weltgericht eine gerechte Lösung dieses Problems finden. Verschiebungen können zwar einige Zeit mit Gewalt unterdrückt werden; damit wird aber ein Stau erzeugt, der dann eines Tages mit um so größerer Gewalt die Dämme durchbricht. Darum konnten Kriege eben nie verhindert werden; weil es nie gelang, unter Lebewesen eine konstant bleibende Zahl mit konstant bleibenden Bedürfnissen auf die Dauer aufrechtzuerhalten. Kriege sind die äußere Folge einer bereits eingetretenen Verschiebung der wirklichen Machtverhältnisse. Letztere beruhen aber keineswegs nur auf der Einwohnerzahl. Die Machtbasis an Nahrung und Rohstoffen war immer wichtig und bekam in den letzten Jahrhunderten eine überragende Bedeutung. Wer gibt solche lebenswichtigen Trümpfe ohne Not aus der Hand?

Wenn es einer Weltregierung gelänge, die Güter unter alle Menschen gleichmäßig zu verteilen und ihre Anweisungen überall durchzusetzen, dann wäre damit automatisch auch der Weltfriede erreicht. Um diesen haben sich Menschen in der gesamten Geschichte immer wieder bemüht, aber sie haben ihn doch nie für lange erreicht. Nicht etwa, daß sie an der Böswilligkeit gescheitert wären, sie konnten die Grundlagen für diesen Frieden einfach nicht schaffen, eben weil es nicht um tote Sachen, sondern um stets in Fluß befindliche Größen, um Lebewesen, geht. Wo Leben ist, kann es nie zu Stillstand kommen. Und da nicht einmal die Maßstäbe zu finden sind, nach denen eine Weltregierung regieren soll, wird es auch zu dieser Regierung nicht kommen. Um sie zu schaffen, müßten zunächst einmal alle Staaten freiwillig ihrer Errichtung zustimmen. Dies wird ihnen um so schwerer fallen, als eine wirksame Weltregierung mit diktatorischen Vollmachten ausgestattet sein müßte.[60]

Wenn eine Weltregierung Erfolg haben soll, dann muß sie alle Materialien ausnahmslos zuteilen. Protest dagegen kann sie nicht dulden, sonst scheitert sie sofort. Wenn sich die Erde immer dichter füllt, dann müssen die Menschen zwangsläufig organisiert werden wie ein Ameisenhaufen oder ein Bienenstock. Dies führt zu weniger Freiheit, und das ist ganz natürlich. Wer heute die Freiheit der Vermehrung will, wird morgen die Freiheit des Raumes nicht mehr haben. Wer heute die Freiheit des Verzehrs will, dessen Kinder werden morgen nichts mehr zu verzehren haben.

Der frühere Bundesminister Siegfried Balke sieht es so: »Vor allem sollte aber bei dieser Veranstaltung eine internationale Übereinkunft über die notwendige Neuordnung der Lebensbedingungen, soweit sie von wissenschaftlichen, wirtschaftlichen und technischen Faktoren abhängen, gefunden werden. Hierzu hätte eine vorläufige noch utopische Übereinkunft der Zivilisation über eine rationale Bevölkerungspolitik gehört, die derzeit als Cauchemar [Alpdruck] auf alle Zukunftsüberlegungen drückt. – Die praktische Durchführung einer solchen Übereinkunft müßte mit dem Grundproblem fertig werden, die Rechte des Individuums auf Entscheidungsfreiheit – auch in seinem privaten Bereich – noch weitgehender einzuschränken, als es durch schon bestehende ethische oder materielle Sachzwänge geschieht.«[61]

Die Erde ist ein inzwischen vollbesetztes Raumschiff. In einem Raumschiff gibt es so gut wie keine Freiheit; jede Ration, jeder Griff, jede Handlung ist genau vorgeschrieben. Jeder muß sich anpassen. Eine Freiheit hat er allerdings immer: die der Selbstvernichtung.

Chorafas sagt dazu: »Ein Stopp, ja schon eine wesentliche Verlangsamung des Wachstums setzen eine Weltdiktatur voraus, die ganzen Industriezweigen jede Expansion verbietet und neue Kapitalinvestitionen nur noch in dem Maß zuläßt, in dem Fabrikationsanlagen veralten und stillgelegt werden müssen. Man müßte den Menschen sagen, daß sie die Dinge, die sie begehren – oder die ihnen die Massenmedien einreden –, nicht bekommen können, weil Mathematik und Computer bestimmt haben, es dürften künftig keine Rohstoffe mehr in ihre Herstellung investiert werden.«[62] Diese Diktatur müßte unter Umständen härter sein als die stalinistische es war, da ihr jeder Ausweg auf Kosten der Erde verwehrt ist. Dies wäre das Ende jeder nationalen Freiheit, die gerade die mächtigsten Länder nie aufgeben werden. Die »eifersüchtig gehüteten Grenzen nationaler Interessen« werden sich nicht brechen lassen. Im Gegenteil: es ist höchst wahrscheinlich, daß die begünstigten Nationen darin bestärkt werden, ihren eigenen Wohlstand auf Kosten der übrigen Länder zu erhalten.

Die bisherigen Weltreiche der Geschichte, die allerdings bestenfalls Teile von Kontinenten umfaßten, entstanden aufgrund der Hegemonie einer Macht – niemals durch freiwilligen Zusammenschluß. Darum wird es auch keine freiwillige Unterwerfung unter eine Weltregierung geben, die über ein allgewaltiges Machtfundament verfügen müßte, um gegenüber allen anderen Mächten »allmächtig« auftreten zu können; denn anders sind die planetarischen Aufgaben kurz vor der Katastrophe nicht zu bewältigen.

Selbst ein gewisses bescheidenes Maß an freiwilliger Kooperation gab es nur in den Schönwetter-Perioden der Geschichte. Uns steht jedoch keine Schönwetter-Periode bevor, wir stoßen vielmehr (mit wachsender Geschwindigkeit) auf die letzten Grenzen, wo es um die nackte Existenz, das bloße Überleben geht. In einer solchen Situation ist jedes Volk auf sein Staatswesen zurückgeworfen.

In einem höheren Sinne kann es auch gar nicht erwünscht sein, daß es zu dieser »Einen Welt« kommt; gelänge ein solches Experiment, dann hinge von seinem Verlauf das Schicksal der ganzen Menschheit ab. Gelänge die perfekte Planung und Verteilung, dann wäre ein knapp gewordener Rohstoff plötzlich überall zugleich aufgebraucht; käme die große Hungersnot, dann wäre sie weltweit. Denn sicher würde man die Welt bis an den Rand der Ernährungskapazität bevölkern, so daß in einem Jahr schlechter Ernten eine globale Katastrophe unvermeidbar würde. Diese Erfahrung müßte erst recht dazu führen, daß Überschußländer ihre Überschüsse horten.[63]

Es lag ein guter Sinn in der Aufteilung der Welt in viele Regionen. Jede mußte sehen, wie sie selbst zurechtkam und war für sich selber verantwortlich. Man konnte sich nicht leichtfertig auf eine »Welthilfe« verlassen. Es hat immer Gebiete gegeben, in denen Menschen verhungerten, während in anderen Teilen der Erde Völker im Überfluß lebten. Nie ist es gelungen, den Überfluß gleichmäßig über die ganze Welt zu verteilen, nicht einmal innerhalb eines Landes! Glaubt jemand im Ernst, daß es gelingen wird, den Hunger gleichmäßig über den Erdball zu verteilen? Erst in den letzten Jahrzehnten begann man mit den Bemühungen, die schlimmsten Katastrophen allüberall zu lindern, was erst seit der Existenz moderner Flugmaschinen möglich wurde. Als Ergebnis nimmt in den Ländern, wo wegen chronischer Nahrungsmittelknappheit die Einwohnerzahl reduziert werden müßte, die Bevölkerung stark zu. Je mehr Menschen dort geboren werden, um so mehr werden des Hungers sterben, wenn erst die Zeit kommt, in der die Nahrungsmittel weltweit nicht mehr reichen.

Die reichen Völker wollen trotz ihres materiellen Überflusses nicht einmal auf einen Teil der Dinge verzichten, die keineswegs notwendig sind. Sie denken vielmehr an ihre eigene Wohlstandssteigerung, obwohl sie sehen, daß der Abstand zu den armen Ländern sich ständig vergrößert. Noch viel weniger werden sie etwas abzugeben bereit sein, wenn sie selbst an den Rand des Hungers geraten. Und wenn sie etwas übrig haben, dann werden sie dafür Ding eintauschen, die sie selbst nicht haben, zum Beispiel Rohstoffe.

Die »Eine Welt« ist ein typisch menschliches Hirngespinst, einer rein mathematischen und technischen Betrachtung der Welt entsprungen, die mit den Gesetzen der Natur nichts zu tun hat. Wenn sie je gelingen sollte, dann müßte es zum »Terror der absoluten Lösungen« kommen.[64]

Die Natur ist stets auf Teilung, Differenzierung und Vielfalt aus. Dieses Prinzip gestattet ihr immer wieder das Überleben. Es kommt zwar zu Teilkatastrophen, aber selten zu Totalkatastrophen. Die Teilung ist eine der höheren Weisheiten der Natur. Nur der närrische Mensch glaubt, alles besser ordnen und so an Gottes Stelle treten zu können. Dabei fehlt es ihm nicht nur an Allmacht, sondern auch an Weisheit. Er hat auch nicht einmal die Nerven, das Unabänderliche gelassen hinzunehmen.

Zu einer Weltregierung wird es nie kommen. Und wenn man die heutige Lage der Menschen auf diesem Erdball analysiert, dann darf man nicht einmal wünschen, daß es zu einer einheitlichen »Weltinnenpolitik« käme. Daß es diese einheitliche Weltlage nicht gibt, ist der richtige Ausgangspunkt, den Mesarović und Pestel für ihre Untersuchung[65] wählten. Absurd ist aber ihr Lösungsvorschlag: zunächst einmal auf einheitliche Verhältnisse in der Welt hinzuarbeiten. Wenn das nämlich gelänge (es wird nicht), dann wäre man genau an dem Punkt, wo die globalen Katastrophenkurven von Meadows wieder volle Gültigkeit erlangen würden.

Wenn man Bücher über die heutige Weltproblematik und über die Zukunft aufschlägt, dann findet man allerdings meist solche Sätze wie: Die Menschheit wird entweder gemeinsam überleben oder sie wird untergehen! Dies hört sich wunderschön und andererseits auch wieder furchtbar schaurig an. Es ist ein rechtes Wort zum Sonntag. Nur ausgesagt ist damit nichts und erreicht noch weniger. Die Völker werden diesen Propheten keineswegs den Gefallen tun, sich entweder alle friedlich auf ein Weltprogramm zu einigen oder aber alle gemeinsam zu sterben.

304

Von Meadows wurde in den »Grenzen des Wachstums« schon dargelegt, daß die gesellschaftlichen und sozialen und damit auch politischen
Entwicklungen in die Berechnungen nicht einbezogen werden konnten.[66] Da diese regional höchst unterschiedlich sind, ist die Gewähr
gegeben, daß sich die Weltgeschichte auch weiterhin uneinheitlich,
unlogisch und in Kompromissen voranbewegen wird. Es wird wie
früher zu Auseinandersetzungen und zu vorübergehenden Teillösun-
gen kommen. Nur mit dem Unterschied, daß jedes Land gezwungen
sein wird, die grausamen Grenzen des Planeten zur Grundlage aller
seiner Aktionen zu machen, in der Gewißheit, daß die anderen Länder
dies auch tun.

Zu einer einheitlichen Entwicklung bis zum globalen Zusammenbruch
wird es auch darum nicht kommen, weil die einzelnen Staaten höchst
unterschiedlich auf die Planetarische Wende reagieren werden wie
auch zu ganz verschiedenen Zeitpunkten. Das Gespür für neue Entwicklungen ist sehr ungleich verbreitet und die Möglichkeit, politisch
zu handeln, ebenfalls.

Die arabischen Ölländer waren die ersten, die umschalteten. Wer
gerne Daten festhält, der kann den 17. Okt. 1973 als den Tag in seinen
Kalender eintragen, an dem die Welt in eine neue Epoche eintrat. Es
ist das Stadium, in dem mit der Knappheit große Politik gemacht
werden wird. Was der damals ein Jahr alte Bericht von Meadows nicht
erreicht hatte, wurde jetzt fast schlagartig erzwungen: das Ende des
»Wachstums« im Westen.

Im kommunistischen Machtbereich gilt eine andere Gesetzmäßigkeit.
Auch schon darum kann es zu der einen Welt nicht kommen; weil es
auf der Erde bereits zwei geschlossene Systeme gibt: den Ostblock und
China. Und die werden jetzt gerade in der Richtigkeit ihrer Politik der
Selbstversorgung bestärkt, wenn sie die unübersehbaren Schwierigkei-
ten der übrigen Welt betrachten.

Wie gering die Chancen sind, daß alle Völker der Welt eine gemeinsame Strategie unter dem Druck der Planetarischen Wende entwickeln
werden, dürfte klargeworden sein. Darum wenden wir uns der Entwicklung zu, für die alle Erfahrungen der Geschichte und der Wahrscheinlichkeit sprechen. Denn es ist sinnlos, neue Utopien zu entwikkeln, die auf die Entwicklung nicht den geringsten Einfluß haben.

Der Zustand der Nationalstaaten

Politisch und rechtlich hat heute nur eine Institution auf der Welt einen klaren Auftrag und eine wirksame Organisation: der Nationalstaat. Ihn trifft damit die ganze Last und die gesamte Verantwortung für die weitere Entwicklung. An ihn werden sich die enttäuschten Massen halten, denn eine andere verantwortliche Instanz ist einfach nicht vorhanden. Nach Crowe »stellt der Nationalstaat die einzige, genügend ausgedehnte politische Einheit dar, in der man politische Lösungen . . . der ›technisch unlösbaren Probleme‹ finden und durchsetzen kann.«[67] Die Verantwortung des Gemeinwesens, des Staates, umfaßt im Prinzip zweifellos die Zukunftsvorsorge mit. Das bedeutet, daß ein Staat nicht warten kann, bis einmal 150 Staaten Einstimmigkeit erzielt haben werden. Er muß handeln. Er wird aber auch innenpolitisch nicht auf die Selbsteinsicht seiner Bürger warten können. Er vermag diese allerdings durch Aufklärung zu fördern – und darin liegt schon eine seiner wesentlichen Aufgaben. Dennoch existiert kein Staat allein aufgrund der Einsicht aller seiner Bürger. Er muß einen mehr oder weniger großen Teil mit Zwang durchsetzen – nicht anders, als eine Weltregierung das für den ganzen Erdball tun müßte.

Sind aber die Staaten in ihrem heutigen Zustand überhaupt in der Lage, solche noch nie dagewesenen Aufgaben zu meistern? Die Staaten haben bei der technologischen Entwicklung weder die Ziele gesetzt noch auf die Entwicklung nennenswerten Einfluß genommen. Wie bequem sie es sich gemacht haben, wurde dargestellt. Nun sind die herrlichen Zeiten, die das Versprechen noch herrlicherer Zeiten durchaus plausibel erscheinen ließen, vorbei. Jetzt heißt die neue Losung: Vorwärts Kameraden, wir müssen zurück! An völlig unvorbereitete Regierungen und Parteien werden riesige Anforderungen gestellt, die »ohne historisches Vorbild« sind.[68]

Der Staat – und das trifft für fast alle westlichen Industrieländer zu – wird gerade zu einer Zeit vor früher völlig unbekannte Aufgaben gestellt, in der seine Potenz am miserabelsten ist. Der ursprünglich durch die Theologie legitimierte Staat hat heute fast jede Autorität verloren. Ernst Forsthoff stellte 1972 fest, daß zum Beispiel die Bekundungen der Bundesrepublik Deutschland nicht selten in einem Ton gehalten seien, »als wolle sie sich dafür entschuldigen, daß es sie als Staat noch gibt«.[69] Außerdem waren die heutigen Weltprobleme während der Entstehungszeiten der rechtsstaatlichen Verfassung völlig unbekannt und unvoraussehbar, so daß auch von der rechtsstaatlichen

Verfassung her die Voraussetzungen schlecht sind. Forsthoff stellt daher die Frage, »welche Chancen der heutige – geistiger Gehalte weithin beraubte – Staat hat, wenn es sich darum handelt, die technische Realisation in die Grenzen zu verweisen, die das Gemeinwohl gebietet. Die dazu notwendigen Entscheidungen fallen natürlich nicht im luftleeren Raum. Sofern sie, was möglich ist, zur Folge haben, daß sich die Zahl der Arbeitsplätze vermindert oder auch nur eine technisch angezeigte Vermehrung der Arbeitsplätze unterbunden wird oder sich die Situation im Wettbewerb auf dem Weltmarkt verschlechtert, ist mit dem solidarischen Widerstand der Unternehmer und der Gewerkschaften zu rechnen. Darüber liegen Erfahrungen vor.«[70] Bisher konnte sich der Staat, soweit er sich nicht schon selbst in der Hand der organisierten Interessengruppen befand, in der »Rolle des Maklers und Schlichters bewegen, wie das seine Gewohnheit geworden ist«.[71] »Ein Gegeneinander-Aushandeln widerstreitender Interessen – ein Grundzug demokratischer Staatsverfassung und parlamentarischer Gesetzgebung – unter größtmöglicher Schonung aller Betroffenen, kann nicht beibehalten werden, wenn das Überleben der Menschheit auf dem Spiel steht.«[72]

Der Staat schaffte aber bisher seine Aufgabe nur darum mit Mühe, weil immer noch etwas hinzukam, was er verteilen konnte.[73] Jetzt kann er nichts mehr verteilen (was allein schon unfaßbar ist), jetzt muß er wegnehmen, entziehen, rationieren – und das nicht nur einer Gruppe, sondern allen! Er müßte eine Überlebensstrategie nicht nur konzipieren, sondern auch rücksichtslos durchsetzen. Nicht Produktionsprogramme, sondern Sparprogramme müssen aufgestellt werden. Regierungen und Parlamente werden nicht mehr den Überfluß, sondern den Mangel zu verwalten haben. Und das nicht etwa, weil ein Krieg erklärt ist und das Land blockiert wäre, sondern um das Leben der nächsten Generationen vor noch viel schlimmeren Katastrophen zu retten.

Läßt sich ein Volk rechtzeitig genug für die Aufgabe der Überlebensstrategie mobilisieren?

Der Wähler urteilte bisher nur nach den kurzfristigen Resultaten einer Wahlperiode. Der politische Partikularismus, um nicht zu sagen Opportunismus, denkt nicht an eine langfristige Politik, die aufgrund der Naturgesetze heute geboten wäre. Klaus Müller trifft die richtige Feststellung, daß »die relativ dünne politische Führungsschicht aus Staatsmännern, Berufspolitikern, Verbandsfunktionären samt Beratergremien und Ministerialbürokratie weder genug Unabhängigkeit noch ein hinreichendes Mandat, weder genug Zeit noch zureichende

Phantasie besitzt.«[74] Die Politik befindet sich in einer »Grundlagenkrise«[75], da sie auf die unerhörten Anforderungen nicht im geringsten vorbereitet ist.

»Die Exekutive krankt heute daran, daß sie
a) neue Grundeinsichten zu spät oder gar nicht gewinnt, also den Kanon ihrer Vorstellungen, den sie bei Antritt ihrer Tätigkeit mitbrachte, nicht oder nur schwer zu überschreiten vermag,
b) die Fülle der möglichen Alternativen nicht oder zu spät erfährt, weil zu wenig Menschen, die über diese Fragen schon einmal nachgedacht haben, in den Entscheidungsprozeß integriert sind.«[76]

Niemand überspringt die Lücke, die zwischen den auf die nächste Wahl abgestellten Parteiprogrammen und den künftigen Erfordernissen besteht. Ein Parlamentarier wie ein Regierungschef ist auf das fixiert, »was zur Zeit seines beginnenden Aufstiegs in der Parteiorganisation aktuell und vordringlich war oder erschien.«[77] Andere Politiker kennen wieder die Zukunftsprobleme. »Aber sie werden nicht aktiv, solange sie nicht damit zu rechnen brauchen, daß die Öffentlichkeit sie auch kennt und von ihnen beunruhigt wird.« Klaus Müller fährt dann fort: »Die totalitär regierten Länder des Ostblocks kennen eine solche opportunistische Abhängigkeit ihrer politischen Führer vom Bewußtseinsstand der Bevölkerung nicht in vergleichbarem Maße, und es könnte sein, daß dies zeitweise zum Vorteil des diktatorischen Regierungsstils ausschlägt. – Solche Überlegungen lassen es als durchaus möglich erscheinen, daß einem in absehbarer Zeit eintretenden Weltnotstand nur durch Einführung diktatorischer Vollmachten auch in den parlamentarisch regierten Ländern zu begegnen ist.«[78]

Dies führt uns abermals zu einem Vergleich der Lage zwischen den kommunistischen und den demokratisch konstituierten Ländern. Michael Lohmann meint, daß in letzteren »zunächst eine bessere Steuerbarkeit der Produktionsentwicklung« erreicht werden müsse.[79] Wenn dies nicht erreicht wird, dann kann es hier zu Zusammenbrüchen des Systems kommen – mit der Folge der Diktatur.

Sind aber die kommunistischen Regierungen wirklich in der Lage, eine Politik ohne Rücksicht auf die Massen zu betreiben? Hans Magnus Enzensberger meint dazu: »Wesentlich besser gerüstet für ökologische Krisensituationen scheinen die ›revisionistischen‹ Länder, allen voran die Sowjetunion. Sie kann auf eine lange Periode administrativer Kontrolle und Verteilung des Mangels zurückblicken und verfügt nicht nur über einen Apparat, der diese Aufgabe sozusagen verinnerlicht hat; auch die sowjetische Bevölkerung ist an Situationen gesellschaftlicher Armut gewöhnt, wenn auch von einer generellen Immunität dem Warenfetischismus gegenüber seit dem XX. Parteitag nicht mehr die Rede sein kann.« Enzensberger bezeichnet den bisherigen Grad der Umweltzerstörung in der Sowjetunion als gravierend. Dennoch ist er der Auffassung, daß »eine Tendenzumkehr von den zentralen Instanzen jederzeit beschlossen und notfalls mit Gewalt durchgesetzt werden kann«.[80]

Weniger optimistisch äußerte sich der Budapester Professor Gyula Bora auf dem 2. St. Galler Symposium über »Umweltpolitik in Europa«: »Theoretisch gesehen, scheint diese Aufgabe in einem sozialistischen Staat wie Ungarn leichter zu sein als in den kapitalistischen Ländern . . . Das ist in der Praxis jedoch nicht so einfach. In Ungarn zum Beispiel verfügen viele Unternehmen (Genossenschaften) über Autonomie, in deren Gefolge sich auch sogenannte Unternehmungsinteressen einstellen; die Steigerung des Unternehmungsgewinns gilt auch in Ungarn als ein wichtiger Aspekt des unternehmerischen Handelns. Es kommt daher mitunter zu einem Konflikt der Zielsetzungen der Unternehmungen mit jenen des Staates . . . Vor allem auf dem Gebiet des Umweltschutzes kollidieren diese Interessen des Staates – in diesem Fall der gesamten Gesellschaft – häufig mit jenen der Unternehmung; die Methoden, dieser Konflikte Herr zu werden, müssen allerdings noch endgültig gefunden werden.«[81] Am Schluß seiner Ausführungen fragt Bora ganz kapitalistisch nach dem »Wert oder Preis der natürlichen Umwelt und wie ein solcher in die Produktionskosten mit einbezogen werden soll. Wie kann der Umweltschutz in das Modell der wachsenden Wirtschaft mit einbezogen werden? Welche Relationen sind zwischen den Ausgaben für Umweltschutz und dem Volkseinkommen möglich? Diese Fragen harren noch der Klärung . . .«[82]

Interessanterweise wird hier für ein kommunistisches Land (allerdings nicht für die Sowjetunion selbst) die Rollenverteilung fast genauso beschrieben, wie das Forsthoff für die Bundesrepublik Deutschland tat: Der Staat als Interessenvertreter aller seiner Bürger gerät in Konflikt mit den Unternehmungen und den Arbeitnehmern. Damit wird aber die Frage, welche Macht hat der Staat? zur Entscheidungsfrage darüber, mit welchen Erfolgsaussichten er in den Überlebenskampf geht.

Michael Lohmann hat wahrscheinlich richtig beobachtet, wenn er feststellt: »Die bessere Steuerbarkeit eines totalitären, planwirtschaftlich-zentralistischen Systems nimmt offensichtlich mit fortschreitender Entwicklung des wissenschaftlich-technisch-administrativen Produktionsapparates ab. (Darum, und nicht weil das maoistische System ›besser‹ wäre als das der Ostblockstaaten, hat China derzeit noch eine ökologisch bessere Chance als die Sowjetunion.)« Es wird darauf ankommen, wo der größere Wille zum Überleben herrscht. Darum dürfte auch die zweite Feststellung von Lohmann stimmen: »Die prinzipielle Steuerbarkeit ist ein wirkungsloses Instrument, wenn der Handlungswille oder der Handlungsspielraum zu seiner Benutzung nicht gegeben ist. Der Handlungswille hängt aber vor allem von der richtigen Erkenntnis der ökologischen Grenzen und der rechtzeitigen und richtigen Beurteilung der eigenen Situation ab (Reaktionszeit, Bremsweg, Risikospielraum). Der Handlungsspielraum wird von außen und (auch in totalitären Systemen) von innen stark eingeschränkt: von außen durch die Konkurrenzsituation zwischen den Systemen und Nationen, vor allem auf militärischem und wirtschaftlichem Gebiet; von innen durch den erwähnten meist extrem kurzsichtigen Trieb des Menschen, seine Lage zu ›verbessern‹.«[83]

Dieser Trieb spielt nicht nur bei den kleinen Partnern der Sowjetunion, sondern auch in ihr selbst eine beträchtliche Rolle. Dennoch fällt er weder so stark ins Gewicht wie im Westen, noch wurde dort bisher ein so ausgedehntes Verbrauchsvolumen erreicht. Es wird auch nicht die gesamte Bevölkerung Tag für Tag von der Wirtschaftswerbung überflutet. Dies hat zur Folge, daß eine staatliche Aufklärung große Chancen hätte, während sie bei uns immer in einem absurden Mißverhältnis zur Verbrauchspropaganda stehen wird.

Die wirtschaftliche Propaganda (und die politische ist damit bis heute identisch) für den ständig steigenden Konsum hat die Staaten des Westens in eine geradezu wahnwitzige Abhängigkeit gebracht. Sie sind nun von ihren Lieferanten abhängiger als der Süchtige vom Dealer. Ein Staat kann aber nur so lange selbständig und auch außenpolitisch Herr seiner Entscheidungen sein, wie er in seiner lebenswichtigen Versorgung nicht völlig abhängig ist. Der gesamte »Fortschritt« war für die meisten Industrieländer ein Weg in immer mehr und immer größere Abhängigkeiten, die längst das Stadium der akuten Lebensgefährdung erreicht haben. Der Ausfall von Nahrungsmitteln (Dünge- und Futtermitteln), Rohstoffen und Energien würde die meisten Industrieländer kurzfristig in die Katastrophe führen.

Früher konnte man in Krisenzeiten, solange das Land nicht militärisch blockiert war, mit Nahrungsmitteln aus irgendeiner Weltgegend rechnen – vor allem, wenn man das Geld dafür hatte. Das wird in Zukunft anders sein. Aufgrund der Bevölkerungszunahme in allen Erdteilen werden die einzelnen Regionen ihre Erzeugnisse selbst verbrauchen. Und: soweit sie diese nicht selbst benötigen, werden sie damit Politik machen. (Ist den Idealisten in unserem Lande, die das für unanständig halten, bewußt, daß sie jetzt schon hungern müßten, wenn die Nordamerikaner ihre Überschüsse in die Dritte Welt liefern würden, statt sie ganz unmoralisch für gute DM an uns zu verkaufen?)

Ein Land, das sich nicht ständig am Rande des Abgrunds bewegen will, muß darum das Optimum der vertretbaren Einwohnerzahl errechnen, mit der es Krisenzeiten gerade noch, wenn auch unter großen Strapazen durchstehen kann. Daß diese Krisenzeiten vor der Tür stehen, ist die einzige absolut sichere Voraussage, die über die Zukunft gemacht werden kann.

Für die Bundesrepublik Deutschland dürften etwa 40 Mill. Einwohner zu verantworten sein, also $^2/_3$ des heutigen Bestandes. Wenn auch die Nahrungsmittelerzeugung 80% des heutigen Bedarfs deckt, so wird doch fast ein Viertel davon aus Futtermitteleinfuhren erzeugt.[84] Die deutsche Industrie ist aber zu 90% von der Rohstoffzufuhr und zu 60% von der Energieeinfuhr abhängig. Bei einem Ausfall dieser Zufuhren müßte sie in wenigen Wochen zusammenbrechen. Es gibt niemanden, der auch nur eine vage Vorstellung davon hätte, mit welchen Methoden wenigstens die lebenswichtigsten Einrichtungen dann aufrechterhalten werden könnten.

Über die nötigen Entscheidungen werden die Menschen aber höchstwahrscheinlich so lange streiten, bis das Chaos unvermeidlich geworden sein wird; denn das Schlimmere kommt immer erst morgen. Darum ist damit zu rechnen, daß der Lauf der Dinge auch weiterhin von den Entscheidungen bestimmt wird, die unterblieben sind. Da das Leben aber weitergeht, ist nichts wahrscheinlicher, als daß es schließlich zu einem erbarmungslosen Kampf ums Überleben kommt. Auch dafür lassen sich Vorbereitungen treffen und Positionen aufbauen. Verantwortungsbewußte Staatsführungen werden das tun.

Wir erinnern noch einmal: Zur Wahl steht nur der naturgesetzliche Zusammenbruch mit einem endlosen Chaos oder der Versuch eines geordneten Übergangs in das naturgesetzliche Gleichgewicht. In dieser unentschiedenen Situation bleibt die Tragik, die im erbarmungslosen Wirken der Dinge liegt, im vollen Umfang erhalten.

4. Kampf ums Überleben

> *Ziel meiner Warnungen (Visionen habe ich keine, ich halte mich an Fakten) ist nicht die Lähmung der Kämpfer, sondern ihre Aktivierung zum Kampf an der neuen Front. Denn an die Aufgabe, so schwer sie ist, müssen wir heran; vor ihr erblassen alle alten Prioritäten.*
>
> *Carl Amery*

Die gesamte Menschheitsgeschichte ist ein Kampf ums Überleben gewesen. Charles Darwin hat den »Kampf ums Dasein« als das in der Natur herrschende Prinzip erkannt. Davon ist der Mensch nicht ausgenommen. Die Menschen befanden sich immer im Kriegszustand. Zuerst war es der Krieg des Sichbehauptens gegen die Umwelt und gegen die menschlichen Feinde – es war ein Krieg aus der Position der Schwäche. Dann war es der Krieg der Menschen gegeneinander, um Land und Rohstoffe. Seit 1945 ist es der totale Krieg der Menschen gegen die Erde. Dieser verschaffte den menschlichen Parteien eine Atempause, der Erde aber ganz und gar nicht. Dies ist der lautloseste Krieg; denn der Gegner kann weder laut schreien noch sich wehren, und er kann auch keine Bundesgenossen zu seiner Verteidigung aufrufen. Darum ist dies der gefährlichste Krieg; denn der Mensch wird seines Sieges erst gewahr, wenn die Erde vernichtet ist – damit aber auch die Grundlage seines eigenen Lebens.

Die schlimmste Versuchung der nächsten Jahre wird immer noch die zur Verschwendung sein. Doch kein Verschwender wird auch nur mittelfristig überleben. Der Verzicht auf die radikale Ausbeutung der Erde wird auch nie vollständig, bestenfalls partiell sein. Die Völker werden sich aber überall aufgrund der unerhört verschärften Konkurrenz bei der Ausbeutung der Erde mit allen Mitteln verteidigen und mit allen Gütern sparsam umgehen müssen. Wer diese elementaren

Die Fußnoten befinden sich am Ende des Buches, S. 365–366.

Grundsätze nicht befolgt, wird nicht überleben. Es wird nicht mehr darum gehen, Leistungen auf allen Gebieten zu erbringen, sondern Leistungen im weltweiten Überlebenskampf.

Die Stadien der Menschheitsgeschichte

Die Stadien der Menschheitsgeschichte waren von wechselnden Tendenzen beherrscht.

Erstes Stadium: Isolierte weitläufige Stammesterritorien

Die Stämme oder Völker beschränken sich auf ihr Territorium. Auf diesem sind sie wirtschaftlich autark. Sie verteidigen diesen Raum (der meist nicht scharf abgegrenzt ist, denn es gibt ja so viel) gegen Angriffe oder erweitern ihn gelegentlich durch Einverleibung von Nachbargebieten. Jahrhunderte und sogar Jahrtausende vergehen ohne besondere Ereignisse. Die Völker leben in diesem Stadium mehr oder weniger vollständig im natürlichen Regelkreis.

Zweites Stadium: Die koloniale Überlagerung

Seetüchtige Kulturvölker errichten Kolonien. Dafür gibt es schon mehrere Beispiele in der Antike. Vom Beginn der Neuzeit an wurden dann von den europäischen Mächten Kolonialstützpunkte rund um den Erdball errichtet. Von den Westeuropäern wurde Nordamerika und in geringerem Maße Australien und Südafrika durchgehend besiedelt. In Südamerika kam es zu einer Mischung zwischen Ureinwohnern und Völkern verschiedensten Ursprungs. Im übrigen erfolgte eine machtpolitische Überlagerung anderer Völker, wie sie vor allem Großbritannien praktizierte. Damit entwickelten sich wirtschaftliche Abhängigkeiten der Europäer von ihren Kolonien. Solange diese aber militärisch beherrscht wurden, lag darin kein Risiko. Große Auseinandersetzungen gab es nur unter den europäischen Kolonialmächten selbst.

Die Russen hatten den ungeheuren Vorteil, mit der Besiedelung des nordasiatischen Kontinents eine zusammenhängende Landmasse erwerben zu können. Ein Ereignis, dessen ungeheure Tragweite jetzt erst voll sichtbar wird.

Diese Vorgänge der territorialen Expansion sind mit dem I. Weltkrieg abgeschlossen. Alle Grenzen liegen seitdem auf den Zentimeter fest und werden überwacht. Es gibt auf dem Globus keine weißen Flecke mehr, es gibt kein Niemandsland mehr.

Drittes Stadium: Die Expansion in die Tiefe und in die Höhe

Mit dem II. Weltkrieg beginnt eine schnelle Verselbständigung der nichtweißen Kolonialvölker. Die Weißen sehen sich auf ihre eigenen Siedlungsräume beschränkt. Die frühere Expansion über die Fläche verwandelt sich jetzt in einem atemberaubenden Tempo zu einer Expansion in die Tiefe. Rohstoffe werden in exponentiell steigenden Mengen aus dem Innern der Erde und aus der See herausgeholt und in riesigen Industrieanlagen verarbeitet. Der Luftraum wird von einem Verkehrsnetz ausgefüllt, und noch höher kreisen Satelliten; Raketen werden in den Weltraum geschickt. Die Eroberung der Fläche hatte Rückschläge erlitten und ist in einer unwahrscheinlichen Intensität in die Vertikale umgeschlagen. Seinen vollendetsten Ausdruck findet dieser Wandel in der Kriegstechnik: Ferngesteuerte Raketen werden aus unterirdischen Bunkern oder aus der tiefen See abgefeuert und stürzen sich aus der Stratosphäre auf ihr Ziel hernieder.

Die flächenteilige Wirtschaft insbesondere des ersten Stadiums war für jeden halbwegs überschaubar gewesen. Die vertikale Wirtschaft ist völlig undurchsichtig; kein Mensch versteht sie. Darum fürchtet jeder, er könnte betrogen werden. Wie undurchsichtig sie ist, beweist ja die Tatsache, daß nicht einmal die Wirtschaftswissenschaft im Stande war, eine zutreffende Theorie über ihren eigenen Bereich zu entwickeln. Darum konnten die verschiedenartigsten Ideologien ohne echten Bezug zur Realität entstehen. Mit der Ausbeutung des Erdinnern wurde insbesondere die Lehre vom Klassenkampf geboren.

Daraus ergeben sich Verteilungskämpfe innerhalb der Völker. Während früher die hierarchisch gegliederte Bevölkerung zusammenstand (die Unterschiede im »Lebensstandard« waren gegenüber heute gering), um Angriffe von außen abzuwehren oder den eigenen Lebensraum auszudehnen, wenden sich nun die Stände gegeneinander. Bürgerkriege mit Klassenkampfcharakter überwiegen nun an Zahl bei weitem die äußeren Kriege. Zwischen den Klassen sind die Grenzen noch fließend und verschiebbar, die Staatsgrenzen dagegen sind eingefroren. Über die Respektierung der Grenzen wachen die Nachbarn und die – inzwischen atomar bewaffneten – Großmächte. Die Flächen im Landesinnern sind ebenfalls fest aufgeteilt und bleiben unangetastet, da Ackerboden nicht gefragt ist; nur Baugrund wird umkämpft.

Trotz der erstarrten Grenzen schufen der Verkehr und der Austausch riesiger Gütermengen ein Netz von Verflechtungen rund um den Erdball. Dies hatte es in dieser Dichte niemals gegeben, weil dafür die technischen Voraussetzungen noch nie vorhanden gewesen waren.

So schien wirklich das »goldene Zeitalter« angebrochen zu sein. Man glaubte, daß es völlig ausreiche, wenn eine UNO für Frieden sorgte; alles andere würde sich schon von selber regeln. Das Geld war der weltweite Garant der Austauschbarkeit von allem und jedem. Durch die Kolonisierung einst herbeigeführt, wurde die Illusion von der »Einheit der Welt« bisher notdürftig aufrechterhalten. Bis auf den Ost-West-Konflikt zeigten sich auch die Länder weitgehend kooperationsbereit, solange die gemeinsame Ausbeutung der Erde viel größere Gewinne versprach als die isolierte. Aber dieses gemeinsame Unternehmen stand unter der Annahme, daß die Fülle nie ein Ende haben werde. Diese Annahme hatte schwerwiegende Folgen, die heute nicht mehr rückgängig zu machen sind: Ballungszentren mit jeweils vielen Millionen Menschen entstanden, die in ihrer Versorgung auf weit entfernte Regionen der Erde angewiesen sind, d. h. auf lebenswichtige Güter, die unter fremder Verfügungsgewalt stehen.

Die Kolonialmächte hatten ihre überseeischen Gebiete auch darum in die Freiheit entlassen, weil sie überzeugt waren, daß diese weiterhin auf die technische und wirtschaftliche Zusammenarbeit angewiesen bleiben würden. Sie meinten, daß die machtpolitische Abhängigkeit durch eine des Kapitals und des Wissens mit ausreichender Sicherheit ersetzt werden könne. Die Industrieländer hatten darum Grund, die Entwicklungsländer in der Illusion zu bestärken, daß sie ihren Standard erreichen könnten, wenn sie nur mit ihnen kooperierten. Wie sonst hätten die Entwicklungsländer bereit sein sollen, ihre Rohstoffe herauszurücken, mit deren Hilfe die Industrieländer gigantische Produktionen aufbauten? Die Rohstoffe der Entwicklungsländer hatten einen so geringen Preis, daß er nicht einmal ausreichte, die fehlenden Nahrungsmittel dafür einzutauschen. Der historische Grund: diese Völker waren anfangs außerstande, diese Rohstoffe zu gewinnen, weil ihnen die Techniken fehlten.

Die Periode des Freihandels, in der wir zur Zeit noch leben, funktionierte so lange gut, wie die einzelnen Länder ihre Rohstoffe konkurrierend anboten, in dem Bestreben, damit ihre wirtschaftliche Entwicklung voranzutreiben. Seit aber die Erkenntnis um sich greift, daß sie damit ihr einmaliges Kapital weggeben, verschließen sie sich dem Verkauf nach und nach. Sie werden das um so mehr tun, als sie immer mehr Zweifel bekommen, ob es sinnvoll sei, den Industrieländern nachzueifern. Einen freien Welthandel kann es nur so lange geben, wie genügend Güter vorhanden sind, oder solange man wenigstens glaubt, es seien genügend vorhanden. In dem Moment, wo der Mangel sich abzeichnet, wird jedes Land seine Güter unter Zwangswirtschaft stellen. Dann stehen die mächtigen Länder vor der Frage, ob sie jeden gewünschten Preis zahlen oder ob sie die Stoffe wieder mit Gewalt herausholen wollen.

Während der Kolonialzeit waren die Probleme einfach. Die kolonialisierten Völker hatten zunächst nicht einmal Bedürfnisse, die sie zum Verkauf der Bodenschätze hätten veranlassen können. Sie wären auch gar nicht in der Lage gewesen, den Abbau zu organisieren, ja nicht einmal dazu, die Vorkommen zu entdecken. Erst nach langer Kolonialzeit übernahmen diese Völker nach und nach die Bedürfnisse der Kolonialherren. Dennoch vertrauten die alten Kolonialmächte darauf, daß man ihnen die Bodenschätze stets verkaufen würde, und das zu einem billigen Preis; denn die Zahl der Anbieter war groß. Daß dies so bleiben würde, erweist sich bereits jetzt, nach ca. 30 Jahren, als Irrtum.

Die Entwicklungsländer bleiben nicht lange auf die Industrieländer angewiesen; denn sie eignen sich sehr bald das nötige Wissen an. Die Industrieländer haben auch Werke in allen Erdteilen errichtet; ein idealer Ansatzpunkt dafür, künftig alle Rohstoffe im Ursprungsland zu verarbeiten. Viele Produktionen werden jetzt schon von diesen Völkern selbst ausgeführt – und zu billigeren Preisen. Und wo die eigenen Kenntnisse noch nicht reichen, können Fachleute aus dem Ausland geholt und so gut bezahlt werden, daß man sie immer findet. Ganz abgesehen davon, daß die Konkurrenzsituation zwischen Ost und West ebenfalls ausgespielt wird.

Der Übergang vom dritten zum vierten Stadium

Wir stehen nun in der Planetarischen Wende. Auch die vertikalen Grenzen sind nahezu erreicht. Diese Entdeckung wird den Völkern so tief in die Glieder fahren, daß sie sicherheitshalber erst einmal das zurückhalten werden, was sie besitzen. Sie werden es künftig nur noch im Tausch gegen andere lebenswichtige Dinge hergeben, aber nicht gegen immer wertloser werdendes Geld. Schon während die alten

Kolonialherren zum kosmopolitischen Denken übergingen, hatten die selbständig gewordenen Völker deren früheren Nationalismus übernommen.

Heute rechnet jedes Land seine Bodenschätze zusammen und überlegt sich, was sie wert sind und was sie in Zukunft wert werden könnten. Die Regierungen fangen an, auch darüber nachzudenken, wovon ihre Völker wohl leben werden, sobald die Vorräte zur Neige gehen. Die schon getroffenen und noch anstehenden Entscheidungen werden die Weltwirtschaft in ihren Grundlagen erschüttern; war sie doch davon ausgegangen, daß die Bodenschätze so gut wie nichts kosteten und immer irgendwo in beliebiger Menge zu haben sein würden.

Die Regierungen der Industrieländer waren bisher vom automatischen Funktionieren der Weltwirtschaft so überzeugt, daß sie dieses Geschäft den Privatleuten und den privaten Unternehmungen überließen. Daß diese Kapitalbesitzer und ihre Experten in Übersee stets mit offenen Armen empfangen werden würden, galt noch vor wenigen Jahren als selbstverständlich. Diese wurden von den multinationalen Wirtschaftsunternehmen gestellt, die notgedrungen in die Rolle der weltweiten Planer hineinwuchsen, da hier ein Vakuum auszufüllen war. Sie waren die einzigen, die längerfristig disponieren mußten, schon um ihrer Großbetriebe willen.

Wenn aber die politischen Mächte schon zuließen, daß die Dispositionen für viele hundert Millionen Menschen von diesen privaten Gesellschaften getroffen wurden, dann wäre es logisch gewesen, diesen auch die langfristige Zukunftssicherung zu überlassen. Es war zum Beispiel schon seit Jahren abzusehen, daß die Erschließung neuer Lagerstätten – nicht nur beim Öl – nur zu immer höheren Kosten möglich sein würde. Um diese riesigen Investitionen der Zukunft – beim Öl allein rechnet man bis 1985 mit 2000 Mrd. DM – überhaupt aufbringen zu können, wäre für das (bis 1973 billige) Öl ein weit höherer Preis durchaus berechtigt gewesen und auch heute berechtigt. Da aber griffen die Regierungen ein: Das Öl sollte gegenwärtig so billig wie möglich sein und möglichst viel davon verbraucht werden; das bringt Steuern für den gegenwärtigen Haushalt. Dieses Vorgehen erscheint sozial verdienstvoll, führt aber dazu, daß für die zukünftige Versorgung überhaupt niemand verantwortlich zeichnet. Wie die nächste Generation zu Öl kommen und woher sie die Mittel für die vervielfachten Investitionen nehmen soll, das schert die heute politisch Verantwortlichen nicht im geringsten.

Dies ist ein eklatanter Beweis dafür, daß die politischen Mächte noch kurzfristiger denken und mindestens ebenso skrupellos sind wie die Privatunternehmen. Auch die Staatswirtschaften im Ostblock planen nicht länger voraus als die Großunternehmer im Westen. Witzigerweise unterwerfen sich die dortigen Staatsführungen den gleichen »Sachzwängen«, denen die Unternehmer im Westen unterliegen.

Die bequemen Zeiten, in denen die Weltwirtschaft von alleine lief, sind aber auch für die westlichen Regierungen vorüber. Die Suche und Erschließung neuer Rohstoffvorkommen wird in Zukunft so viel kosten[1], daß die multinationalen Gesellschaften und selbst die Industrienationen, die dazu in der Lage sind, sich hüten müssen, ein solches Risiko in politisch unsicheren Gebieten der Welt auf sich zu nehmen. Die rohstoffbesitzenden Länder springen bereits heute recht selbstherrlich mit den multinationalen Unternehmen um und lassen sich auch von den größten Namen nicht beeindrucken. Es ist nicht gesagt, daß sie sich von den Regierungen beeindrucken ließen; aber das Geschäft ist zum politischen Handel geworden, wofür eben die politischen Partner gesucht werden. Unter anderem aus dem Grund, weil viele Staaten langfristiger denken und bessere Absicherungen haben wollen.

Thomas Lovering schrieb schon 1969: »Wenn die gegenwärtige Zersplitterung der Welt anhält, werden mehr und mehr Nationen ihre Wirtschaft gegen äußere Kontrolle ihrer lebenswichtigen Rohstoffe absichern müssen . . .«[2]

Im Dezember 1974 hat die UNO-Vollversammlung eine »Charta der wirtschaftlichen Rechte und Pflichten von Ländern« beschlossen. Von den 131 UNO-Mitgliedern stimmten 117 dafür, lediglich die USA, Großbritannien, die Bundesrepublik Deutschland und drei weitere Länder stimmten dagegen. Die Charta hat den Zweck, »die Entstehung einer neuen internationalen Wirtschaftsordnung voranzutreiben«. Im Artikel 2 heißt es: »Jeder Staat hat das Recht . . ., ausländisches Eigentum zu verstaatlichen, zu enteignen oder anderen zu übertragen . . . In allen Fällen, in denen die Entschädigungsfrage zu einer Kontroverse führt, soll der Streit nach den nationalen Gesetzen und von den Gerichten des enteignenden Staates gelöst werden . . .« Im Artikel 5 heißt es: »Alle Staaten haben das Recht, sich zu Rohstoffkartellen zusammenzuschließen, um ihre nationalen Wirtschaften zu entwickeln . . .«[3] In einer Untersuchung stellte Walther Casper, ein deutscher Praktiker mit vierzigjähriger Erfahrung im Rohstoffgeschäft, 1974 fest: »In den meisten Rohstoffländern sind Rohstoffdenken und Anspruch auf hoheitliche Verfügungsrechte kongruent.«[4]

318

Aber nicht nur die Entwicklungsländer, auch Australien, Kanada und Irland betätigen sich heute als »Wächter erschöpfbarer nationaler Wohlstandsquellen und haben die liberale Bergbaupolitik früherer Jahre weitgehend im dirigistischen Sinne geändert«. Darum fordert jetzt die Wirtschaft selbst in der Bundesrepublik Deutschland die »Mitwirkung des Staates zur Rohstoffsicherung«, da sich »das Rohstoffgeschäft allein mit dem herkömmlichen Mittel der bloßen Beschaffung nach Wirtschaftlichkeitskriterien und durch Ausnutzung von Handelsvorteilen nicht mehr meistern lassen wird«.[4]

Die Rohstoffländer haben die Schwäche der Industrieländer erkannt und schonungslos aufgedeckt. Diese besagt: Produktionsstätten kann man bauen, Lagerstätten jedoch muß man haben. Darum wird jetzt das Territorium wieder die allergrößte Bedeutung erlangen – vor allem das fruchtbare Land und Land mit Bodenschätzen, die woanders knapp sind. Die Rohstoffbesitzer beweisen bereits heute ihre Macht durch selbstherrliche Festsetzung der Preise, die ihnen Milliarden verschaffen.[4a]

Das ist die Lage an der Planetarischen Wende, sie läutet das vierte Stadium ein. Dieses wird von den Gebilden bestimmt werden, die es seit jeher gibt, den Nationalstaaten, das heißt in erster Linie von den Großmächten unter ihnen.

Das beginnende vierte Stadium der Menschheitsgeschichte

Das Wesensmerkmal des vierten Stadiums wird wieder – wie das des ersten – ein Kampf um Territorien sein. Aber nicht ein langmütiger Kampf um weite fast menschenleere Räume, oft mehr um des Abenteuers und des Ruhmes willen geführt, sondern ein intensiver Kampf der überfüllten Räume. Ein Kampf, in dem es nicht um etwas Zugewinn oder Verlust, sondern buchstäblich um Leben oder Tod geht. Die Kriege der Vergangenheit wurden nur um den größeren oder besseren Anteil geführt. Die Kriege der Zukunft werden um die Teilhabe an der Lebensgrundlage überhaupt geführt werden, das heißt um die Ernährungsgrundlage und um die immer wertvoller werdenden Bodenschätze. Sie werden darum an Furchtbarkeit unter Umständen alles bisher Dagewesene in den Schatten stellen.

In den nächsten Jahren wird eine bedeutende Motivverschiebung eintreten. Die Weltprobleme verlagern sich. Die Streitpunkte sind künftig nicht mehr die verschiedenen Gesellschaftssysteme und Ideen (die allerdings auch bisher oft nur Vorwände waren), sondern es geht um die nackten Lebensbedürfnisse: um fruchtbaren Boden, Düngemittel, Wasser und Grundstoffe. Wer im Besitz solcher Güter ist, wird damit politische Druckmittel in der Hand haben, oder er wird umgekehrt gerade die Begehrlichkeit stärkerer Mächte auf sich ziehen. Wer das am schnellsten begreift, der wird einen Vorteil haben.

Zur Zeit haben wir allen Anlaß anzunehmen, daß die Deutschen unter den letzten sein werden, die das begreifen. Und das, obwohl sie noch vor dreißig Jahren hungernd über die Landstraßen zogen, um sich einige Kartoffeln zu ergattern; obwohl sie zehn Jahre lang die Rationierung durchgemacht haben. So schnell ist die Vergangenheit vergessen! Und da kommen hier einige und rufen: man solle an die Zukunft denken! An etwas, was man sich so gar nicht vorstellen kann, während doch jene Vergangenheit immerhin fast für die Hälfte der heute Lebenden noch ein bitteres Erlebnis am eigenen Leibe war!

Wir kommen zu der Neubewertung der Machtstrukturen. Nachdem alle Mächte und Kräfte dieser Erde dazu beigetragen haben, die Menschheit in eine tödliche Sackgasse zu jagen, wird die Erkenntnis dieser Lage in den nächsten Jahren eine Schocktherapie bewirken. Diese wird bei den einzelnen Völkern sehr unterschiedlich wirken, aber viele werden ihr Verhalten ändern, bevor die Totalkatastrophe über sie hereinbricht.

Die totale Umschichtung der Potenzen

Infolge der Planetarischen Wende hat sich der Wert aller Karten im weltweiten Spiel geändert. Viele, die früher Trümpfe waren, sind wertlos geworden, ja ins Negative umgeschlagen – und es gibt keine Karte, die nicht neu bewertet werden müßte. Andere Karten sind neu hinzugekommen, aber keine einzige ist einer anderen gleich. Außerdem ist der Zeitfaktor einzuführen: Jede Karte ist darauf zu überprüfen, ob sie kurz-, mittel- oder langfristig verwertbar ist.

Welches sind die Trümpfe und welches sind die Negativkarten in diesem Spiel?

Wir versuchen mit der Reihenfolge zugleich eine Gewichtung:

1. Die militärische Macht bleibt an der Spitze. Sie ist zu unterteilen in
   a) die konventionelle Bewaffnung zur Sicherung des Raumes (einschließlich der Rüstungsindustrie),

b) die atomare Bewaffnung. Schon diese ist höchst verwirrend: Es kommt darauf an, sie zu haben und dennoch nicht einzusetzen, weil sie immer den eigenen Bereich mitverseucht und weil niemand daran interessiert sein kann, eine Wüste zu erobern. Es ist allerdings nicht auszuschließen, daß gerade kleinere Mitspieler in einer verzweifelten Situation die Nerven verlieren und daß Zufälle mitspielen.⁵

2. Die Fähigkeit zur Bevölkerungsplanung.
3. Die Bedürfnislosigkeit oder Leidensfähigkeit der Bevölkerung. Dies wird langfristig der wertvollste Trumpf sein. Er wird selbst dann noch wirken, wenn die Militärmächte sich vernichtet oder zu Tode gesiegt haben sollten. Tödliche Gefahr droht allerdings auch den bedürfnislosen Völkern von der Radioaktivität.
4. Die eigene Nahrungsmittelversorgung einschließlich der Düngemittelbeschaffung.
5. Die ökologische Unversehrtheit, besonders den Wasserhaushalt, die Wälder und das Klima betreffend.
6. Die potentiellen Rohstoffvorräte.
7. Die potentiellen Energievorräte (Kohle, Erdöl, Erdgas, Uran?).
8. Die Bevölkerungsstärke (wenn sie ernährt werden kann).
9. Die Ausdehnung des Landes.
10. Die durchschnittliche Besiedelungsdichte des Landes.
11. Die Zentralisierung der Bevölkerung in Städten oder ihre Dezentralisierung über das Land.
12. Die zivilisatorische Anfälligkeit der Bevölkerung (Lebensstandard).
13. Die industrielle Kapazität (ohne Rüstungsindustrie).
14. Das technische Wissen (auch mit negativen Begleiterscheinungen entsprechend den Punkten 11. und 12. belastet).
15. Die organisatorische Effektivität.
16. Die Fähigkeit von Teilen des Volkes, selbständig zu handeln und improvisiert zu leben.
17. Vorhandene gemeinsame ideelle Zielsetzungen einschließlich der Religion.
18. Die Geschlossenheit einer Nation beim Einsatz für ihre Ziele.
19. Der Überlebenswille.

Der absolute Wert eines Staates kann an Hand dieser Kriterien ermittelt werden. Dabei überlassen wir die Bewertung der einzelnen Staaten dem interessierten Leser selbst. Neu gegenüber früheren

Einschätzungen oder beträchtlich im Stellenwert erhöht sind die Punkte 2. bis 7. sowie (mit negativer Wertung) 11. und 12. Stark gesunken sind die Punkte 13. und 14. (wobei natürlich eine enge Beziehung zu 1. bleibt), da ihr Wert völlig von der Grundlage 6. und 7. abhängig ist.

Doch das ist noch nicht alles. Von wesentlicher Bedeutung ist auch die geographische Lage eines Staates auf dem Globus: im Verhältnis zu anderen Staaten unterschiedlicher Potenz oder zum Meer. Aus der Lage ergibt sich eine sehr unterschiedliche Einschätzung des Wertes eines Staates für jedes andere Land, die sich im Laufe der Zeit auch wandelt. (So unterliegt jedes in den Augen jedes anderen einer unterschiedlichen Einschätzung als potentieller Partner oder Gegner.) Diese unterschiedliche Beurteilung führt zu einem Bündnis- oder einem Eroberungswert (Geopolitik).

Die politische Staatsform wurde nicht mehr aufgeführt. Ihre Effektivität ergibt sich aus der gesamten Skala und besonders aus den Punkten 15. bis 19. Die Staatsform kann sich durch Umstürze schnell ändern, wobei auftauchende geschichtliche Persönlichkeiten eine Rolle spielen.

Wenn man die heute existierenden Nationen an den Bewertungskriterien mißt, dann ergeben sich Unterschiede wie zwischen Tag und Nacht, oder besser zwischen fast Null und fast Unendlich. Es gibt eine Reihe kleinerer Nationen, die völlig bedeutungslos sind – die aber zum Teil gerade darum eine große Chance des Überlebens haben. Und es gibt die Großen, die über die weitere Entwicklung entscheiden.

Für eine objektive Berechnung eignen sich die Punkte 1. und 4. bis 13. Über die militärische Stärke gibt es genügend Betrachtungen, so daß wir uns diese hier ersparen können. Uns interessieren außer der Versorgung mit Nahrung vor allem die Rohstoff- und Energievorräte.

Für die jetzt folgende Periode der Weltpolitik sind der Rüstungsstand, die zahlenmäßige Größe eines Volkes, seine Ausstattung mit fruchtbarem Boden, Grundstoffen und Industrien weiterhin wichtigste Voraussetzungen. Es wird aber nach der Planetarischen Wende entscheidend darauf ankommen, wofür ein Volk seine Leistungskraft einsetzt. Kein Land der Erde ist mehr so ausgestattet, daß seine Ressourcen auf längere Zeit zugleich für den höchsten eigenen Wohlstand und für den internationalen Überlebenskampf ausreichen.

Angesichts der Knappheit auf der Welt haben jetzt die Völker einen Vorteil, die ihr Land noch nicht in dem Maße abgegrast haben, und sie haben einen weiteren Vorteil, wenn ihre Bevölkerungen noch nicht so verwöhnt sind. Für die Zukunft werden die Völker einen riesigen Vorsprung erreichen, denen es gelingt, ihren Rüstungsstandard auf der höchsten Spitze, ihren Lebensstandard jedoch niedrig zu halten. Dies wird das Feld sein, auf dem sich der internationale Wettkampf hinfort abspielt. Wir stießen in dem Abschnitt »Verzicht statt Leistung?« auf das Problem: Wie kann im internationalen Wettbewerb ein Land verzichten, wenn es das andere nicht tut? Dies geht nach landläufigen Vorstellungen gar nicht, weil es dann aus dem internationalen Wettbewerb ausscheiden würde. Und es geht doch!

Es gibt historische Beispiele dafür, daß Völker sich ganz auf die Verteidigung ihres Lebensraumes konzentriert haben. Die Spartaner sind dadurch berühmt geworden, daß sie eine hohe militärische Bereitschaft durch eine harte, eben »spartanische« Lebensweise erlangt haben.

Was aber heißt das heute? Jetzt ist, um mithalten zu können, eine atomare Bereitschaft erforderlich, die selbst wieder riesige Industrien zur Voraussetzung hat. Dennoch bedeutet dies nicht, daß zugleich riesige Verbrauchsgüter-Industrien vorhanden sein müßten. Den Beweis liefern die Sowjetunion, China und sogar Indien. Die Sowjetunion erreichte ein Optimum an militärischer Bereitschaft bei einem Minimum an Wohlstand – und damit einem geringen Grundstoffverbrauch.

Der optimale Wohlstand benötigt viel mehr Grundstoffe als die optimale Rüstung! Wer beides zugleich will, wird bei gleichem Ausgangspunkt viel früher am Ende seiner Kräfte sein als der, der sich beschränkt. Damit gewinnt das Volk sehr schnell einen immer größer werdenden Vorsprung, welches den privaten Wohlstand einschränkt.

Selbst die Vereinigten Staaten, die den II. Weltkrieg noch bei Wahrung ihres vollen Wohlstandes gewinnen konnten, werden einen solchen »Zweifrontenkrieg« jetzt nicht mehr durchstehen können. Das Ende solcher Illusionen begann 1973, als die USA und ihre weltweiten Konzerne die Rolle des Aufkäufers zu Billigstpreisen nicht mehr spielen konnten. Von da an stellt sich die Frage für die »freiesten Bürger der Welt«: Was haben wir noch in unserem eigenen Land? Und es stellte sich heraus, daß dies so riesig viel nicht mehr ist.

Man hat sich daran gewöhnt, Amerika als das Land der unbegrenzten Möglichkeiten anzusehen. In seiner ersten »State of the Union«-Rede hatte der dritte Präsident Thomas Jefferson im Jahre 1800 erklärt:

»Wir sind gesegnet mit einem auserwählten Land, das Raum genug hat für unsere Nachfahren bis zur tausendsten Generation . . .«[6] Heute sind wir sage und schreibe sechs Generationen weiter! Noch keine zwei Jahrhunderte sind vergangen und dieser Traum ist verflogen; so gründlich hat man den nordamerikanischen Kontinent geplündert. Das Erdöl (von dessen Existenz man zur Zeit Jeffersons noch gar nichts wußte) geht zur Neige, nur die Funde in Alaska bringen noch eine Atempause. Die gesicherten Reserven an Erdgas decken beim gegenwärtigen Verbrauch gerade noch den Bedarf auf 15 Jahre.[7] Die Vereinigten Staaten haben sich nicht anders verhalten als die Europäer auch, sie haben zunächst das eigene Land ausgeplündert. Übriggeblieben sind hier wie dort große Mengen Kohle und etwas Eisen.

Bis gegen Ende der vierziger Jahre exportierten die USA mehr Rohstoffe als sie einführten. 1970 mußten bereits 4 Mrd. Dollar für Rohstoffimporte bezahlt werden.[8] Dazu gehörte der gesamte Bedarf an Chrom, Niob, Glimmer, Tantal und Zinn; über 90% des Bedarfs an Aluminium, Antimon, Kobalt, Mangan und Platin; mehr als die Hälfte von Asbest, Beryllium, Kadmium, Flußspat, Nickel und Zink; mehr als ein Drittel an Eisenerz, Blei und Quecksilber. Mesarović und Pestel haben errechnet, daß die USA im Jahre 2000 bei den Stahlveredlern 80% und bei den Nichteisenmetallen 70% werden einführen müssen,[9] sie verraten aber nicht: woher? Da die Amerikaner einen so hohen privaten Wohlstand erreicht haben wie sonst kein Land, stehen sie nun vor den allergrößten Schwierigkeiten. Diese ergeben sich geradewegs aus ihren Erfolgen. Sie müßten angesichts der Planetarischen Wende ihren Bürgern den Wohlstand radikal entziehen, wenn sie noch längere Zeit im internationalen Rennen bleiben wollen. Das wird wahrscheinlich nicht durchsetzbar sein. Zunächst werden darum die Vereinigten Staaten als Aufkäufer in der ganzen Welt auftreten und dabei mit Europa und Japan in immer stärkere Konkurrenz geraten.

Das bedeutet weiterhin, daß die USA eine angestrengte und waghalsige Außen- und Wirtschaftspolitik führen müssen, um sich den größtmöglichen Anteil der Ressourcen der gesamten westlichen Welt während der nächsten Jahre zu sichern. Es könnte leicht sein, daß ihnen das nur teilweise gelingt. Wenn dagegen die Sowjetunion die wenigen Quellen in den Warschauer-Pakt-Staaten samt der dortigen Bevölkerung verliert, dann verbessert sich ihre Vorratslage sogar noch; denn diese dicht besiedelten Länder benötigen mehr, als sie selbst haben!

Die Vereinigten Staaten werden also in allergrößte Bedrängnis kommen. Sie können nicht gleichzeitig ihren hohen Rüstungsstandard und

324

den hohen Lebensstandard ihrer Bevölkerung aufrechterhalten. Um überhaupt noch einigermaßen mithalten zu können, werden sie ihre Lebensmittelüberschüsse rücksichtslos als Tauschobjekt gegen Rohstoffe verwenden müssen. Aber so sehr viele Rohstoffe hat die Dritte Welt gar nicht zu bieten. Wenn man von einem steigenden Eigenverbrauch ausgeht, ist es sogar wenig. Die Folge wird sein, daß für Europa und Japan fast nichts übrigbleibt.

Die drei Welten

Die folgende Tabelle (s. nächste Seite) zeigt die Verteilung der Grundstoff-Vorräte auf die »drei Welten«: Industrieländer, Entwicklungsländer und Sozialistische Länder. Wenn auch die endgültig nutzbaren Vorräte noch nicht feststehen und sich daher vergrößern werden, so kann man doch davon ausgehen, daß weitere Lager ganz überwiegend an den Stellen der Erde gefunden werden, wo solche Vorkommen bereits bekannt sind. Darum sind große Verschiebungen zwischen den drei Blöcken nicht zu erwarten. Wir haben in der folgenden graphischen Darstellung innerhalb der drei Hauptgruppen auch die Aufteilung auf die einzelnen Regionen (nach der Einteilung von Mesarović und Pestel) berücksichtigt.[10] Die geringste Genauigkeit besteht naturgemäß bei China. Auch bei der Sowjetunion gibt es noch Lücken, aber diese werden an dem Gesamtbild wenig ändern.[11]

Vergleicht man die regionale Verteilung der Rohstoffe mit der Verteilung der Bevölkerung, dann fällt auf, daß der schwache mittlere Block die größten Menschenmassen zu versorgen hat. Nimmt man Lateinamerika und die arabischen Länder dort noch heraus, dann wird das Grundstoff/Mensch-Verhältnis für die übrigen 1,5 Mrd. Afrikaner und Südasiaten geradezu grotesk. Aber die Lage Japans ist sogar noch viel schlechter.

Ein anderes Bild ergibt sich, wenn man vom Grundstoff/Verbrauchs-Verhältnis ausgeht. Dann liegt Japan wieder am ungünstigsten, gefolgt von Europa. Denn angesichts des hohen Verbrauchs der Europäer sind ihre eigenen Vorräte sehr schwach. Das bedeutet, daß diese beiden wirtschaftlichen Großmächte keine Basis haben. Ihre Abhängigkeit ist so riesig, daß sie zu einer eigenständigen Politik nicht mehr in der Lage sind. Und selbst dieser Stand verschlechtert sich von Jahr zu Jahr, weil der hohe Verbrauch die letzten Eigenbestände schnell aufzehrt.

Verteilung der Grundstoff-Vorräte der Welt nach Anteilen in % der bekannten Gesamtmenge (= 100%)

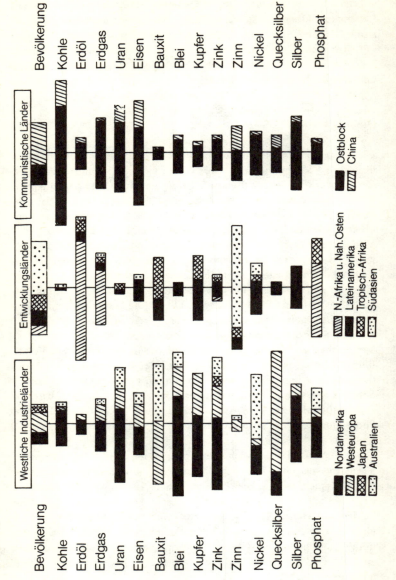

Das Ergebnis ist, daß nur drei Großmächte soweit mit allem versehen sind, daß sie eine unabhängige Politik treiben können: USA, Sowjetunion und China. Aber auch da gibt es schon riesige Unterschiede. Zunächst fällt auf, daß die beiden kommunistischen Mächte einen gewaltigen Rohstoffblock für sich haben. Dieser ist jedoch höchst ungleich verteilt, wenn man den Anteil der 800 Mill. Chinesen mit dem der 360 Mill. des Ostblocks vergleicht. Selbst wenn man bei China noch die Entdeckung riesiger Lagerstätten unterstellt, bleibt es bei seiner Bevölkerungszahl benachteiligt. Es kann bei hoher Verteidigungsbereitschaft diesen Nachteil nur durch äußerste Einschränkung des Privatverbrauchs wettmachen, wenn es langfristig Politik treiben will.

Geschlossene und offene Systeme

Die Sowjetunion und China bilden heute zwei in sich abgeschlossene Wirtschaftsräume mit minimalen Außenbeziehungen. Wie die Tabelle der Rohstoffverteilung zeigt, besteht keine Not für sie, daran etwas zu ändern. Das ganze Gerede von der »Einen Welt«, die aufeinander angewiesen sei, kann den beiden kommunistischen Großmächten nur ein Lächeln entlocken. Der Ostblock (Sowjetunion und Warschauer-Pakt-Staaten) hatte sich von Anfang an auf allen Gebieten abgesondert und Rotchina zunächst noch mehr. Beide Großmächte sind fast völlig autark und wollen es auch bleiben. Damit haben rund 30% (1150 Mill. = 1973) der derzeitigen Weltbevölkerung mit 26% der Erdoberfläche eine Sonderstellung inne. Da sich die Bevölkerung in der Sowjetunion und in China nur noch wenig vermehrt[12], bestehen auch von daher keine unlösbaren Probleme.

Während die Grenzen der kommunistischen Länder weitestgehend geschlossen sind, stehen die der westlichen Länder offen, wie auch die fast aller Entwicklungsländer. Die natürliche Folge davon ist, daß hier ein Geflecht von Verbindungen besteht, das von der wirtschaftlichen Kooperation (zum großen Teil noch aus der Kolonialzeit) über den

Quellen: Commodity Data Summaries, 1974 u. 1975, U.S. Bureau of Mines, Washington, D.C.; Jahrbuch für Bergbau, Energie, Mineralöl u. Chemie 1974, Verlag Glückauf, Essen; Studie über: »Angebot und Nachfrage mineralischer Rohstoffe«, Band V, Zink, hrsg. von DIW, Berlin, und Bundesanstalt für Geowissenschaft, Hannover 1974; Zeitschrift »Uranium«, Ressources, Production, and Demand, OECD, Paris, August 1973; OELDORADO 74, ESSO AG, Hamburg.

Handel und Verkehr (Tourismus) bis zur immer noch unterhaltenen christlichen Mission reicht. In den letzten Jahren wurden die Industrieländer von den Rohstofflieferungen der Entwicklungsländer immer abhängiger, und von diesen wiederum einige von den Nahrungsmittellieferungen einzelner Industrieländer.

Solch gegenseitige Abhängigkeitsverhältnisse gibt es zwischen den kommunistischen Ländern und der Dritten Welt nicht;[13] Handels- und Hilfsverträge haben geringen Umfang und werden meist nur sporadisch abgeschlossen. Die Exporte der kommunistischen Länder in die übrige Welt betrugen 4% des Welthandels im Jahre 1950 und 1970 nur noch 3,9%. Die Exporte der Entwicklungsländer nach den kommunistischen Ländern gingen in der gleichen Zeit von 2,2 auf 0,9% zurück.[14] Die sowjetische Entwicklungshilfe ging (in $) von 1,8 Mrd. 1971 ebenfalls auf 1,5 Milliarden 1973 zurück. Dem standen fast 13 Mrd. des Westens im Jahre 1973 gegenüber. Will der Osten die Entwicklungsländer entwickeln? Nein! Soweit die Sowjetunion Entwicklungshilfe betreibt, tut sie das von Anfang an unter dem Aspekt ihrer langfristigen machtpolitischen Interessen.[15]

All das bedeutet, daß die aufkommenden Krisen und die drohenden Katastrophen ausschließlich eine Angelegenheit der nichtkommunistischen Welt sind und sein werden. Die östlichen Länder werden davon faktisch nicht berührt. Wenn sie nicht wollen, dann berichtet bei ihnen nicht einmal eine Zeitung darüber. Der Osten kann es sich leisten, alle Vorgänge im Westen ausschließlich nach politischen Gesichtspunkten zu behandeln. Und dabei ist er völlig frei, er braucht keine Rücksicht auf wirtschaftliche und humanitäre Verflechtungen zu nehmen, da solche nur in sehr geringem Ausmaß existieren. Die kommunistischen Länder können die ganze übrige Welt in ihrem eigenen Saft schmoren lassen, ohne selbst betroffen zu sein.

Die westlichen Industrienationen aber und besonders die USA müssen weltweit agieren, während sich die Sowjetunion und China nicht von der Stelle zu bewegen brauchen. Damit hat der Westen auch alle Schrecken der Bevölkerungsexplosion in der Dritten Welt durchzustehen. Die Nordamerikaner haben hier allerdings ein Faustpfand in der Hand: ihre Nahrungsmittelüberschüsse. Diese werden aber künftig nur noch dazu ausreichen, die dringend benötigten Rohstoffimporte der USA zu kompensieren. Wer keine Rohstoffe hat, wird keine Nahrungsmittel mehr bekommen können.

Auch die anderen westlichen Industriestaaten können sich nicht aus den weltweiten Verflechtungen lösen, weil sie eben ohne die Rohstoffe der Entwicklungsländer nicht mehr wirtschaften können. Nur haben sie leider selbst nichts zu bieten außer hochwertigen Produktionsstätten und hochqualifizierten Arbeitskräften, die auf Rohstoffe warten. In den nächsten Jahrzehnten werden aber Arbeitskraft und Wissen viel weniger Wert haben als bisher. Das bedeutet auch, daß kaum ein Staat der Welt künftig noch daran interessiert sein wird, die Hoheit über fremde Bevölkerungen zu erlangen, die auf ihrem Territorium nichts zu bieten haben als Menschen. Arbeitskräfte werden manchmal die wertloseste Ware sein. Man wird Menschen nur als unerwünschte Verbraucher betrachten, lediglich geeignet, die eigenen Rationen zu schmälern. Und hohe Produktionskapazitäten mit dem dazugehörigen Wissen werden ebenfalls nicht gefragt sein.

Die kommunistischen Staaten werden dem Konflikt zwischen Rohstofflieferanten und Verbrauchern gelassen zusehen können. Dies war schon in der Ölkrise der Fall. Sie werden aber bei jeder Gelegenheit die westlichen Industrieländer für die Hungersnöte verantwortlich machen; diese haben ja auch selbst dauernd verkündet, daß sie sich für die ganze Welt verantwortlich fühlen. Die Sowjetunion ist da ganz fein heraus; sie verkündet nur, daß das Gesellschaftssystem revolutioniert werden muß – ob das die Rettung brächte, braucht sie glücklicherweise nicht zu beweisen. Für die Eingeborenen Afrikas, Indiens oder Südamerikas sind die Sowjetunion und China so fern wie das Paradies. Mit den Europäern und den Yankees hatten sie dagegen immer zu tun, und Verflechtungen schaffen Reibungen. Insbesondere müssen sich die alten Industrieländer auch »des gefährlichen Unmuts bewußt sein, der auftreten kann, wenn eine Rohstoff liefernde Nation feststellt, daß sie buchstäblich ihr industrielles Potential für ein Butterbrot verschenkt hat«.[16] Die kommunistischen Staaten haben da den großen Vorteil«, daß sie nicht in die Schußlinie dieses Unmuts geraten können, da sie fast nichts beziehen.

Die Sowjetunion ist für die armen Länder dennoch sehr wichtig. Im Schatten ihrer militärischen Macht sind sie vor gewaltsamen Aktionen der westlichen Industrieländer gesichert. Das zeigte sich besonders in der Ölkrise 1973. Nur weil die Araber sicher waren, daß eine westliche Invasion sofort sowjetische Gegenaktionen auslösen würde, konnten sie selbstherrlich handeln. Immerhin haben damals einige amerikanische Regierungsmitglieder an ein militärisches Eingreifen laut gedacht. Und der amerikanische Außenminister Henry Kissinger hat dann um die Jahreswende 1974/75 eine deutliche Warnung ausgesprochen, obwohl eine Existenzkrise für die Vereinigten Staaten noch nicht

329

vorliegt. Geographisch sind allerdings die Verhältnisse für die Araber besonders günstig, da Vorderasien unmittelbar an den Machtbereich der Sowjetunion grenzt (was andererseits auch gefährlich ist) und diese allergrößtes Interesse daran haben muß, das Öl, wenn es schon nicht in eigene Hand gebracht werden kann, zumindest nicht völlig dem Gegner zu überlassen.

Der Zweikampf

Global betrachtet, ist die Welt nicht nur politisch, sondern auch wirtschaftlich zweigeteilt, wobei der kommunistische Teil aus zwei völlig unabhängigen Mächten besteht. (China kann in unserer Betrachtung zunächst ausgeklammert werden, da es machtmäßig noch nicht sehr in die Weltpolitik eingreift und erklärt, dies auch nicht tun zu wollen.) Dagegen kann die gesamte übrige, die nichtsozialistische Welt zusammengefaßt werden, auch wenn der Mittelblock in Teilen ein Operationsfeld der Großmächte ist. Die sogenannte »westliche Welt« bildet einen Wirtschaftsblock, der 2,8 Milliarden Menschen zu versorgen hat, dem der Ostblock (darunter verstehen wir immer die Sowjetunion und ihre europäischen Verbündeten) mit 360 Millionen gegenübersteht. Damit stellt sich das Verhältnis der Bevölkerungen dieser zwei Blöcke auf 8:1. Das Verhältnis der Bodenschätze beträgt für den Westen jedoch bestenfalls nur 3:1. Das bedeutet, daß einem Ostblockbewohner fast dreimal soviel Grundstoffvorräte zur Verfügung stehen wie dem westlichen Bürger. Nun aber kommt wiederum der Zeitfaktor hinzu. Im Ostblock wird es einen jährlichen Zuwachs der Bevölkerung von weniger als 1% geben, im westlichen Bereich jedoch einen über 2% (infolge der sehr hohen Vermehrung der 2 Milliarden Menschen in den Entwicklungsländern). Noch stärker fällt jedoch ins Gewicht, daß der Westen von den meisten Grundstoffen das Mehrfache dessen verbraucht wie der Ostblock. Das bedeutet, daß die westliche Welt ihre Bodenschätze auch dann viel schneller aufzehrt – selbst wenn man die in den nächsten 35 Jahren zu erwartende Bevölkerungsverdoppelung noch gar nicht berücksichtigt oder unterstellt, daß die Entwicklungsländer ihren Verbrauch gar nicht steigern werden.

Vergleichen wir zunächst die Entwicklung der Sowjetunion und der USA. Für beide liegen verläßliche Daten vor. Die Bevölkerungen und Rüstungen der USA und der Sowjetunion sind fast gleich stark. Die Nordamerikaner verbrauchen aber pro Kopf der Bevölkerung 2,5mal soviel Energie und von den meisten Rohstoffen zwei- bis dreimal soviel wie die Sowjetbürger. Schon wenn beide gleichviel Grundstoffe in ihrem Land hätten, wäre es ein reines Rechenexempel, wieviel länger die Sowjetunion damit reichen würde. Denn bei gleichem Gesamtaufwand für die Rüstung »verzehrt« jeder Bürger privat in den USA etwa dreimal soviel wie der Bürger der Sowjetunion. Nun ist aber sogar noch der gegenwärtige Bestand, von dem auszugehen ist, ungleich. Demnach käme es unter der Voraussetzung, daß die Verbrauchsraten von 1973 unverändert bleiben, zu folgender Entwicklung bei den wichtigsten Grundstoffen:

	USA			UdSSR		
	Vor-räte[a]	Jahres-ver-brauch[c] (1973)	Lebens-dauer	Vor-räte[b]	Jahres-ver-brauch[c] (1973)	Lebens-dauer
	Mill. t	Mill. t	Jahre	Mill. t	Mill. t	Jahre
Steinkohle	1 100 000	500	2 200	4 121 603	483	8 550
Braunkohle	406 000	13	—[h]	1 406 380	158	8 900
Erdöl	4 678	623	7	14 106	318	44
Erdgas Mrd m^3	7 003	664	10	20 824	231	90
Uran[d]	1,169	0,0102	114[i]	0,960	?	?
Phosphat	2 723	4,6	592	1 452	2,6	560
Eisen[e]	9 000	91,6	10	110 000	95,9	1 140
Aluminium[f]	36	5,1	7	320	1,5	206
Blei	51	1,1	46	17	0,5	31
Kupfer	75	2,1	35	32	1,1	29
Zink	32	1,4	23	25	0,6	41
Zinn	0,0050	0,0590	0	0,1905	0,017	11
Nickel	0,1800	0,1840	0	9	0,097	93
Quecksilber	0,0131	0,0018	7	0,0104	0,0015[g]	7
Silber	0,0404	0,0058	7	?	?	?

Quellen: a) Jahrbuch für Bergbau, Energie, Mineralöl, Chemie 1974 (Stand 1973) Commodity Data Summaries, Bureau of Mines 1974. b) Bundesanstalt für Geowissenschaften und Rohstoffe, Hannover, Kurzbericht vom Januar 1975. c) Metallstatistik 1963–1973, 61. Jahrgang 1971. Bundesanstalt für Geowissenschaften und Rohstoffe, 1973.

Erläuterung: d) Uran in Uran-Metall ausgewiesen. Vorräte bis 15 $ Kosten je Lb U_3O_8 nach Angaben der Bundesanstalt für Geowissenschaften und Rohstoffe (März 1975). Verbrauch aus US Ministery of Interier (1974). e) Eisen-Vorräte als Eisenerz (ca. 50% Fe-Gehalt). f) Aluminium-Vorräte als Bauxit (ca. 53% Al_2O_3) ausgewiesen. g) geschätzt. h) Braunkohle wird offensichlich sehr wenig genutzt, darum ist eine Umrechnung auf die Lebensdauer wenig sinnvoll. i) Die Lebensdauer von 114 Jahren hat kaum Aussagewert, da sie auf der Basis der geringen Verbrauchsrate des Jahres 1973 errechnet werden mußte. Nirgends sind die Steigerungsraten so gewaltig wie bei Uran.

Aus den Zahlen ergibt sich, daß es für die Vereinigten Staaten eine Existenzfrage ist, ob sie aus der übrigen Welt große Mengen von Rohstoffen einführen können oder nicht. Dabei stoßen sie aber auf die Konkurrenz großer Industrieländer, für die der Import von Grundstoffen eine Frage von Tod oder Leben ist. Je höher die westlichen Länder insgesamt ihren Lebensstandard halten wollen, um so hoffnungsloser wird ihre Situation, um so größer der Vorsprung der Sowjetunion.

Wenn die Sowjetunion sich Zeit läßt, dann naht bald der Punkt, an dem die Vereinigten Staaten am Ende ihrer Grundstoffe sein und zu einer zweitrangigen Macht absinken werden. Es kommt nur darauf an, ob die Sowjetunion im Stande ist, den privaten Verbrauch ihrer Bürger anzuhalten. Schon heute dürfte feststehen: den Wettstreit um Butter und Kühlschränke hat die Sowjetunion verloren, den Kampf um die länger reichenden Grundstoffe aber hat sie gewonnen. Es gibt auch Anzeichen dafür, daß die Sowjetunion bewußt darauf hinsteuert.[16a]

Wir können aus diesen Untersuchungen eine höchst bedeutungsvolle und entscheidende Feststellung ableiten: Den entscheidenden strategischen Vorteil werden die Völker haben, denen es gelingt, ihre Vorräte so lange wie möglich zu strecken und ihren Lebensstandard einzuschränken! Dies ist bei der Sowjetunion heute bereits der Fall. Und China könnte daraufhin in Zukunft noch größere Chancen haben, wenn nicht die riesigen Menschenmassen Chinas dabei eher von Nachteil denn von Vorteil sein werden. Wenn es aber gelingt, diese auf einem einfachen Lebensstandard zu halten, und wenn sich die Bodenschätze als reichhaltig erweisen, dann ist China künftig unschlagbar.

Man sieht, die Gesichtspunkte nach der Planetarischen Wende verändern das Weltbild radikal. Die neuen Erkenntnisse sind von explosiver Tragweite. Wenn es in der Weltgeschichte nicht schon immer so war: diesmal werden mit Sicherheit die mageren Völker die fetten besiegen. Es scheint, daß die Amerikaner die neue Lage zu begreifen beginnen, daß ihre Vorstellungswelt jetzt zusammenbricht.

Von diesen Vorteilen für die kommunistische Welt konnte Karl Marx nichts ahnen. Und es ist noch fraglich, ob die heutigen sowjetischen Funktionäre sie schon voll erkannt haben. Der Vorsprung der Sowjetunion hat sich nicht aus der Ideologie, sondern ganz einfach aus der geographischen Lage und riesigen Ausdehnung des Landes ergeben, aus seinem Reichtum an Bodenschätzen, die überdies infolge des später aufgenommenen Marsches in die Industrialisierung noch in größerem Umfang bewahrt worden sind. Um die Ironie voll zu machen, könnte man auch sagen: infolge der Weisheit der Zaren, die nicht versäumten, das ganze nördliche Asien bis zum Stillen Ozean zu erobern. Es gibt nichts Kurioseres als die Weltgeschichte; aber noch kurioser ist ihre Deutung: Die Kommunisten werden wahrscheinlich auch in 50 Jahren ihre Überlegenheit als das Ergebnis der marxistischen Lehre feiern.

Den am weitesten vorausschauenden Erkenntnisstand haben in dieser Richtung allem Anschein nach die Chinesen. Enzensberger führt dazu aus: »Der sparsame Umgang mit den Ressourcen der Natur ist ein wesentlicher Bestandteil der chinesischen Kultur. Diese jahrtausendealte Tradition ist nach dem Sieg der Revolution nicht unterbrochen, sondern auf den Begriff gebracht worden. Wenn man die Politik der chinesischen Führung unter diesem Gesichtspunkt analysiert, kommt man zu dem Schluß, daß sie sich der ökologischen Problematik vollkommen bewußt ist und daß sie, als einzige Regierung der Welt, nicht nur mit ihr rechnet, sondern konsequente Strategien zur Verhinderung der Katastrophe entwickelt hat. Eine Losung Mao Tse-tungs, die Anfang 1973 ausgegeben wurde (und die übrigens eine fast wörtliche Replik auf eine Weisung des Führers der ›Roten Bauernarmee‹, Tschu Juan-tschang, aus dem vierzehnten Jahrhundert ist), läßt dieses Zielbewußtsein klar erkennen: ›Baut tiefe Tunnel, schafft Vorräte an Getreide und geratet niemals in Versuchung, Hegemonie anzustreben.‹ Der letzte Teil des Satzes hat die entschiedene Ablehnung jeder Großmachtpolitik zum Inhalt. Dem entspricht die Unabhängigkeit vom Weltmarkt, an der China festhält. Die Größe des Landes und sein Reichtum an Rohstoffen, die nur sehr vorsichtig ausgebeutet werden, machen es autark. Die Landwirtschaft hat eine breite Basis, sie ist nur ansatzweise industrialisiert und kann im Notfall ohne Nachschub von technologischen und chemischen Produkten aus den Ballungsräumen funktionieren. Die hochgezüchteten Sektoren der chinesischen Industrie sind zwar sehr leistungsfähig, aber ihr relatives Gewicht in der Gesamtökonomie ist ebenso gering wie ihr Rohstoffbedarf. Die Massenfertigung beschränkt sich auf Güter einer intermediären Technologie, wie Fahrräder oder Nähmaschinen, die auch in kritischen Situationen brauchbar sind und die Anfälligkeit der Gesellschaft bei Versorgungsengpässen eher vermindern als erhöhen. Ein entscheidender Vorteil ist die durchgehende Dezentralisierung der Ökonomie, die ein autonomes Überleben auch bei akuter Bedrohung der Zentren des Landes sichert.«[17] Auch nach der forcierten Industrialisierung der letzten Jahre leben noch 70% der Chinesen, das sind 560 Mill. Menschen, von der Landwirtschaft.

Ob diese Entwicklung in den kommunistischen Staaten nun gewollt ist oder nicht: Sie haben noch unausgebeutete – und sehr wahrscheinlich auch noch unentdeckte – Reserven im Boden und damit einen entscheidenden Vorteil. Sie haben den weiteren Vorteil, daß ihre Menschen noch an ein weniger anspruchsvolles Leben gewöhnt sind (in China stärker als in der Sowjetunion), so daß der Privatverbrauch weiter gedrosselt gehalten werden kann. Und sie haben den dritten Vorteil, daß sich mit Ausnahme der Großstadtbevölkerungen noch große Teile ihrer Völker ohne fremde Güter und ohne fremdes Wissen am Leben erhalten können (ebenfalls in China stärker als in der Sowjetunion).

Die übrigen Industrieländer

Genauso eindeutig, wie sich damit Geographie und Geschichte zugunsten der Sowjetunion – und evtl. auch Chinas – auswirken, wirken sie zum Nachteil der westlichen Demokratien. Diese sind arm dran. Was die Europäer hatten, haben sie schon in den letzten zwei Jahrhunderten zum größten Teil aufgebraucht. Aber sie haben noch nie so viel »gebraucht« wie heute, wo sie den größten Teil einführen müssen.
Die Abhängigkeit der neun EG-Länder erreicht bei den Grundstoffen folgende Ausmaße (die wiederverwendeten Anteile sind dabei schon abgezogen):

Erdöl	95%	Eisen	75%	Kobalt	100%
Erdgas	5%	Kupfer	65%	Zinn	86%
Kohle	7%	Bauxit	57%	Magnesium	80%
Uran	75%	Wolfram	95%	Mangan	100%

Quelle: Mitteilung der Europäischen Gemeinschaft: Uran, Vorräte und Versorgungsanlagen von 1962–1980 o. J.

Phosphat hat lediglich das nicht zur EG gehörende Spanien in seinem verbliebenen nordafrikanischen Teil (1,5 Mrd. Tonnen). Die EG ist darin zu 99% abhängig. Eine weitere brutale Ironie der Weltgeschichte: Ausgerechnet jetzt will Spanien diesen Besitz aufgeben – wie im Juli 1975 berichtet wurde.
Die Nahrungsmittelproduktion der EG führte im Jahre 1972 zu einer Eigendeckung von 83%.
Im übrigen hat Europa den Nachteil, daß es auch sonst nichts zu bieten

334

hat, was in der Welt von morgen gefragt sein wird. Es hat fast keine Rohstoffe und an Energie nur Kohle, Erdgas und ein wenig Wasserkraft sowie etwas Uran in Frankreich. Selbst wenn der Nordseeboden viel mehr Erdöl enthält als bisher angenommen, dann wird dieses in wenigen Jahren aufgebraucht sein. Vor völliger industrieller Belanglosigkeit kann Europa nur durch die Kohle bewahrt werden. Dies ändert aber wenig daran, daß einige 10 Millionen Arbeitsplätze wegfallen werden.

Vor alledem schließt Europa noch die Augen. Europa ist heute ein winzig kleiner, ökologisch allerdings begünstigter Kontinent, der nach großen Kulturleistungen den letzten Rest seines früher beträchtlichen Erbes an Bodenschätzen forciert verpraßt.

Darum wird Europa in der künftigen Weltpolitik nur noch als unberechenbarer Störfaktor in Erscheinung treten. Nicht etwa wegen seiner Macht, sondern wegen der unaufhörlichen Zusammenbrüche und Unruhen, die sich hier ereignen werden. Eine Großmacht wird kaum daran interessiert sein, sich dieses volkreiche Krisengebiet einzuverleiben, weil das auf jeden Fall eine schwere Belastung für sie selbst bringen würde. Am ehesten könnte die Sowjetunion interessiert sein, durch Einbeziehung Europas oder von Teilen ihr Machtpotential zu verstärken; weil allein sie, aufgrund ihrer Rohstoffvorräte, den alten Erdteil noch mit durchziehen könnte – zumal ihre eigene Bevölkerung nur noch wenig wächst. Eine Belastung bliebe es dennoch, und die Sowjetunion könnte das alte Europa spüren lassen, daß sie ihm nur aus Gnade aus den ärgsten Schwierigkeiten helfe.

Es ist ein schwacher Trost für Europa, daß es den Japanern noch schlimmer ergehen wird. Wenn die Europäer schon wenig Rohstoffe und Energien haben, die Japaner haben so gut wie gar keine. Sie importieren außerdem noch große Mengen von Getreide.[18] Sie haben ihr Land in einem Wahnsinnstempo industrialisiert, ohne alle Eigenbestände, ohne Voraussicht, nur in dem absoluten Glauben an die alleinseligmachende Technik. Sie werden nicht die Entwicklung zum »Superstaat« nehmen, die Herman Kahn ihnen noch 1972 prophezeit hat.[19] Sie werden in wenigen Jahren als erste Industrienation vor dem Ruin stehen. Sie werden aber in ihrer Not auch immer die ersten sein (müssen), die jeden Versuch von Solidarität der westlichen Industrieländer durchbrechen. Dafür bot die Erdöl-Diplomatie schon ein Beispiel. Die Japaner werden jeden hohen Rohstoffpreis noch überbieten und noch härter und billiger arbeiten, als sie das jemals taten – und das will etwas heißen. Sie sind aber auch unter den ersten, die ihre

335

Kinderzahl radikal einschränken. Eine Erleichterung für Japan könnte darin bestehen, daß es mit China eine wirtschaftliche Gemeinsamkeit entwickelt; aber die Bedingungen dafür wird China diktieren. Dieses politische Ende könnte von der Bevölkerung dem physischen vorgezogen werden.

In der relativ günstigsten Situation auf diesem Planeten wird sich das von Mesarović und Pestel zur Region 4 zusammengefaßte Gebiet Südafrika und Australien befinden. Beide Länder zeigen eine beträchtliche Übereinstimmung – mit einem gewaltigen Unterschied. Die Südafrikanische Republik schwebt in der Gefahr, von der schwarzen Bevölkerungslawine Afrikas erdrückt zu werden. Darum ist allein Australien das Land der westlichen Welt, welches noch eine verhältnismäßig gut gesicherte Zukunft vor sich hat. Seine geringe Einwohnerzahl von 12 Millionen bietet keine Schwierigkeiten, die Bodenschätze sind sehr vielfältig und erreichen große Ausmaße. Der Nahrungsüberschuß gewährleistet jederzeit die Einfuhr aller fehlenden Grundstoffe. Sicherheitspolitisch bietet sich für beide ein enges Zusammengehen mit den USA an. Darum haben diese die größte Aussicht, alle Überschüsse dieser Länder als Gegenleistung kaufen zu dürfen.

Die Dritte Welt

Wir hatten schon dargestellt, daß die »drei Welten« im Grunde nur aus zwei Welten bestehen. Die sogenannte Dritte Welt ist das Operationsfeld der Großmächte, wobei Europa und Japan nicht mithalten können. Das Ringen um Einflußsphären in der Dritten Welt ist seit dem II. Weltkrieg im Gange. Es wird sich immer stärker zu einer Auseinandersetzung um Nahrungsmittel und Bodenschätze entwickeln. Diese Art der langwierigen und zähen Stellungskämpfe wird in den nächsten Jahren die politische Entwicklung der Welt beherrschen. Alle Völker, die noch Rohstoffe besitzen, werden diese sehr teuer verkaufen, und die Industrieländer werden jeden Preis zahlen müssen. Aber auch die Nahrungsmittel werden heute noch nicht geahnte Preise erzielen, zu denen sich dann die weitesten Transportwege lohnen. Die Preise werden schon darum in die Höhe schnellen, weil es nur noch zwei Regionen in der Welt gibt, die bedeutende Überschüsse produzieren: Nordamerika und Australien. Dagegen wächst die Zahl der Länder, die Nahrungsdefizite haben, ständig. Darum werden sich die Nahrungsüberschüsse zu einem Machtfaktor allerersten Ranges entwikkeln. Ein Land, das darüber verfügt, wird im Tausch für Nahrungsmittel selbst dann noch Rohstoffe bekommen, wenn andere schon längst nichts mehr erhalten können. Dies wird schon in den nächsten Jahren das beste Mittel der USA sein, das sie in der Hand haben, um ihre angeschlagene Machtposition zu verbessern.

Die kleineren Mächte werden stets nach Mitteln und Wegen suchen, die ihnen noch etwas Unabhängigkeit lassen. Sie werden aber in vielen Fällen nicht darum herumkommen, sich unter den Schutz einer Großmacht zu begeben. Es wäre auch konsequent, wenn sie sich um China scharten; denn von China haben sie so schnell nichts zu befürchten – allerdings zur Zeit auch noch keine tatkräftige Hilfe zu erwarten. China betreibt bewußt eine Politik, sich als Partner der zu kurz gekommenen Staaten anheischig zu machen, um deren Interessen zu vertreten.

Gegenwärtig wird die vierte Großmacht der Erde von den arabischen Ölstaaten gebildet. Und es ist in der Tat eine ganz respektable Macht, die in keiner Kalkulation mehr fehlen darf. Wenn dieses Potential in die Hände der Sowjetunion geriete, dann würde sie von da an de facto die Welt beherrschen. Wir unterstellen aber, daß die Araber und die Perser mit Hilfe der USA ihre unabhängige Stellung so lange behaupten können, wie ihr Öl reicht.

Die Überlegungen in einzelnen Industriestaaten, evtl. mit Gewalt die schnellstmögliche Ausbeutung der Grundstoffquellen zu betreiben, mutet nicht aus militärischen, sondern aus planetarischen Gründen wahnwitzig an. Wenn wir den Vergleich mit der belagerten mittelalterlichen Stadt wieder aufnehmen, dann handelt es sich hier um Truppenteile, die – mit der Rationierung unzufrieden – das Magazin der Stadt stürmen wollen, um die noch vorhandene Fourage unter sich aufzuteilen, damit sie sich vor dem Untergang noch ein paar fröhliche Tage machen können.

Wie sieht aber die eigene Entwicklung der Erdölländer längerfristig aus? Ihre Lage ist längst nicht so beneidenswert, wie das heute erscheint. Außer Öl besitzen sie fast nichts als Wüstensand, den sie wahrscheinlich jetzt im Vertrauen auf ihren Reichtum unmäßig bevölkern werden. In einigen Jahrzehnten aber geht ihr Öl zur Neige. Dann werden sie riesige Gesellschaftsanteile in den Industriestaaten besitzen oder Industrien auf eigenem Boden, wahrscheinlich beides. Das heißt aber auch, daß sie dann für diese Industrien weder eigene Rohstoffe noch Nahrungsmittel für die eigene Bevölkerung haben werden. Ihre

337

auswärtigen Gesellschaftsanteile könnten aus den gleichen Gründen fast wertlos geworden sein – oder sie müssen befürchten, daß die jeweiligen Territorialmächte dann das gleiche tun wie heute die Araber und erklären: Was sich auf unserem Boden befindet, gehört uns!

Darum ist für die Wüstenländer der Reichtum historisch gesehen nur ein Strohfeuer mit noch lebensgefährlicheren Folgen für diese Völker, als sie jetzt den Europäern und Japanern drohen. Den Arabern kann es so gehen wie den Japanern: wenn das wirtschaftliche Imperium aufgebaut ist, bricht es mangels Ressourcen zusammen. Der fruchtbare Boden allein ist und bleibt der größte Schatz, der auf diesem Planeten zu finden ist. Die Chance, eine einigermaßen stabile Wirtschaft mit der entsprechenden Landwirtschaft im eigenen Land aufzubauen, hat von den Ölländern wohl nur Persien. Es scheint gesonnen, ein gemischt-wirtschaftliches Staatswesen aufzubauen, womit auch seine Zukunft besser als die anderer Länder gesichert wäre. Die Wüstenstaaten bis hin zum Atlantik haben nur eine reale Möglichkeit, für die Zukunft zu sorgen, und die heißt: so wenig Öl wie nur möglich fördern, damit es sehr lange reicht, und mit dem Erlös, so ausgedehnt wie irgend möglich, landwirtschaftlich nutzbare Flächen zu schaffen. Vielleicht wird sich Marokko langfristig in einer besseren Position befinden als die Erdölländer. Denn seine Phosphatvorräte könnten ein noch gefragteres Gut als Erdöl werden.

Der nächste Kontinent, der vor der totalen Ausplünderung steht, ist Südamerika. Sollten die Pläne Brasiliens verwirklicht werden, dann wird das Amazonasbecken in einigen Jahrzehnten eine zweite Wüste Sahara sein. Die Vernichtungskapazität von 100 Millionen Menschen, zu denen Jahr für Jahr 3 Millionen hinzukommen, steht allein in Brasilien bereit. Politisch lassen sich seit jeher für Südamerika schlecht Voraussagen machen; dennoch sind die Grenzen der Staaten bemerkenswert stabil. Was in Südamerika an Bodenschätzen in nächster Zeit noch übrig sein wird, dürfte von den Vereinigten Staaten so oder so mit Beschlag belegt werden.

Es bleibt noch ein Blick auf den »Rest der Welt« zu werfen, auf die rund 1,5 Milliarden, die sich heute, genauso wie Südamerika, am stärksten vermehren und die der herablassenden Anteilnahme der westlichen Welt zur Zeit noch sicher sein können. Diese Völker werden zweimal betrogen. Einmal von der entwickelten Welt, die ihnen die Zivilisation zu bringen versprach, und zum zweiten Mal von ihren eigenen Politikern, soweit sie ihnen das heute noch versprechen.

338

Niemand weiß, wieviel Kinder noch im Vertrauen darauf das Licht der Welt erblicken, während der Hunger sie wieder hinwegraffen wird. Die Schuld des weißen Mannes wird nur gemildert durch den gigantischen Selbstbetrug, dem er selbst unterliegt. (»Daß wir einander erfolgreich belügen, ist natürlich; daß wir uns selber erfolgreich belügen, ist ein Wunder der Natur.«[20]) Wir sprechen von den Ländern Afrikas südlich der Sahara mit Ausnahme von Südafrika, von dem indischen Subkontinent und Südostasien, soweit es nicht kommunistisch ist. Das sind alles Länder ohne Macht. Aber eines werden sie in den nächsten Jahren begreifen: daß sie von dem, was sie in ihrem Lande haben, nichts mehr herausgeben dürfen – es sei denn für lebenswichtige Gegenleistungen. Geld werden sie nur noch ungern nehmen; denn sie werden mißtrauen, wie lange es seinen Wert behält und ob es noch jemand annimmt. Klare Verträge über Lieferung und Gegenlieferung werden ihnen lieber sein. Sie werden diese mit Staaten schließen wollen, zu denen sie Vertrauen haben, nicht mit mehr oder weniger anonymen Gesellschaften.

Reiche Bodenschätze sind von höchstem Wert, auch für einen freundschaftlichen Partner. Ihr Besitz schlägt aber in einen Nachteil um, wenn der Besitzer nicht in der Lage ist, sie zu verteidigen. Dann kann er gerade die Begehrlichkeit einer Großmacht auf sich ziehen oder auch schon die einer stärkeren kleineren Macht. Die Gefahren können sich wiederum neutralisieren, wenn sich zwei Großmächte gegenseitig belauern, so daß keine von beiden die Okkupation wagen kann oder will. Das schließt jedoch nicht aus, daß ein kleineres Land ein anderes besetzt, wenn dieser Vorgang die unmittelbaren Interessen der Großmächte nur wenig berührt (Beispiel Zypern).

Ähnlich wie die Araber werden auch andere fast wehrlose Länder damit rechnen können, daß die Großmächte gerade dann über ihre Souveränität wachen werden, wenn ihre Eroberung eine Ressourcenverschiebung bedeutet. Uninteressant sind dagegen die Habenichtse, die darum am wenigsten zu befürchten haben. Sie können aber auch ihrer eigenen Bevölkerung nichts bieten und werden schon zwangsläufig auf ihrem einfachen Lebensstandard stehenbleiben müssen. Wenn ihre Bevölkerung wächst, werden sie in größte Not geraten. Die nackte Existenznot und innere Umstürze werden zum täglichen Dasein gehören. Denn die Länder werden voll derer sein, die Brot suchen und die plündern. Darum ist die Militärdiktatur dort bereits heute die vorherrschende Regierungsform.

Natürlich ist jede Art von internationaler Zusammenarbeit erstrebenswert und sollte energisch verfolgt werden. Welch geringe Hoffnungen jedoch darauf gesetzt werden können, wurde dargestellt. Kleinere Gruppierungen werden sicherlich effektiver sein, wie etwa die Europäische Gemeinschaft. Diese hat allerdings den großen Nachteil, daß es sich hier um ein Bündnis von gleichartigen Ländern handelt, die zwar modernste Produktionsstätten anzubieten haben, in bezug auf die Grundstoffe jedoch alle mehr oder weniger Habenichtse sind. Übernationale Bindungen sind aber dann am wertvollsten und dauerhaftesten, wenn die Partner sich ergänzen.

Es ist auf jeden Fall ein Fehler, auf die Haltbarkeit internationaler Abmachungen auch in Krisenzeiten zu vertrauen, wenn sie nicht im Interesse der Partner liegen. Darum werden zweiseitige Verträge, besonders zwischen Industrie- und Entwicklungsländern, von denen beide Seiten ihren Nutzen haben, und die auf einer langjährigen Vertrauensbasis beruhen, stets eine größere Dauerhaftigkeit bieten. Die Vertrauensbasis ergibt sich aus einem langjährigen Funktionieren und daraus, daß der jeweils stärkere Partner nicht stets an die Grenze des Erreichbaren geht, sondern langfristig denkt. Eine solche Politik mit langem Atem kann aber von privatwirtschaftlichen Unternehmungen auf dem freien Markt gar nicht praktiziert werden. Nur Staaten sind in der Lage, kurzfristig »unwirtschaftlich« zu handeln, um dafür die langfristige »Wirtschaftlichkeit« zu gewinnen.

Damit lastet eine neue, ungeheure Verantwortung auf den Staatsführungen, von denen viele noch nicht begreifen wollen, daß sie sich ihr zu stellen haben.

Schluß

> *Das eigene Verhalten auf die natürlichen Prozesse abzustellen, von denen wir alle abhängen, ist in der Tat der entscheidende Punkt der zukünftigen Entwicklung der Menschheit.*
>
> *Maurice Strong*

Die vorgelegte Analyse war zu leisten. Sie hatte sich fern der beliebten vordergründigen Klischees zu bewegen, die mit den Worten »Pessimismus« oder »Optimismus« bezeichnet werden; denn das sind nur menschliche Stimmungslagen, bestenfalls Charaktereigenschaften, die in Anbetracht der Naturgesetzlichkeiten völlig gleichgültig sind. Wichtig ist allein die heutige Lage· und deren Überprüfung auf die noch verbleibenden Möglichkeiten. Wir haben versucht, eine Überlebenschance darzustellen, aber zugleich gesagt, daß diese den verwöhnten Menschen allzu mühselig sein dürfte, als daß sie sie annehmen werden.

Bei der Analyse der naturwissenschaftlichen, wirtschaftlichen und politischen Lage der heutigen Welt kamen wir ohne ethische Gesichtspunkte aus. Der Weg, der aus dem Dilemma herausführen könnte, ist dagegen ohne höhere Werte nicht zu finden. Dabei ist klar zu sehen: »Wenn wir zum Abschluß unserer schmerzlichen Bilanz eine neue ethische Orientierung der Menschheit, zumindest ihres aktivsten und aggressivsten Teils, fordern, dann haben wir von der Tatsache auszugehen, daß noch nie die moralischen und ethischen Werte der Zeitgenossen so weit von den objektiven Anforderungen ihrer Epoche entfernt waren wie heute.«[1]

Die Aneignung neuer Werte als Ersatz für den geistlosen Materialismus ist die Aufgabe jedes einzelnen Menschen und des Staates. Wer sollte sonst diese Aufgabe institutionell wahrnehmen, wo doch der Staat alle Schulen und Bildungsstätten in seiner Hand hat? Die überhandnehmende Tendenz der letzten Jahrzehnte war leider die, daß

Die Fußnoten befinden sich am Schluß des Buches, S. 366.

Ausbildung nur noch den Sinn hatte, der Wirtschaft möglichst sachkundige, aber wertneutral programmierte Arbeitskräfte zu liefern, die zu nichts anderem bereit zu sein brauchten als zur Produktionssteigerung.

Das Ethos setzt die Ziele und die zu verteidigenden Werte. Eine Verteidigung lediglich materieller Werte hat es auf die Dauer nie gegeben. Der Materialist wird immer zum Stärkeren überlaufen. Und der Stärkere wird in diesem Punkt die Sowjetunion sein, weil sie schon jetzt bei weitem die meiste Materie besitzt. Wer daher nicht bereit ist, für die Freiheit des Denkens und des Glaubens, der freien Meinungsäußerung und künstlerischen Betätigung, für die Bewahrung der privaten Sphäre und seiner freien Lebensgestaltung – kurz: für irgendeinen ideellen Wert – zu kämpfen, der soll die Auseinandersetzung lieber vermeiden. Vielleicht wird der Marxismus im Osten auch nur am Leben erhalten, damit man dem Volk wenigstens noch einen ideellen Wert vorweisen kann, nachdem die Religion gründlich verdrängt wurde. Die bisher letzte »Religion« der Menschheit – der Kapitalisten wie Kommunisten gleichermaßen anhingen – war der Glaube an den materiellen Fortschritt. Wir erleben gegenwärtig auf Grund der harten Fakten die Auflösung dieses Glaubens und seine Reduzierung auf den Nullpunkt.

Der Entzauberung der materiellen Werte wird zweifellos die Entzauberung aller Ausbeuter dieser Erde folgen. Daraus ergibt sich eine neue Sozialethik. Diese und die daraus folgende praktische Sozialpolitik von Grund auf neu zu entwerfen, ist auf wenigen Seiten nicht möglich. Sicher aber ist, daß der materielle Besitzstand der Menschen auf niedrigerem Niveau in einer bedeutend geringeren Bandbreite variieren wird, als das heute der Fall ist.

Alle Welt wird immer noch nach der – möglichst bequemen – wirtschaftlich-technischen Lösung fragen. Wer kann aber, nach vollendetem Geschehen, hier eine »Lösung« anbieten? Der heutige Turm zu Babel hat eine schwindelnde Höhe erreicht. Jetzt fängt er überall zu knistern an; erste Risse treten schon deutlich hervor. Die Überprüfung ergibt, daß die Fundamente nicht solide sind, ja daß sie nicht einmal berechnet worden waren. Einen Architekten, der den Gesamtbau vorher entworfen und geplant hätte, hat es nie gegeben. (Weil man das wußte, hatte man einfach behauptet, der Turm sei »gewachsen«.) Tausende und Millionen von Fachleuten haben, jeder für sich, nur immer darauflosgebaut. Die allgemeine Sprachverwirrung ist – wie in der Bibel beschrieben – längst eingetreten; die verschiedenen Experten sprechen jeweils ihre eigene Fachsprache. Sie verstehen sich untereinander schon lange nicht mehr, was sie nicht daran hindert, weiterzubauen, jeder nach eigenem Gutdünken und Geschmack.

Wer soll nun noch eine Lösung finden? Es gibt nur zwei »Lösungen«:

Lösung 1 Man wartet ab, bis der heutige Turmbau zu Babel in sich zusammenstürzt. Allerdings wird er dann mindestens 2 Milliarden Menschen unter sich begraben.

Lösung 2 Man versucht die höchsten Türme und Stockwerke vorsichtig abzutragen, damit zunächst die Belastung geringer wird. Vielleicht kann man dann an den Fundamenten etwas tun.

Wie wenig Aussicht diese 2. Lösung hat, ist sicherlich genügend deutlich geworden. Denn die Mehrheit in fast allen Völkern zieht es immer noch vor, den Turm weiter emporzutreiben. Es muß erst völlig deutlich werden, daß die bisherige Erfolgspolitik der allersicherste Weg in die Katastrophe ist.

Bisher ist noch nicht viel von den Ergebnissen der sogenannten »Friedensforschung« bekannt geworden. Zu einem Ergebnis hätte diese aber zumindest sehr schnell kommen können: daß Kriege um so schneller herannahen, je mehr Menschen immer mehr Güter von der gleichen Erde haben wollen. Insofern sind alle »Wachstumsfanatiker« per definitionem »Kriegstreiber«. Darin herrscht eine physikalische Gesetzmäßigkeit. Man braucht dazu nur an die Energiegesetze zu denken: Je höher die Temperatur (= Lebensstandard) unter allen Umständen gehalten werden soll, desto mehr Brennstoff muß beschafft werden, da ständig entsprechend viel verbraucht wird. Wer sich von vornherein mit einer tieferen Temperatur begnügt, verbraucht weniger Brennstoff. Um die Versorgung damit sicherzustellen, muß er erst viel später zu den äußersten Mitteln greifen. Folglich sind die Wachstumsfetischisten die schlimmsten Unheilsbringer der heutigen Welt. Sie wollen die Temperatur, die schon auf der heutigen Höhe nicht mehr zu halten sein wird, noch weiter anheizen. Dies ist nichts anderes als eine weitere Erhöhung der death-line (wörtlich übersetzt: Todeslinie), die dann zwangsläufig um so eher aufgegeben werden muß – und der Notstand beginnt. Darum werden die Völker, die dem Wachstumsfetischismus weiter folgen, die ersten sein, die sich unversehens in der Katastrophe wiederfinden; es sei denn, daß sie entschlossen sind, andere umzubringen – also Ausrottungskriege zu führen.

Es mag sein, und es ist sogar wahrscheinlich, daß die Probleme unlösbar sind. Aber müssen alle unsere geistigen und physischen

Kräfte dafür eingesetzt werden, auf daß die Katastrophe schneller erreicht und auf daß sie noch furchtbarer werde? Und ist es nicht ein Verbrechen, unaufgeklärten Völkern exakt diesen Weg in den eigenen Untergang als die absolute Spitze menschlicher Errungenschaften zu empfehlen?

Daß die Menschen das Denken erfunden haben, mochte unproblematisch sein, solange sie nicht die Ergebnisse ihres Denkens mittels Arbeit in die Realität umsetzten. Erst seit sie die mittels technischer Energie vervielfachte Arbeitskraft einsetzten, konnten sie mit ihrem eigenen Tun eine zweite, künstliche Welt errichten. Diese geriet den Zauberlehrlingen scheinbar so gut, daß sie diese gar nicht schnell genug vergrößern konnten. Zu diesem Zweck beuteten sie die Jahrmillionen der Vergangenheit immer hektischer aus und entleerten damit zugleich die Zukunft.

Fünf gewaltige unerlaubte Vorgriffe auf die Zukunft wurden in den letzten Jahrzehnten vorgenommen:

1. Der Vorgriff auf die Energie- und Rohstoffvorräte.
2. Die Leerung des Wissensvorrats zugunsten der Gegenwart.
3. Die bisher vollzogene Umweltzerstörung, die wir den kommenden Generationen übereignen.
4. Die wirtschaftliche Inflation: »Kaufe heute, morgen ist alles teurer!«
5. Die haltlosen politischen Versprechungen, deren Verwirklichung immer noch in Aussicht gestellt wird.

Diese fünf Punkte enthalten das ganze umfangreiche Waffenarsenal, das zum »totalen Erfolg« geführt und dem Menschen eine teuflische Arroganz eingeimpft hat.

Der Mensch muß sich von der lächerlichen Vorstellung befreien, daß dieses Universum eine Veranstaltung um seiner selbst willen sei. Oder wie es Carl Amery formuliert: »Wir müssen, theologisch gesprochen, auf diese letzte Kenosis, diese letzte Selbstentäußerung hinaus: auf die Entäußerung von der garantierten Zukunft. Nur wenn wir sie verlieren, werden wir sie gewinnen; nur wenn wir handeln, als gäbe es sie nicht, wird sie uns – vielleicht – zufallen.«[2] Das heißt: Nur wenn wir die Erwartungen fahrenlassen, erwartet uns eine – bescheidene – Zukunft.

Die Natur ist in all ihren Gesetzmäßigkeiten sparsam – sie rationiert. Sie kann sich keine kurzfristige Verschwendung leisten, weil das ihr Untergang wäre. John Stuart Mill spricht überspitzt von der Schäbigkeit der Natur, von ihrem »unbegreiflich schmutzigen Geiz«.[3] Das ist

344

falsch. Die Natur ist zwar nicht maßlos wie der Mensch, aber doch sehr verläßlich. Das Sonnenlicht fällt mit immer gleicher Kraft auf uns hernieder und wird wohl noch Milliarden Jahre strahlen. Die jährlichen Ernten sind einmal sehr gut und dann wieder weniger gut, aber auf einen gewissen Ertrag können die Lebewesen immer rechnen.

Doch der Mensch will selbstherrlich bestimmen, was er sich alles nehmen darf. Sein Versuch, selbst die Verantwortung in die Hand zu nehmen und die Welt zu regeln, ist gescheitert, weil er ein System außerhalb der Natur errichtet hat. Dem ganzen künstlichen Produktionskreis fehlt das (dauerhafte) Fundament. Wenn Schumacher dies auf die Formel bringt: »das Produktionsproblem ist nicht gelöst«, dann ist das eine äußerst zurückhaltende Beschreibung einer verhängnisvollen Fehleinschätzung. Der menschlichen Ersatzwelt fehlt im Grunde alles, was für ihren dauerhaften Bestand nötig wäre. Ein Vergleich zeigt es:

1. Natürlicher Regelkreis	*2. Künstlicher Produktionskreis*
Endlose Sonnenwelt	Kurzfristige Ersatzwelt
Unbedingt	Bedingt durch »Natur«
Selbstregulierend	Ohne Steuerung
Organisch	Überwiegend anorganisch
Geringer Aufwand an Energie	Riesiger Aufwand an Energie und Rohstoffen
Verwertung aller Reste	Umweltbelastende Reststoffe
Dauernde Knappheit	Vorübergehende Fülle
Nahversorgung	Fernversorgung
Verstreute Besiedelung mit Ausweichmöglichkeit	Geballte Besiedelung ohne Ausweichmöglichkeit
Überschaubare Wirtschaft	Anonyme, mit Papier (darunter Geld) gesteuerte Wirtschaft
Handwerkliche Vollendung	Zersplitterte Arbeitsgänge
Gesamtschau	Expertenchaos
Individueller Tod	Gesamttod

Das Unterfangen des Menschen, die Dinge selbst regeln zu wollen, wird nur dann Erfolg haben, wenn er in voller Übereinstimmung mit den Naturgesetzen handelt. Dies ist die Bedingung des Überlebens. »Wir müssen uns mit unserem Denken, Herstellen und Handeln wieder in die unabänderlichen Ordnungen des Naturhaushalts einfügen, von denen unser Fortbestand abhängt. Das heißt keineswegs ›zurück zur Natur‹ im Sinne romantischer oder revolutionärer Apostel. Wohl aber müssen wir auf jeden sogenannten Fortschritt verzichten, der unsere nicht herstellbaren Daseinsvoraussetzungen oder diejenigen unserer Nachfahren schädigt oder zerstört. Es kann also nur noch einen Fortschritt mit der Natur und keinesfalls einen gegen sie gerichteten geben.«[4] Das heißt auch, daß wir überall dort auf Eingriffe verzichten müssen, wo uns noch die Gewißheit über die Folgen fehlt. Gerhard Helmut Schwabe sagt weiterhin: »Nur die Ehrfurcht vor dem Leben im ganzen kann das Verhalten zum außermenschlichen Sein derart verändern, daß menschenwürdiger Fortbestand wieder möglich wird; denn nur sie kann noch der verfügbaren Macht Grenzen setzen. Wenn der Wald, der für irgendein fortschrittliches oder einträgliches Unternehmen gefällt, beseitigt werden soll, nicht mehr nur auf der Landkarte, sondern zugleich im Gewissen der Planer stünde, dann und nur dann müßten sie seine Wirklichkeit ernst nehmen. Die der Mit- und Umwelt zugewandte Ethik, die es nicht mehr oder noch nicht gibt, ist der einzige bewährte Wegweiser überall dort, wo der Verstand versagt. Das notwendige Umweltgewissen ist zugleich das Gewissen vor der Nachwelt.«[5]

Allerdings hat der Mensch inzwischen den Planeten schon derart in Unordnung gebracht, daß er selbst wahrscheinlich kaum noch in der Lage ist, ihn wieder in Ordnung zu bringen. Der Hauptpunkt ist, daß er auf seine Freibeutermethoden verzichten muß, ob er sie nun Marktwirtschaft oder Planwirtschaft nennt. Daß die Völker schon sehr bald ihre Güter rationieren werden, ist so gewiß, wie zwei mal zwei gleich vier ist. Ob sie es etwas früher oder später tun werden, hängt vom Maß ihres Verantwortungsgefühls ab. Nicht etwa nur des Verantwortungsgefühls gegenüber zukünftigen Generationen, sondern des Verantwortungsgefühls gegenüber den heute schon lebenden Kindern.

Nachwort

Fünf Jahre lang habe ich an der Konzeption und Niederschrift dieser Darstellung gearbeitet. Währenddessen haben sich die Ereignisse immer schneller in die befürchtete Richtung entwickelt. Ein früheres Erscheinungsdatum wäre darum wünschenswert gewesen; die Gründlichkeit durfte jedoch nicht der Aktualität geopfert werden.

Die vorliegende theoretische Begründung dafür, warum die gegenwärtige Weise der Bewirtschaftung dieses Planeten durch den Menschen nicht von Dauer sein kann, erscheint nun zu einem Zeitpunkt, zu dem die Unsicherheit bereits erschreckende Ausmaße erreicht hat und diese Wirtschaftsweise schon ins Wanken gerät. So brauchte manches eigentlich nicht mehr bewiesen zu werden. Ich habe dennoch einige Formulierungen so stehengelassen, wie sie vor ein oder zwei Jahren niedergeschrieben wurden. Der Leser wird selbst die Ironie entdecken, die sich ergibt, wenn die damals noch herrschende Euphorie mit der inzwischen eingetretenen Ernüchterung konfrontiert wird.

Noch nie in der Weltgeschichte war der Zwiespalt so groß, in den wir jetzt alle hineingestellt sind. E. F. Schumacher führte 1972 in seinem Buch aus: »Wer heute in der Wirtschaft steht – und Augen und Ohren offenhält –, befindet sich in einer ungewöhnlich schwierigen und verwirrenden Lage. Denken und Handeln haben für ihn ihre Einheit verloren: er führt ein Doppelleben und seine Gedanken haben einen doppelten Boden. In seinem Büro, von neun Uhr morgens bis fünf Uhr abends, fünf Tage die Woche, denkt und handelt er aufgrund gewisser Voraussetzungen, die jedoch völlig von denen abweichen, ja, ihnen diametral entgegengesetzt sind, die sich ihm aufdrängen, wenn er abends nach Hause kommt, Zeitungen und Zeitschriften liest, das Fernsehen einschaltet oder die gerade meistgelesenen Bücher konsultiert. Die Probleme, mit denen er von neun bis fünf zu ringen hat, beziehen sich zwar auf die gleichen Sachlagen wie die, denen er nach Geschäftsschluß begegnet, haben aber sonst kaum etwas gemein. Das Vokabular ist anders, die Diagnose ist anders und die Zielsetzungen und Zukunftsaussichten sind andere. Von neun bis fünf kämpft er für Wachstum, Ausbreitung, Rationalisierung, Einsparung von Arbeitsstellen bis zur völligen Automatisierung und vieles andere mehr – alles mit dem Zweck und in der Erwartung, damit Wohlstand, Behagen und Glück zu fördern. Nach Feierabend jedoch wird er mit dringenden Prophezeiungen bestürmt, die ihn vor dem Zusammenbruch der Zivilisation, vor Umweltkatastrophen, Erschöpfung der Bodenschätze und ähnlichen Gefahren warnen. Von neun bis fünf verfolgt er jede nur denkbare Methode, um den Gang der Entwicklung zu beschleunigen, während er es abends kaum vermeiden kann, . . . allen erdenklichen Argumenten zugunsten einer Stabilisierung, einem Aufhören des Wachstums, kurz einer allgemeinen Verlangsamung zu begegnen. Von neun bis fünf läßt er nichts unversucht, um seine Erfolge zu vervielfachen; nach Geschäftsschluß wird er mit Analysen konfrontiert, aus denen hervorgeht, daß der Menschheit nicht von ihren Fehlleistungen, sondern von ihren Erfolgen die größte Gefahr droht: . . . Und so zerfällt sein Leben Tag um Tag, Woche um Woche, in Zeiträume mit Aufgaben und Anforderungen, die sich völlig widersprechen und nicht miteinander vereinbart werden können.«

Noch schlimmer ergeht es dem Politiker. Er ist verdammt, das Unvereinbare zu jeder Tageszeit sowohl zu denken als auch zu tun. Er hastet von Termin zu Termin und bastelt an Gesetzen, die allen das Leben immer schöner, sicherer und leichter machen sollen. Dabei stößt er auf Realitäten, die ihm eindringlich vor Augen führen, daß dies alles so nicht mehr geht. Dennoch rast er von einer Veranstaltung zur anderen, wo die Zuhörer zuversichtlich Verheißungen erwarten, wenn nicht für jetzt, dann wenigstens für die Zeit nach der nächsten Wahl. Soll er ihnen die Wahrheit sagen und ihre hoffnungsvollen Blicke in Enttäuschung verwandeln? Wollen sie die Wahrheit überhaupt wissen? Und was hülfe es, wenn er ihnen die wahre Lage schilderte? Kann er überhaupt hoffen, sich ihnen verständlich zu machen? So setzt er eine gewichtige Miene auf, versucht seine eigenen Zweifel zu unterdrücken und ergeht sich, wie gehabt, in Dingen von großartiger Nichtigkeit.

Doch seltsam, auch das zündet im Jahre 1975 nicht mehr so richtig; oder liegt es daran, daß er selbst unsicher geworden ist? Muß er daran denken, was man ihm einige Jahre später vorhalten könnte, wenn das genaue Gegenteil eingetreten sein wird, wie er bereits argwöhnt?

Für den Politiker ist somit das Dilemma noch unerträglicher als für jeden sonst Berufstätigen; denn er kann sich nicht darauf berufen, daß über ihm noch jemand ist, der ihn anweist und für ihn (hoffentlich richtig) denkt. Er arbeitet zur gleichen Stunde mühevoll an der Verbesserung von Gesetzen, deren baldige Unzulänglichkeit er durchschaut, und er kann doch nicht hoffen, auch nur etwas von dem durchzusetzen, was wirklich not täte. Er sieht den Abgrund zwischen seinem täglichen Tun und dem, »was sich wirklich tut«, und hat keine Vorstellung, wie dieser überwunden werden könnte, ja er weiß nicht einmal, ob er überhaupt überwindbar ist. Währenddessen wird er von der Uhr von einer Verpflichtung zur anderen gehetzt und zwischen Anpassungsdruck und Pflichtgefühl zerrieben.

Indessen ist es dringend nötig, den Blick auf das Wesentliche zu richten, um die Kluft wenigstens gedanklich zu überbrücken. Das heißt, die Gesamtschau muß gewagt werden; nichts ist vordringlicher als diese. Es gibt nur die Wahl: Entweder die Augen verschließen – oder das Wagnis auf sich nehmen und die Feindseligkeit einer konformistischen Umwelt ertragen.

Ich wage also eine Gesamtschau und weiß heute schon, welche Vorwürfe von den »Fachleuten« kommen werden: Meine Fachkenntnisse hätten auf dem Gebiet x nicht ausgereicht, ob ich denn noch nie etwas von y gehört hätte, daß man z noch viel eingehender untersuchen müsse und daß mein Vorgehen überhaupt schon methodisch bedenklich sei.

Ich gebe die Vorwürfe zurück, indem ich all diese klugen Leute der Einseitigkeit bezichtige. Ich werfe ihnen sogar vor, verantwortungslos zu sein. Denn während sie so reden, wird überall in der Welt pausenlos gehandelt – und das in einem Ausmaß wie nie zuvor in der Weltgeschichte. Es werden vollendete Tatsachen geschaffen, die wiederum unvermeidliche Folgewirkungen nach sich ziehen. Die Menschen werden fortlaufend von unzähligen Entwicklungen überrollt, die niemand bedacht hat – bis sie eines Tages unter den Auswirkungen ihrer Unbedachtsamkeiten zugrunde gehen. Die Spezialisten sind es gerade, die uns in die Sackgassen der Gegenwart geführt haben; ihre »Sachbezogenheit« ist nur der Vorwand für den mangelnden Mut, sich aus ihrem Fuchsbau, in dem sie Bescheid wissen, herauszuwagen und sich zu exponieren.

Ich folge dem amerikanischen Ökologen Barry Commoner, der feststellt: Wenn der Ökologe sich scheue, in die schwierige Domäne des Wirtschafts- und Politikwissenschaftlers einzudringen, dann müßten diese ihren eigenen Weg in das ebenso schwierige Gebiet der Ökologie finden. Angesichts der Dringlichkeit der Situation ist es notwendig, daß Volkswirtschaftler genauso wie Ökologen und erst recht Politiker das Risiko eingehen und die Grenzen ihrer jeweiligen Disziplin durchbrechen – und die Kritik als eine Art sozialer Pflicht auf sich nehmen.

Mein Unternehmen hat das Ziel: die wissenschaftlichen Untersuchungen der letzten Jahre über die Menschheitsentwicklung zu vervollständigen, in ein System zu bringen und die politischen Schlußfolgerungen daraus zu ziehen. Meine Bedenken gegenüber der globalen Entwicklung trug ich – noch vorsichtig – Ende 1970 dem Deutschen Bundestag vor und äußerte sie in einigen Aufsätzen und Reden. Jetzt ist die Zeit gekommen, eine unmißverständliche Sprache zu führen und ganz entschieden Stellung zu beziehen.

Die vielen Personen und Stellen, die mir freundlicherweise Material zur Verfügung gestellt haben, werden das Ergebnis in diesem Buch wiederfinden. Ihnen wie meinen engsten Helfern sei herzlich gedankt.

Die wertvollsten Ansätze verdanke ich den Professoren Hans Christoph Binswanger und Adolf Jöhr, deren Erkenntnisse mir mit der Veröffentlichung des 1. St. Galler Symposiums über »Umweltschutz und Wirtschaftswachstum« als erste in die Hände kamen. Ihnen, dem Studentenkomitee der Wirtschaftshochschule St. Gallen und einer Reihe weiterer Schweizer Wissenschaftler sei besonders gedankt.

Seitdem ist die Kette der Bestätigungen, auch aus den Vereinigten Staaten und anderen Ländern, immer länger und fester geworden. In allen Völkern beginnen nun Menschen hellwach zu werden. Es ist auch höchste Zeit, wir stehen in der entscheidenden Epoche. Jahrzehntausende ungeschriebener Menschheitsgeschichte und 5000 Jahre überlieferter Geschichte gebieten uns einen tapferen Versuch – auch dann, wenn wir scheitern sollten.

Barsinghausen am Deister, im Juli 1975

H. G.

Anmerkungen

Einführung

1 Ausspruch des französischen Geisteswissenschaftlers André Varagnac, wiedergegeben bei Schäfer, 104.
2 Altes Testament, Kapital 8, 22.
3 Wylie, 261.
4 Küng, 70.
5 Küng, 69.
6 Wylie, 237.
7 Schumacher, 12.
8 de Jouvenel, Leistungsgesellschaft, 198.
9 Vgl. Bruno Fritsch, Wachstumsbegrenzung: »Eigentlich dürfte es zwischen Ökonomie und Ökologie keinen materiellen Gegensatz geben. Wenn er im Laufe der Entwicklung, die die Ökonomie als Wissenschaft nahm, dennoch entstand, dann deshalb, weil sich die Ökonomie auf die Analyse eines Subsystems spezialisiert hat, dessen Regelmechanismen auf das Zusammenwirken von speziellen (konvexen) Produktions- und Nutzenfunktionen unter der Annahme der Existenz freier Güter beschränkt sind. Von dieser relativ schmalen Basis aus hat die ökonomische Theorie mit viel intellektuellem Aufwand eine in sich geschlossene und konsistente Welt geschaffen. Sie hat vor allem in der Wachstumstheorie Ergebnisse erarbeitet, die manchmal auch Mathematiker zu begeistern vermögen. Leider sind diese Ergebnisse von nur rein intellektuellem Interesse und für die Lösung der wirklichen Wachstumsprobleme, denen wir uns heute global gegenübergestellt sehen, völlig irrelevant.« (80).
10 Dubos, 229 f.
11 de Jouvenel, Leistungsgesellschaft, 199.
12 Hans Leisegang, geb. 13. 3. 1890 in Blankenburg, gest. 5. 4. 1951 in Berlin.
13 Vgl. die Untersuchung »Grasmücken benutzen den Magnetkompaß auch bei Sternsicht« von W. und R. Wiltschko, Die Naturwissenschaften 60, 1973, 553. Vgl. Peter Berthold, Die innere Uhr der Vögel, Bild der Wissenschaft, 12. Jg., 6/1975, 46–50.
14 Vgl. Ernst Jünger, Philemon und Baucis.
15 Fritsch, Wachstumsbegrenzung, 121.
16 Haber, 134.
17 Müller, 506 f.
18 Wylie, 244.
19 Schumacher, 64.
20 Vgl. de Jouvenel, Kunst, 304.
21 Müller, 588.
22 Müller, 600.
23 Löbsack, 296.
24 Löbsack, 298 f.
25 Vgl. Teil III, Kapitel 3.
26 Amery, 210.
27 Eugen Ionesco in seiner Rede anläßlich der Eröffnung der Salzburger Festspiele 1972; erschienen im Desch-Verlag, München 1972, 16.

I. Der natürliche Regelkreis

1 Kreeb, Müssen wir . . ., 42.
2 Kreeb, Ökosystem, 753.
3 Vgl. C. E. Junge, R. Eichmann und M. Schidlowski (vom Max Planck-Institut) in »Umschau in Wissenschaft und Technik«, Band 74 S. 703 ff. (FAZ vom 12. 2. 1975).
4 Thürkauf, 28 f.
5 Haber 77. Dieser errechnet daraus, daß die Erde somit 500 Mill. Menschen versorgen könne.
6 W. Tobias bei Grzimek, 619 f.
7 Schwabe, 81.
8 Kreeb, Ökosystem, 752.
9 Kreeb, Ökosystem, 752.
10 Kreeb, Ökosystem, 754.
11 Kreeb, Müssen wir . . ., 44.
12 Kreeb, Ökosystem, 750.
13 Kreeb, Müssen wir . . ., 42.
14 Kreeb, Müssen wir . . ., 42.
15 Vgl. H. Wendt bei Grzimek, 453 ff.
16 de Jouvenel, Leistungsgesellschaft, 191.
17 Dubos, 150 f.
18 Dubos, 152.
19 Dubos, 151.
20 H. Wendt bei Grzimek, 462.
21 Vgl. de Jouvenel, Leistungsgesellschaft, 192.
22 Nicholson, 23.
23 Nicholson, 24.
24 Schwabe, 186.
25 Ardrey, 33: »Ich habe behauptet, auch der Mensch sei eine territoriale Spezies. Wir verteidigen unseren Besitz oder unsere Heimat aus biologischen Gründen – nicht weil wir wollen, sondern weil wir müssen.« Vgl. auch 210 ff.
26 Nicholson, 103.
27 Zitiert nach Chorafas, 191 f.
28 Deutsche Übersetzung bei Michael Lohmann, Gefährdete Zukunft, 29–46.
29 Lohmann, 34 f.

II. 1. Die Grundstoffe

1 Braunbek, 139.
2 Landes, 97.
3 Landes, 99.
4 Landes, 211.
5 Landes, 400 f.
6 Vgl. Landes, 409.
7 Petroleum-Review, March 1971.
8 So u. a. Prof. Dr. Gerhard Bischoff.
9 King Hubbert bei Cloud, 212 f.
10 Lovering bei Cloud, 139.
11 Basler, Strategie, 69.
12 Landes, 504.
13 Vgl. Landes, 506.
14 Vgl. de Jouvenel, Leistungsgesellschaft, 118.
15 Vgl. Jöhr, 1. St. Galler Symposium, 72 f.

16 Schumacher, 13 f.
17 Schumacher, 14.
18 Amery, 176.
19 Schumpeter, Theorie, 22.
20 de Jouvenel, Leistungsgesellschaft, 194. Vgl. Mill, Principles, ed. Ashley, 26.
21 Schumpeter, Theorie, 20 f. Schumpeter beruft sich auf O. Effertz und v. Böhm-Ba-
    werk.
22 3. St. Galler Symposium, 107.
23 Smith, I 37.
24 3. St. Galler Symposium, 108.
25 Quesnay, Tableau économique, bes., 73–75.
26 Lt. Schreiben der Gewerkschaften Brigitta und Elwerath vom 4. Juli 1974.
27 Die Zahlen beziehen sich auf das Jahr 1973; nach Angaben des Bundesministeriums
    für Wirtschaft. Daneben gibt es noch Sonderkonditionen, wie sie z. B. die Hansestadt
    Hamburg dem amerikanischen Konzern Reynolds für ein Aluminiumwerk einräumte:
    2,1 Pfennig je Kilowattstunde – bei einem Gestehungspreis von ca. 4 Pfennig.
28 de Jouvenel, Leistungsgesellschaft, 200.
29 Meadows, Gleichgewicht, 169.
30 Lt. einer Ausarbeitung von Gottfried Rösner vom wissenschaftlichen Dienst des
    Deutschen Bundestages, fertiggestellt am 26. Februar 1975.
31 3. St. Galler Symposium, 159–165.
32 Lt. Mitteilung des Fachverbandes Stickstoffindustrie e. V. Düsseldorf vom 6. März
    1974.
33 Quelle: Commodity Data Summaries.
34 Lt. Mitteilung der Kali und Salz AG Hannover vom 12. 2. 1974.
35 Umweltpress aktuell vom 15. 3. 1974.
36 Lt. Mitteilung von Herrn Dr. H. Reinhardt vom Institut für Wirtschaftslehre des
    Landbaues der Technischen Universität München vom 18. 3. 1974.
36a Die Grenzen der »Grünen Revolution« haben neuerdings Kurt Egger und Bernhard
    Glaeser in einem Aufsatz ›Ideologiekritik der Grünen Revolution‹ gezogen; in: *Tech-
    nologie und Politik, aktuell-Magazin* 1, Februar 1975, Rowohlt Taschenbuch, Reinbek.
37 The energy equations – Power and agricultural revolution, New Scientist, Vol. 61,
    Februar 1974, 400–403.
38 Alles aufgrund der Berechnungsmethode von Blaxter.
39 David Pimentel, L. E. Hurd, A. C. Bellotti, M. J. Forster, I. N. Oka, O. D. Sholes, R. J.
    Whitman, Food Production and the Energy Crisis, Science Vol. 182 November 1973,
    443–448.
40 1 acre = 0,4046 ha; 1 bushel = 0,035 cbm.
41 Planspiel zum Überleben (Titel der engl. Originalausgabe: A Blueprint for Survival),
    108.
42 Science Vol. 182 November 1973, 446.
43 Jürgen Dahl, Wieviel Öl steckt in Tomaten? Die Energiekrise wird zur landwirtschaftli-
    chen Produktionskrise; Deutsches Allgemeines Sonntagsblatt vom 7. 4. 1974.
44 Wellmann, 205.
45 Vgl. u. a. Carson, Der stumme Frühling.
46 Neue Zürcher Zeitung vom 22. 10. 1974.
47 Frankfurter Allgemeine Zeitung vom 13. 3. 1974.
48 Umweltpress aktuell vom 28. 2. 1974.
49 Dubos, 201.
50 Kohlenberg, 38.
51 Kohlenberg, 39.
52 Kohlenberg, 145.
53 Vgl. Die Welt vom 20. 8. 1974: »Die Aufforstung in Italien würde 180 Jahre erfor-
    dern«.
54 Der amerikanische Biologe Lester Brown behauptete sogar auf der Stockholmer

353

Nobeltagung 1974, daß die Sahara jährlich 48 Kilometer nach Süden vordringe (Neue Zürcher Zeitung vom 22. 10. 1974).

55 Berichte von Willy Lützenkirchen in der FAZ vom 28. 11. 1973 und von Jantieen van As vom 13. 7. 1974, sowie von Herbert Kaufmann vom 15. 9. 1973 und von Rolf Seelmann-Eggebert vom 9. 4. 1974. Vgl. auch »Sahel – eine Katastrophe ohne Ende« von Toni Hagen (Neue Zürcher Zeitung vom 26./27. 10. 1974).

56 Demoll, 37.

57 Bio Science, Vol. 22 Nr. 8, 1972, 467.

58 Liebmann, 164–172.

59 Ehrlich, 78.

60 Joe Lankmann in der Deister-Leine-Zeitung vom 2. 3. 1974. Vgl. auch den Artikel von Willy Lützenkirchen »Wird der tropische Urwald Brasiliens zu Ödland?« FAZ vom 2. 10. 1974.

61 Demoll, 38.

62 Vgl. Demoll, 47.

63 Vgl. Demoll, 38 f.

64 Vgl. auch »Einseitige Ausbeutung des Tropenwaldes« (FAZ vom 30. 10. 1974) und »Auch die Regenwälder sind bedroht« (Südd. Zeitung vom 10. 7. 1974).

65 Planspiel zum Überleben, 103.

66 FAZ vom 28. 11. 1973.

67 Planspiel zum Überleben, 103.

68 Planspiel zum Überleben, 16.

69 William Ricker bei Cloud, 135.

70 FAZ vom 29. 1. 1975.

71 Bei Cloud, 110.

72 Quelle: Statistisches Bundesamt Wiesbaden.

II. 2. Der vergessene Faktor Zeit

1 3. St. Galler Symposium, 108.

2 Basler, Strategie, 17.

3 Vgl. Küng, 53 u. 56.

4 Vgl. Küng, 54.

5 Fritsch, Wachstumsbegrenzung, 75.

6 Bericht der FAZ vom 31. 7. 1974 über die Tagung des Komitees »Geoscience and Man«.

7 Vgl. die Rechnung bei Meadows, Grenzen, 46 ff.

8 Gordon Rattray Taylor schreibt in seinem Buch »Das Experiment Glück«: »Die Gesellschaft demonstriert auch, welche Werte sie bewundert, und zwar dadurch, wie sie ihren Lohn verteilt. Unsere Gesellschaft belohnt erfolgreiche Produzenten von Waren und Dienstleistungen verschwenderisch, indem sie sowohl viel Geld bekommen, als auch mit Titeln und Auszeichnungen geehrt werden. Viel weniger verschwenderisch ist sie gegenüber Gelehrten, Künstlern und schöpferischen Menschen.« (346 f.)

9 Vgl. dazu Schumacher, 119–130.

10 ORDO 1951, 4. Band 383.

11 Amery, 93.

12 Rüstow, 376.

13 Rüstow, 377.

14 Rüstow, 380.

15 Vgl. Rüstow, 384.

16 Rüstow, 385.

17 Wiener 53 f.; Wiener hat diese Stelle bezeichnenderweise gesperrt gedruckt.

18 Fritsch, Wachstumsbegrenzung, 13.

19 Fritsch, Wachstumsbegrenzung, 45 f.

20 Fritsch, Wachstumsbegrenzung, 47.
21 Wiener, 47 f.
22 Wiener, 47.
23 Adolf Jöhr, 1. St. Galler Symposium, 84 f.
24 Cloud, 162.
25 Cloud, 158.
26 Hartmut Bossel, FAZ vom 22. 12. 1972.
27 Meadows, Gleichgewicht, 225.
28 Cloud, 140.
29 Diese Zahlen beruhen auf Angaben, die der »Deutsche Verband kunststofferzeugende Industrie e. V.« am 14. 2. 1974 gemacht hat. Sie beziehen sich auf deutsche Durchschnittswerte, die in anderen Ländern abweichen.
30 Barnett and Morse, 10.
31 Vgl. dazu auch Meadows, Gleichgewicht, 221 f. u. 224: »Die Behauptung, es werde sich alles so weiter entwickeln wie bisher, entbehrt jeder sachlichen Grundlage.«
32 Lovering bei Cloud, 155 ff. Meadows, Gleichgewicht, 160 ff.
33 Cloud 142 f.
34 Thomas Lovering bei Cloud, 145.
35 Cloud, 153.
36 Bericht der FAZ vom 31. 7. 1974 über die Tagung des Komitees »Geoscience and Man«.
37 1. St. Galler Symposium, 85.
38 1. St. Galler Symposium, 70.
39 1. St. Galler Symposium, 64.
40 UNO-Papier zur Welt-Bevölkerungs-Konferenz in Bukarest 1974: Population, Resources and the Environment (60/5), 29.
41 Adolf Jöhr, 1. St. Galler Symposium, 47.
42 Adolf Jöhr, 1. St. Galler Symposium, 48.
43 Boulding, Environment and Economics bei William Murdoch (Herausgeber), Environment Stamford, Conn. 1971.
44 American Economic Review, May 1971.
45 Planspiel zum Überleben, 69.
46 Cloud, 169.
47 Cloud, 169–172.
48 Cloud, 166.
49 Cloud, 181. Dort heißt es weiter: »Solange nicht brauchbare, verläßliche Informationen des geschätzten Umfanges gesammelt worden sind, solange keine revolutionierende Technik für die Hebung verteilten Materials aus großen Meerestiefen erarbeitet worden ist und solange kein metallurgischer Prozeß entwickelt worden ist, der mit dem silikatischen Ganggestein fertig wird, können die Manganknollen nicht als Erz betrachtet werden. Wenn der gewünschte metallurgische Durchbruch einmal geschafft sein wird, wären immer noch große Lager von Silikat-Manganvorkommen geringer Qualität auf dem Festland erreichbar.«
50 Cloud, 185 ff.
51 1. St. Galler Symposium, 138.
52 Meadows, Gleichgewicht, 130–159.
53 Tinbergen auf dem 3. St. Galler Symposium, 162.
54 Institut de la vie, Les ressources minérales à long terme et la croissance, 71.
55 Meadows, Grenzen, 50 ff.

II. 3. Umweltverderbnis und Umweltschutz

1 Vgl. dazu Basler, Strategie, 67 ff.
2 Rahn bei Wellmann, 99.

3 Süddeutsche Zeitung vom 10. 8. 1974. Vgl. auch Gunnarsson, Japans ökologisches Harakiri.
4 Galbraith, Wirtschaft, 329.
5 Pesch, Lehrbuch der Nationalökonomie, 1. Band, Freiburg 1905, 22.
6 Philippovich, Grundriß der politischen Ökonomie, 1. Band, 9. Auflage, Freiburg 1911, 34.
7 Carl Amery sagt dazu: »Der Ausdruck Umweltverschmutzung wird der Dringlichkeit des Problems nicht entfernt gerecht.« (154)
8 Basler, Strategie, 56.
9 Vgl. Amery, 155 und Basler, Strategie, 47.
10 Nicholson, 96.
11 Meadows stellt dar, daß die hundertprozentige Reinigung der Abwässer einer Zucker-fabrik 100mal soviel kostet wie die dreißigprozentige Reinigung (Grenzen 121 f.).
12 Universitas 1974, Heft 2, 118 f.
13 Fritsch, Wachstumsbegrenzung, 34.
14 Planspiel zum Überleben, 32.
15 Alternativen zur Umweltmisere, 175.
16 Himmelheber, I 71. Vgl. auch I 75.
17 Galbraith, Wirtschaft, 186. Vgl. auch 240: »Anstatt Abhilfe zu schaffen, macht man der Öffentlichkeit vor, die Umweltverschmutzung sei nur eingebildet oder harmlos oder sie würde durch imaginäre Maßnahmen beseitigt. In den ersten sechs Monaten des Jahres 1970 haben Firmen des Planungssystems in den USA schätzungsweise eine Milliarde Dollar dafür aufgewandt, um ihre Besorgnis hinsichtlich der Umweltproble-me kundzutun.«
Auch in der Bundesrepublik Deutschland wurde in den letzten Jahren von der Wirtschaft der Eindruck hervorgerufen, als trage sie ungeheure Kosten für den Umweltschutz. Das IFO-Institut für Wirtschaftsforschung in München stellte Anfang 1975 dagegen in einer Untersuchung fest, daß 1971–1973 nur 1% des Industrieumsat-zes für Umweltschutzmaßnahmen aufgewendet wurde.
18 Galbraith, Wirtschaft, 278.
19 Galbraith, Wirtschaft, 328.
20 Die »Zeit« vom 22. 9. 1972: »Da drohten sie mit Hungersnot und Seuchen.«
21 Vgl. Adolf Jöhrs Forderung nach einer Umwelt-Ökonomik.
22 Commoner, 250.
23 Commoner, 251.
24 Kapp, 200.
25 Meadows, Gleichgewicht, 227.
26 Meadows, Gleichgewicht, 230. Vgl. ebenda: »Zwischen der Anwendung von Bekämp-fungsmaßnahmen und den ersten Auswirkungen können zehn und mehr Jahre verstrei-chen. Wenn man mit Abwehrmaßnahmen wartet, bis die Belastungen durch einen Schadstoff nicht mehr tolerierbar sind, ist die Wahrscheinlichkeit groß, daß es keine Möglichkeit mehr gibt, die Auswirkungen innerhalb nützlicher Frist zu mildern.«

II. 4. Der Faktor Arbeit

1 Jaspers, Vom Ursprung und Ziel der Geschichte, 155.
2 de Jouvenel, Leistungsgesellschaft, 111.
3 Vgl. de Jouvenel, Leistungsgesellschaft, 82.
4 Garett Hardin bei Lohmann 31.
5 FAO-Jahrbuch 1971.
6 Dies sind die Zahlen der USA und Kanadas aus dem Jahr 1970; nach dem FAO-Jahr-buch von 1971.
7 Vgl. de Jouvenel, Leistungsgesellschaft, 51.
8 Dittmar trifft dazu »die Feststellung, daß die funktionelle Auswechselbarkeit des

Menschen durch jedweden anderen Menschen im Rahmen des automatisierten Arbeitsprozesses das Selbstbewußtsein seines persönlichen Wertes und seiner persönlichen Würde zuschanden macht. Er kennt den Sinn seiner Arbeit nicht mehr. Seine Tätigkeit gewinnt das Timbre des Absurden. Der Arbeiter ist nicht mehr vollverantwortlich und empfindet seinen Einsatz als Maschinenbestandteil im ›Mensch-Maschine-System‹ als Entwürdigung und – wie man heute gern sagt – als Entpersönlichung. Der psychologische Schock bzw. Streß führt zu Empfindungs- und Ausdrucksverdrängungen und diese weiterhin zu Aggressionen und Verkrampfungsneurosen mit Herzattacken und Amnesien. Das Phänomen hat auch bereits einen Namen: man bezeichnet es als Automationssyndrom.« (166)

9 Schumacher, 25.
10 Schumacher, 47 f.
11 Bertrand Russell in: Praise of Idleness and Other Essays. London 1935, 16 f.
12 de Closets, 138.
13 Linder, 190 f.
14 Vgl. de Jouvenel, Leistungsgesellschaft, 31 f.
15 Quelle: Stat. Bundesamt Wiesbaden.
16 de Jouvenel, Leistungsgesellschaft, 98.
17 Rüstow, 388.
18 Vgl. Linder, 192.
19 Vgl. de Jouvenel, Leistungsgesellschaft, 79.
20 Rüstow, 388. Rüstow zitiert dann Rudolf Geck: »Im Zuge des technischen Fortschritts züchtet uns die Industrie immer neue Bedürfnisse an, und dann arbeiten wir uns treuherzig kaputt, um sie zu befriedigen.«
21 Schumpeter, Theorie, 28.
22 Vgl. de Jouvenel, Leistungsgesellschaft, 29 f.
23 Müller, 137.
24 Linder, 174.
25 de Jouvenel, Leistungsgesellschaft, 96.
26 Linder, 22.
27 Linder, 18.
28 Linder, 32.
29 Linder, 39.
30 Linder, 41.
31 Taylor, Experiment, 169.
32 Swoboda, 24.
33 Linder, 70 f. Auch Galbraith hat in seinem Buch »Die Überflußgesellschaft« auf die Verschlechterung der öffentlichen Dienstleistungen in den reichen Ländern hingewiesen.
34 Chorafas, 121. Vgl. dazu auch die Untersuchung bei Meadows, Grenzen, 98–104.
35 Vgl. de Jouvenel, Leistungsgesellschaft, 106.
36 de Jouvenel, Leistungsgesellschaft, 16.
37 Vgl. Christian Schütze in der Süddeutschen Zeitung vom 12. 10. 1974: »Die ausgebeuteten Gesunden«.
38 Tuchel, 37.
39 Müller, 548.
48 Zürcher Bibel III, 17–19.
41 Vgl. Meyer-Abich auf dem 3. St. Galler Symposium, 147 f.
42 Vgl. Braunbek, 143, wonach in den USA 250 Kilowatt Energie pro Kopf und Tag verbraucht werden.
43 Nach Swoboda, 43.
44 Schumacher, 25.
45 Steinbuch, Kurskorrektur, 54.
46 Eduard Batschelet auf dem 3. St. Galler Symposium, 80 f.
47 Planspiel zum Überleben, 10 f.

48 Schumacher, 76.
49 Theo Löbsack, Versuch und Irrtum; Der Mensch – Fehlschlag der Natur.
50 Schumacher, 77 f.
51 Lohmann, Die nicht-quantifizierbare Bedrohung, 115.
52 Huxley, 144 f.

II. 5. Selbstausrottung durch Geburten?

1 Freyer, 67.
2 Freyer, 65.
3 Landes, 27. Vgl. auch 508 f.
4 Der Generalsekretär des Umweltprogramms der Vereinten Nationen, Maurice Strong, erklärte am 29. 9. 1974 in Nairobi, daß in den nächsten 25 Jahren wahrscheinlich 500 bis 1000 Mill. Menschen verhungern würden (FAZ vom 30. 9. 1974).
5 de Closets, 263.
6 Huxley, 15.
7 Huxley, 26 f. Vgl. Michael Lohmann, Die nicht-quantifizierbare Bedrohung, 116 ff.
8 Haber, 123.
9 Vgl. Pulte, 62 f.
10 Hedwig und Max Born, Der Luxus des Gewissens, 65.
11 Löbsack, 19.
12 Baade, Welternährungswirtschaft (1956). Colin G. Clark in seinen verschiedenen Äußerungen.
13 Commoner, 198.
14 Dubos, 200.
15 Pulte, 77.
16 Meadows, Gleichgewicht, 190–213.
17 Im Jahre 1972 kaufte die Sowjetunion rund 25 Mill. t Getreide und China rund 10 Mill. t. Im Juli 1975 war die Sowjetunion wieder dabei, vergleichbar große Getreidemengen in den USA einzukaufen.
18 Sience, Vol. 171, 12. Febr. 1971.
19 Steinbuch, Kurskorrektur, 108.
20 Huxley, 145.
21 Amery, 202 f.
22 Fritsch, Die vierte Welt, 101.
23 Vgl. Fucks, Formeln zur Macht.
24 Lohmann, Zukunft, 40 f.
25 Lohmann, Zukunft, 46.
26 Lohmann, Zukunft, 49.
27 Lohmann, Zukunft, 49 f.
28 Huxley, 18.
29 Meadows, Grenzen, 131.
30 Mackenroth, Bevölkerungslehre.
31 Vgl. auch Fritsch, Die vierte Welt, 101.

II. 6. Mehrproduktion – bis zum Endsieg?

1 Im letzten Krieg lief unter den deutschen Landsern ein köstlicher Witz um: Der Führer spricht und beendet seine großartigen Ankündigungen zu guter Letzt mit dem Satz ». . . und schließlich werden wir die Schwangerschaft der Frauen von neun Monaten auf drei Monate herabsetzen«. Hier bleibt es eben beim Bevölkerungswachstum – und auch Hitler brachte es nicht fertig, Soldaten verkürzt produzieren zu lassen.
2 Linder, 185.

3 Landes, 25.
4 Nach Angaben des Bremer Instituts für Seeverkehrswirtschaft.
5 Braunbek, 161.
6 Braunbek, 166 ff.
7 Dubos, 203.
8 Landes, 505 f.
9 Vgl. Jungk, 338.
10 Demoll, 20.
11 Demoll, 21. Vgl. dazu die Aussage von Wilhelm Schäfer, daß die Naturwissenschaften »durch die konsequente Anwendung von Zahl und Maß eine noch nie dagewesene Entwicklung erlebten« (Der kritische Raum, 110).
12 Vgl. Henryk M. Broder: »Sexualität als Tauschobjekt. Sex wird getauscht – gegen Geld, gegen Naturalien, gegen die Miete, fürs Prestige. Der Warencharakter der Sexualität in der fortgeschrittenen Konsumgesellschaft wird mit einer unbekümmerten Deutlichkeit dargestellt, die kein Kulturkritiker aufgebracht hat« (Die »Zeit« vom 16. 1. 1975).
13 Schumacher, 72.
14 Schumacher, 73.
15 Linder, 195.
16 Chorafas, 216.
17 Vgl. Chorafas, 107. Nach Abschluß finden wir bei Kruse-Rodenacker den Abschnitt »Verlorene Maßstäbe« (158–169) und darin u. a.: »Ihre Leitbilder aber entlehnt die Leistungsgesellschaft ihren drei wichtigsten Tätigkeiten: Funktionieren – Steigern – Messen.« (159)
18 Huxley, 19.
19 Taylor, Glück, 267.
20 Klinkenberg bei Wellmann, 166.
21 Zitiert nach Freyer, 112.
22 Vgl. Binswanger, 1. St. Galler Symposium, 130 f.
23 Vgl. Commoner, 246.
24 Schumpeter, Theorie, 167.
25 Vgl. Commoner 251, 237, 263.
26 Vgl. de Jouvenel, Leistungsgesellschaft, 24.
27 Jöhr, 1. St. Galler Symposium, 88. Vgl. auch 93.
28 Binswanger, 1. St. Galler Symposium, 131.
29 Binswanger, 1 St. Galler Symposium, 133.
30 Vgl. Taylor, Glück, 290.
31 Hayek, 255 f.
32 Hayek, 256.
33 Görzig, 104 f.
34 Vgl. Hayek, 242 ff.
35 de Jouvenel, Leistungsgesellschaft, 138.
36 de Jouvenel, Leistungsgesellschaft, 32.
37 de Jouvenel, Leistungsgesellschaft, 108.
38 Vgl. in Alternativen zur Umweltmisere: »Die Situation ist nämlich bisher so, daß den Interessenverbänden der Industrie keine Interessenverbände der Betroffenen gegenüberstehen bzw. daß die Verbände, in denen Betroffene zu anderen Zwecken organisiert sind, z. B. die Gewerkschaften, bisher das Umweltproblem nicht oder zu wenig berücksichtigen und so kein Gegengewicht zu den Verbänden der Industrie bilden« (181 f.).
39 1. St. Galler Symposium, 136.
40 Taylor, Glück, 328.
41 Vgl. dazu Dale jun. in der New York Times: »Der Prüfstein für Investitions-Entscheidungen ist vielmehr der Profit.« (Zitiert nach Commoner, 234; vgl. auch 237).
42 Commoner, 268.

43 Forsthoff bei Schatz, 198.
44 Marx, Lohnarbeit und Kapital in »Ökonomische Aufsätze« Zürich o. J., 43.
45 1. St. Galler Symposium, 134.
46 Marx, Das Kapital; Dietz Stuttgart 1914, 1. Band, 145 f.
47 de Jouvenel, Leistungsgesellschaft, 92.
48 de Jouvenel, Leistungsgesellschaft, 33.
49 de Jouvenel, Leistungsgesellschaft, 35.
50 Amery, 208. Vgl. Havemann: »In den sogenannten sozialistischen Ländern gibt es eigentlich keinerlei Anzeichen, die dahin deuten, daß diese Länder auf dem Weg in eine andere Richtung sein sollten als die kapitalistischen. Die Entwicklung ist die gleiche, das Volk soll Fernsehgeräte, Kühlschränke und Autos haben« (Süddeutsche Zeitung vom 28. 1. 1972).
51 Commoner 256. Vgl. auch Alternativen zur Umweltmisere, 180 und Fritsch, Wachstumsbegrenzung, 10.
52 Schwabe bei Sioli, 380.
53 Freyer, 22.
54 de Jouvenel, Leistungsgesellschaft, 46 f.
55 Rede Lenins vor dem VIII. Gesamtrussischen Sowjetkongreß im Dezember 1920, in: W. J. Lenin, *Werke*, Dietz-Verlag, Berlin 1966, Bd. 31, 511 f.
56 Fritsch, Wachstumsbegrenzung, 24.
57 Commoner, 257.
58 Freyer, 134. Vgl. auch Bruno Bauer, Rußland und das Germanentum, 57 und 93 ff.
59 Vgl. Binswanger, 1. St. Galler Symposium, 135.
60 Rüstow, 384.
61 Taylor, Glück, 280.
62 Nicolaus Sombart bei Jungk, 63 f.
63 Commoner, 269.
64 Schumacher in: »Energie, Mensch und Umwelt«, 95.
65 Hans Binswanger sagt: »Beide Systeme müssen überwunden werden, d. h. eine neue umweltkonforme Wirtschaftsordnung muß sich von beiden uns geläufigen Systemen abheben« (1. St. Galler Symposium, 128).

III. 1. Das Denken von den Grenzen her

1 Braunbek, 169.
2 Meadows, Grenzen, 136.
3 Dubos, 245.
4 Dubos, 246. Die Rede wurde vor dem *Economic and Social Council* in Genf am 9. 7. 1965 gehalten.
5 Sombart bei Jungk, 38 f.
6 11. These gegen Feuerbach; in: Marx, Frühe Schriften, Band II, 4.
7 Vgl. Quetelets Theorie von Wachstum und Widerstand: »Die Bevölkerung hat die Tendenz in geometrischer Progression zu wachsen. Der Widerstand oder die Summe der ihrem Wachstum entgegenstehenden Hindernisse ist stets das Quadrat der Geschwindigkeit, mit der das Quadrat der Bevölkerung zu wachsen tendiert« (zitiert nach B. de Jouvenel, Die Kunst der Vorausschau, 200).
8 Meadows, Grenzen, 13.
9 Meadows, Grenzen, 12.
10 Vgl. Jöhr, 1. St. Galler Symposium, 61 u. 115.
11 Mesarović und Pestel, 32.
12 Müller, 546.
13 Lohmann, Die nicht-quantifizierbare Bedrohung, 116.
14 Küng, 53.
15 Amery, 246.

16 Frey, 129.
17 Vgl. Himmelheber I 75.
18 Amery, 245.
19 Müller, 545.
20 Müller, 546 f.
21 Müller, 547.
22 Binswanger, 1. St. Galler Symposium, 130.
23 Vgl. dazu Hartmut Bossel in der FAZ vom 22. 12. 1972: »Der freie Markt aber reagiert per definitionem nur auf bestehende Bedürfnisse.« Vgl. John D. Chapman bei Cloud 59: »Es gibt Bedingungen, die so weit in der Zukunft liegen, daß sie zum heutigen Markt keine Signale geben.«
24 Meadows, Gleichgewicht, 160–189.
25 FAZ vom 30. 7. 1974.

III. 2. Der Irrationalismus unserer Zivilisation

 1 Dittmar, 164.
 2 Bischoff, 15 f.
 3 Bischoff, 7.
 4 de Closets, 40.
 5 de Jouvenel, Kunst, 186.
 6 Commoner, 176 f.
 7 Commoner, 178.
 8 Eucken, 224.
 9 Crowe bei Lohmann, 47 f.
10 Basler, Strategie, 61.
10a Haber, 132.
11 de Jouvenel, Leistungsgesellschaft, 281.
12 de Jouvenel, Leistungsgesellschaft, 259.
13 de Closets, 35.
14 de Jouvenel, Leistungsgesellschaft, 137.
15 Vgl. Freyer, 158.
16 Freyer, 139.
17 Freyer, 44.
18 Dubos, 232.
19 de Jouvenel, Leistungsgesellschaft, 131.
20 Jaspers, Vom Ursprung und Ziel der Geschichte, 149.
21 Meadows, Grenzen, 136.
22 Freyer, 138.
23 Rüstow, 386.
24 Schumacher, 147.
25 Picht, Mut, 96.
26 Müller, 87.
27 Picht, Mut, 95.
28 Dubos, 202. Dubos zitiert aus einem Vortrag des Amerikaners Elmer W. Engstrom.
29 Salin, 67. Aber das sind »falsche Hoffnungen«, wie auch Kruse-Rodenacker in einem Kapitel seines Buches darlegt (169–178).
30 Picht, Mut, 103.
31 Müller, 53.
32 Jaspers, Philosophie I, 117.
33 Blaise Pascal, Pensées, übertragen und herausgegeben von Ewald Wasmuth, Tübinger Verlagshaus 1948, Fragment 183.
34 de Jouvenel, Leistungsgesellschaft, 139.

35 Toffler, 356.
36 de Jouvenel, Kunst, 303 f.
37 Steinbuch, Mensch, 14.
38 Nicholson, 34 f.
39 Müller, 524 f.
40 Die »unsichtbare Hand«, welche das Gewinnstreben des einzelnen in eine Steigerung der Gesamtgewinne und der Wohlfahrt aller verwandelt, taucht bei Smith zuerst in seiner »History of Astronomy«, dann in der »Theory of Moral Sentiments« und zuletzt im »Wealth of Nations« auf.
41 Schmidbauer, 28.
42 Müller, 83 f.
43 Picht, Prognose – Utopie – Planung, 40.
44 Rüstow, 386.
45 Freyer, 139.
46 Freyer, 54. Vgl. Dubos, 247: »Man muß an dieser Stelle einräumen, daß die gesamte menschliche Entwicklung und der größte Teil der menschlichen Geschichte ein Ergebnis des Zufalls oder blinder Entscheidungen waren.«
47 Forsthoff bei Schatz, 187.
48 Siekevitz, Akut 3/70, 76–78.
49 Galbraith, Wirtschaft, 172.
50 Basler, Strategie, 23. Vgl. auch 30.
51 Fritsch, Wachstumsbegrenzung, 33.
52 Müller, 25.
53 Toffler, 341.
54 Platt bei Lohmann, Zukunft, 151.
55 Vgl. besonders die S. 34, 143, 262, 274 f. Vgl. auch Tuchel, 244.
56 Toffler, 340.
57 Toffler, 347.
58 Toffler, 340.
59 Toffler, 351.
60 Dubos, 242.
61 Tuchel, 234 f.
62 Steinbuch, Kurskorrektur, 54.
63 Forrester bei Müller, 520.
64 Picht, Umweltschutz und Politik, 81 f.
65 Müller, 598.
66 Tuchel, 241.
67 Tuchel, 108.
68 Rüstow, 405.
69 v. Weizsäcker, »Die heutige Menschheit, von außen betrachtet« II, 616.
70 Himmelheber, I, 86.
71 Himmelheber, II, 383 f.
72 Müller, 522.
73 Nicholson, 112.
74 Dubos, 186. Vgl. Löbsack: »Der Kollaps wird in jedem Fall kommen. Und er wird zuerst die technisch und wirtschaftlich fortgeschrittensten Nationen treffen, weil sie es sind, die auf Systemveränderungen am empfindlichsten reagieren« (301).
75 Vgl. Forrester, 29: »Die weniger organisierten und integrierten Wirtschaftssysteme mit einem geringeren Grad an Spezialisierung werden sehr wahrscheinlich auch weniger störungsanfällig sein.«
76 Toffler, 309. Löbsack meint: »Es wird überfüllte Überlebensschulen geben, in denen verzweifelte Anstrengungen gemacht werden, das einfache Leben zu lernen, Schulen, in denen man erfährt, wie auf vereistem Boden Feuer zu entfachen und aus welcher Baumrinde ein noch genießbarer Brei zu bereiten ist« (311). Die Engländer Goldsmith und Allen unterbreiteten der Stockholmer Umweltkonferenz 1972 den Vorschlag, die

noch existierenden prähistorischen Jäger- und Sammlerkulturen zu schützen, um ihre Fertigkeiten für künftige Menschen zu erhalten, die sie wieder brauchen werden.

77 Enzensberger, 39.

78 Fritsch, Wachstumsbegrenzung, 58. Vgl. auch die Gesamtbetrachtung von Oskar Speltt, »Abkehr von Europa in der dritten Welt« (FAZ vom 7. 4. 1975).

79 Wiedergegeben in der Zeitschrift »Tier«, 13. Jg. Nr. 7, 3.

80 Gehalten auf der 4. Internationalen Arbeitstagung der Industriegewerkschaft Metall vom 11. bis 14. 4. 1972. Veröffentlicht in »Aufgabe Zukunft – Qualität des Lebens«, Bd. 1, Europäische Verlagsanstalt, Frankfurt 1972.

81 Forrester, 69.

82 Haber, 94.

83 Schumacher, 10.

III. 3. Der allzu mühselige Weg zum Gleichgewicht

1 Ein großer deutscher Automobilhersteller erhöhte seine Preise in der Zeit zwischen August 1973 und Januar 1975 um 17,56%.

2 Mansholt, 84.

3 Mansholt, 99. Vgl. auch 122.

4 Vgl. die Kurve von Basler, Strategie, 70, die wir auf Seite 61 brachten.

5 Vgl. Mansholt: »Wir können uns das Risiko nicht mehr leisten, eine Politik zu machen, mit der wir scheitern. Dieses Risiko konnte man in der Vergangenheit noch eingehen, als die Welt noch unbegrenzt schien und es hinsichtlich der Industrialisierung und der Bevölkerung auch war« (118).

6 Müller, 521.

7 Schwabe, 177. Vgl. auch 185.

8 Meadows, Grenzen, 11.

9 Sunanda Datta-Ray, »Indiens Besitzlose proben den Aufstand« (Die Weltwoche, 6. 3. 1974).

10 Fritsch, Wachstumsbegrenzung, 25.

11 Vgl. Himmelheber, II, 380 f.

12 Himmelheber, II, 389.

13 Amery, 247.

14 Am 30. 9. 1973.

15 Himmelheber, II, 384.

16 Darum sind die Rezepte von Keynes nicht mehr gültig.

17 Heute sind 49% der Erwerbstätigen in der Industrie beschäftigt, damals etwa 30%.

18 Steinbuch, Mensch, 52.

19 2. St. Galler Symposium, 223.

20 Schumacher, 86 f.

21 Schumacher, 88 f.

22 Toynbee, Die heutige Einheit der Menschheit und die Weltprobleme der Gegenwart, 457.

23 Demoll, 35.

24 Système de Politique Positive, Bd. IV, 26 f. im Anhang; zitiert nach de Jouvenel, Leistungsgesellschaft, 39.

25 1. St. Galler Symposium, 88 f.

26 Heilbroner, 37.

27 Heilbroner, 37.

28 Schumacher, 49 f.

29 Amery, 237 f.

30 René Dubos: »Aber es kommt zu keiner gemeinsamen Aktion, weil dazu ein gemeinsamer Glaube notwendig ist, den es nicht gibt. Die Suche nach der Bedeutung ist

deshalb die wichtigste Aufgabe unserer Zeit, weil wir einen gemeinsamen Glauben brauchen« (192).

31 Forsthoff bei Schatz, 188.
32 Zitiert nach Kohlenberg, 424.
33 Taylor, Glück 222.
34 de Closets, 298.
35 de Closets, 299.
36 Enzensberger, 41.
37 Dostojewski. Sämtliche Romane und Novellen Insel Verlag, Leipzig, 23. Band, 463.
38 Löbsack, 300.
39 Landes, 510.
40 Fritsch, Wachstumsbegrenzung, 50.
41 Amery, 230.
42 Himmelheber, I, 75.
43 Vgl. Basler, Strategie, 77: »Die stabilen Kulturen der alten Mesopotamier oder Ägypter stellen Zustände dar, wo Menschen auf beschränktem Lebensraum für 70 bis 100 Generationen ohne Umweltzerstörung gelebt haben.« Vgl. auch Schwabe: »In seiner vielleicht zehntausendjährigen Geschichte hat der seßhafte Mensch vielfältig bewiesen, daß er im Dialog mit seiner vorgegebenen Umwelt nicht nur überleben, sondern auch Hochkulturen entfalten und darin seine Erfüllung finden kann, ohne die ihn tragenden – und ihm in die Hand gegebenen – Heimatlandschaften zu vernichten« (77).
44 Bundestagsprotokoll vom 16. 12. 1970.
45 3. St. Galler Symposium, 268–286.
46 Neue Zürcher Zeitung vom 5. 1. 1974.
47 Himmelheber, I, 82.
48 Toffler, 345.
49 Toffler, 347.
50 Toffler, 349.
51 Toffler, 351.
52 Max Himmelheber will erhalten: »Chirurgie, Narkose, Asepsis, Zahnheiltechnik, Hygiene; ob auch Chemotherapie, Strahlendiagnostik und -therapie, elektromedizinische Apparate, Organverpflanzungen, Verlängerung unheilbaren Leidens« dazugehören, hält er für keinesfalls gewiß (I, 79).
53 Vgl. Toffler, 347: »Jeder Gedanke an Kontrolle über die Technologie erweckt bei den Wissenschaftlern sofort Mißtrauen. Sie beschwören das Schreckgespenst plumper staatlicher Einmischung herauf. Doch eine solche Kontrolle der Technologie braucht durchaus keine Begrenzung der Forschungsfreiheit zu bedeuten. Was überprüft werden soll, ist nicht die Entdeckung, sondern die Verbreitung, nicht die Erfindung, sondern die Anwendung neuer Techniken.«
53a Süddeutsche Zeitung vom 7. 9. 1974.
54 Vgl. Himmelheber, II, 380.
55 1. St. Galler Symposium, 102.
56 Müller, 596 f.
57 Fritsch, Wachstumsbegrenzung, 36.
58 Commoner 271: Zitiert aus dem Leitartikel »The Survival of Nations and Civilization« in Science, Bd. 172, 1297.
59 Vgl. Lohmann, Zukunft, 39.
60 Vgl. Heilbroner, 36.
61 Siegfried Balke bei Wellmann, 25.
62 Chorafas, 78.
63 Vgl. Forrester bei Meadows, Globales Gleichgewicht, 248.
64 Müller, 530.
65 Die Menschheit am Wendepunkt.
66 Meadows, Grenzen, 36 f.

67 Bei Lohmann, Zukunft, 50.
68 Forsthoff, 195.
69 Forsthoff, 191.
70 Forsthoff, 193.
71 Forsthoff, 198.
72 Himmelheber, I, 75.
73 Vgl. Forsthoff, 196.
74 Müller, 510.
75 Müller, 520.
76 Müller, 543.
77 Müller, 541. Vgl. Sören Kierkegaard, Tagebücher V, Ausg. Diederichs, 1974: »Die Staatsklugheit in den modernen Staaten ist nicht die, wie man sich verhalten soll, wenn man Minister ist; sondern wie man sich verhalten solle, um Minister zu werden; mehr weiß man nicht, so daß man eigentlich seine Weisheit verbraucht in einer Art Einleitungs-Wissenschaft zum Minister-Werden« (4).
78 Müller, 170 f.
79 Lohmann, Die nicht-quantifizierbare Bedrohung, 113.
80 Enzensberger, 40.
81 2. St. Galler Symposium, 246 f.
82 2. St. Galler Symposium, 255.
83 Lohmann, Die nicht-quantifizierbare Bedrohung, 113.
84 Lt. Mitteilung des Bundesministers für Ernährung, Landwirtschaft und Forsten.

III. 4. Kampf ums Überleben

1 Vgl. Cloud, 159.
2 Bei Cloud, 162.
3 FAZ vom 26. 10. 1974.
4 FAZ vom 16. 12. 1974. Vgl. dazu: »Die Versorgung der Industrie soll mit Steuergeldern gesichert werden«, Bericht über ein Gespräch von 50 deutschen Spitzenmanagern mit dem Bundesministerium für Wirtschaft, die »einen ausreichenden Rechtsschutz des Staates gegen die von der privaten Wirtschaft nicht tragbaren politischen Risiken« forderten (Industriemagazin vom 1. 1. 1975).
4a Wolfram van den Wyenbergh leitet einen Artikel über »Die aggressive dritte Welt« mit folgendem Vorspann ein: Der Nord-Süd-Konflikt zwischen den wirtschaftlich und technisch fortgeschrittenen, von abendländischer Tradition geprägten Industriestaaten und den jungen Entwicklungsländern wird in der nächsten Zukunft das politische wie wirtschaftliche Geschehen auf diesem Planeten nachhaltiger bestimmen als der Ost-West-Konflikt der vergangenen drei Jahrzehnte. Die Staaten der dritten Welt machen sich daran, die Welt nach ihren Vorstellungen umzubauen, Macht und Reichtum neu zu verteilen. Diplomatie und Öffentlichkeit des Westens scheinen erst zum Teil begriffen zu haben, welch dramatische Veränderungen sich da anbahnen. In den Vereinten Nationen und auf anderen internationalen Konferenzen bieten die westlichen Delegationen ein Bild der Zerrissenheit und der Ratlosigkeit. (FAZ vom 26. 7. 1975)
5 Es mag überraschen, daß die militärische Macht hier an die 1. Stelle gesetzt wird. Es sei nur Carl-Friedrich von Weizsäcker als Zeuge angerufen, der in seinem bedeutenden Aufsatz »Die Menschheit von außen betrachtet« den II. Teil mit folgenden Worten beginnt: »Der Fragenkreis militärischer Macht ist dem heutigen Bewußtsein, zum mindesten in der ersten Welt, vielfach durch Verdrängungsprozesse verschleiert. Man lebt im Frieden, man wünscht in einem Frieden in Freiheit zu leben, die Gefährdungen sind fern und übergroß, und so werden sie mit Hilfe von Wunschvorstellungen verdrängt« (607).
6 Zitiert nach Basler, Strategie, 72.
7 Meadows, Gleichgewicht, 160.

365

8 Mesarović und Pestel, 29 f.

9 Mesarović und Pestel, 32 f.

10 Mesarović und Pestel, 147–149.

11 Zahlen zur Tabelle Seite 367–370.

12 Der erste Sekretär der Chinesischen Botschaft in Bonn versicherte in einem Gespräch, daß die Bevölkerung Chinas so gut wie gar nicht mehr wachsen würde.

13 Wenn man von dem Sonderfall Kuba absieht.

14 Fritsch, Wachstumsbegrenzung, 150.

15 Vgl. dazu Kurt Müller, Die Entwicklungshilfe Osteuropas, Verlag für Literatur und Zeitgeschehen, Hannover 1971.

16 Lovering bei Cloud, 146.

16a Die deutschen Tageszeitungen berichteten am 9. Juli 1975 von einer zweitägigen Tagung des Obersten Sowjet, auf der ein Gesetzeswerk über die rationelle Ausbeutung von Bodenschätzen und über Umweltschutzfragen vorgelegt wurde. Der stellvertretende Regierungschef Nikolai Tichonow begründete den Gesetzentwurf und forderte neben einer sparsamen Ausbeutung von Bodenschätzen die verstärkte Nutzung industrieller Nebenprodukte. Bodenschätze seien kein Wald, der wieder nachwachse.

17 Enzensberger, 40 f.

18 Vgl. Paddock, 159.

19 Kahn, 361–378. Kahn schreibt dort: »Das Aufzeigen, die Analyse und Interpretationen des Aufstiegs Japans stellen ausgezeichnete Beispiele für die Methoden der Futurologie dar« (361). Dazu kann heute gesagt werden, daß Japan bereits ein ausgezeichnetes Beispiel dafür ist, daß die Analysen und Interpretationen dieser Art von Futurologie nicht nur nichts taugen, sondern des Teufels sind.

20 Ardrey, 21.

Schluß

1 Amery, 221.

2 Amery, 205.

3 Klausewitz, 74.

4 Schwabe, 88.

5 Schwabe, 185.

Verteilung der Grundstoff-Vorräte der Welt

Land	Kohle	Erdöl	Erdgas	Uran	Eisen	Bauxit	Blei	Kupfer	Zink	Nickel	Zinn	Quecksilber	Silber	Phosphat
	Mrd. t	Mrd. t	Bill. m³	1000 t	Mrd. t	Mrd. t	Mill. t	Mill. t	Mill. t	Mill. t	1000 t	1000 t	1000 t	Mill. t
Kanada	73,1	1,3	1,4	716,0	36,0	—	17,2	29,9	37,6	5,7	5	11,0	19,9	—
USA	1303,0	4,8	7,0	1169,0	9,0	...	50,8	75,3	31,8	0,2	—	13,1	40,4	2723
Nordamerika	1376,1	6,1	8,4	1885,0	45,0	...	68,0	105,2	69,4	5,9	5	24,1	60,3	2723
Belgien	1,8	—	—	—	—	—	—	—	—	—	—	—	—	—
Dänemark	...	...	...	15,6	—	—	—	—	—	—	—	—	—	—
Bundesrepublik Deutschland	75,0	...	0,3	—	—	—	—	—	0,6	—	—	—	—	—
Frankreich	2,8	...	0,2	105,9	8,0	...	—	—	1,9	—	—	—	—	—
Großbritannien	15,5	2,2	1,4	—	—	—	—	—	0,6	—	—	—	—	—
Italien	0,3	0,1	0,2	1,2	—	—	—	—	2,2	—	—	9,0	—	—
Jugoslawien	13,6	...	...	16,0	—	—	—	—	3,5	—	—	15,8	—	—
Niederlande	2,4	...	2,6	—	—	—	—	—	—	—	—	—	—	—
Norwegen	—	1,0	—	—	—	—	—	—	—	—	—	—	—	—
Schweden	...	—	—	310,0	3,3	—	—	—	1,5	—	—	—	—	—
Spanien	3,2	...	...	16,2	—	—	—	—	4,0	—	—	89,7	—	1542 d)
Summe ...	0,1	0,3	0,2	—	—	...	—	—	5,1	—	—	—	—	—
Westeuropa	114,7	3,6	4,9	464,9	11,3	—	—	—	19,4	—	—	114,5	—	1542
Japan	20,1	...	...	7,0	—	—	—	—	9,2	—	—	—	—	—
Südafrika	72,4	—	—	298,0	—	—	—	—	1,4	—	—	—	—	—
Australien a)	64,8	0,3	1,5	241,7	16,0	4,3	10,9	—	17,6	—	82	—	—	1361
WESTL. INDUSTRIELÄNDER	**1648,1**	**10,0**	**14,8**	**2896,6**	**72,3**	**4,3**	**78,9**	**105,2**	**117,0**	**5,9**	**87**	**138,6**	**60,3**	**5626**

Land	Kohle	Erdöl	Erdgas	Uran	Eisen	Bauxit	Blei	Kupfer	Zink	Nickel	Zinn	Queck-silber	Silber	Phosphat
	Mrd. t	Mrd. t	Bill. m³	1000 t	Mrd. t	Mrd. t	Mill. t	Mill. t	Mill. t	Mill. t	1000 t	1000 t	1000 t	Mill. t
Ägypten	…	0,5	—	—	—	—	—	—	—	—	—	—	—	—
Algerien	—	1,0	3,0	12,0	—	—	—	—	0,6	—	—	—	—	—
Arabische Emirate b)	—	4,2	0,6	—	—	—	—	—	—	—	—	—	—	—
Irak	—	4,7	—	—	—	—	—	—	—	—	—	—	—	—
Iran	1,0	9,0	7,6	—	—	—	—	—	3,7	—	—	—	—	—
Jordanien	—	—	—	—	—	—	—	—	—	—	—	—	—	—
Katar	—	0,8	0,9	—	—	—	—	—	—	—	—	—	—	—
Kuwait	—	10,0	0,8	—	—	—	—	—	—	—	—	—	—	—
Libyen	—	3,5	—	—	—	—	—	—	—	—	—	—	—	—
Marokko	—	—	—	—	—	—	—	—	0,6	—	—	—	—	3629
Oman	—	0,8	—	—	—	—	—	—	—	—	—	—	—	—
Saudi-Arabien	—	22,4	1,4	—	—	—	—	—	—	—	—	—	—	—
Tunesien	—	—	—	—	—	—	—	—	—	—	—	—	—	454
Summe …	…	…	…	…	…	…	…	…	…	…	…	…	…	…
Nordafrika und Naher Osten	1,0	56,9	14,3	12,0	—	—	—	—	4,9	—	—	—	—	4083
Argentinien	—	0,3	—	53,9	—	—	—	—	0,5	—	—	—	—	—
Bolivien	—	0,1	—	—	—	—	—	—	0,9	—	330	—	—	—
Brasilien	10,7	…	…	7,7	27,0	—	—	—	1,2	—	—	—	—	—
Chile	2,9	0,3	…	—	—	—	—	52,6	—	—	—	—	—	—
Ecuador	—	—	—	—	—	0,2	—	—	—	—	—	—	—	—
Guyana	—	—	—	—	—	0,9	—	—	—	—	—	—	—	—
Jamaika	—	—	—	—	—	—	—	—	—	—	—	—	—	—
Kolumbien	12,5	0,1	0,3	—	—	—	—	—	—	—	—	—	—	—
Mexiko	3,5	1,9	…	1,9	—	—	4,5	—	3,6	—	—	12,8	22,8	—
Peru	4,6	0,3	…	—	—	—	2,7	20,9	7,2	—	—	—	16,5	—
Trinidad	—	0,4	1,2	—	—	—	—	—	—	—	—	—	—	—
Venezuela	…	2,1	0,3	—	3,7	—	—	—	—	—	—	—	—	—
Summe …	…	…	…	…	…	…	…	…	…	…	…	…	…	…
Lateinamerika	34,2	5,5	1,8	63,5	30,7	1,1	7,2	73,5	13,4	—	330	12,8	39,3	—

Land	Kohle (Mrd. t)	Erdöl (Mrd. t)	Erdgas (Bill. m³)	Uran (1000 t)	Eisen (Mrd. t)	Bauxit (Mrd. t)	Blei (Mill. t)	Kupfer (Mill. t)	Zink (Mill. t)	Nickel (Mill. t)	Zinn (1000 t)	Queck-silber (1000 t)	Silber (1000 t)	Phosphat (Mill. t)
Gabun	—	0,2	—	30,0	—	—	—	—	—	—	—	—	—	—
Guinea	—	—	—	—	—	3,2	—	—	—	—	—	—	—	—
Kongo	—	0,7	—	—	—	—	—	—	—	—	—	—	—	—
Liberia	—	—	—	—	0,7	—	—	—	—	—	—	—	—	—
Niger	—	—	—	80,0	—	—	—	—	—	—	—	—	—	—
Nigeria	6,6	2,8	—	—	—	—	—	—	—	—	88	—	—	—
Rhodesien	—	—	—	—	—	—	—	—	0,6	—	—	—	—	—
Sambia	—	—	—	—	—	—	—	26,3	0,7	—	—	—	—	—
Senegal	—	—	—	—	—	—	—	—	—	—	—	—	—	136
Südwestafrika	—	—	—	—	—	—	—	—	1,0	—	—	—	—	—
Togo	—	—	—	—	—	—	—	—	—	—	—	—	—	45
Zaire	—	—	—	3,5	—	—	—	18,1	0,9	—	142	—	—	—
Summe ...														
Tropisch-Afrika	6,6	3,7	—	113,5	0,7	3,2	—	44,4	3,2	—	230	—	—	181
Burma	—	0,3	—	—	—	—	—	—	—	—	—	—	—	—
Brunei-Malaysia	—	0,1	0,6	—	—	—	—	—	0,6	—	610	—	—	—
Indien	107,3	2,0	..	3,1	9,0	—	—	—	2,7	—	—	—	—	—
Indonesien	1,8	—	0,4	—	—	—	—	—	—	—	560	—	—	—
Thailand	—	—	—	—	—	—	—	—	—	—	1423	—	—	—
Summe ...														
Südasien	109,1	2,4	1,0	3,1	9,0	—	—	—	3,3	—	2593	—	—	—
ENTWICKLUNGSLÄNDER	150,9	68,5	17,1	192,1	40,4	4,3	7,2	117,9	24,8	—	3153	12,8	39,3	4264
Übrige westliche Welt	14,0	3,9	4,2	56,3	20,3	4,9	21,8	74,4	13,2	26,9 e)	282	7,2	9,3	1270
WESTLICHE WELT INSGES.	1813,0	82,4	36,1	3145,0	133,0	13,5	107,9	297,5	155,0	32,8	3522	158,6	108,9	11160

Land	Kohle Mrd. t	Erdöl Mrd. t	Erdgas Bill. m³	Uran 1000 t	Eisen Mrd. t	Bauxit Mrd. t	Blei Mill. t	Kupfer Mill. t	Zink Mill. t	Nickel Mill. t	Zinn 1000 t	Queck-silber 1000 t	Silber 1000 t	Phosphat Mill. t
DDR	15,0	—	…	560,0	—	—	—	—	—	—	—	—	—	—
Polen	53,2	—	…	—	—	—	—	—	4,5	—	—	—	—	—
Rumänien	1,3	0,1	…	20,0	—	—	—	—	—	—	—	—	—	—
UdSSR	4824,8	11,3	20,8	960,0	—	—	—	—	24,5	—	—	—	—	1452
Ungarn	3,6	0,1	…	—	—	—	—	—	—	—	—	—	—	—
CSSR	16,5	—	…	225,0	—	—	—	—	—	8,4	—	—	—	—
Übriger Ostblock	2,7	—	0,6	—	—	—	—	—	1,0	—	—	—	—	23
Ostblock	4917,1	11,5	21,4	1765,0	116,0	0,3	20,7	31,8	29,0	8,4	76	10,4	55,6	1475
Volksrepublik China c)	1011,4	3,4	…	?	41,0	0,2	2,0	6,3	1,0	0,7	650	13,8	6,0	68
KOMMUNISTISCHE WELT	5928,5	14,9	21,4	1765,0	157,0	0,5	22,7	38,1	30,0	9,1	726	24,2	61,6	1543
WELT INSGESAMT	7741,5	97,3	57,5	4910,0	290,0	14,0	130,6	335,6	185,0	41,9	4248	182,8	170,5	12703

Zeichenerklärung:

… = Bekannte, kleine Vorkommen, die sich mit der gewählten Maßeinheit nicht ausdrücken lassen. Sie sind in der „Summe …" der jeweiligen Ländergruppe zusammengefaßt.

— = Keine bekannten Vorkommen

? = Keine Angaben erhältlich

a) = Australien (mit Neuseeland und Ozeanien)

b) = Arabische Emirate (nur Abu Dhabi und Dubai)

c) = Volksrepublik China (mit Mongolei, Nord-Korea und Nordvietnam)

d) = Die Phosphat-Vorkommen liegen in der spanischen Kolonie in Nordafrika (Spanisch-Sahara)

e) = Die hohe Menge ergibt sich vor allem aus den Vorkommen Neukaledonien (französische Kolonie) mit 14,0 und Cuba mit 3,8 Mill. t

Bemerkungen:

Die Zahlen enthalten die sicheren und die wahrscheinlichen Vorräte, ergänzt durch Schätzungen (vor allen den kommunistischen Macht-bereich betreffend).

Bei Erdöl und Erdgas sind nur die sicheren Vorkommen aufgeführt.

Unter „übrige westliche Welt" sind alle Vorräte der nicht-kommunistischen Länder der Welt zusammengefaßt, die nicht namentlich aufgeführt sind.

Literaturverzeichnis

Vorbemerkungen: Kursiv gesetzte Titel sind Bücher, bei normal gesetzten Titeln handelt es sich um Aufsätze. Später erschienene Taschenbuchausgaben sind hinter dem Semikolon angeführt; aus ihnen wird jedoch nicht zitiert. Von übersetzten Büchern werden die deutschen Ausgaben aufgeführt. In den Anmerkungen wird, wenn mehrere Titel von einem Verfasser vorhanden sind, das erste Hauptwort genannt.

Amery, Carl: *Das Ende der Vorsehung,* Rowohlt, Reinbek 1972; rororo Nr. 6874.

Ardrey, Robert: *Der Gesellschaftsvertrag,* Molden, Wien 1970; dtv 1028.

Baade, Fritz: *Welternährungswirtschaft,* Rowohlt, Reinbek 1956.

Barnett, Richard J., u. Morse, Stephen: *Scarcity and Growth,* Johns Hopkins Press, Baltimore 1963.

Basler, Ernst: Umweltprobleme aus der Sicht der technischen Entwicklung, in: *Schweizerische Bauzeitung,* 89. Jahrgang, Heft 13, Zürich, Nov. 1971.

—: *Strategie des Fortschritts,* Huber, Frauenfeld 1973.

Bauer, Bruno: *Rußland und das Germanenthum,* Egebert Bauer, Charlottenburg 1853.

Binswanger, Hans Ch.: Können wir das Wirtschaftswachstum steuern? in: *Jahrbuch der Neuen Helvetischen Gesellschaft,* Zürich 1974.

Bischoff, Ulrich: *Die Informationslawine,* Econ, Düsseldorf 1967.

Born, Hedwig u. Max: *Der Luxus des Gewissens,* Nymphenburger Verlagsanstalt, München 1969.

Braunbek, Werner: *Die unheimliche Wachstumsformel,* Paul List, München 1973.

Brooks, David B.: Mineral Resources, Economic Growth and World Population, in: *Science,* Nr. 4145, 5. Juli 1974.

Carson, Rachel: *Der stumme Frühling,* Biederstein, München 1962.

Chapman, Peter: The ins and outs of nuclear power, in: *New Scientist,* Nr. 19, Dezember 1974.

Chorafas, Dimitris N.: *Die kranke Gesellschaft,* Ullstein, Berlin 1974.

de Closets, François: *Vorsicht! Fortschritt,* S. Fischer, Frankfurt am Main 1970; Fischer Taschenbuch Nr. 6219.

Cloud, Preston (Hrsg.): *Wovon können wir morgen leben?* Carl Hanser, München 1971; Fischer Taschenbuch Nr. 6226.

Coenen, Reinhard u. a.: *Alternativen zur Umweltmisere; Raubbau oder Partnerschaft,* Carl Hanser, München 1972.

Commoner, Barry: *Wachstumswahn und Umweltkrise,* Bertelsmann, München 1971.

Dasmann, Raymond F.: *Bedrohte Natur. Der Mensch und die Biosphäre.* Eugen Diederichs, Düsseldorf 1974.

Demoll, Reinhard: *Bändigt den Menschen!* Bruckmann, München 1954.

Disch, Robert: *The Ecological conscience; Values for survival,* Selbstverlag, Englewood Cliffs 1970.

Dittmar, Friedrich: *Umweltschäden regieren uns,* Nicolai, Herford 1971.

Doran, Charles F., Hinz, Manfred O., und Mayer-Tasch, Peter Cornelius: *Umweltschutz – Politik des peripheren Eingriffs,* Luchterhand, Neuwied 1974.

Dubos, René: *Der entfesselte Fortschritt,* Lübbe, Bergisch-Gladbach 1970.

Ehrensvärd, Gösta: *Nach uns die Steinzeit,* Hallwag, Bern 1971.

Ehrlich, Paul: *Die Bevölkerungsbombe,* Carl Hanser, München 1971; Fischer Taschenbuch Nr. 6188.

Enzensberger, Hans Magnus: Zur Kritik der politischen Ökologie, in: *Kursbuch 33,* Oktober 1973, Kursbuch/Rotbuch-Verlag, Berlin.

Eucken, Walter: *Die Grundlagen der Nationalökonomie,* Fischer, Jena 1944.

Forrester, Jay W.: *Der teuflische Regelkreis,* Deutsche Verlags-Anstalt, Stuttgart 1971.

Forsthoff, Ernst: Technische Realisation und politische Ordnung, in: *Auf dem Weg zur hörigen Gesellschaft,* hrsg. von Oskar Schatz, Styria, Graz 1973.

Frey, Bruno S.: *Umweltökonomie,* Vandenhoeck & Ruprecht, Göttingen 1971.

Freyer, Hans: *Gedanken zur Industriegesellschaft,* Hase und Koehler, Mainz 1970.

Fritsch, Bruno: *Wachstumsbegrenzung als Machtinstrument,* Deutsche Verlags-Anstalt, Stuttgart 1974.

—: *Die Vierte Welt; Modell einer neuen Wirklichkeit,* Deutsche Verlags-Anstalt, Stuttgart 1970; dtv Nr. 929.

Fucks, Wilhelm: *Formeln zur Macht,* Deutsche Verlags-Anstalt, Stuttgart 1965; rororo Nr. 6601.

Galbraith, John Kenneth: *The Affluent Society,* Houghton Mifflin, Boston 1958; dt.: *Gesellschaft im Überfluß,* Knaur Taschenbuch Nr. 23.

—: *Wirtschaft für Staat und Gesellschaft,* Droemer Knaur, München 1974.

Gehmacher, Ernst: *Psychologie und Soziologie der Umweltplanung,* Rombach, Freiburg 1973.

Görzig, Bernd: *Die Entwicklung des Wachstumspotentials in den Wirtschaftsbereichen der Bundesrepublik Deutschland,* Deutsches Institut für Wirtschaftsforschung (DIW), Heft 18, 1972. Duncker & Humblot, Berlin.

Goldman, Marshall I.: *The Spoils of Progress; Environmental Pollution in the Soviet Union,* MIT Press, Cambridge Mass. 1972.

Goldsmith, Edward: *Planspiel zum Überleben* (The Blueprint of Survival), Deutsche Verlags-Anstalt, Stuttgart, 1972; dtv Nr. 1048.

Grzimek, Bernhard: *Grzimeks Tierleben,* Sonderband »Ökologie«, Kindler, Zürich 1973.

Gunnarsson, Bo: *Japans ökologisches Harakiri,* Rowohlt, Reinbek 1974; rororo Nr. 1712.

Haber, Heinz: *Stirbt unser blauer Planet?* Deutsche Verlags-Anstalt, Stuttgart 1973; rororo Nr. 6924.

Hädecke, Wolfgang: Das ökologische Dilemma, in: *Neue Rundschau,* 2. Heft, 86. Jg., S. 290–309, S. Fischer, Frankfurt 1975.

Hayek, Friedrich A.: *Der Weg zur Knechtschaft,* Verlag moderne industrie, München 1971.

Heilbroner, Robert L.: Wachstum und Überleben; Aus *Politik und Zeitgeschichte,* hgb. von der Bundeszentrale für politische Bildung, Bonn 1973; überarbeitet in (Hgb.) Nussbaum, Henrich v., *Die Zukunft des Wachstums; Kritische Antworten zum Bericht des Club of Rome,* Bertelsmann Universitäts Verlag, Düsseldorf 1973.

Heimendahl, Eckart: *Zukunft im Kreuzverhör,* Bertelsmann, Gütersloh 1970.

Hennis, Wilhelm: Ende der Politik? in: *Merkur,* Heft 6, Stuttgart 1971.

Herbig, Jost: *Das Ende der bürgerlichen Vernunft,* Carl Hanser, München 1974.

Himmelheber, Max: Rückschritt zum Überleben, in: *Scheidewege,* Heft 1 und 4, 4. Jg., 1974.

Hoffmann, W. G.: *Beiträge zur Wachstumstheorie,* Mohr, Tübingen 1969.

Huxley, Aldous: *Dreißig Jahre danach oder Wiedersehn mit der wackeren neuen Welt,* Piper, München 1960.

Illich, Ivan: *Die sogenannte Energiekrise oder Die Lähmung der Gesellschaft,* Rowohlt, Reinbek 1974; rororo Nr. 1763.

—: *Selbstbegrenzung,* Rowohlt, Reinbek 1975.

Ionesco, Eugène: *Die Bedrohte Kultur,* Rede zur Eröffnung der Salzburger Festspiele 1972, Desch, München 1972.

Jacobi, Claus: *Die menschliche Springflut,* Ullstein, Berlin 1969.

Jaspers, Karl: *Vom Ursprung und Ziel der Geschichte,* Piper, München 1963.

–: *Philosophie* (3 Bde), Springer, Berlin 1956.

Jetter, Ulrich: *Umweltpflege und Regeneration,* in der Reihe »expandierende märkte« Bd. 4, Spiegel-Verlag, Hamburg 1973.

Jordan, Pascual: *Wie frei sind wir?* Fromm, Osnabrück 1971; Texte + Thesen Nr. 18.

de Jouvenel, Bertrand: *Die Kunst der Vorschau,* Luchterhand, Neuwied 1967.

–: *Jenseits der Leistungsgesellschaft,* Rombach, Freiburg 1970.

Jünger, Ernst: *Zahlen und Götter, Philemon und Baucis,* Klett, Stuttgart 1974.

Jünger, Friedrich Georg: *Die Perfektion der Technik,* Klostermann, Frankfurt am Main 1946.

Jungk, Robert, Mundt, Hans Josef: *Wege ins neue Jahrtausend,* Modelle für eine neue Welt, Bd. 2, Desch, München 1964.

Kähler, Alfred: *Die Theorie der Arbeiterfreisetzung durch die Maschine,* Buske, Leipzig 1933.

Kahn, Herman: *Angriff auf die Zukunft,* Molden, Wien 1972; rororo Nr. 6893.

Kapp, William K.: *Volkswirtschaftliche Kosten der Privatwirtschaft,* Mohr, Tübingen 1958.

Keynes, John Maynard: *Politik und Wirtschaft,* Mohr, Tübingen 1956.

Klausewitz, Wolfgang, Schäfer, Wilhelm, Tobias, Wolfgang: *Umwelt 2000,* Kramer, Frankfurt am Main 1971.

Kohlenberg, Karl F.: *Enträtselte Zukunft,* Langen Müller, München 1972.

v. Kortzfleisch, Gert: Die Grenzen des Wachstums, in: *Beiträge zur kommunalen Versorgungswirtschaft,* Sigillum, Köln 1973.

–: *Wirtschaftliche und gesellschaftliche Auswirkungen des technischen Fortschritts,* VDI-Verlag, Düsseldorf 1971.

Kreeb, Karl-Heinz: Öko-System, in: *Bild der Wissenschaft,* Heft 7, 10. Jg. Deutsche Verlags-Anstalt, Stuttgart 1973.

––: Müssen wir in Zukunft primitiver leben? in: *Umwelt,* Heft 14, 1973.

Kruse-Rodenacker, *Die Stunde der Außenseiter,* Econ, Düsseldorf 1972.

Küng, Emil: *Wohlstand und Wohlfahrt,* Mohr, Tübingen 1972.

Landes, David S.: *Der entfesselte Prometheus,* Kiepenheuer & Witsch, Köln 1973.

Liebmann, Hans: *Ein Planet wird unbewohnbar,* Piper, München 1973.

Linder, Staffan B.: *Das Linder-Axiom oder Warum wir keine Zeit mehr haben,* Bertelsmann, Gütersloh 1971; Fischer Taschenbuch Nr. 1411.

Löbsack, Theo: *Versuch und Irrtum; Der Mensch: Fehlschlag der Natur,* Bertelsmann, Gütersloh 1974.

Loesch, Heinrich v., Nussbaum, Henrich v.: *Stehplatz für Milliarden? Das Überbevölkerungsproblem,* Deutsche Verlags-Anstalt, Stuttgart 1974.

Lohmann, Michel: Die nicht-quantifizierbare Bedrohung, in: *Merkur,* Heft 4, Stuttgart 1974.

––: Chronik, Was heißt ökologisch denken? Das Beispiel Müller, in: *Merkur,* Heft 1, Stuttgart 1973.

––: *Gefährdete Zukunft; Prognosen anglo-amerikanischer Wissenschaftler,* Carl Hanser, München 1970; dtv 920.

Lorenz, Konrad: *Die acht Todsünden der zivilisierten Menschheit,* Piper, München 1973; Serie Piper 50.

Mackenroth, Gerhard: *Bevölkerungslehre,* Springer, Berlin 1953.

Malthus, Thomas R.: *Versuch über das Bevölkerungs-Gesetz,* Expedition des Merkur, Berlin 1879; dtv Nr. 6021.

Mansholt, Sicco: *Die Krise; Europa und die Grenzen des Wachstums,* Rowohlt, Reinbek 1974; rororo Nr. 1823.

Marx, Karl: *Frühe Schriften* I, Cotta, Stuttgart 1962. *Frühe Schriften* II, Cotta, Stuttgart 1971.

Matzke, Otto: *Der Hunger wartet nicht.* Deutsche Welthungerhilfe, Bonn 1974.

–: Die Welternährungskrise hat erst begonnen, *Politik und Zeitgeschichte,* hg. von der Bundeszentrale für politische Bildung, Bonn 1974.

Meadows, Dennis u. a.: *Die Grenzen des Wachstums,* Deutsche Verlags-Anstalt, Stuttgart 1972; rororo Nr. 6825.

–: *Das globale Gleichgewicht,* Deutsche Verlags-Anstalt, Stuttgart 1973.

–, und Nussbaum, Henrich v., Rihaczek, Karl, Senghaas, Dieter: *Wachstum bis zur Katastrophe? Pro und Contra zum Weltmodell,* Deutsche Verlags-Anstalt, Stuttgart 1974; dtv Nr. 1112, München 1975.

Mesarović, Mihailo u. Pestel, Eduard: *Menschheit am Wendepunkt, 2. Bericht an den Club of Rome zur Weltlage,* Deutsche Verlags-Anstalt, Stuttgart 1974.

Meyer-Abich, Klaus Michael: Neue Wege der Energiepolitik, in: *BP-Kurier,* Jg. 26, Heft 3, 1974.

Mill, John Stuart: *Grundsätze der politischen Ökonomie* (7 Bde), Scientia, Aalen 1968.

Mohr, Hans: Naturgesetze und gesellschaftliche Normen, Verhandlungen der Gesellschaft Deutscher Naturforscher und Ärzte, Jg. 1972, Springer, Berlin 1973.

Mordy, Wendell A.: *Energie, Mensch und Umwelt, Beiträge der Studientagung des Gottlieb-Duttweiler-Instituts,* Rüschlikon bei Zürich vom 3. bis 5. 2. 1972, Herbert Lang, Bern 1973.

Morgan, G. W.: *The Human Predicament,* Brown University Press, Providence Rh. I. 1968.

Müller, A. M. Klaus: *Die präparierte Zeit,* Radius, Stuttgart 1972.

Müller-Wenk, Ruedi: Das ökonomisch-ökologische Dilemma des Unternehmers, *Neue Zürcher Zeitung* vom 5. 1. 1974.

Myrdal, Gunnar: *Ökonomische Theorie und unterentwickelte Regionen,* Fischer Taschenbuch Nr. 6243.

Nicholson, Max: *Umweltrevolution,* Desch, München 1970.

Nussbaum, Henrich v. (Hrsg.): *Die Zukunft des Wachstums. Kritische Antworten zum Bericht des ›Club of Rome‹,* Bertelsmann-Universitätsverlag, Düsseldorf 1973.

–: Der Club of Rome am Wendepunkt, in: *Umwelt,* vdi, Düsseldorf, Heft 6, 1974, S. 14 f.

–: Die Zukunft des Untergangs – oder: Der Untergang der Zukunft. Notate wider die Futurologie des Status quo, in: D. L. Meadows u. a.: *Wachstum bis zur Katastrophe?,* dva-informativ, Stuttgart 1974; überarbeitet dtv Nr. 1112, München 1975.

Paddock, William u. Paul: *Vor uns die mageren Jahre?* Rütten + Loening, München 1969.

Picht, Georg: Umweltschutz und Politik, in: *Zeitschrift für Rechtspolitik,* Jahrgang 1971, Heft 1.

–: *Mut zur Utopie. Die großen Zukunftsaufgaben,* Piper, München 1969.

–: *Prognose, Utopie, Planung,* Klett, Stuttgart 1971.

Pulte, Peter: *Bevölkerungslehre,* Olzog, München 1972.

Quesnay, François: *Tableau économique,* Nachdruck der 1. frz. Auflage 1759, Akademie-Verlag, Berlin (DDR) 1965.

Reich, Charles: *Die Welt wird jung,* Molden, Wien 1971.

Reinhardt, Hans: *Aufgaben und Wirtschaftlichkeit der Nutzviehhaltung im Wandlungsprozeß* (Diss.), Institut für Wirtschaftslehre des Landbaues, Freising 1972.

Rüstow, Alexander: Kritik des technischen Fortschritts in: *ORDO,* 4. Bd., Helmut Küpper, Düsseldorf 1951.

Salin, Edgar: *Politische Ökonomie,* Mohr, Tübingen 1967.

Say, Johann Baptist: *Vollständiges Handbuch der praktischen Nationalökonomie* (6 Bde.), Metzler, Stuttgart 1829.

Seidenfus, Hellmuth Stefan: Umweltschutz, politisches System und wirtschaftliche Macht, in: *Macht und ökonomisches Gesetz,* 2. Hbbd., Duncker & Humblot, Berlin 1972.

Siebert, Horst: *Das produzierte Chaos,* Kohlhammer, Stuttgart 1973.

Siekevitz, Philip: Stoppt den Fortschritt, in: *akut,* Heft 3, 1970.

Smith, Adam: *Eine Untersuchung über Natur und Ursachen des Volkswohlstandes,* 3 Bde., Fischer, Jena 1908, 1920, 1923.

Sioli, Harald: *Ökologie und Lebensschutz in der internationalen Sicht,* Rombach, Freiburg 1973.

Swoboda, Helmut: *Hat die Zukunft eine Zukunft?* Fromm, Osnabrück 1972; Texte + Thesen Nr. 25.

Schäfer, Wilhelm: *Der kritische Raum,* Kramer, Frankfurt am Main 1971.

Schieweck, Erich: *Weltinflation und Öldiktat – Verbündete, die die Welt verändern,* Schriftenreihe der EBF Beratungs- und Forschungsgesellschaft für Energiefragen mbH, Essen 1975.

Schlemmer, Johannes: *Neue Ziele für das Wachstum?* Piper, München 1973; Serie Piper Nr. 68.

Schmidtbauer, Wolfgang: *Homo consumens, Der Kult des Überflusses,* Deutsche Verlags-Anstalt, Stuttgart 1972.

Schneider, Hans-G.: *Die Zukunft wartet nicht,* Deutsche Verlags-Anstalt, Stuttgart 1971.

Schumacher, E. F.: *Es geht auch anders. Jenseits des Wachstums,* Desch, München 1974.

–: *Energie, Mensch und Umwelt, Beiträge der Studientagung des Gottlieb-Duttweiler-Instituts,* Rüschlikon bei Zürich vom 3. bis 5. 2. 1972, Herbert Lang, Bern 1973.

Schumpeter, Joseph: *Theorie der wirtschaftlichen Entwicklung,* Duncker u. Humblot, Berlin 1911.

–: *Kapitalismus, Sozialismus und Demokratie,* Francke, Bern 1946; KTB 173.

Schwabe, Gerhard Helmut: *Umwelt heute,* Rentsch, Erlenbach-Zürich 1973.

Steinbuch, Karl: *Falsch programmiert,* Deutsche Verlags-Anstalt, Stuttgart 1968; dtv Nr. 598.

–: *Mensch, Technik, Zukunft,* Deutsche Verlags-Anstalt, Stuttgart 1971; rororo 6821.

–: *Basiswissen für die Probleme von morgen,* Deutsche Verlags-Anstalt, Stuttgart 1971.

–: *Kurskorrektur,* Seewald, Stuttgart 1973.

Taylor, Gordon Rattray: Die biologische Zeitbombe, S. Fischer, Frankfurt am Main 1968; Fischer Taschenbuch Nr. 1213.

–: *Das Selbstmordprogramm,* S. Fischer, Frankfurt am Main 1970; Fischer Taschenbuch Nr. 1369.

–: *Das Experiment Glück,* S. Fischer, Frankfurt am Main 1972.

Thürkauf, Max: *Pandorabüchsen der Wissenschaft,* Die Kommenden, Freiburg 1974.

Toffler, Alvin: *Der Zukunftsschock,* Scherz, München 1970; Knaur Taschenbücher 339.

Toynbee, H. C. Arnold: Die heutige Einheit der Menschheit und die Weltprobleme der Gegenwart, in: *Universitas,* Heft 5, 21. Jg., Stuttgart 1972.

Toynbee, Arnold J.: *Die Zukunft des Westens,* Nymphenburger, München 1964.

Tuchel, Klaus (Hrsg.): *Wirtschaftliche und gesellschaftliche Auswirkungen des technischen Fortschritts,* VDI-Verlag, Düsseldorf 1971.

Urban, George R. (Hrsg.): *Können wir unsere Zukunft überleben?* Piper, München 1972; Serie Piper 63.

Vester, Frederic: *Das Überlebensprogramm,* Kindler, München 1972; Fischer Taschenbuch Nr. 6274.

–: *Das kybernetische Zeitalter,* S. Fischer, Frankfurt am Main 1974.

Wagner, Friedrich: *Die Wissenschaft und die gefährdete Welt,* Beck, München 1964.

Weinberg, Alvin M.: Can Technology replace Social Engineering, in: *Bulletin of the Atomic Scientists,* Nr. 10 Dez. 1966.

v. Weizsäcker, Carl-Friedrich: Die heutige Menschheit, von außen betrachtet, in: *Merkur,* Heft 6 und 7, Stuttgart 1974.

–: *Die Einheit der Natur,* Carl Hanser, München 1971, dtv Nr. 4155.

v. Weizsäcker, Ernst: *Humanökologie und Umweltschutz,* Klett, Stuttgart, + Kösel, München 1972.

Wellmann, Burckhard (Hrsg.): *Die Umwelt-Revolte,* Bachem, Köln 1972.

Widener, Don: *Kein Platz für Menschen – Der programmierte Selbstmord,* Goverts Krüger Stahlberg, Stuttgart 1971; Fischer Taschenbuch Nr. 1249.

Wiener, Norbert: *Mensch und Menschenmaschine,* Metzner, Frankfurt am Main 1952.

Wylie, Philip: *Das Wundertier,* Econ, Düsseldorf 1968.

Ziese, Elfriede: Das Beschäftigungsproblem in der ökonomischen Theorie von Say bis Keynes, Diss., Universität Freiburg 1961.

Zimen, Karl-Erik: Der Wettlauf mit dem Wachstum in: *Universitas,* Heft 2, 29. Jg., Stuttgart 1974.

Sammelbände

1. St. Galler Symposium für wirtschaftliche und rechtliche Fragen des Umweltschutzes. *Umweltschutz und Wirtschaftswachstum,* hrsg. von Martin P. von Walterskirchen, Huber, Frauenfeld 1972.

2. St. Galler Symposium für wirtschaftliche und rechtliche Fragen des Umweltschutzes. *Umweltpolitik in Europa,* hrsg. von Christopher Horn, Huber, Frauenfeld 1973.

3. St. Galler Symposium für wirtschaftliche und rechtliche Fragen des Umweltschutzes. *Wirtschaftspolitik in der Umweltkrise,* hrsg. von Jörg Wolff, Deutsche Verlags-Anstalt, Stuttgart 1974.